전자통신회로실험

김 태 효 지음

반도체 회로의 실험은 이론을 공부한 후에 이들의 특성을 확인하고 실제로 측정하여 관련 내용을 익히고 응용하는데 큰 도움이 되될 것이다. 21세기에는 전자회로의 기초가 없이는 아날로그신호의 처리가 불가능하고 정보 통신 시대에 적응하지 못할 정도로 그 중요성이 증대될 것이다. 따라서 이 책을 학습하는 대부분의 학생들이 이해하기 쉽게 구성하였다

도서출판 GS인터비전

머 리 말

이 책은 새한테크놀로지사에서 국내 총판을 하고 있는 Lab-Volt 실험장치 중 전자회로 부분을 발췌하여 번역 및 편저한 것으로서 반도체회로의 소자특성에서부터여러 가지 기본 회로와 다각적인 회로구성으로 이루어져 이론적인 배경이 없이도 실험을 할 수 있도록 하였다. 이 책의 특징은 먼저 각 단원별로 지본 지식을 문답형식으로 확립하고 본 실험을 하게되며 결론을 설명한다. 이 책의 주요 특징을 정리하면 다음과 같다.

1. 각 실험 주제별 사전 지식을 문답형식으로 진행한다.
2. 본 실험에서 먼저 기본 내용을 문답형식으로 진행한다.
3. 본 실험과정을 진행한다.
4. 결론을 서술한다.

반도체 회로의 실험은 이론을 공부한 후에 이들의 특성을 확인하고 실제로 측정하여 관련 내용을 익히고 응용하는데 큰 도움이 되될 것이다. 21세기에는 전자회로의 기초가 없이는 아날로그신호의 처리가 불가능하고 정보 통신 시대에 적응하지 못할 정도로 그 중요성이 증대될 것이다. 따라서 이 책을 학습하는 대부분의 학생들이 이해하기 쉽게 하려고 노력하였지만, 짧은 시간에 집필하다 보니 부족한 점이 많으리라 생각되며, 향후 서서히 수정 및 보완할 것을 약속드립니다.

끝으로 이 책이 나오기까지 원고정리를 도와준 학생 여러분에게 고마움을 전하며, GS인터비전 관계자 여러분에게도 깊이 감사드린다.

2010년 1월

저자

차 례

unit 1

반도체의 소개

단 원 목 표

이 단원의 이해를 위해서 반도체에 대해서 설명하고, SEMICONDUCTOR DEVICES 회로 보드를 통해서 이들의 작용을 이해할 수 있어야 한다.

단 원 기 본 지 식

다이오드, 집적회로와 이른바 반도체장치는 실리콘 혹은 게르마늄으로 만들어 진다. 실온에서 순수한 실리콘과 게르마늄의 결정은 좋은 도체이거나 좋은 부도체 이다. 이것이 실리콘과 게르마늄을 반도체라고 부르는 이유이다.

실리콘은

a. 도체도 부도체도 아니다.
b. 도체이다.
c. 부도체이다.

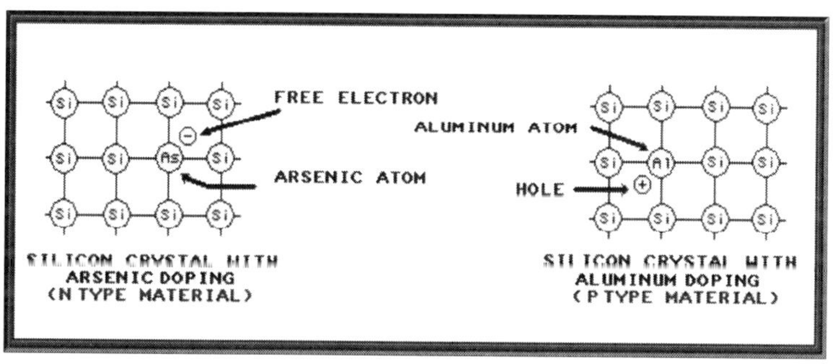

이물질은 *valence ring*으로 도핑된 매우 적은 전하를 가진다. 도핑된 반도체는 ***P형 물질***(positive)이라고 부른다.
자유전자는 N-형 물질에서 ***다수 캐리어(majority carriers)***이다. ***정공***이라고 불리는 양전자는 P-형 물질에서 다수 캐리어이다.
전기적 저항을 줄이기 위하여 반도체 그리스탈에 불순물을 첨가하는 ***도핑***에 관하여 설명하고자 한다.

반도체 재료에 불순물을 첨가하여 과잉전자를 생성시킨 것을 ***N형 물질***(negative)이라 한다.

1. 자유전자의 여유분은
   a. N형의 경우 없고, P형의 경우 있다.
   b. N형의 경우 있고, P형의 경우 없다.

이동하는 전자는 각각 양극화 하는 경향이 있기 때문에 좁은 ***공핍영역***이 생성된다.
반도체 결정 중에서 N형과 P형으로 도핑된 이웃 영역은 *PN junction*을 형성한다.
접합 근처의 영역에서 약간의 전하는 P물질과 합쳐지고 약간의 양 전하는 N물질과 합쳐진다.

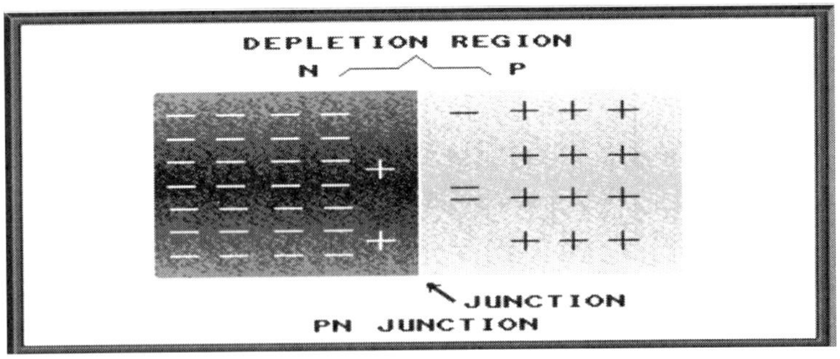

2. 공핍영역은 ______에 있는 좁은 영역이다.
   a. N 영역의 끝이다.
   b. P 영역의 끝이다.
   c. N과 P 영역의 연결지역이다.

반도체 장치회로 보드는 8개의 회로 블럭으로 이루어져 있다.

각각의 회로 블럭은 다이오드와(또는) 트랜지스터로 구성되어 있다.
이 단원에서 반도체와 기초 회로블럭에 대해서 배울 것이다. 이후의 단원에서 각각의 8개의 회로 블럭에 대해서 배우고 반도체 회로의 잘못된 것들을 고쳐 나갈 것이다.

필요한 실험도구

이후의 실험을 하기 위해서 다음과 같은 준비물이 필요하다.

- F.A.C.E.T. base unit
- 반도체 장치 회로 보드
- Power supply, 15 Vdc (2 개)

실험 1

실험목표

이 실험을 하기위해서 각각의 반도체 장치의 특징을 이해해야 한다. 또한 SEMICONDUTOR DEVICES 회로보드에서 다이오드와 트랜지스터가 어디에 있어야 하는지에 대해서 알고 있어야 한다.

기본내용

이 실험에서 2개의 반도체 장치가 사용된다.

다이오드와 트랜지스터

1. 다이오드에는
   a. 하나의 PN 접합 이 있다.
   b. 두개의 PN 접합이 있다.

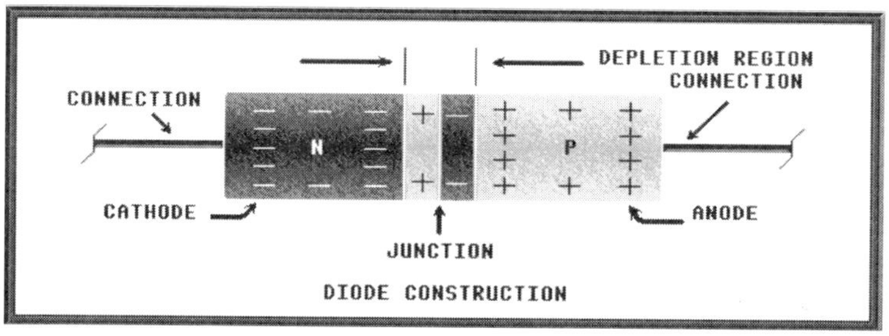

대부분의 반도체 다이오드는 게르마늄이나 실리콘으로 이루어져 있다.
다이오드는 하나의 PN접합으로 되어 있다. 다이오드의 P형 물질은 ***양극*** , N형 물질은 ***음극*** 이라 부른다.

2. 모든 다이오드는
   a. 하나의 전기적 접합을 가지고 있다.
   b. 세개의 전기적 접합을 가지고 있다.
   c. 두개의 전기적 접합을 가지고 있다.

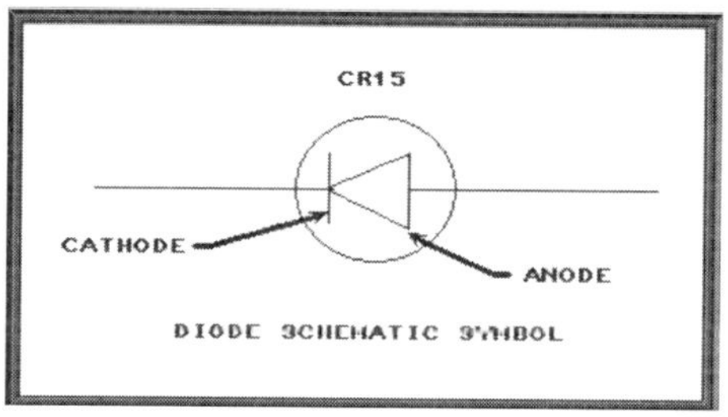

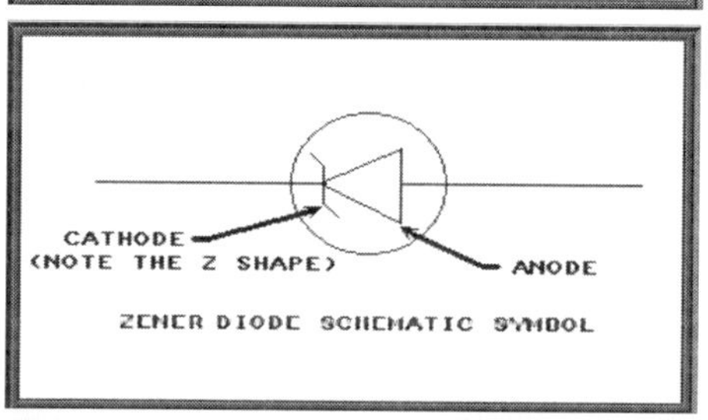

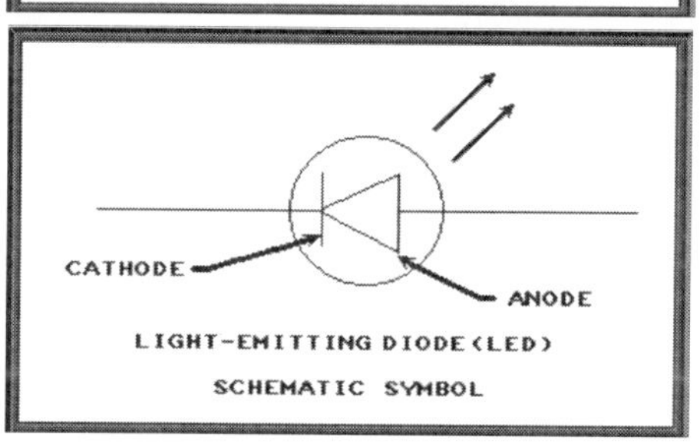

특수한 목적으로 설계된 다이오드는 다른 름으로 불린다. 일정한 전압을 유지시켜주는 다이오드를 ***제너 다이오드*** 다이오드라고 부른다. 제너다이오드의 기호는 옆 그림과 같다. 음극에 Z자 모양의 기호가 덧붙여진다.

3. 제너 다이오드의 기호에서 n형은
   a. 왼쪽이다.
   b. 오른쪽이다.

발광 다이오드 를 LED라고 부른다. 그 기호는 옆의 그림과 같다.

다이오드는 음극의 끝에 색띠나 기호를 씀으로써 극을 구분한다.

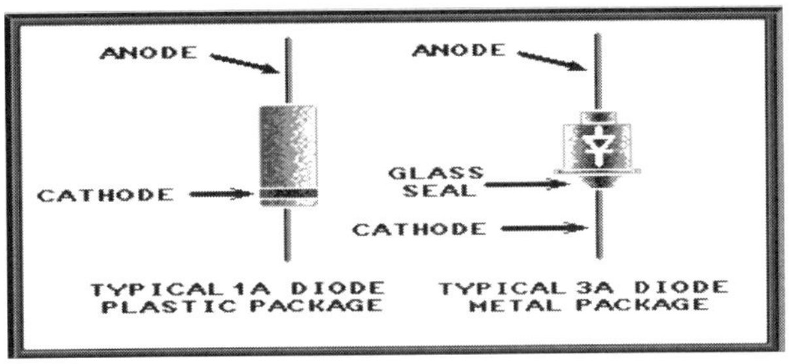

4. 다이오드는
   a. 플라스틱, 금속 복합체, 또는 세라믹등으로 쌓여져 있다.
   b. 공기중의 먼지등으로부터 반도체가 오염되는 것을 막기 위해서 봉해져 있다.
   c. 음극을 표시하기 위한 점이나 색띠를 가지고 있다.
   d. 위의 것 모두 맞다.

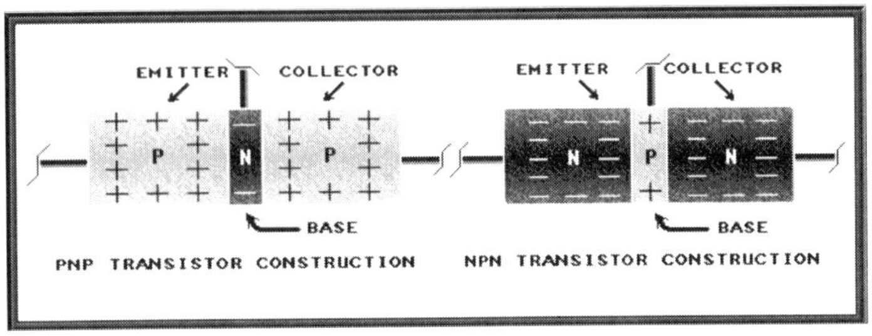

트랜지스터는 두가지 종류를 가지고 있다. 이 두개의 트랜지스터 종류는 FIELD-EFFECT 트랜지스터(FET)와 JUNCTION 트랜지스터가 있다.

이 실험 과정들은 junction 트랜지스터에 관한 것들이다.

FET는 다음 단원에서 다룬다.

P 영역은 2개의 N 영역(NPN 트랜지스터) 사이에 있고, N 영역은 2개의 P 영역(PNP 트랜지 스터) 사이에 있다.

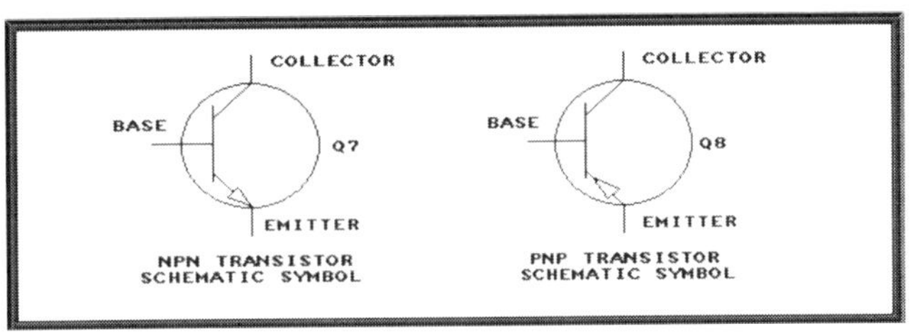

5. Junction 트랜지스터는
   a. PNP 혹은 NPN 트랜지스터를 구성하고 있는 3개의 P,N영역을 가지고 있다.
   b. PN,NP,NNP,PPN등의 트랜지스터를 구성하고 있는 3개의 P,N 접합을 가지고 있다.
   c. PN,NP트랜지스터를 구성하고 있는 2개의 P,N 반도체 물질을 가지고 있다.

트랜지스터의 한쪽 끝을 ***에미터*** 라고 하고, 중간 지역을 ***베이스*** 라고 하며 마지막 한쪽 끝을 ***컬렉터*** 라고 한다. Junction 트랜지스터는 3개의 단자를 가지고 있으며, 그것은 각각 컬렉터, 베이스, 에미터와 연결되어 있다.

6. 트랜지스터의 중간 지역은
   a. 컬렉터이다. 그리고 나머지 두끝은 베이스와 에미터이다.
   b. 에미터이다. 그리고 나머지 두끝은 베이스와 컬렉터이다.
   c. 베이스이다. 그리고 나머지 두끝은 컬렉터와 에미터이다.

기호로 나타낼 때 트랜지스터는 일반적으로 Q7,Q8 과 같이 Q로 표시한다.

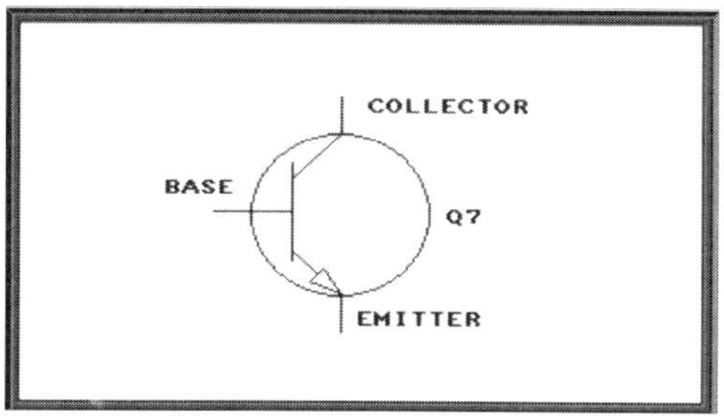

7. 옆 그림의 기호는
   a. NPN 트랜지스터이다.
   b. PNP 트랜지스터이다.

실험과정

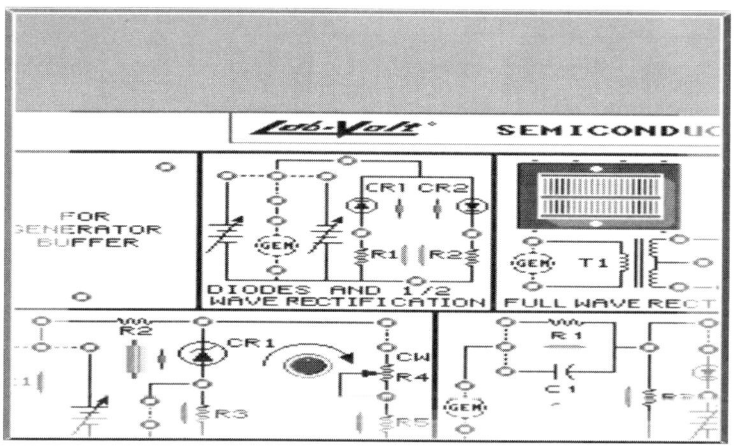

1. 다음 물음에 답하기 위해서 base unit에 연결된 SEMICONDUCTOR DEVICES 회로 블럭에 있는 회로 블럭을 실험하여라.

2. 다이오드와 1/2 파동 정류기에 있는 두개의 다이오드(CR1,CR2)는 무엇으로 패킹된 다이오드인가?
   a. 금속과 유리
   b. 유리
   c. 플라스틱

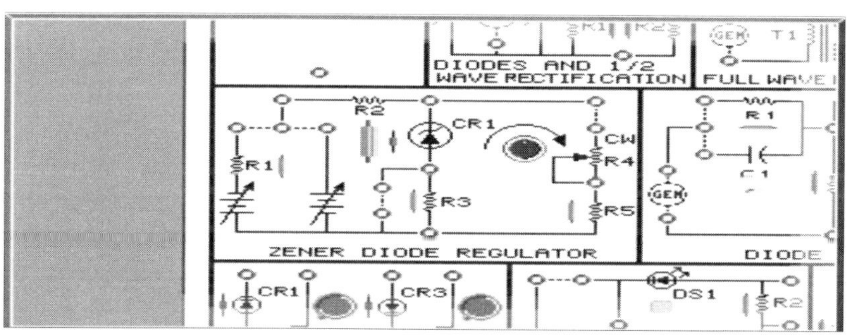

3. 이회로 블럭에서 CR1의 위쪽은 음극인가, 양극인가?
   a. 양극
   b. 음극

4. 제너 다이오드 레귤레이터에서 CR1은 어떤 형태의 다이오드인가?
   a. LED
   b. 제너 다이오드
   c. 일반 다이오드

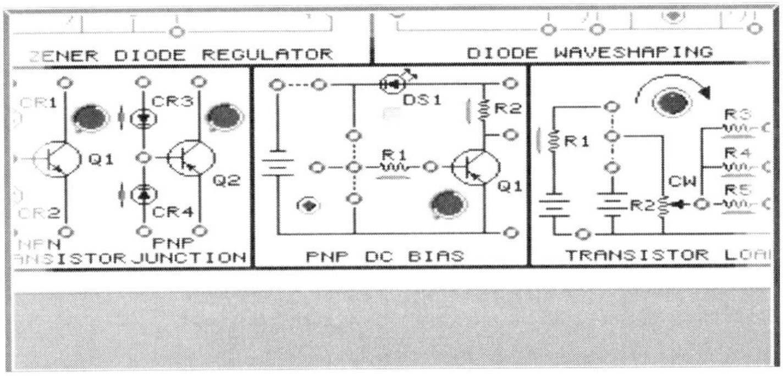

5. PNP DC 바이어스 회로블록에서 다이오드는 어떤 형인가?
   a. LED
   b. 제너다이오드
   c. 일반 다이오드

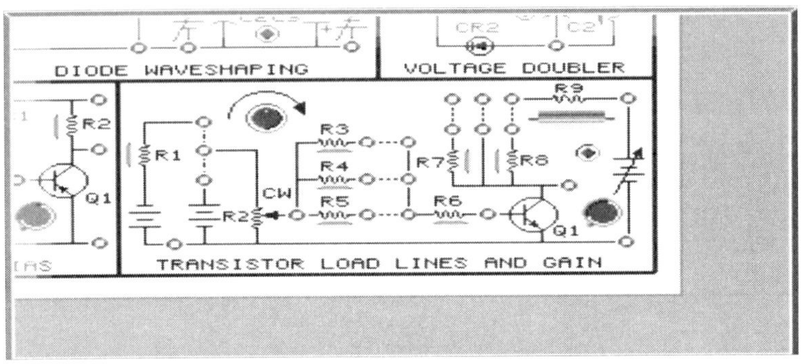

6. TRANSISTOR LOAD LINES AND GAIN 회로 블럭에서 트랜지스터(Q1)는 어떤 형인가?
   a. PNP
   b. NPN

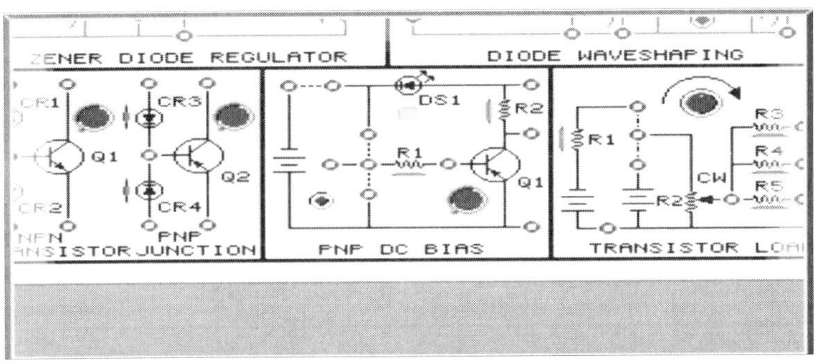

7. PNP DC 바이어스 회로 블럭에서 Q1은 무슨 형인가?
   a. PNP
   b. NPN

8. 트랜지스터 접합회로 블럭에서 Q1과 Q2는 무엇으로 패킹되어 있나?
   a. 플라스틱
   b. 금속

결 론

þ 다이오드와 트랜지스터는 일반적으로 실리콘과 게르마늄과 같은 반도체 물질로 되어 있다.

þ 다이오드는 하나의 PN접합으로 구성되어 있으며, 트랜지스터는 2개의 PN 접합으로 구성되어 있다.

þ 다이오드는 하나의 PN접합으로 구성되어 있으며, 트랜지스터는 2개의 PN접합으로 구성되어 있다.

þ PNP 트랜지스터 기호는 에미터에서 베이스쪽으로 화살표가 나 있으며, NPN 트랜지스터는 베이스에서 에미터 쪽으로 화살표가 나 있다.

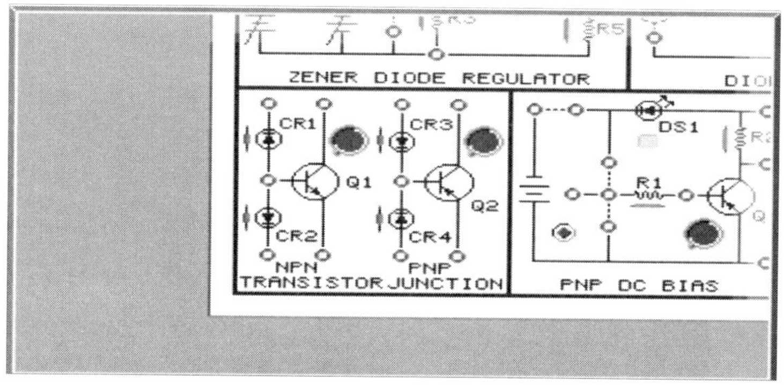

þ 다이오드는 음극과 양극의 2개의 단자를 가진다. 트랜지스터는 에미터, 베이스, 컬렉터의 3개의 단자를 가진다.

1. 다이오드의 2 region은?
   a. 에미터와 음극이다.
   b. 양극과 음극이다.
   c. 베이스와 음극이다.
   d. 에미터와 컬렉터이다.

2. 제너다이오드의 음극을 가리키는 기호는?
   a. 직선이다.
   b. Z자 모양이다.
   c. 화살표이다.
   d. 원이다.

3. 트랜지스터는 몇개의 단자를 가지는가?
   a. 3개 b. 2개 c. 4개 c. 4개

4. PNP 트랜지스터의 기호는 에미터에서 _____쪽으로 향하는 화살표를 가진다.
   a. 베이스 b. 에미터 c. 컬렉터 d. 음극

5. 트랜지스터의 베이스 영역은?
   a. 항상 N 형이다.
   b. 항상 P 형이다
   c. 끝 영역의 하나이다.
   d. 에미터와 컬렉터 사이이다.

실험 2

실험목표

이 실험을 하기 위해서 기초적인 회로 블럭에 익숙해져야 하며, 회로블럭에 대한 이해와 트랜지스터 회로의 작동에 대해서 알고 있는 것을 확인하여야 한다.

기본내용

반도체 회로 보드는 8개의 회로 블럭으로 이루어져 있다.

- 다이오드와 반파 정류회로 블럭
- POWER SUPPLY 필터가 달린 전파 정류회로 블록
- 제너다이오드 레귤레이터 회로 블럭
- 다이오드 WAVESHAPING 회로 블록
- VOLTAGE DOUBLER 회로 블록
- TRANSISTOR JUNCTION 회로 블록
- PNP DC 바이어스 회로 블록
- TRANSISTOR LOAD LINES AND GAIN 회로 블록

회로 보드는 또한 GENERATOR BUFFER의 설치 위치를 가진다. GENERATOR BUFFER의 사용은 F.A.C.E.T. Computer-Based Laboratory User's Guide 의 부록 E에서 설명 될 것이다.

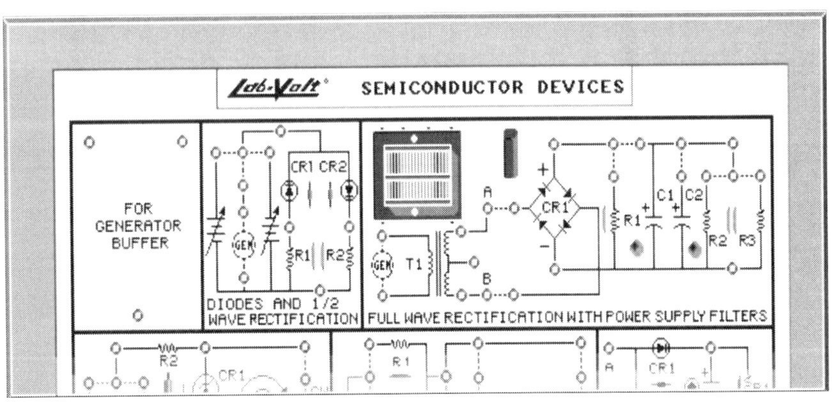

첫 회로는 다이오드의 반파 정류회로 블록이다. 이 회로에는 2개의 저항(R1,R2)과 연결된 2개의 다이오드(CR1,CR2)가 있다. CR1의 음극과 CR2의 양극은 POWER SUPPLY와 SIGNAL GENERATOR에 연결되어 있다. 회로 블럭은 다이오드의 극성과 전압강하를 보여준다. 또한 반파 정류회로에서 다이오드 회로의 역할을 보여준다.
전파 브리지 정류기(CR1)는 다이아몬드 모양으로 이어진 4개의 다이오드로 되어 있다.
필터가 있는 전파 정류기와 필터가 없는 정류기를 볼 수 있다.

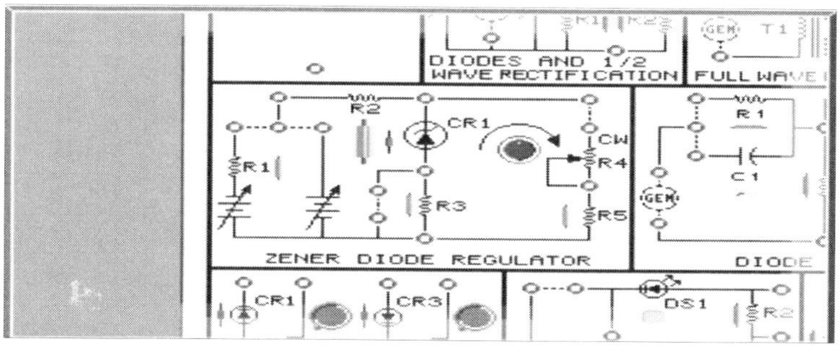

제너다이오드 레귤레이터 회로 블록은 제너다이오드(CR1) 의 전압강하 특성을 보여준다.

회로 블럭은 또한 제너 다이오드가 변화하는 전압이나 전류에 대해서 어떻게 전압을 일정하게 해주는 지를 보여준다.

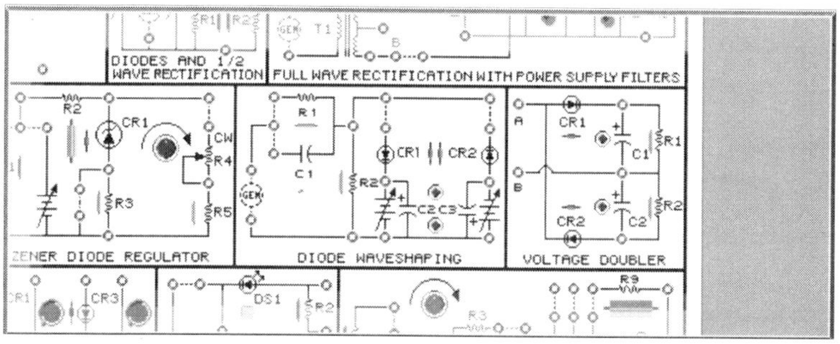

클리핑회로와 클램핑회로는 다이오드로 이루어져서 신호를 정형(wave-shaving)하는 역할을 한다.

다이오드(CR1 과 CR2)는 (+)와 (-) 로 변화하면서 공급되는 전압을 조절하는 역할을 한다.

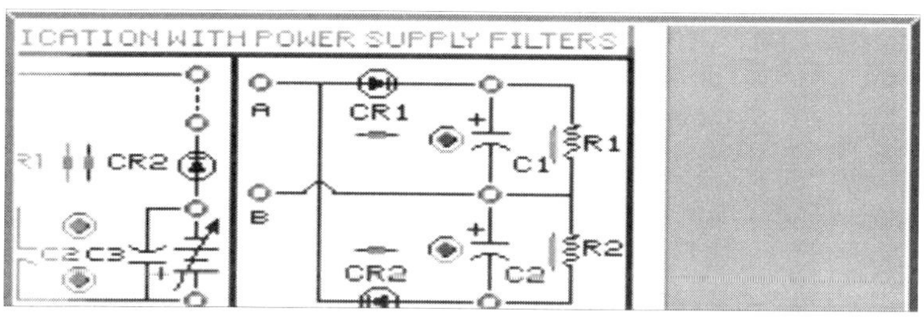

2배 전압정류기 회로는 서로 연결된 2개의 다이오드(CR1,CR2)와 2개의 커패스터(C1,C2)가 교류신호를 어떻게 정류해서 입력 최대 전압의 2배의 직류 전압을 출력하는 지를 보여준다.

POWER SUPPLY 필터를 가지고 있는 전파 정류기 회로블럭의 변압기 (T1) 2차 코일의 출력은 A,B 사이의 2배 전압정류기의 입력으로 사용된다.

1. 반도체 회로 보드의 첫 5개의 회로 블록은
   a. 다이오드와 트랜지스터 회로가 섞여 있다.
   b. 단지 다이오드로만 되어 있다.

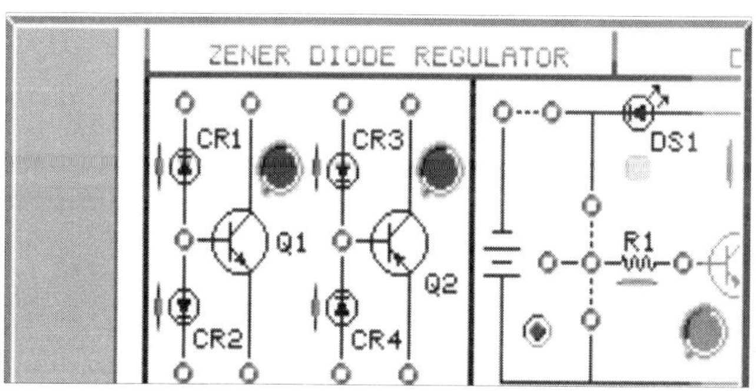

NPN트랜지스터(Q1)과 PNP트랜지스터(Q2)의 연결로 만들어진 순방향, 역방향 바이어스 전압 트랜지스터 JUNCTION 회로 블럭을 이루고 있다.

CR1에서 CR4까지의 4개의 다이오드는 다이오드와 트랜지스터 JUNCTION의 유사점을 보여주고 있다. PNP DC 바이어스 회로 블럭은 트랜지스터(Q1)를 사용해서 LED(DS1)을 껐다, 켰다하는 것을 보여준다. 이 회로는 트랜지스터 Q1의 베이스-에미터 JUNCTION에 순방향, Q2의 베이스-에미터 JUNCTION에 역방향바이어스로 연결될 수 있다.

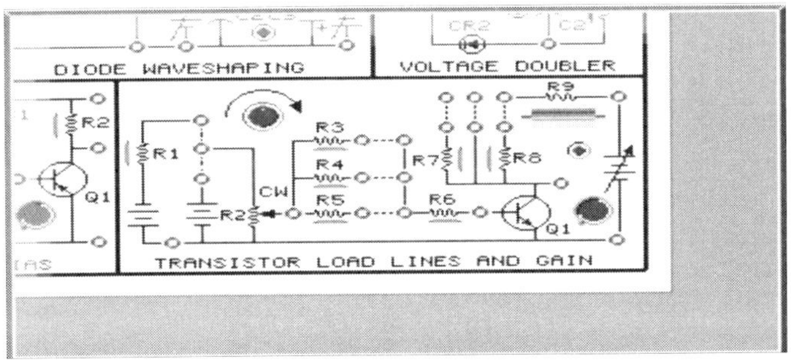

베이스 - 에미터 전압, 베이스 전류 와 베이스 전류와 컬렉터 전류의 관계를 TRANSISTOR LOAD LINES AND GAIN 회로 블럭에서 보이고 있다.

이 회로 블럭으로 또한 서로 다른 컬렉터 전류에 대해 트랜지스터 회로의 DC LOAD LINE을 알 수 있다.

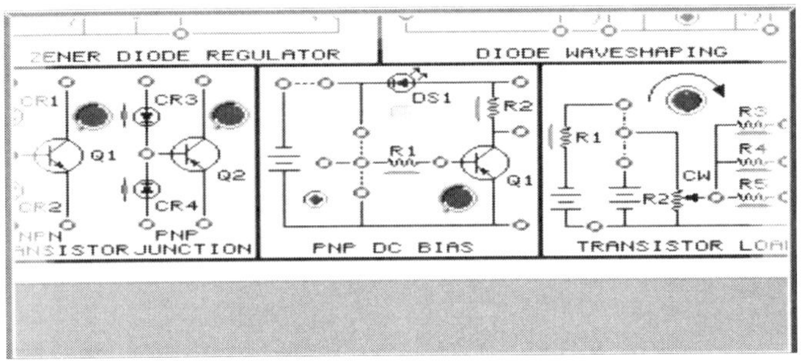

2. NPN트랜지스터를 포함하고 있는 회로 블럭은
   a. 트랜지스터 JUNCTION과 트랜지스터 LOAD LINES AND GAIN 회로 블록 이다.
   b. 트랜지스터 JUNCTION 과 PNP DC 바이어스 회로 블록이다.

실험과정

1. SEMICONDUCTOR DEVICES 회로 보드에서 회로 블럭을 관찰하라.

✔ 4개의 다이오드로 된 다이몬드형 브리지 회로는
   a. 제너 다이오드 레귤레이터 회로블럭이다.
   b. 2배 전압 정류기 회로 블록이다.
   c. 트랜지스터 LOAD LINES AND GAIN 회로 블록이다.
   d. POWER SUPPLY 필터가 달린 전파 정류기 회로 블록이다.

2. 단지 하나의 NPN 트랜지스터만을 가지고 있는 회로 블럭은
   a. PNP DC 바이어스 회로 블록이다.
   b. 다이오드 파형 정형회로 블록이다.
   c. 트랜지스터 LOAD LINES AND GAIN 회로 블록이다.
   d. POWER SUPPLY 필터가 달린 전파 정류기 회로 이다.

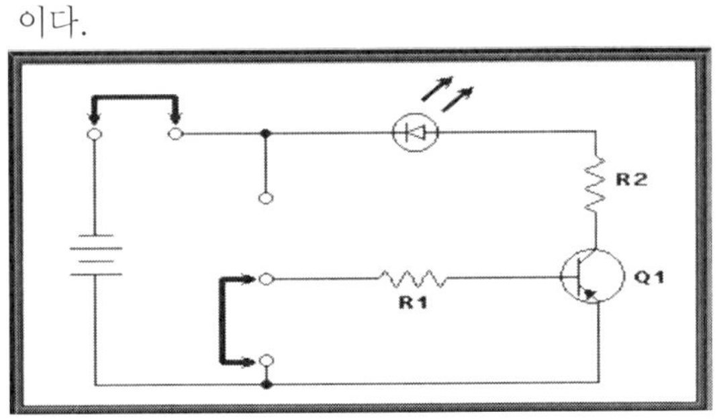

3. 다이오드의 바이어스를 맞추기 위해서 +Vcc를 조절 가능한 POWER SUPPLY를 가지고 있는 회로 블럭은
   a. 다이오드와 반파 정류 회로 블록이다.
   b. 다이오드 파형 정형 회로 블록이다.
   c. 제너 다이오드 레귤레이터 회로블럭이다.
   d. 2배 전압 정류기 회로 블록이다.

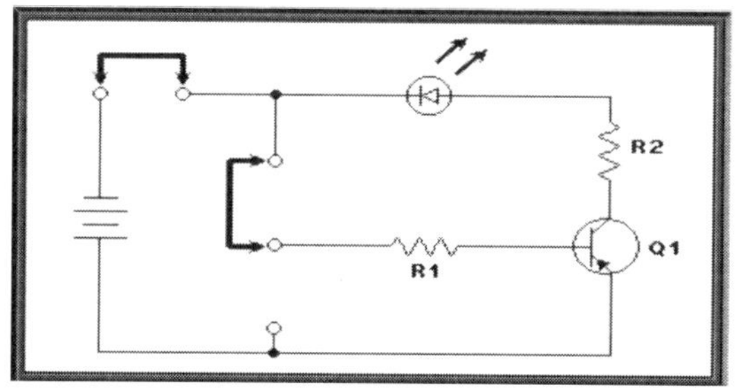

4. PNP DC 바이어스 회로 블럭을 놓고, 그 회로를 옆의 회로와 같이 연결하라.

5. LED 에 불이 켜지는가?
   a. 예
   b. 아니요

6. 위에 보이는 것처럼 두 지점사이의 연결을 이동시키면 LED는 켜지는가?
   a. 예
   b. 아니요

7. 두 지점에서 CONNECTOR를 삽입하고 제거함에 따라 LED를 관찰하라.
   트랜지스터 Q1이 전기적으로 조절되는 스위치로서 작용한다는 것을 알 수 있는가?
   a. 예
   b. 아니요

결 론

- 8개의 회로 블럭과 제너레이터 버퍼를 위한 연결 공간은 SEMICONDUCTOR DEVICES 회로 블럭에 있다.
- 다이오드 회로 1개, 2개의 다이오드 트랜지스터 회로, 1개의 트랜지스터 회로 등 5개의 회로 블럭이 있다.
- 몇 개의 회로 블럭에는 고정된 VOLTAGE가 공급되지만, 다른 것들에는 (+),(-)로 조절 가능한 POWER SUPPLY가 있다.
- 몇 개의 회로 블럭에는 가변 저항이 있다.
- PNP DC 바이어스 회로 블럭에서 트랜지스터는 LED를 켜고 끄는 역할을 한다.

unit 2

다이오드와 반파 정류

단원목표

이번 단원에서는, 다이오드 실험 회로를 이용하여 반도체 다이오드의 동작 원리와 다이오드의 반파 정류에 대하여 알아본다.

단원기본지식

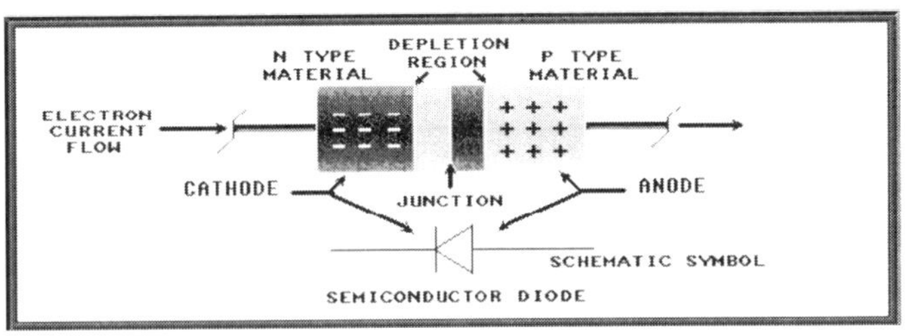

그림과 같이 다이오드는 전류를 한 방향으로만 흐르게 한다.

다이오드 접합의 공핍영역(depletion region)을 통과해 전류가 흐르려면 전압을 추가로 걸어 주어야 한다.

✓ 다이오드에 대해 옳은 것은?

a. 교류 (ac)가 통과해 흐를수 있다.

b. 한 방향으로만 전류가 흐를 수 있다.

다이오드 반도체 접합의 공핍영역에 걸리는 여분의 전위차를 ***장벽전압(barrier voltage)***이라고 한다. 게르마늄 다이오드의 장벽전압은 약 0.3V 이고 실리콘 다이오드의 장벽전압은 약 0.6V (0.5V 에서 0.7V)이다. 장벽전압은 다른 말로 다이오드 ***순방향 전압 강하(forward voltage drop, VF)*** 라고도 한다.

✓ 실리콘 다이오드의 장벽전압(barrier voltage)은 약 얼마인가?

a. 6.0V. b. 0.6V. c. 0.3V.

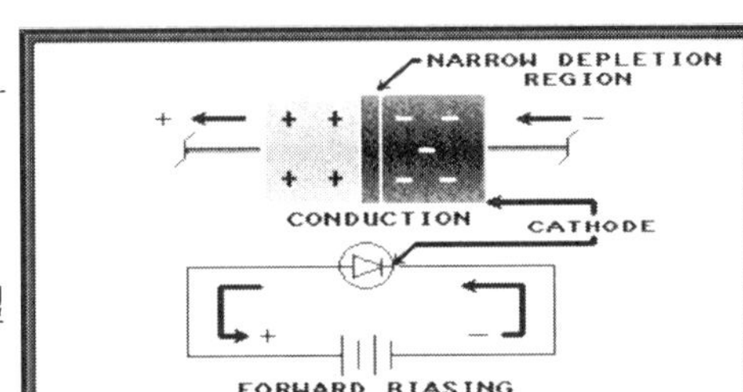

다이오드의 음극(cathode)에 (-)전압을 걸어주면, N 형 물질의 전자들 은 힘을 받아 접합쪽으로 가까이 움직이게 된다.

이와 유사하게, 장벽(barrier) 너머 의 음전하가 증가함에 따라서, 양 극(anode)으로 사용되는 P형 물질의 양전하가 접합(junction)쪽으로 끌어당겨진다.
장벽 전압보다 높은 전압이 걸릴 때, 공핍영역(depletion region)의 길이는 작아지고, 전자는 접합(junction)의 건너편에서 전원의 (+)단자쪽으로 이동한다.

✓ 다이오드에 완전한 순방향 바이어스가 걸리는 것은 언제인가?
  a. 적용 전압이 장벽전압보다 클 때.
  b. 전류가 흐르지 않을 때

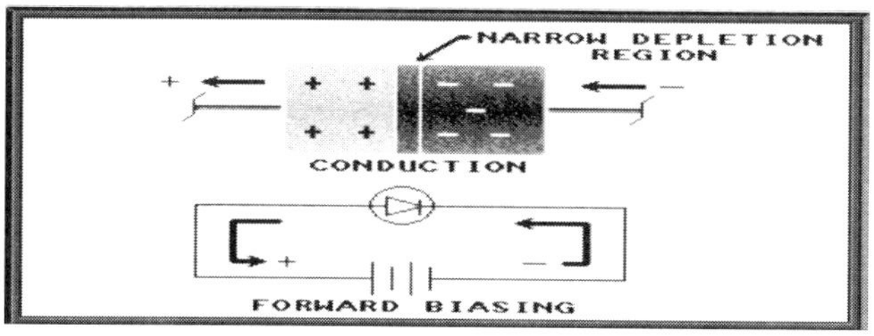

다이오드의 음극(cathode)에는 (+)전압을 걸어주고, 양극(anode)에는 (-)전압을 걸어주면, N형 물질의 전자들은 접합에서 전원의 (+)단자쪽으로 끌어당겨지게 된다. 또 P형 물질의 양전하들은 접합으로부터 전원의 (-)단자 쪽으로 끌어당겨지게 된다.

이러한 전하의 이동은 공핍영역(depletion region)의 길이를 증가시키게 되는데, 이때 다이오드는 ***역방향 바이어스 (reverse biased)*** (오프 상태, off state) 상태에 있다고 하며 전류가 흐르지 않는다.

✓ 다이오드에 걸리는 역방향 바이어스에 대해 옳은 것은 ?
  a. 다이오드의 음극에 (+)전압을 걸어주고, 양극에 (-)전압을 걸어준다.
  b. 다이오드에 전류가 흐르게 된다.

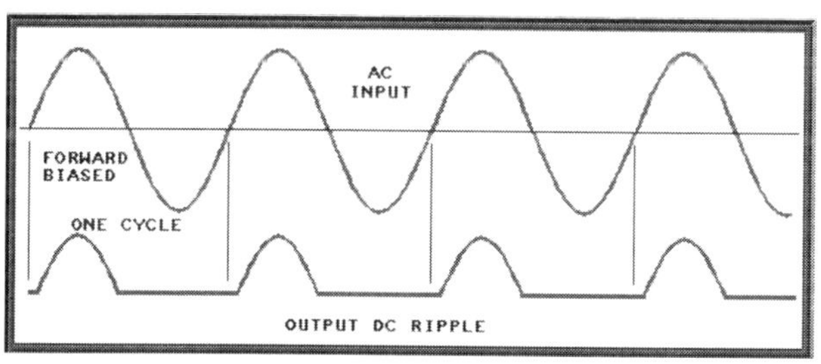

장벽전압을 극복하기에 충분히 큰 교류(ac)전압이 다이오드에 공급된다면, 다이오드는 계속 변화하는 교류전압이 순방향 바이어스 상태일 때마다 전류를 흐르게 한다.

다이오드는 변화하는 교류 전압이 역방향 바이어스 상태일 때에는 전류를 흐르게 할 수 없다.

교류 전압의 반주기를 맥동 직류전압 (pulsating dc voltage)으로 변환하는 과정을 ***반파 정류 (half-wave rectification)*** 라고 한다.

✓ 다이오드의 반파 정류(half-wave rectifier)기능에서, 교류 입력이 어느 상태일 때, 출력이 직류 맥동 전압(dc pulsating voltage) 인가?
  a. 역방향 바이어스 상태
  b. 순방향 바이어스 상태

필요한 실험 도구

이번 실험을 하기 위해서 다음과 같은 것들이 필요하다:

- .A.C.E.T. 베이스 유닛
- SEMICONDUCTOR DEVICES 회로 보드
- 파워 서플라이 (15 Vdc ,2 개 필요)
- 멀티미터
- 오실로스코프 (dual trace 지원)
- 사인파 발생기

실험 1

실험목표

이번 실험에서는, 다이오드의 직류(dc) 특성 곡선을 사용 하여 일반적인 다이오드 회로의 다이오드를 테스트하여 보고, 멀티미터를 사용해 실험결과를 확인한다.

기본내용

다이오드의 직류(dc)*특성 곡선(characteristic curve)* 은 적용된 전압에 대한 전류의 흐름으로 그려 진다. 그래프의 오른쪽 부분은 순방향 바이어스(양극에 대해 음극이 (-)전압인 경우)일 때의 다이 오드의 동작을 나타내고 있다. 한눈금은 보통 1볼트의 몇분의 일이나, 몇 볼트이다.

수직축의 순방향 전류의 눈금은 보통 밀리암페어나 암페어로 다이오드의 종류에 따라 다르다.

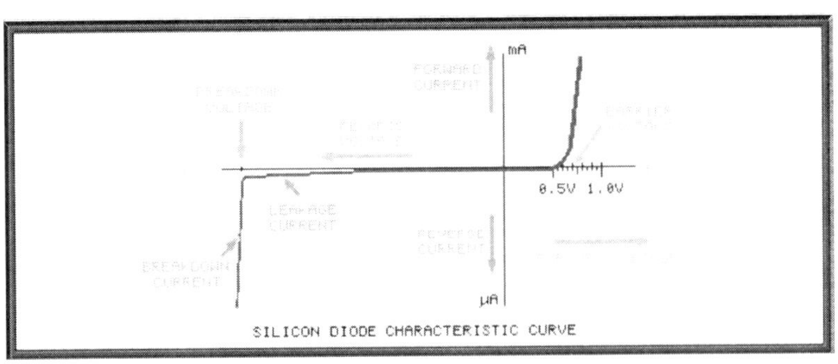

✓ 다이오드 특성곡선의 어느 쪽 부분이 순방향 바이어스에서의 동작을 나타내는가?
a. 오른쪽.
b. 왼쪽.

곡선에서 수직축의 왼쪽 부분은 역방향 바이어스(음극이 양극에 비해 (+)전압인 경우) 특성을 보여준다.

수직의 역방향 전류의 눈금은 피코 암페어(picoamps)나 마이크로 암페어(microamps)로 되어 있다.

✔ 다이오드 직류 특성곡선의 왼쪽 부분은 무엇을 나타내는가?
  a. 다이오드의 순방향 바이어스에서의 동작.
  b. 다이오드의 역방향 바이어스에서의 동작.

✔ 0V 에서 0.5V 사이의 작은 순방향 전압이 적용될 때는 장벽전압에 미치지 못하기 때문에 거의 전류가 흐르지 않게 된다. 위의 실리콘 다이오드의 직류 특성 곡선을 볼 때, 적용된 전압이 +0.75V이면 다이오드에 전류가 흐르겠는가?
  a. 아니다.   b. 그렇다.

전류가 흐르기 시작해서 도체 상태가 되기 시작한 후에, 전류가 증가함에 따라서 다이오드에 걸리는 전압은 아주 조금만 증가한다. 거의 일정한 이 전압이 순방향 전압강하 (forward voltage drop , V_F)이다. 게르마늄 다이오드의 경우, 약 0.3V의 더 낮은 순방향 전압에서 전류가 흐르기 시작한다.

✔ 장벽전압 위쪽에서, 다이오드의 전압 강하는 어떻게 되는가?
  a. 거의 일정하다.
  b. 매우 급격하게 증가한다.

다이오드가 역방향 바이어스 상태일 때, 특성 곡선은 거의 왼쪽 수평 축을 따라서 그려지게 된다. 그 이유는 0에서부터 역방향 전압이 증가함에 따라, 매우 작은 ***누설전류(leakage current)*** 가 역 방향으로 흐르기 때문이다.

✔ 누설 전류(Leakage current)는 다이오드의 양극(anode)과 음극(cathode)지역에 ***소수 캐리어(minority carriers)*** 가 존재하기 때문에 발생한다. 다이오드가 역방향 바이어스 일때 흐르는 매우 작은 전류 를 무엇이라고 하나?
  a. 순방향 전류(forward current).
  b. 누설 전류(leakage current).

역방향 전압이 계속 증가함에 따라서, 역방향 ***항복전압(breakdown voltage)*** 의 지점에 도달하게 된다. 이 점에서 다이오드 전류는 역방향으로 급격하게 증가하기 시작한다. 그리고 다이오드가 파괴될 수 있다.

✔ 다이오드의 역방향 전류가 급격하게 증가하기 시작하는 것은 역방향전압이 어디에 도달했을 때인가?
  a. 장벽 전압(barrier voltage).
  b. 항복 전압(breakdown voltage).

아주 정확한 것은 아니지만, 편의상, 다이오드의 순방향 전압 강하를 일정한 값으로 여기기로 하자. 실리콘 다이오드의 순방향 전압 강하는 약 0.6Vdc 이고 게르마늄 다이오드는 약 0.3 Vdc이다. 그러나 실제의 경우, 순방향 전압 강하는 순방향 전류가 증가함에 따라서 약간씩 증가한다.

✔ 다이오드의 순방향 전류가 증가함에 따라서, 순방향 전압은 어떻게 되는가?
  a. 완전히 일정하다.
  b. 약간 증가한다.

*동적 순방향 저항(dynamic forward resistance, rF)*은 보통 순방향 전압이라고 하는 데, 순방향 전류의 증가분으로 전압강하의 증가분을 나눈 비율이다. 순방향 바이어스된 다이오드는 전류를 흐르게 하는데 있어서 거의 저항이 없기 때문에, 다이오드 의 손상을 막기 위해서 외부 저항이 회로에 포함되어야 한다.

✔ 다이오드의 순방향 저항은 어떤가?
  a. 매우 작다.
  b. 매우 크다.

다이오드가 손상되기 전에 흐르는 가장 큰 전류가 최대 순방향 전류(maximum forward current) 이고, 보통 다이오드의 특성 명세서에 $I_F(max)$ 로 표시되어 있다. 순방향 바이어스된 다이오드는 열의 형태로 전력을 소모한다. 이와 같은 이유로, I_F의 값이 수 암페어 보다 큰 다이오드는 보통 열을 방출하기 쉽게 금속 포장 이 되어 있다.

✔ 다이오드는 어느 때 손상을 입을 것인가?
  a. 최대 순방향 전류를 초과했을 때.
  b. 장벽 전압을 초과했을때.

양호한 다이오드 접합은 역방향 바이어스일 때의 매우 높은 저항과 비교하여, 낮은 순방향 저항을 가지고 있다. 순방향 전압의 증가가 매우 작은데 대하여 순방향 전류는 매우 급격하게 증가하기 때문에 실제로 다이오드 접합의 순방향 저항을 측정하는 것은 매우 어려운 일다.

다이오드를 시험하기 위해서 저항 계측기(ohmmeter)를 사용할 때, 계측기로 측정한 값은 도체인 지(전류가 흐름), 부도체인지(전류가 흐르지 않음)를 알아보는 데에만 사용되어야 한다 . 측정 저항값이 접합의 정확한 저항값을 나타내는 것은 아니다.

✔ 양호한 다이오드는 저항계측기(ohmmeter)로 시험해 볼 수 있다. 다이오드가 순방향 바이어스일 때, 계측기의 값은 어떤 것을 나타내는가?
  a. 다이오드에 전류가 흐르지 않는다 .
  b. 다이오드에 전류가 흐른다.

양호한 다이오드에 순방향 바이어스로 저항 계측기를 연결할 때, 계측기의 측정값은 도체임을 나타낸다. 계측기가 나타내는 값은 실제의 저항값이 아니라 접합을 통해 전류가 흐른다는 것을 나타낸다. 저항 계측기의 측정값의 크기는 계측기의 종류와 선택된 측정 범위에 따라 다르며, 매우 다양 하다. 양호한 다이오드에 역방향 바이어스로 저항 계측기를 연결하면, 계측기의 측정값은 범위를 벗어 난 값(과부하)를 나타내며, 이는 도체가 아님을 나타낸다. 저항계측기를 다이오드 접합에 순방향 바이어스가 되도록 연결하려면, (+) 단자 (보통 붉은색 리드)를 다이오드의 양극 (anode)에, (-)단자(보통 검은색 리드)를 음극(cathode)에 연결한다.

저항계측기를 다이오드 접합에 역방향 바이어스가 되도록 연결하려면, (+) 단자 (보통 붉은색 리드)를 다이오드의 음극 (cathode)에, (-)단자(보통 검은색 리드)를 양극(anode)에 연결한다.

아래 열거된 계측기를 사용하여 어떻게 다이오드를 시험해 볼 수 있는지 다음에 나올 세 화면에서 알 수 있다.

1. LAB-VOLT 1242형 디지털 멀티미터.
   (MODEL 1242 DIGITAL MULTIMETER)
2. 다이오드 테스트 기능을 가진 디지털 멀티미터.
3. 아날로그 저항 계측기(ANALOG OHMMETER).

참고 : 다음 설명들은 F.A.C.E.T. Computer-Based Laboratory 사용자 설명서의 부록I(Appendix I)에도 있다.

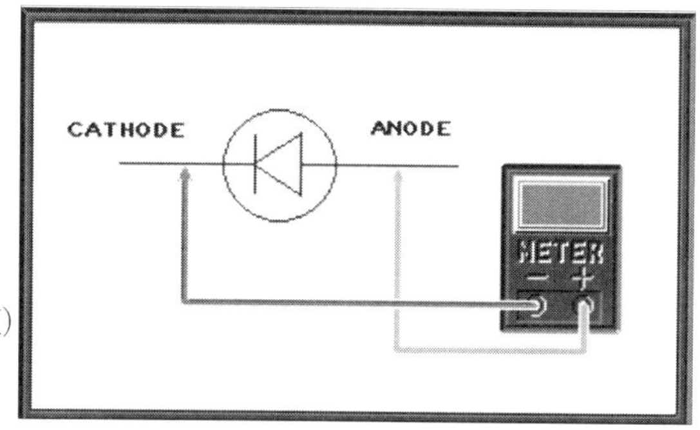

LAB-VOLT 1242형 디지털 멀티미터

다이오드를 시험하기 위해 Lab-Volt 1242형 디지털 멀티미터를 사용할 때는 저항측정 기능으로 미터를 맞춘다.
범위를 2000 kΩ으로 맞춘다.
1242 멀티미터를 양호한 다이오드 접합에 순방향 바이어스로 연결하면 측정값이 500에서 1500 사이에 있게 된다.
1242 멀티미터를 양호한 다이오드 접합에 역방향 바이어스로 연결하면 계측기의 과부하(overload, 그 범위의 최고값이 표시되고 깜박거림)를 나타낸다.

다이오드 시험 기능을 가진 디지털 멀티미터

사용하는 계측기가 다이오드 시험 기능(보통 다이오드 기호로 표시되어 있음)을 가진 디지털 멀티미터 라면, 이 멀티미터의 다이오드 시험 기능을 이용한다.
양호한 다이오드에 이 멀티미터를 순방향 바이어스로 연결하면, 약 0.5 에서 0.9사이의 값을 가리킨다.
호한 다이오드에 이 멀티미터를 역방향 바이어스로 연결하면, 측정할 수 없다는 과부하표시를 한다.

아날로그 저항 계측기

저항측정기능을 선택하고, 아날로그 저항계측기의 측정 범위를 X100으로 놓는다.
양호한 다이오드에 순방향 바이어스로 연결하면 약 500 에서1200사이의 값을 나타내어 전류가 흐르는 도체임을 알 수 있다.
양호한 다이오드에 역빙향 바이어스로 연결하면, 매우 높은 값으로 범위를 벗어남을 나타내어, 전류가 흐르지 않음을 알 수 있다.

✔ 이 그림은 다이오드를 시험하기 위해 저항계측기를 연결한 그림이다. 계측기가 과부하를 표시할 때, 다이오드의 상태는 어떠한가?
   a. 불량.   b. 양호.

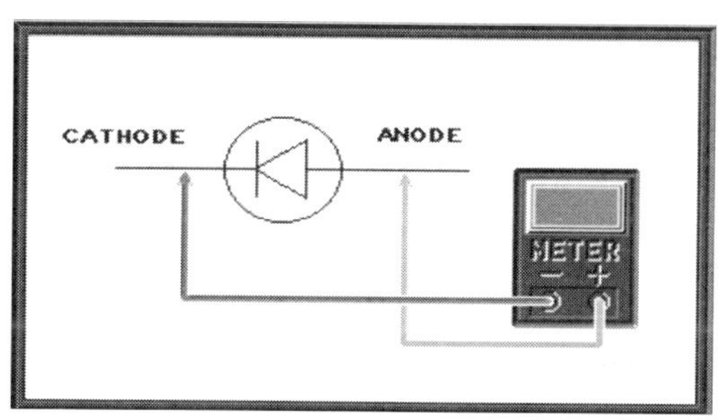

실험과정

1. SEMICONDUCTOR DEVICES 회로 보드에서 TRANSISTOR JUNCTION 회로 블록의 위치를 찾아라.

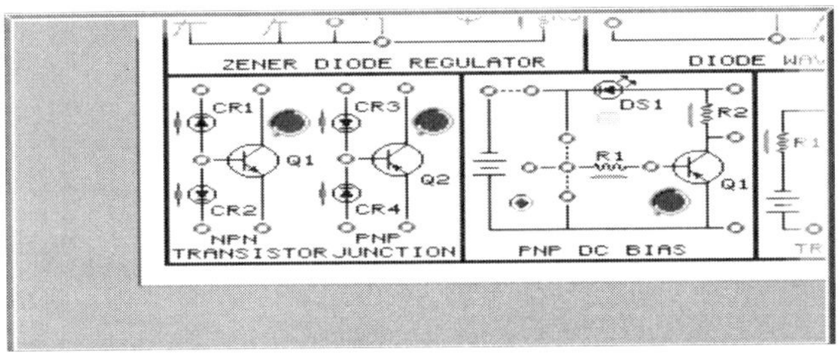

TRANSISTOR JUNCTION 회로 블럭의 CR1 다이오드 접합을 테스트하기 위해 저항계측기를 사용하려고 한다.

2. 계측기의 검정색 프로브 (공통)를 CR1의 양극(anode)의 테스트 지점에 연결하고, 빨간색 프로브를 음극 (cathode)에 연결하라. 측정값은 무엇을 나타내나?
   a. 다이오드에 전류가 흐르지 않음.
   b. 다이오드에 전류가 흐름.

3. 계측기의 측정값은 다이오드가 어떤 상태임을 나타내나?
   a. 순방향 바이어스.
   b. 역방향 바이어스.

4. 빨간색 프로브를 CR1의 양극(anode)에 연결하고, 검은색 프로브를 음극(cathode)에 연결함으로써, 계측기의 연결 방향을 바꾼다. 측정값은 다이오드가 어떤 상태임을 나타내는가?
   a. 전류가 흐르지 않는다.(부도체)
   b. 전류가 흐른다.(도체)

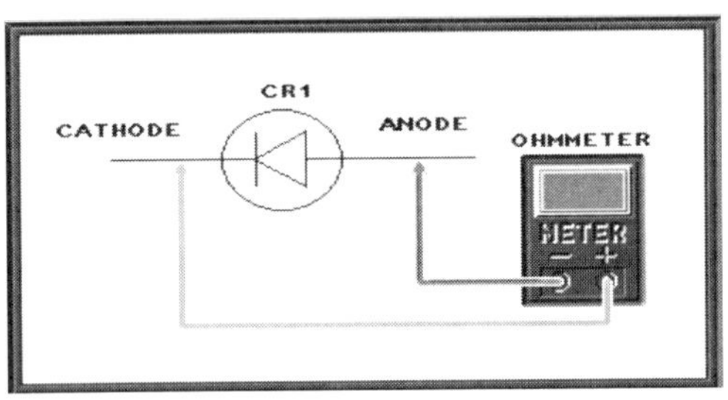

5. 프로브를 이 방향으로 연결할 때, 측정값은 다이오드가 어떤 상태임을 나타내나?
   a. 순방향 바이어스.
   b. 역방향 바이어스.

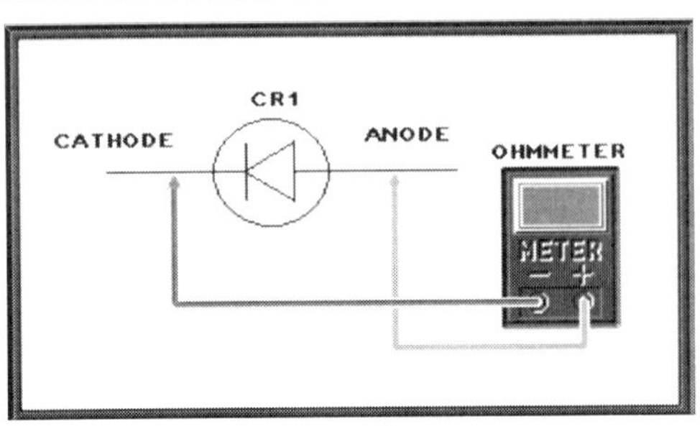

6. 다이오드 CR1은 양호한 다이오드(정상) 인가?
   a. 그렇다.　　　　b. 아니다.

7. DIODES AND 1/2 WAVE RECTIFICATION 회로 블럭을 찾아 옆 그림과 같이 연결하라.

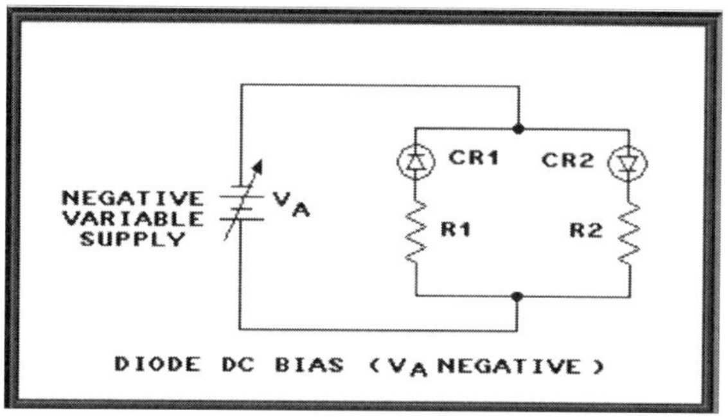

가변형 (-)전압 공급기(V_A)를 -10.0 Vdc로 조절하라.

8. R1에 걸리는 전압을 측정하라.
V_{R1} = Vdc

9. R2에 걸리는 전압을 측정하라.
V_{R2} = mVdc
V_{R1} = #V1,,5,1# Vdc
V_{R2} = #V2,,5,1# mVdc

10. 어느 다이오드가 **순방향** 바이어스 인가?
a. CR1 b. CR2

11. 어느 다이오드가 **역방향** 바이어스인가?
a. CR1 b. CR2

12. 어느 다이오드 회로가 전류가 흐르도록 하는가?
a. CR1 b. CR2

13. CR1을 통해 전류가 흐르는 이유는?
a. CR1이 역방향 바이어스이므로.
b. CR1이 순방향 바이어스 이므로.

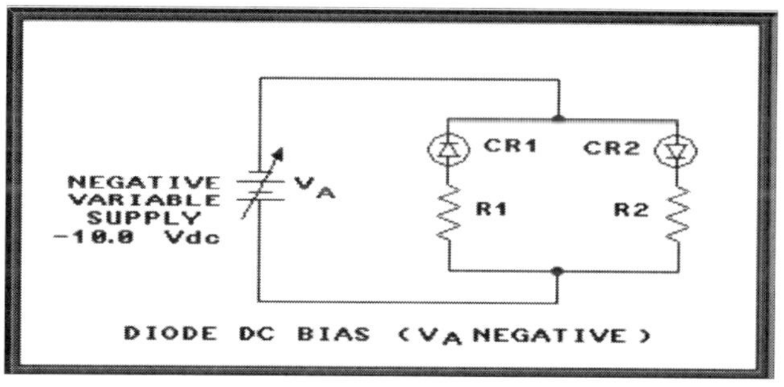

14. 그림과 같이 회로를 연결하라.

가변형 (+) 전원 공급기(V_A)를 10.0 Vdc로 조절하라.

15. R1양단의 전압을 측정하라.

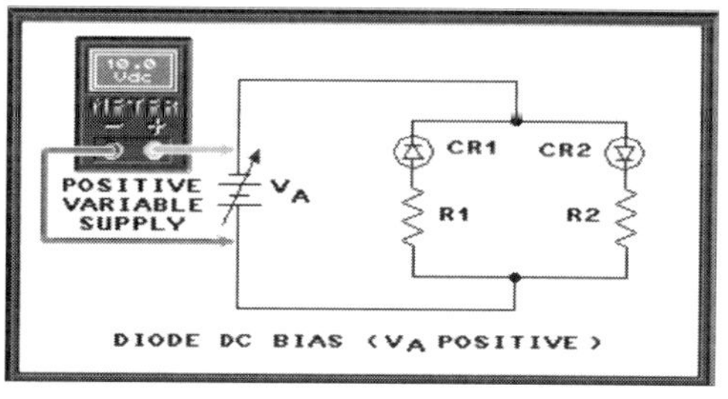

V_{R1} - mVdc

주의: 측정값은 mV(dc) 단위로 기록하라.

16. R2양단의 전압을 측정해 기록하라.
VR2 = Vdc
VR1 = #V3,,5,1# mVdc
VR2 = #V4,,4,1# Vdc

17. 어느 다이오드가 **순방향** 바이어스인가?
    a. CR1 b. CR2

18. 어느 다이오드가 **역방향** 바이어스인가?
    a. CR1 b. CR2

19. 장벽전압(barrier vol-tage)을 넘어선 후에 순방향 바이어스 된 다이오드(CR2)를 통해 흐르는 전류의 양을 결정하는 소자는 어느 것인가?
    a. CR2 b. R2 c. R1 d. CR1

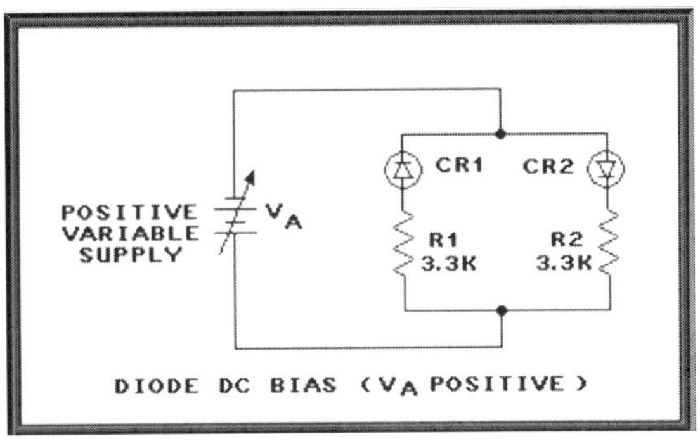

20. R2를 통과하는 전류값을 계산하기 위해 옴의 법칙을 이용한다.
    측정값V_{R2} 은 #V4,,4,1# Vdc이다.
    I_{R2} = V_{R2}/R2
    = #V4,s,4,1#/3.3 kΩ
    =   mA

21. 20번에서 계산한 I_{R2} (#I1,5,,4,2# mA)값을 이용하여,C_{R2} 를 통과하는 전류(I_{CR2})를 구하라.
    I_{CR2} =   mA

다음 단계에서는 다이오드 CR2의 순방향 바이어스 전류(I_{CR2})와 전압강하(V_D) 사이의 관계를 알아보기로 한다.

V_D에 대한 I_{CR2}의 전형적인 그래프는 그림과 같다.

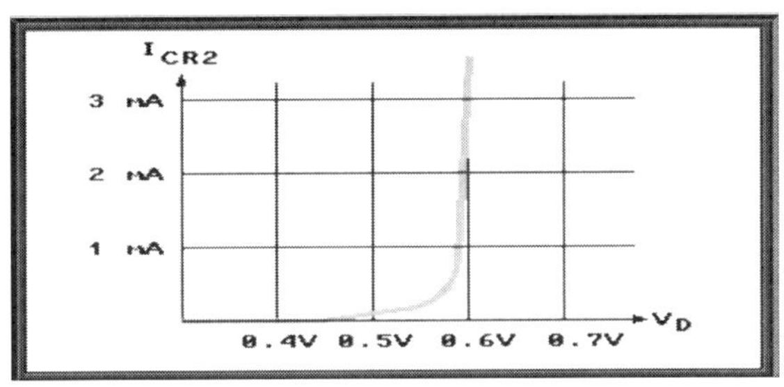

V_A	V_{R2}	I_{CR2} = V_{R2}/3.3 kΩ	V_D =V_A − V_{R2}
0.75 Vdc	Vdc	mA	Vdc
5.00 Vdc			
10.00 Vdc			

22. (+) 가변형 전원(V_A)을 0.75 Vdc에 맞추고,
    a. V_{R2}를 측정하라.
    b. I_{CR2}를 계산하라 .
    c. V_D를 계산하라.

V_A	V_{R2}	I_{CR2} = V_{R2}/3.3 kΩ	V_D =V_A − V_{R2}
0.75 Vdc	#V9,,5,3# Vdc	#I4,,5,3# mA	#V10,,5,3# Vdc
5.00 Vdc	Vdc	mA	Vdc
10.00 Vdc			

23. (+)가변형 전원 공급기(V_A)를 5.00 Vdc에 맞추고,
    a. V_{R2}를 측정하라.
    b. I_{CR2}를 계산하라.
    c. V_D를 계산하라.

V_A	V_{R2}	I_{CR2} = V_{R2}/3.3 kΩ	V_D =V_A − V_{R2}
0.75 Vdc	#V9,,5,3#	#I4,,5,3# mA	#V10,,5,3#
5.00 Vdc	Vdc	#I5,,5,3# mA	Vdc
10.00 Vdc	#V11,,5,3#	mA	#V12,,5,3#
	Vdc		Vdc
	Vdc		Vdc

24. (+)가변형 전압 공급기를 10.00 Vdc에 맞추고,
    a. VR2를 측정하라.
    b. ICR2를 계산하라.
    c. VD를 계산하라.

I_{CR2} − V_{R2}/3.3 k	V_D − V_A − V_{R2}
#I4,,5,2#	#V10,,5,3#
mA	Vdc
#I5,,5,2#	#V12,,5,3#
mA	Vdc
#I6,,5,2#	#V14,,5,3#
mA	Vdc

25. 이 표는 V_D에 대한 I_{CR2}의 결과를 보여준다. 옆의 곡선은 전형적인 다이오드 지류 특선 곡선의 순방향 바이어스 영역이다. 표의 값을 다이오드 특성 곡선과 비교하라.

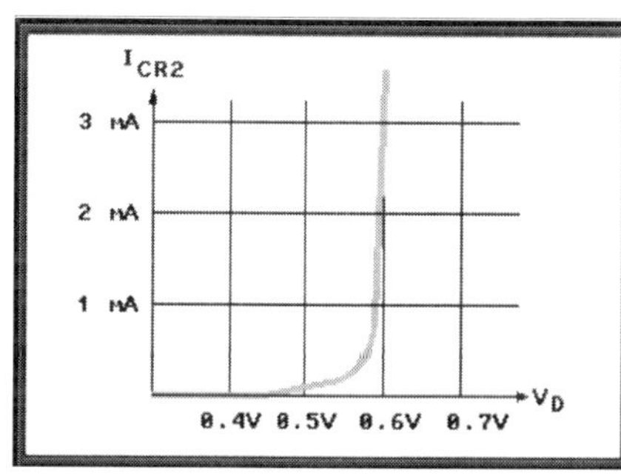

26. 표의 결과가 특성곡선과 잘 맞는가?
    a. 그렇다. b. 아니다.

27. 어떤 다이오드 전압 강하(V_D)에서 CR2는 완전히 순방향 바이어스가 되는가?
    V_D = Vdc

28. ICR2 가 #I5,,4,2# mA이상으로 증가할 때, VD 는 여전히 거의 일정하게 유지되는가?
    a. 아니다. b. 그렇다.

결론

- p 다이오드의 직류 특성 곡선(dc characteristic curve)은 순방향과 역방향 전압에 따른 전류의 흐름을 나타낸다.
- p 순방향 바이어스 전압이 증가함에 따라, 장벽전압이 극복되고, 다이오드 전압 강하의 변화가 거의 없어도 순방향 전류가 급격히 증가한다.
- p 다이오드가 역방향 바이어스일 때, 역방향 항복 전압(rever-se breakdown voltage)에 도달하기까지는 단지 작은 누설 전류(leakage current)가 흐르며, 항복 전압에서는 역방향 전류가 급격하게 증가하고, 다이오드는 파괴될 우려가 있다.
- p 다이오드는 순방향 저항(forward resistance)이 매우 낮으며, 역방향 저항(reverse resistance)이 매우 높다.
- p 저항 계측기를 이용하여 다이오드 접합을 테스트 할 수 있다.

실험 2

실험목표

이번 실험에서는, 간단한 반파 정류기 회로를 이용하여 다이오드가 어떻게 반파 정류를 할 수 있는지 알아본다. 실험 결과를 오실로스코프와 멀티미터를 이용해 확인 한다.

기본내용

교류(alternating current)를 맥동 직류(pulsating direct current)로 변환하는 가장 간단한 방법은 반파 정류(half-wave rectifica-tion)를 하는 것이다.
반파 정류기(half-wave rectifier) 회로는 위의 왼쪽 그림의 회로처럼 단지 다이오드와 부하저항만 있으면 된다.

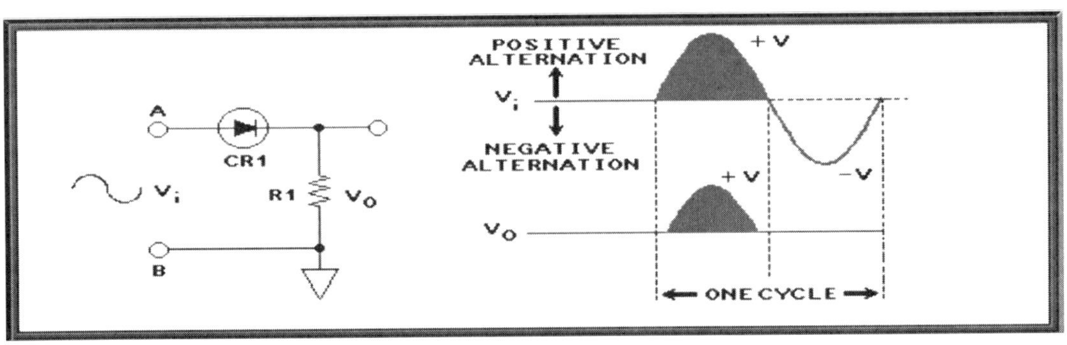

✔ 반파 정류기는 무엇을 만들어 내는가?
   a. 단지 (-) 맥동 직류 출력.
   b. 단지 (+) 맥동 직류 출력.
   c. 다이오드 연결 방법에 따라 (+)또는 (-)의 맥동 직류 출력.

교류 입력 파형이 (+)부분일 동안에 다이오드의 양극 (anode, 회로의 A지점)이 음극(cathode)에 비해 (+) 전압 이므로 전류가 흐른다.

CR1을 통해 흐르는 전류는 직렬 연결된 부하저항 R1 양단의 전압강하를 가져온다.
이 전류가 흐르는 주기는 V_i와 V_o 파형의 어두운 부분이다.

입력(V_i)의 (-) 부분이 통과하는 동안에는 양극이 음극에 비해 (-)전압이므로, 전류가 흐르지 않는다.

✔ 전류가 흐르는 이유는 무엇인가?
   a. CR1의 양극이 A에서 Vi 과 연결되어 있으므로.
   b. CR1의 음극이 A에서 Vi 와 연결되어 있으므로.
   c. 교류 주기의 약180(반)도.

✔ 반파 정류기의 출력은,
   a. 교류 전압이다.
   b. 맥동 직류 전압이다.

반파 정류기의 다이오드의 순방향 전압 강하(V_F)는, 특히 교류 입력 전압이 작을 경우에, 입력보다 상당히 작은 출력을 만들어낼 수 있다.

교류 입력 신호가 순방향 바이어스로 걸리는 동안에는, 입력 전압이 V_F에 도달할 때까지 전류가 흐르지 않는다 .

이 점을 넘어서면, 다이오드는 도체가 되기 시작하여, 부하저항에는 전압이 걸린다.

첨두(peak) 입력 전압($V_{i(pk)}$)에서 다이오드 순방향 전압 강하(실리콘 다이오드의 경우 약 0.6V)를 간단히 빼서, 첨두 회로 출력 전압($V_{o(pk)}$)을 추정할 수 있다.

✔ 다이오드 반파 정류기 의 출력전압 ($V_{o(pk)}$) 이 입력 전압($V_{i(pk)}$)보다 작은 이유는 무엇 인가?
   a. 약 0.6V의 다이오드 순방향 전압 강하 (VF) 때문.
   b. 부하 저항의 전압 강하 때문.

이 그림은 (+) 반파 정류기에서 입력과 출력 첨두 (peak) 파형 사이의 관계를 나타내 고 있다.
출력 파형은 입력 파형의 오직 (+)가 되는 부분의 (+) 맥동만을 포함하고 있다.

$V_{i(pk)}$ 를 4.0V로 증가시켰다고 할때, $V_{o(pk)}$ 를 계산하는데 아래의 방정식을 사용하면,

$V_{o(pk)} = V_{i(pk)} - V_F \quad = \quad V$

V_o 맥동(pulsation)의 출발 지점은 입력 전압이 0.6V 에 가까워질 때 ,즉 다이오드의 장벽 전압이 극복 될때 시작된다.

V_o 파형은 출력이 입력보다 약 0.6V 작다는 것을 보여준다.

반파 정류기의 입력과 출력 전압을 측정하기 위해서 오실로스코프를 사용하면, 두 신호를 관찰하고 서로 비교 할 수 있다.

✔ 왜 V_o 가 V_i보다 먼저 0V에 이르나?
a. Vi 와 Vo는 위상이 다르므로.
b. Vi 가 약 0.6V의 순방향 전압 강하보다 작을때, Vo = 0V 이다.

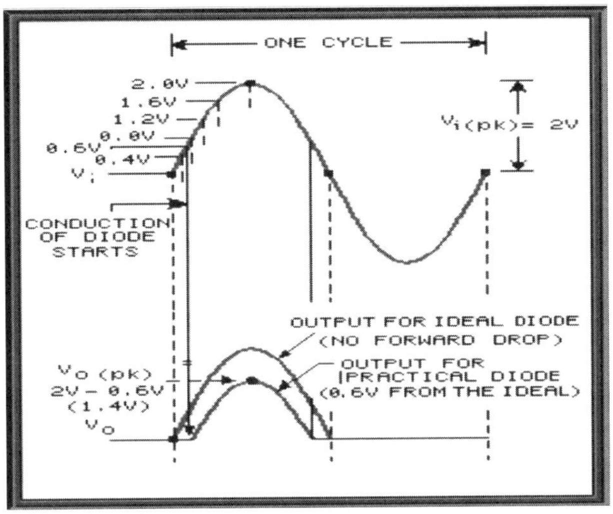

오실로스코프에 나타난 파형(traces)은 교류(입력)파형의 첨두-첨두 전압이고 정류된 (출력)파형의 첨두 전압이다.
다음에 나오는 전환 인자(conversion factors)를 사용하여 오실로스코프로 측정한 값을 근사한 rms 또는 평균값(average values)으로 바꿀 수 있다.

전환 인자는 교류 사인파 입력에서 나온 완전한 180도 반파 출력에 기초한다.

다이오드의 반파 출력은 180도의 계산된 rms 또는 평균값보다 약간 작기 때문에, 멀티미터로 측정한 값보다 작을 것이다.

다이오드 순방향 전압 강하는 오실로스코프에 나타난 첨두 출력 전압을 볼 때 알 수 있다.
그림은 반파 정류 회로에서 첨두, rms, 평균 전압 사이의 관계를 나타낸 것이다.

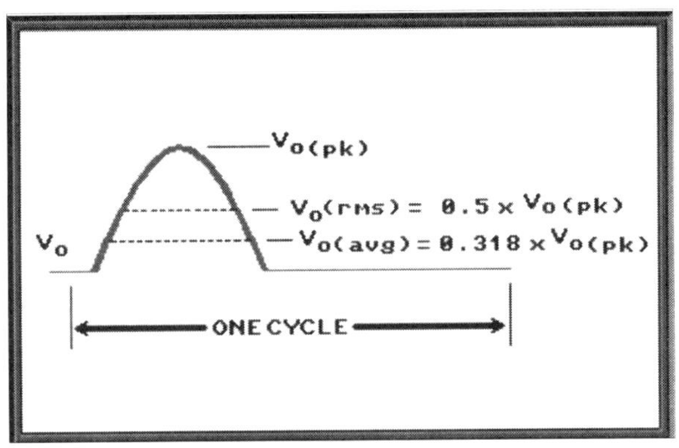

$V_{o(pk)}$ = 5V일때, $V_{o(avg)}$를 계산하라.
$V_{o(avg)}$ = 0.318 x $V_{o(pk)}$ = V

반파 정류기의 맥동 직류 출력에서 파형의 변화는 물결과 같아서 리플(ripple,맥류)이라 고도 한다.
반파 전압 정류기에서, 리플 주파수는 입력 전압 주파수와 같다.

✔ 리플 주파수는,
a. 입력 주파수의 2배이다.
b. 입력 주파수와 같다.

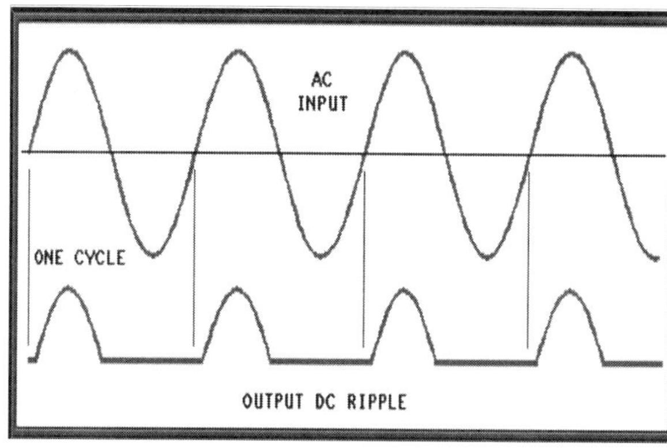

*역방향 회복 시간(reverse recovery time, tRR)*이라는 다이오드의 특성은 직류 입력 주파수가 1 kHz 보다 클때에, 보통 용도의 다이오드 반파 정류기에 불리한 영향을 줄수 있다.

다이오드 *축적 전하(stored charges)* 는 적용 전압의 극성이 바뀔때, 역방향으로 전류를 흐르게 할수 있다.

역방향 회복 시간은 보통의 반파 펄스로부터 역방향의 출력 전압 펄스를 야기 시킨다.

역방향 회복 시간의 효과는 실험과정에서 언급될 것이다.

실험과정

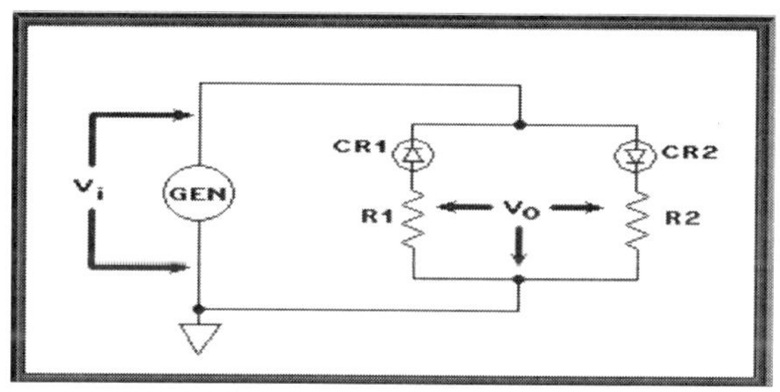

1. DIODES AND 1/2 WAVE RECTIFICATION 회로 블록을 찾아서 그림과 같이 연결한다.

2. 0 $V_{pk\text{-}pk}$의 입력 신호(V_i)를 갖는 1000 Hz의 사인파를 발생하도록 파형 발생기를 맞춘다.

3. X10 프로브를 오실로스코프의 두 채널에 연결한다.

   채널 1과2를 모두 직류 커플링(dc coupling)으로, 수직 전압 조절기를 50 mV/div으로, 수직 모드(vertical mode)를 CHOP 으로 맞춘다.

   수평 시간 조절기(horizontal sweep control)를 0.2 ms/div로 맞추고, 트리거(trigger)를 채널 1로 맞춘다.

   채널 1의 파형을 오실로스코프 화면의 위쪽에 나타나게 하고 채널 2의 파형을 아래쪽에 나타나도록 위치시켜라.

4. 오실로스코프의 채널 1의 프로브를 회로의 교류입력에 연결하라.
   파형 발생기를 2.0 Vpk-pk 입력 신호 (Vi)를 발생시키도록 조정하라.

5. DIODES AND 1/2 WAVE RECTIFICATION 회로 블럭에 있는 어떤 다이오드와 저항으로 된 회로가 (+) 반파 직류 출력을 만들어 내는가?
   a. CR1 과 R1　　　　　b. CR2 과 R2

6. 채널2의 프로브를 부하저항 R2의 양단에 연결하고, CR2의 출력 파형을 살펴보자. 채널2의 CR2의 출력에서 (+) 맥동 반파 직류 신호가 나타나는가?
   a. 그렇다.　　　　　b. 아니다.

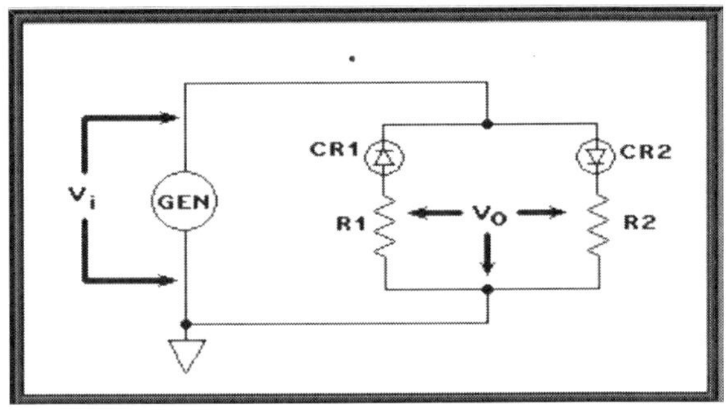

7. 채널2 의 프로브를 부하저항 R1의 양단에 연결하고, CR1의 출력 파형을 관찰하라. CR1의 출력으로 (-)반파 직류 신호가 나오는가?
   a. 그렇다.　　　　　b. 아니다.

8. 교류 입력 신호가 (+)인 동안에 CR1에서 (+)반파 직류 출력이 발생하지 않는 까닭은 무엇인가?
   a. 교류 입력 신호의 (+)부분에서는 CR1이 순방향 바이어스가 되기 때문에(음극이 양극에 비해(-)).
   b. 교류 입력 신호의 (+)부분에서는 CR1이 역방향 바이어스가 되기 때문에(음극이 양극에 비해 (+)).

9. 채널2의 프로브를 R1양단에 연결시킨채, 수평 시간 조절기를 0.5 ms/div. 로 조절하라. 채널2의 커플링 스위치를 GND로 옮겼다가 다시 DC로 놓아라. (-)반파 출력 신호는 무엇인가?
   a. 교류 신호이다.
   b. 맥동 직류 신호(pulsating dc signal)이다.

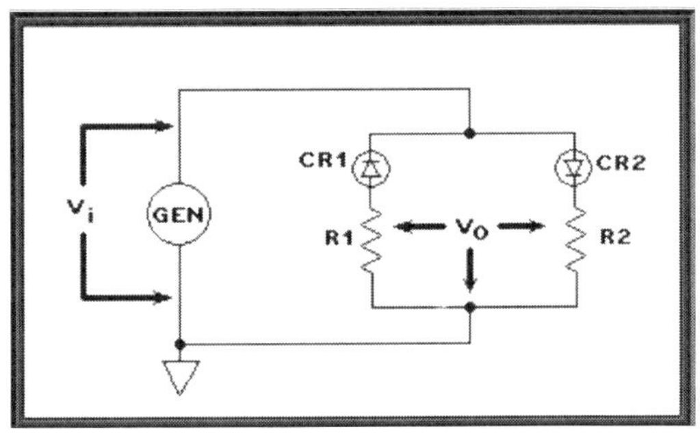

10. 수평 시간 조절기(horizontal sweep)를 0.2 ms/div.으로 맞춰라.
    채널2의 프로브를 R2의 양단에 연결하라.

    채널1과 2의 0 Vpk가 스코프 격자의 가운데의 수직선에 위치하도록 수직 위치 조절 손잡이를 조절하라. 필요하다면, 채널1의 교류 입력 신호를 2.0 Vpk-pk가 되도록 조절하라.

11. 오실로스코프 화면에서, (+) 교류 맥동 출력 신호 (dc pulsating output signal, $V_{o(pk)}$)의 첨두(peak) 전압을 측정하라.
    $V_{o(pk)}$ = 　　　V_{pk}

12. 1 V_{pk} 교류 입력 신호 첨두 전압과 11번에서 측정한 출력 신호 첨두 전압($V_{o(pk)}$)의 차이는 얼마인가?
    　　Vdc

13. 다이오드 반파 정류기의 첨두 출력 전압(Vo(pk)) 이 첨두 교류 입력 전압보다 작은 이유는 무엇 때문인가?

    a. 다이오드 순방향 전압 강하(VF)때문.
    b. R2양단의 다이오드 전압 강하 때문.

14. 교류 입력 신호를 4.0 V_{pk-pk}으로 증가시켜라. 오실로스코프의 화면에서 2 V_{pk} 교류 입력전압과 첨두 출력 전압($V_{o(pk)}$) 사이의 차이를 측정하라.
    Vdc

15. 입력을 2.0 에서 4.0 V_{pk-pk}로 올린 후에, 첨두 교류 입력 전압과 첨두 출력 전압 사이의 차이는 여전히 거의 같은가?
    a. 그렇다.　　　　　b. 아니다.

16. 채널2의 프로브를 R1의 양단에 연결한다. (-)첨두 교류입력 전압과 (-)직류 펄스의 차가, (+)입력과 출력의 차와 거의 같은가?
    a. 그렇다.　　　　　b. 아니다.

17. 채널2의 프로브를 R2양단에 연결하라.
    V_i 을 2.0 V_{pk-pk}로 조절하라.

18. 채널 1과 2의 수직 전압 조절기를 20 mV/div로 맞추고 수평 시간 조절기를 50 ms/div로 맞춰라.

    오실로스코프의 수직과 수평조절기를 신호가 오실로스코프 화면에 그림과 같이 나타나도록 조절하라.

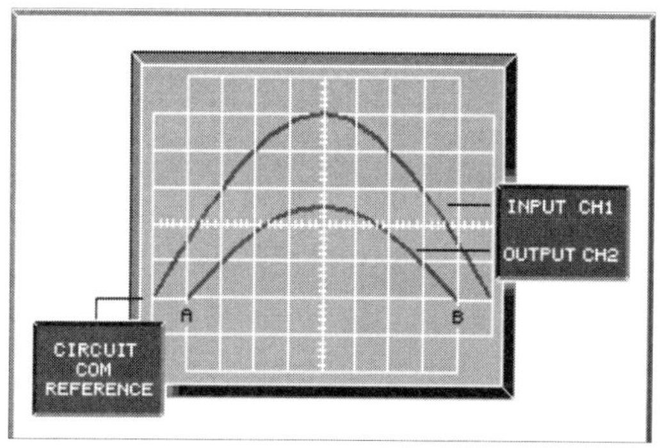

19. A점에서, 다이오드 CR2는,
    a. 역방향 바이어스가 되었다.
    b. 순방향 바이어스가 되어 전류가 흐르기 시작하였다.

20. B점에서, 다이오드 CR2는,
    a. 교류 입력 전압이 VF보다 작기 때문에 전류가 흐르지 않게 된다.
    b. 순방향 바이어스가 된다.

21. A점 이전과 B점 이후의 교류 입력 전압은 다이오드 장벽 전압을 극복하기에 충분한가?
    a. 그렇다.　　　　　b. 아니다.

22. 오실로스코프의 수직 모드를 채널 2로 맞추고, 수직 전압 조절기를 0.1 V/div. 로, 수평 시간 조절기를 0.2 ms/div. 로 맞춘다.
    파형 발생기를 3.0V의 첨두 직류 출력 전압($V_{o(pk)}$)이 나오도록 조절한다.

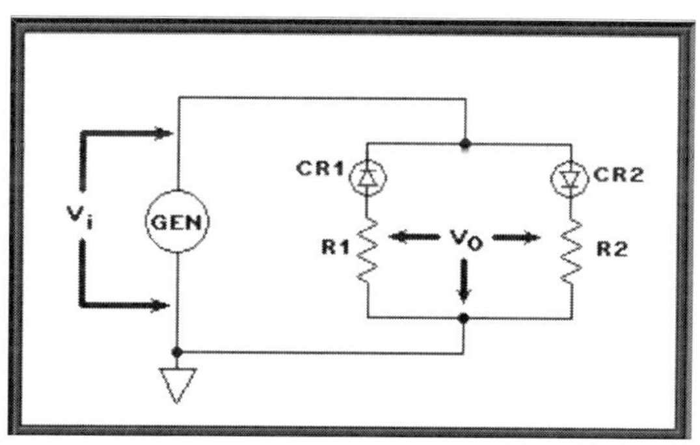

23. 평균 출력 전압($V_{o(avg)}$)을 계산한다.

    $V_{o(avg)}$ = 0.318 x $V_{o(pk)}$ = 　　V

24. 멀티미터로 R2양단의 평균 직류 전압을 측정하라.

$V_{o(avg)}$ = V

25. 측정값 $V_{o(avg)}$ (#V19,,5,3#)가 계산값 $V_{o(avg)}$ (#V18,,5,3#) 보다 작은 이유는 무엇인가?
   a. 멀티미터의 측정 오차 때문.
   b. 실제의 교류 출력은 180도 보다 작은데 계산식 Vo(avg) = 0.318 x Vo(pk) 에서는 교류 출력을 180도의 신호로 가정하고 있기 때문.

26. 채널2의 수직 전압 조절기를 0.2 V/div로 맞추고 수평시간 조절기를 0.5 ms/div.로 맞춘다. 오실로스코프 화면에 나타나는 (+) 맥동 직류 신호는 무엇이라고 부르나?
   a. 리플(ripple).
   b. 역방향 회복 시간(reverse recovery time).

27. 입력 신호의 주파수를 10 kHz로 증가시키고, 수평 시간 조절기를 20 æs/div로 조절한다. 출력신호의 (-) 첨두를 결정하는 것은 무엇인가?
   a. 주파수 응답(frequency response).
   b. 역방향 회복 시간(reverse recovery time).

28. 입력 신호의 주파수를 50 kHz로 증가시켜라. 입력 주파수가 증가되는 동안 반파 정류기로서 다이오드의 동작에 다이오드의 역방향 회복 시간이 불리한 영향을 준다고 할 수 있는가?
   a. 그렇다. b. 아니다.

29. 수평 시간 조절기를 0.5 ms/div로, 수직 모드를 CHOP으로, 채널1과 2의 수직 전압 조절기를 0.2 V/div로 맞춰라.
   입력신호의 주파수를 1000 Hz로 감소시켜라.

30. 채널2의 프로브를 R1의 양단에 연결하라. 채널1의 교류 입력과 채널 2의 정상 (-) 직류맥동 출력 (normal negative dc pulsating output)을 관찰하라.

31. CR1과 R1회로에서 결함을 발생시키기 위해서 CM 7 이 사용된다.
   채널2의 반파 정류 출력을 관찰하라.

32. CM버튼을 마우스로 클릭해서 CM 7 을 켜고 끄며, 출력에 미치는 영향을 관찰하자. CM 7이 하는 일은 무엇인가?
   a. R1주위를 단락 회로(shorted circuit)로 만든다.
   b. CR1의 양극을 교류 입력과, 음극을 R1과 연결시킨다.
   c. CR1주위를 단락 회로로 만든다.

결론

p 반파 정류는 교류 신호를 교류 입력 주기의 반주기 동안에 맥동 직류 신호로 변환하는 과정이다.

p 반파 정류기는 다이오드와 부하 저항으로 이루어진다.

p 다이오드의 양극이 교류 입력 신호에 연결되었을 때, 출력은 (+) 직류 반파 맥동 신호이다.

p 다이오드의 음극이 교류 입력 신호에 연결되었을 때, 출력은 (-)직류 반파 맥동 신호이다.

p 다이오드의 순방향 전압 강하는 반파 정류기의 첨두 출력 전압을 감소시킨다.

p 입력 주파수가 1 kHz 보다 크면, 다이오드 역방향 회복시간 때문에 출력에 불리한 영향을 줄 수 있다.

p 반파 정류기의 맥동 직류 출력은 리플이라고 한다.

unit 3

전파 정류와 필터링

단원목표

이번 단원에서는, 계산 또는 측정된 회로 조건을 이용해, 전파 정류기와 필터링과 2배 전압 정류기에 대해 알아본다.

단원기본지식

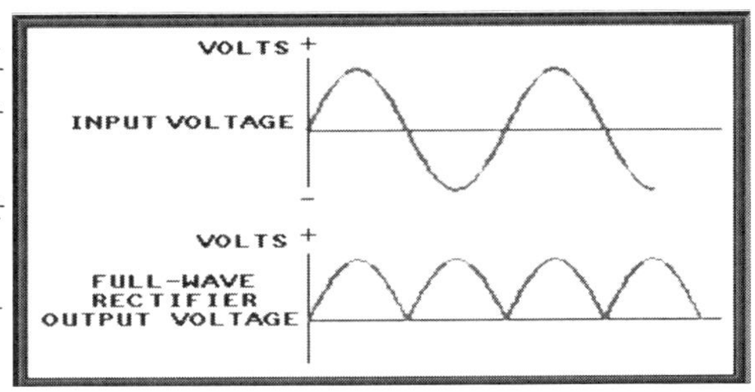

*전파 정류기(full-wave rectifier)*는 그림과 같이 교류 신호의 (+)와 (-)부분을 맥동 직류 신호(pulsating dc signal)로 바꾸어 준다.

전파 *브리지 정류기(bridge rectifier)*는 전파 정류를 하는 회로이다.

브리지 정류 회로의 입력은 보통 변압기(power transformer)의 2차 코일에서 들어온다.

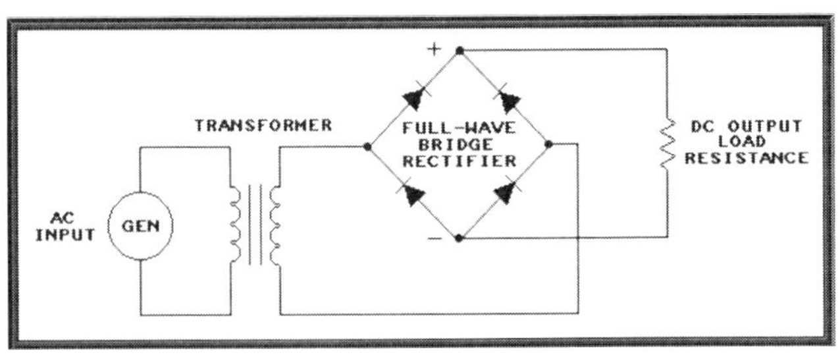

변압기는 교류 전원으로부터 브리지 정류기를 분리시키며, 브리지 정류기의 교류 입력을 승압(증가)과 감압(감소)시킬 수 있다.

✓ 전파 브리지 정류기는 무엇을 무엇으로 변환하는가?
  a. 오직 (+) 교류 입력 부분만을 직류 출력 펄스로.
  b. 오직 (-) 교류 입력 부분만을 직류 출력 펄스로.
  c. (+)와 (-)교류 입력 부분을 직류 출력 펄스로.

전파 브리지 정류기의 직류 펄스의 큰 리플(ripple)을 정류기 출력의 양단에 *전해커패시터(electrolytic capacitor)*를 연결함으로써 감소시켜, 비교적 부드러운 직류 신호로 만들 수 있다.

정류기 직류 출력 리플을 감소시키기 위해 ***커패시터 필터(capacitor filter)***는 빠르게 충전되고 천천히 방전된다.

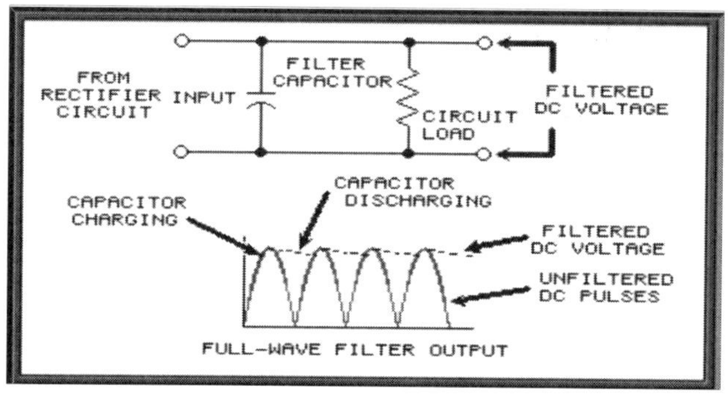

✓ 커패시터 필터가 브리지 정류기 출력의 큰 리플을 상당히 감소시키는 것은 무엇 때문인가?
  a. 느리게 충전되고 빠르게 방전되므로.
  b. 빠르게 충전되고 느리게 방전되므로.

커패시터는 직렬로 연결되어 있어서, 커패시터에 충전된 전하가 출력에 더해진다.

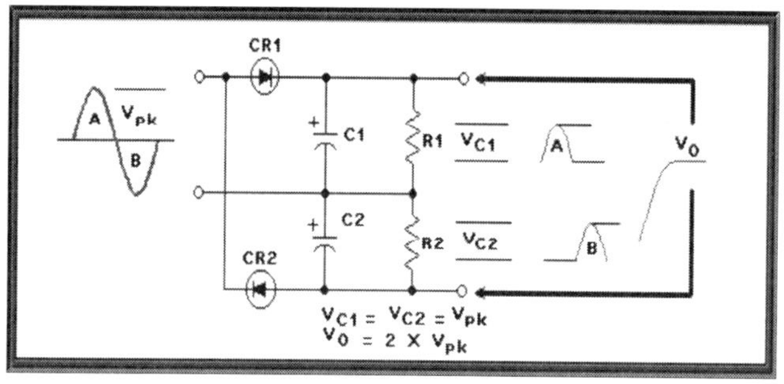

✓ 2배 전압 정류기의 직류 출력은 교류 입력의 무엇의 2배와 같은가?
  a. 첨두-첨두(peak-to-peak) 전압.
  b. 첨두 전압.

두 쌍의 다이오드와 커패시터로 구성된 ***2배 전압 정류기 (voltage doubler)***는 전파정류 작용과 직류출력(V_O)을 교류 입력 첨두전압(V_{pk})의 2배가 되도록 필터 작용을 한다.

필요한 실험 도구

이 실험을 하기 위해서는 다음과 같은 장비가 필요하다:

- F.A.C.E.T. 베이스 유닛
- SEMICONDUCTOR DEVICES 회로 보드
- 파워 서플라이 (15 Vdc, 2 개 필요)
- 멀티미터
- 오실로스코프 (dual trace 가능한 것)
- 사인파 발생기

실험 1

실험목표

이번 실험에서는, 전파 브리지 정류 회로를 사용하여 전파 정류에 대해 알아본다. 실험 결과는 오실로스코프와 멀티미터를 이용하여 확인한다.

기본내용

3가지 다이오드 회로가 정류 작용을 한다. 앞선 단원에서는 하나의 다이오드로 된 회로가 어떻게 반파 정류를 하는지 알아보았다. 몇 개의 다이오드로 된 나머지 두 회로는 전파 정류를 한다.

옆 그림은 두개의 전파 정류 다이오드 회로이다.

두 회로는 유사한 동작을 한다. (A)는 중간 탭(center- tapped) 전파 정류 회로이고, (B)는 전파 브리지 정류 회로이다.

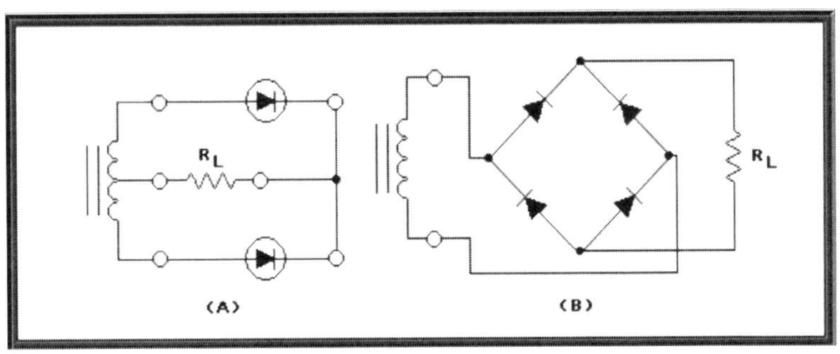

전파 브리지 정류기는 모양이나 변압기 능률 때문에 더 널리 사용된다.

이것은 D1, D2, D3, D4의 4개의 다이오드로 구성 된 전파 브리지 정류 회로이다. (정류 회로의 부분에 따라서, 각 다이오드는 CR대신 다이오드 기호가 생략된 채 D로 나타내어지기도 한다.)

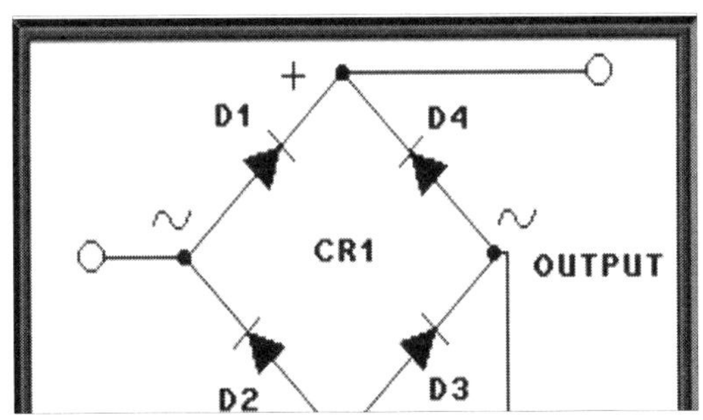

전파 브리지 정류 회로는 맥동 직류 출력을 만들기 위해, (+) 교류 부분 동안 두 다이오드에 전류가 흐르고, (-)교류 부분 동안 다른 두 다이오드에 전류가 흐르게 설계되어 있다. 언제나 같은 방향으로 부하 저항을 통해 맥동 직류 출력 전류가 흐른다. 브리지 정류기에는 두개의 입력 단자와 출력 단자가 있다.

✔ 전파 브리지 정류기는 어느 것인가?

a. (A). b. (B).

입력 단자는 때로는 브리지의 교류 입력쪽을 나타내는 사인파 기호에 의해 표시된다. 출력단자는 전형적으로 브리지의 (+)와 (-) 교류 직류 출력쪽을 나타내는 (+) 와 (-) 기호로 표시된다.

✔ 전파 브리지 정류기의 출력 단자는 어떻게 표시된 단자인가?

a. 사인파 기호로.

b. (+) 와 (-) 기호로.

브리지가 동작중일 때, 한번에 한쌍의 다이오드에 전류가 흐른다. 한쌍은 D1과 D3이고 다른 한쌍은 D2와 D4이다. 다이오드가 쌍으로 동작하므로, 교류 입력 신호의 두 부분 모두 맥동 직류로 변환되고, 전파정류가 이루어지게 된다.

그림처럼, 교류 신호의 (+)입력 부분은 다이오드 D1과 D3를 순방향 바이어스로 만든다. 결과적으로, D3와 부하저항(R1)에 전류가 흐르고, D1을 통해 변압기로 전류가 돌아간다.

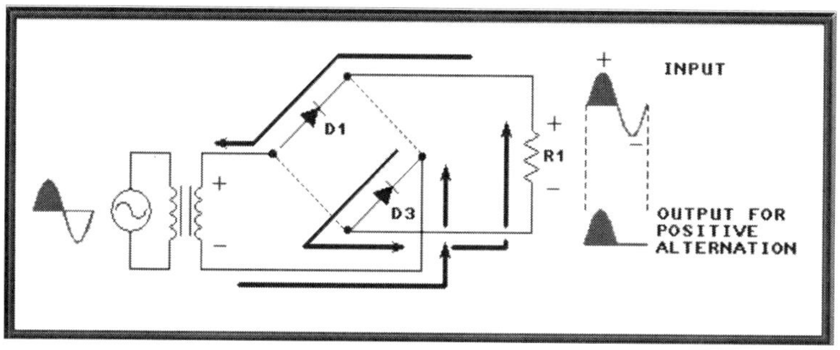

다이오드 D2 와 D4 는 역방향 바이어스가 되어 전류가 흐르지 않으므로 그림에 나타내지 않았다.

✔ 교류 입력의 (+)부분동안, 다이오드 D1 과 D3 은 ,
  a. 순방향 바이어스가 되고 D3, R1, D1을 통해 전류가 흐른다.
  b. 역방향 바이어스가 되고 D3, R1, D1에 전류 흐름이 저지된다.

그림처럼, 교류 입력의 (-) 부분은 다이오드 D2 와 D4를 순방향 바이어스가 되도록 한다. 결과적으로 D2, 부하저항(R1)을 통해 전류가 흐르고 D4를 통해 변압기로 전류가 돌아간다.

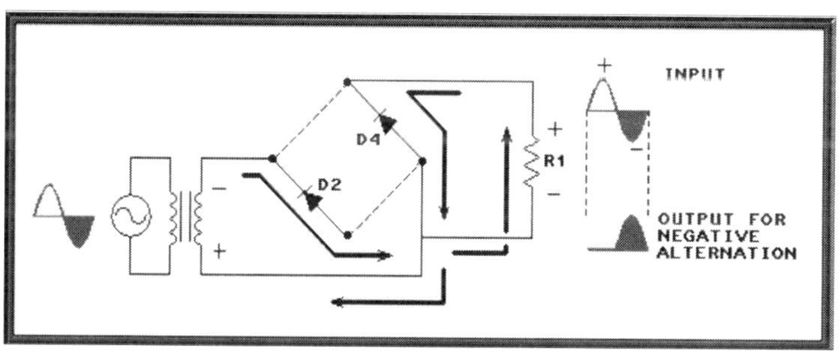

(-) 교류 입력 부분 동안, 다이오드 D1 과 D3은 역방향 바이어스이고 전류가 흐르지 않으므로 그림에 나타내지 않았다.

✔ 다이오드 D2 와 D4 가 (-)교류 입력 부분 동안 순방향 바이어스일 때, 직류 출력은,
  a. (-) 펄스. b. (+) 펄스.

입력 교류 전압의 (+)와 (-) 부분 모두 맥동 직류로 변환된다.
맥동 직류 출력은 다이오드 쌍이 (+)와 (-) 교류 입력 부분 동안 부하 저항을 통해 흐르는 전류를 같은 방향으로 만들기 때문에 생긴다.

✔ 교류 입력의 (+)와 (-) 부분 동안, 전류는 부하 저항을 통해 어떻게 흐르나?
a. 다른 방향으로. b. 같은 방향으로.

✔ 전파 정류기의 맥동 직류 출력 주파수는 어떠한가?
a. 교류 입력 신호의 주파수와 같다.
b. 교류 입력 주파수의 2배이다.

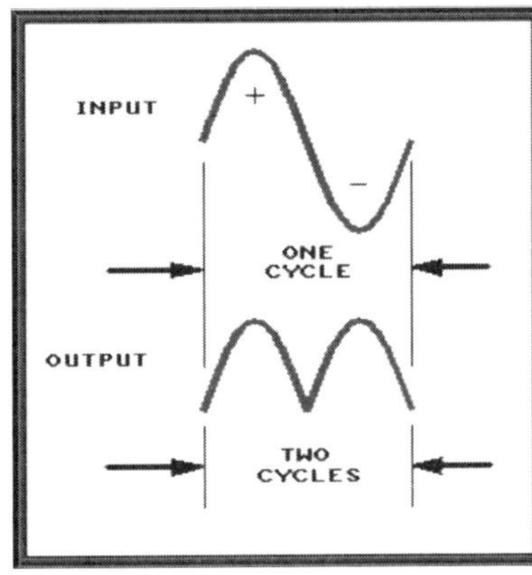

오실로스코프의 채널1과 2를 DC로 맞추고 수직 전압 조절기를 0.5 V/div 으로 맞춰라. 시간 조절기를 1 ms/div.으로, 경사(slope)를 (+) (positive)로 맞추고, 트리거(trigger)를 채널1로 맞춘다. 채널1과 2의 프로브를 X10으로 맞춰라.

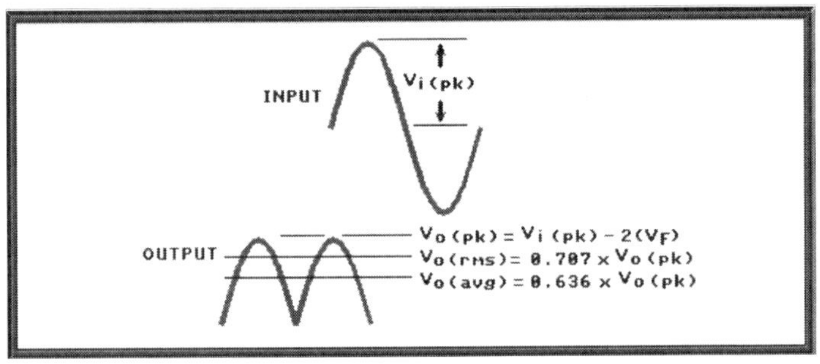

$V_{o(pk)} = V_{i(pk)} - 2(V_F) = V_{i(pk)} - 2(0.6) = V_{i(pk)} - 1.2$ (근사적으로)

출력 rms 전압($V_{o(rms)}$)은 첨두 출력전압($V_{o(pk)}$)의 0.707배와 같다.

$V_{o(rms)} = 0.707 \times V_{o(pk)}$

출력 평균전압($V_{o(avg)}$)은 첨두 출력전압($V_{o(pk)}$)의 0.636배와 같다.

$V_{o(avg)} = 0.636 \times V_{o(pk)}$

첨두 출력전압이 10.0 $V_{o(pk)}$일때, 평균출력전압($V_{o(avg)}$)을 계산하라.

$V_{o(avg)} =$ V

실험과정

1. FULL-WAV ERECTI-FICATION with POWER SUPPLY FILTERS 회로 블록을 찾아 그림과 같이 연결하라.

2. 저항 R1 은,
   a. 브리지 정류기이다.
   b. 부하 저항이다.

전파 정류기에서 첨두치(peak), 실효치(rms), 평균치(average) 전압 사이의 관계는 그림과 같다. 첨두 출력 전압($V_{o(pk)}$)은 첨두 입력 전압 ($V_{i(pk)}$)에서 전류가 흐르는 두 다이오드의 순방향 전압 강하(V_F)를 뺀 것과 같다:

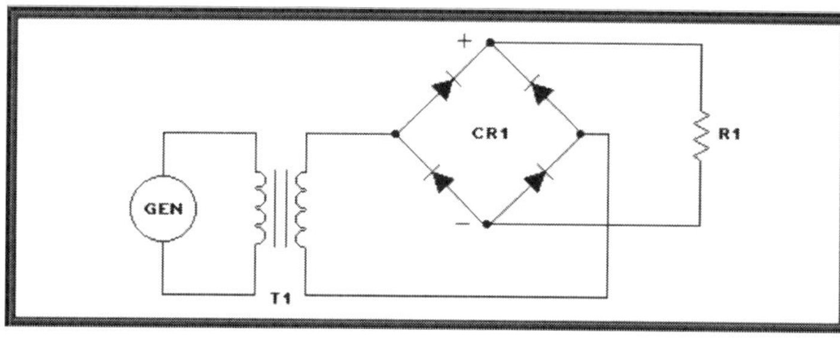

4. 오실로스코프의 체널1의 프로브를 GEN의 위쪽 단자에 연결하고, 접지(ground)클립을 GEN 아래쪽 단자에 연결한다.

5. 채널 2의 프로브를 T1의 2차 코일의 위쪽 단자에 연결하고 접지(grount)클립을 아래쪽 단자에 연결한다.

6. 파형 발생기를 오실로스코프의 채널 2를 보며 20 $V_{pk\text{-}pk}$, 100 Hz의 사인파가 T1의 2차 코일에서 나오도록 맞춘다.

7. 채널 2에 나타나는 변압기 2차 코일의 첨두-첨두 전압과 채널 1의 1차 전압을 비교하라.

변압기의 1차와 2차 신호가 서로 다름(out of phase)을 관찰하라.

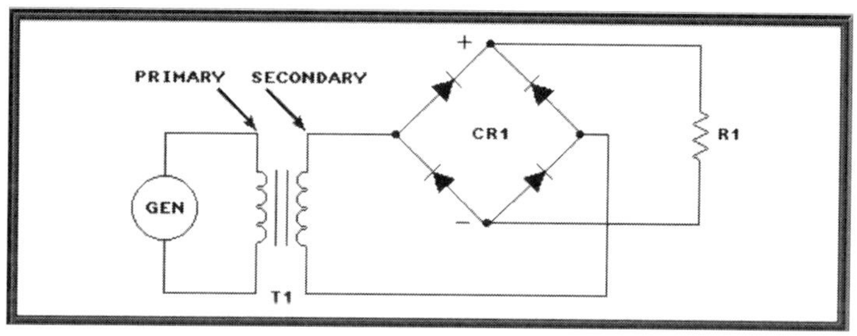

8. 변압기의 2차 코일에 나타나는 전압은 1차 코일의 전압이 승압된 것인가 감압된 것인가?
   a. 감압(step-down).　　　b. 승압(step-up).

※주의: 변압기의 2차 코일과 (-) 브리지 출력을 함께 접지시키면 다이오드 D3이 단락되므로 변 압기의 2차 교류파형과 브리지 정류기 출력을 동시에 관찰해서는 안된다. 변압기의 1차 코일은 2차 코일과 분리되어 있으므로 오실로스코프의 1차 교류 입력은 브리지 정류기의 동작에 영향을 주지 않는다.

9. 브리지 정류회로의 (+) 출력에 채널 2의 프로브를 연결해서 R1양단의 출력을 측정하라. 프로브의 접지 (ground) 클립을 브리지의 (-) 지점에 연결하라.

10. 교류 입력 파형의 (+), (-) 두 부분은 직류 펄스로 정류되어 출력에 나타나는가?
    a. 그렇다.　　　b. 아니다.

11. 오실로스코프의 채널2에 나타나는 부하 저항 R1양단의 직류 맥동 출력의 주파수(f)를 측정하라.

f = 　　　　　　Hz

12. 채널 2의 수직 전압 조절기를 0.2 V/cm로, 수직모드를 채널 2로 맞추어라. 첨두 직류 출력 전압($V_{o(pk)}$)을 측정하라.

    Vo(pk) = V

13. 직류 평균 출력전압($V_{o(avg)}$)을 계산하라. 다음 방정식에 측정한 $V_{o(pk)}$ (#V1,s,3,1#V)를 이용하라.

    Vo(avg) = 0.636 x Vo(pk)

    = V

14. 멀티미터를 직류 전압 측정으로 맞춰라. R1양단의 회로 평균 직류 출력 전압을 측정하라. 계측기의 공통 단자를 (-) 출력단자에 연결한다.

    $V_{o(avg)}$ = V

15. 변압기 2차 코일의 출력이 20 V_{pk-pk} 이거나 첨두 전압이 10 V_{pk}이다. 측정된 전파 정류기 출력 첨두 전압은 #V1,s,3,1# V_{pk} 이다. # (10 - V1),,3,1 #V 의 차이는 무엇 때문인가?
    a. 변압기 코일의 전압 강하.
    b. 두 다이오드의 순방향 전압 강하.

16. 오실로스코프의 수직 모드를 CHOP으로, 채널1의 수직전압 조절기를 0.5 V/div.로, 채널 2의 수직 전압 조절기를 0.2 V/div 로 맞춘다. 시간 조절기를 2 ms/div로 맞춘다.

    채널 1에 나타나는 파형 발생기 출력부분의 교류 입력신호를 10 V_{pk-pk}로 맞춘다.

    채널 2의 결합(coupling)을 접지(ground) 로 맞추고, 이때 오실로스코프의 화면에 나타나는 채널 2의 접지선을 수직 조절기로 화면 위에서 2번째 수평선에 맞춘다.

17. 채널2의 프로브를 T1의 2차 코일의 위쪽 단자에 연결하고 접지 클립을 브리지의 (-)출력단자에 그림처럼 연결해서 D2 양단의 신호를 관찰한다. 채널 2의 결합(coupling)을 직류(dc)로 맞춘다.

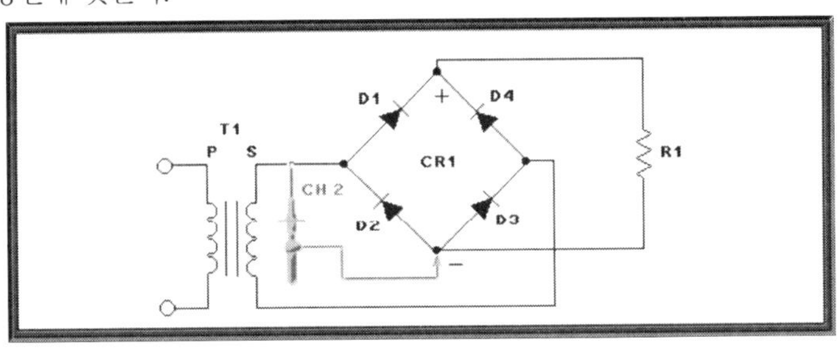

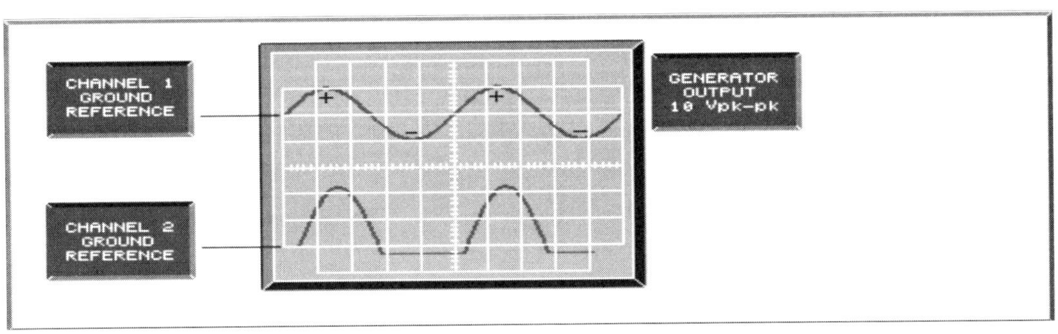

18. 채널 1과 채널 2의 오실로스코프 파형은 위와 같이 나타날 것이다.

19. 다이오드 D2 에 전류가 흐르 때, 채널 2의 파형으로 나타난 D2의 전압 강하는 무엇과 같은가?
    a. 위에 나타난 파형의 (-)부분(밝게 나타난 부분).
    b. 위에 나타난 파형의 (+)부분.

20. 오실로스코프 화면에서, D2에 전류가 흐를때, D2양단의 전압 강하(V_{D2})를 측정하라. 접지 기준선에서부터 V_{D2} 를 측정하라.
    V_{D2} = V

21. 채널2 파형의 (-)부분(밝게 표시된 부분)일 동안에, D2는 어떤 상태인가?
    a. 역방향 바이어스.
    b. 순방향 바이어스.

22. 채널 1의 교류 입력 파형의 어떤 부분에서 D2 는 순방향 바이어스인가?
    a. (-)부분. b. (+)부분.

23. 입력 파형의 (-)부분에서 순방향 바이어스가 되는 다른 다이오드는 이 회로에서 어느 것인가?
    a. D1 b. D3 c. D4

24. 오실로스코프 채널2 파형의 (+)전압 부분은 어디 양단의 전압인가?
    a. 다이오드 D1 과 부하저항 R1.
    b. 부하저항 R1.
    c. 다이오드 D4.

25. 입력 파형의 (+)부분에서, D1은 어떤 상태인가?
    a. 역방향 바이어스.
    b. 순방향 바이어스.

26. 입력 파형의 (+)부분 동안 순방향 바이어스가 되는 다른 다이오드는 어느 것인가?
    a. D2 b. D3 c. D4

27. 채널 2의 프로브를 브리지의 (+) 단자에 연결하라.(+) 교류 입력 부분 동안 어느 것을 통해 전류가 흐르나?
    a. D3, R1, D1.
    b. D2, R1, D4.

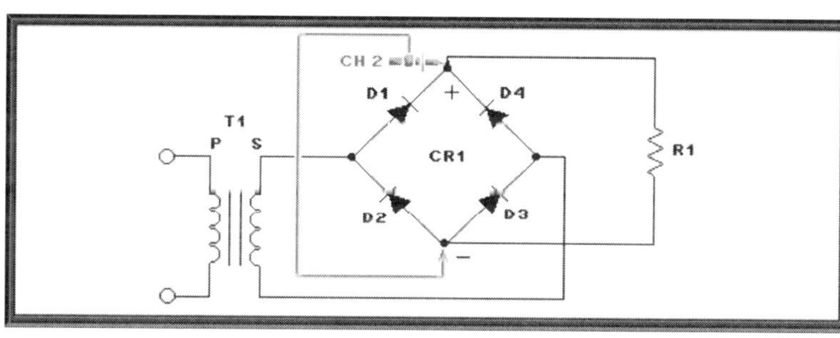

28. (-) 교류 입력 부분 동안, 전류가 흐르는 것은 어느 것인가?
    a. D3, R1, D1.
    b. D2, R1, D4.

결 론

- 전파 다이오드 브리지 정류기는 교류 입력 전압의 두상을 모두 맥동 직류 출력 전압으로 바꾼다.
- 출력 직류 리플 주파수는 교류 입력 주파수의 2배이다.
- 전파 브리지 정류기를 이루는 4개의 다이오드는 쌍으로 동작하여, 한번에 오직 두 다이오드에만 전류가 흐른다.
- 두 전류가 흐르는 다이오드가 부하 전류의 방향이 언제나 같도록 전압을 조정한다.
- 첨두 직류 출력 전압은 두 전류가 흐르는 다이오드의 순방향 전압 강하에 의해 첨두 교류 입력전압보다 작게 된다.
- 평균 출력 전압은 첨두 출력 전압의 0.636 배이다.

실험 2

실험목표

이번 실험에서는, 용량성 입력 필터 회로를 사용해 필터가 맥동 직류 출력의 리플을, 비교적 평활한 직류 전압으로 만들기 위해 어떻게 감소시키는지를 알아본다. 실험결과를 멀티미터와 오실로스코프를 사용해서 확인한다.

기본내용

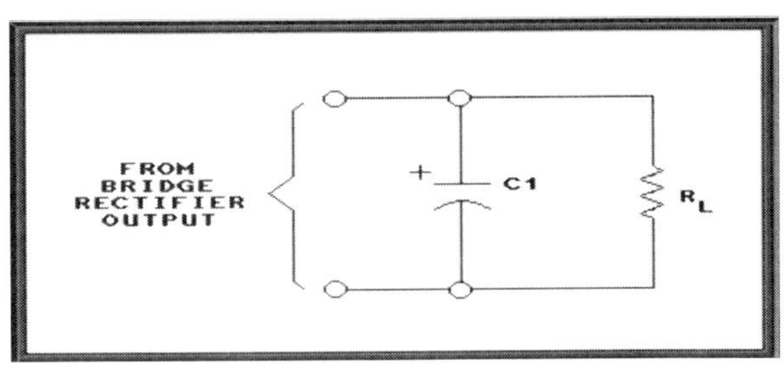

대부분의 전자 장비들이 평활한 직류 전압을 사용하기 때문에, 정류를 한 후에 직류 펄스의 리플을 매우 낮은 수준으로 감소시키기 위해 필터를 사용한다.

옆 그림은 여러 필터 중 하나인 커패시 터를 사용한 용량성 입력 필터(capacitive input filter) 회로이다.

이 회로는 전해 커패시터(electrolytic capacitor, C1)를 브리지 정류기의 출력에 부하 저항(R_L)과 함께 병렬로 연결시킨 간단한 것이다.

✔ 용량성 입력 필터는 전해 커패시터를 어디에 연결한 것인가?
  a. 정류기 출력 양단의 부하에 병렬로 연결.
  b. 정류기 출력 양단의 부하에 직렬로 연결.

부하가 없으면, 커패시터는 그림에서 A인 첨두 전파 정류기 출력 전압까지 매우 빠르게 충전된다.

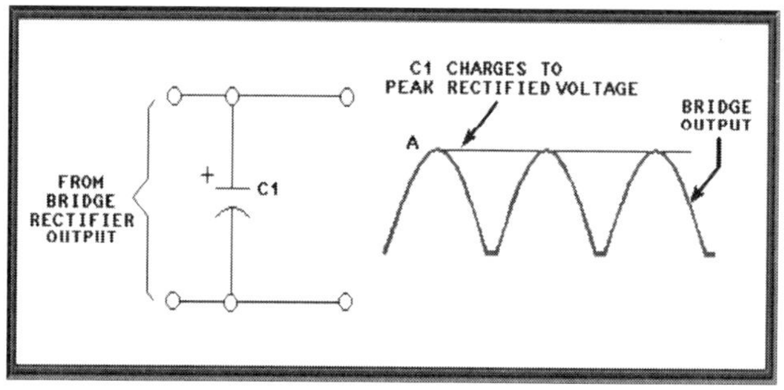

방전될 경로(path)가 없으므로, 커패시터는 여전히 충전된 상태 로 남아있으며, 정류기 입력 전압이 0까지 떨어질 때 정류기 출력을 첨두 출력 전압으로 유지시킨다.

✔ 부하가 용량성 입력 필터에 연결되어 있지 않을때, 정류기 출력 전압은,
  a. 첨두 전압을 유지한다.
  b. 0 Vdc를 유지한다.

부하 저항값이 있을 때도 커패시터는 첨두 전파정류기 전압인, A점까지 빠르게 충전된다.

그러나 부하가 있으면, 정류기는 커패시터를 충전시키면서 부하에 전류를 공급한다.

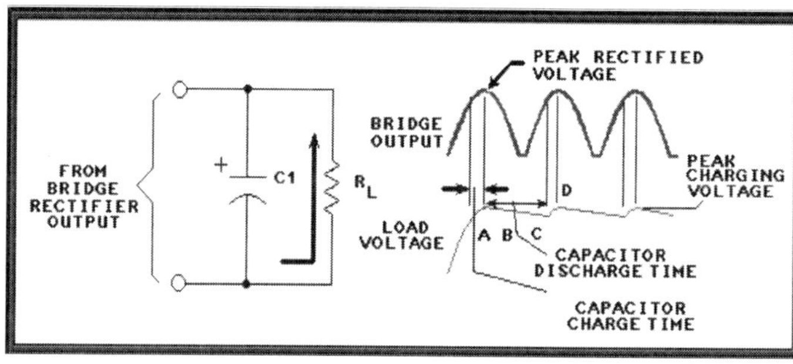

정류기의 출력이 펄스 사이의 0으로 떨어지면, 충전된 커패시터는 방전되어 부하에 전류를 공급 한다. 그러나, 커패시터가 방전될 때는 다이오드가 모두 역방향 바이어스가 되므로 정류기에는 전류가 흐르지 않는다. 커패시터가 부하를 통해 방전함에 따라, 커패시터 전압은 떨어지기 시작한다(B지점).

커패시터의 전압이 너무 낮아지기 전에, 정류기로부터 나온 또 다른 출력 펄스가 C점에서의 커패시터 전압과 같은 전압까지 증가한다. 이점에서, 전파 정류기는 커패시터 를 첨두 전압값(D점) 까지 재충전시키고 공급 전류를 부하에 흐르게 한다. 정류기가 첨두 전압점에 도달하면 다시 0까지 감소하기 시작한다. 커패시터는 다시 방전하여 부하에 전류를 공급한다.

✔ 필터의 출력 파형의 B점에서 일어나는 일은?
  a. 정류기는 C1을 충전시키고 RL에 전류를 공급한다.
  b. C1이 첨두 정류기 출력 전압까지 충전된다.
  c. 정류기 출력 전압이 C1의 전압까지 증가한다.
  d. C1은 RL을 통해 방전된다.

✔ 필터 출력 파형의 C 와 D 점 사이에서 일어나는 일은?
  a. 정류기는 C1을 충전시키고 RL에 전류를 공급한다.
  b. C1 이 첨두 출력 전압에 도달한다.
  c. 정류기의 출력 전압이 C1 의 전압까지 증가한다.
  d. C1 이 RL을 통해 방전된다.

커패시터가 방전하는 비율은 주로 커패시터와 부하 저항값의 RC 시상수(time constant, 커패시 턴스와 저항값의 곱)에 의존한다. 방전 시상수는 충전 시상수보다 시간이 길다. 공급원(source)의 저항이 대개 작으므로 충전 시상수는 시간이 짧다.

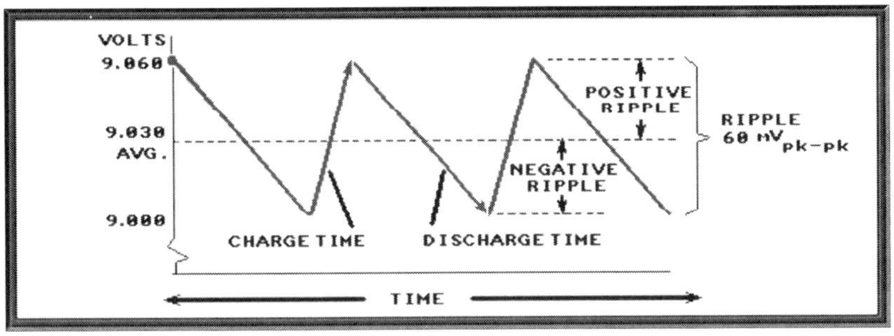

✔ 커패시터 필터의 방전시간은,
 a. 충전시간보다 짧고 정류기의 첨두 전압에 의존한다.
 b. 충전시간보다 길고 주로 커패시턴스와 부하 저항값의 곱(RC time constant)에 의존한다.

커패시터(용량성) 입력필터는 직류 펄스 리플을 상당히 작게 한다. 그림에서처럼, 필터를 거치지 않은 출력의 볼트 범위의 첨두-첨두 전압은 필터를 거치면 밀리볼트 범위로 감소된다. 일정한 입력 주파수에서, 리플의 크기는 주로 방전 시상수에 의존한다. 커패시턴스와 부하 저항값을 한쪽만, 혹은 동시에 증가시키면, 리플의 크기가 감소하게 된다. 주파수가 증가해도 리플은 감소한다.

✔ 20-mF의 커패시터를 사용한 필터를 커친 리플은 10-mF 커패시터를 사용했을 때에 비해 커지는가 줄어드는가?
 a. 커진다. b. 줄어든다.

이외에도 필터에는 그림과 같이 인덕터, 저항, 커패시터의 조합으로 된 몇 가지 것들이 있다.

각 첨가된 필터부분은 정류기 리플 성분 부분을 제거한다.

이 과정에서 사용된 커패시터 입력 필터(용량성 입력 필터)가 있는 전파 정류 회로는 항상 일정 한 전압을 공급하는(re-gulated) 파워서플라이가 아니다.

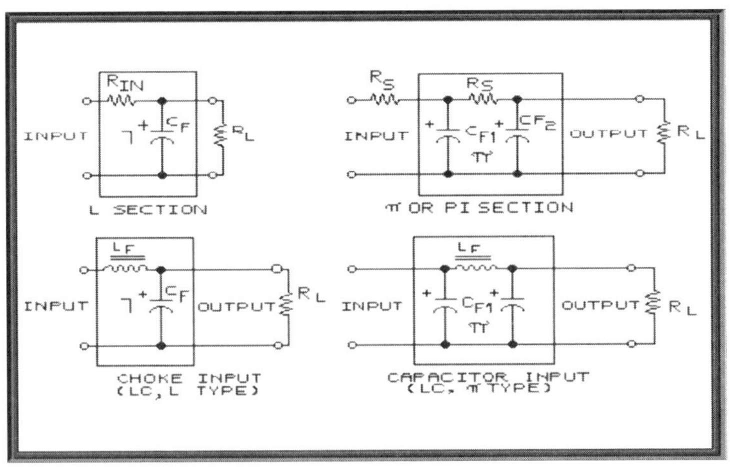

저항성 부하가 커패시터와 병렬로 연결되어 있을 때, 출력 임피던스가 작아질수록 충전 주기동안 정류기의 첨두 출력 전압은 감소한다.

전압 감소는 충전되는 주기 동안 변압기 2차 코일에서 현저한 전압 강하를 야기시키는 높은 전류 수요에 의해 생긴다. 커패시터의 크기가 일정할 때, 부하 저항값이 작아질수록, 정류기 출력 전압 감소가 커진다.

실험과정

1. FULL-WAVE RECTIFICATION with POWER SUPPLY FILTERS 회로 블럭을 찾아 그림과 같이 연결하라.

2. 연결한 회로는 어떤 회로인가?
   a. 반파 다이오드 정류기.
   b. 커패시터-입력 필터.
   c. 부하 저항값이 없는 전파 브리지 정류기.

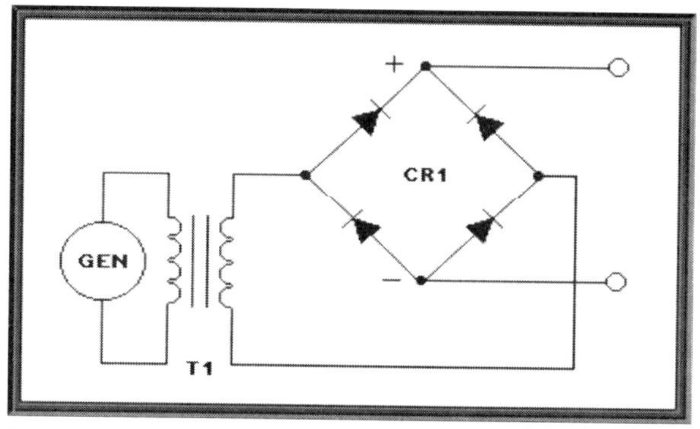

3. 오실로스코프의 채널1의 프로브를 GEN의 위쪽 출력 단자에 연결하라. 프로브의 접지(ground) 클립을 GEN의 아래쪽 단자에 연결한다.

4. 채널2의 프로브를 T1의 2차코일의 위쪽 단자에 연결하고, 접지 클립을 아래쪽 단자에 연결한다.

참고 : 이제 부터는 보통 오실로스코프의 초기 설정은 주어지지 않을 것이다. 이제까지의 실험경험과 지식으로 오실로스코프를 관찰과 측정에 알맞도록 조절하라.

5. 사인파 발생기를 60 Hz로(또는 국부 전원 장치(local power company)에 의해 공급되는 전원의 주파수로) 맞춰라.

오실로스코프의 채널 1을 관찰 하면서, 파형 발생기의 진폭을 T1의 1차 코일에서 20 V_{pk-pk}의 신호가 되도록 조절하라. 채널 2에 나타나는 T1의 2차 코일에서의 첨두-첨두 전압을 관찰하라.

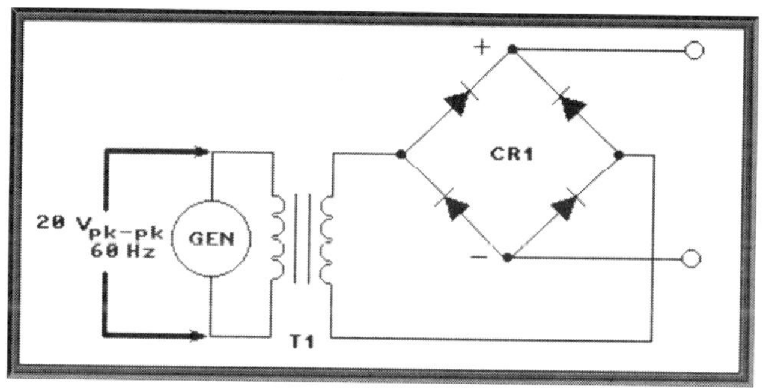

6. 채널2의 프로브를 브리지 정류기의 (+) 단자에 연결하고, 접지 클립을 (-) 단자에 연결하라.

7. 오실로스코프 채널 2에 나타나는 신호는 어떤 것인가?
   a. 반파 직류 펄스.
   b. 필터를 거친 전파 직류 펄스.
   c. 필터를 거치지 않은 전파 직류 펄스.

8. 오실로스코프의 채널2에서, 접지점을 기준으로 직류 펄스의 첨두 출력전압($V_{o(pk)}$)을 측정하라.
   $V_{o(pk)}$ = V

9. C1 (10 mF)을 2핀 커넥터를 이용하여, 브리지 회로 출력의 양단에 그림과 같이 연결하라.

CR1의 (+), (-) 양단에 연결된 오실로스코프 채널2의 프로브는 그대로 유지시켜라.

10. 전파 브리지 정류기의 양단에 C1을 첨가시켰을 때, 커패시터는 무엇을 형성하는가?
    a. 반파 다이오드 정류 회로.
    b. 브리지 다이오드 출력의 커패시터 입력 필터.
    c. 부하 저항값을 가진 전파 회로.

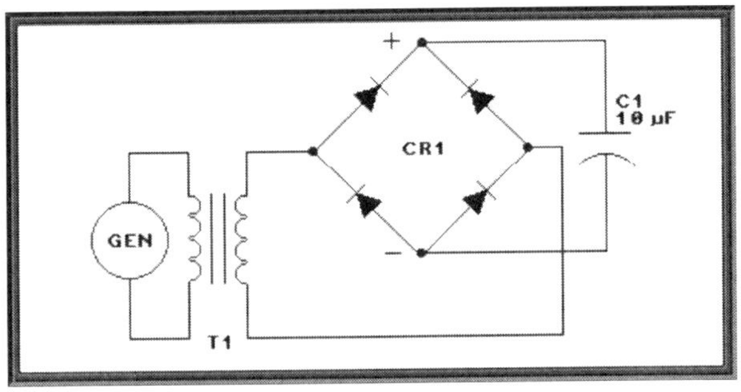

11. 채널 2의 신호가 일정한 직류 전압인 이유는?
    a. C1이 출력에 연결되면, 이 회로는 더 이상 전파 정류기가 아니므로.
    b. 커패시터를 방전시킬 부하 저항이 없으므로, 커패시터는 첨두 출력 전압까지 충전되었다가 그 값을 유지하기 때문에.

12. 멀티미터를 사용하여 브리지정류기의 직류 출력 전압을 측정하라.
    직류 출력 전압 =   Vdc

13. C1을 연결했을 때에 측정한 #V6,s,4,1# Vdc의 직류출력 전압은 실제로 C1을 연결하지 않았을 때의 첨두 출력 전압 (#V5,s,4,1 # Vdc)과 같은가?
    a. 그렇다.   b. 아니다.

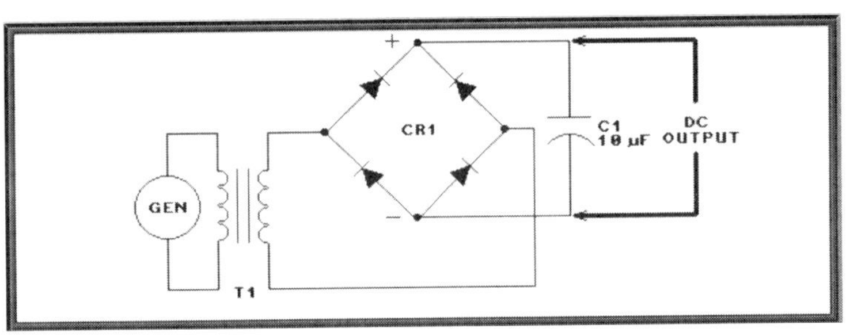

14. 오실로스코프의 채널 2를 교류(ac) 로 맞추고 수직 전압 조절기를 가장 낮은 값으로 맞춘다. C1양단의 직류 전압에 리플이 조금이라도 있는지 관찰하라. 리플 성분이 조금이라도 있는가?
    a. 그렇다.   b. 아니다.

15. C1을 회로에서 제거하고 그림과 같이 R1(47kΩ)을 연결하라.

    오실로스코프의 설정을 다시 조절하고 프로브의 연결은 그대로 두어라.

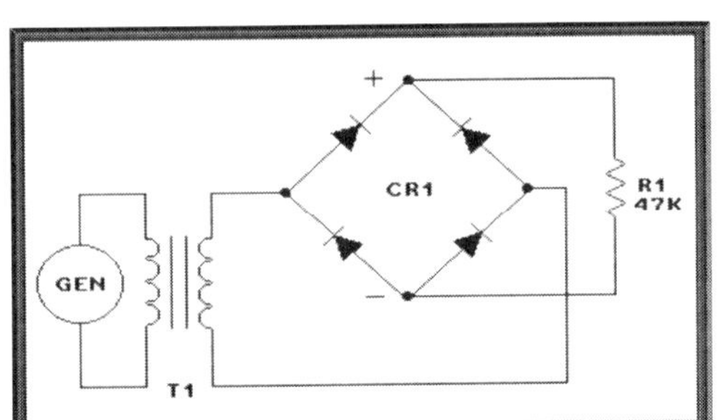

16. 채널 2에 나타나는 출력은 어느 것인가?
  a. 47 kΩ 부하 양단의 필터를 거치지 않은 다이오드 전파 정류기의 출력.
  b. 47 kΩ 부하 양단의 필터를 거친 다이오드 전파 정류기의 출력.

17. 그림과 같이 C1과 부하저항 R2(47 kΩ)을 연결하라.
  채널 2에 나타나는 출력은 어느 것인가?
  a. 47 kΩ 부하 양단의 필터를 거치지 않은 다이오드 전파 정류기의 출력.
  b. 47 kΩ 부하 양단의 필터를 거친 다이오드 전파 정류기의 출력.

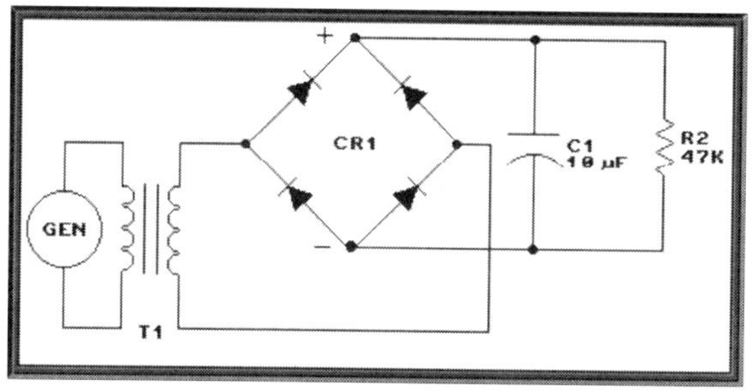

18. 오실로스코프의 채널2를 직류 출력 전압에 리플이 있는지 관찰할 수 있도록 조절하라.
  C1과 R2가 연결된 정류기 출력 양단에 리플이 조금이라도 있는가?
  a. 그렇다. b. 아니다.

19. 오실로스코프 채널 2에서, C1과 R2가 연결된 출력단 양단의 리플 첨두-첨두 전압을 측정하라.
  리플(Ripple)= mV$_{pk-pk}$

20. 필요에 따라 채널1에 나타나는 변압기 1차의 교류 신호를 20 V$_{pk-pk}$로 조절하라. 멀티미터를 사용해 C1과 R2양단의 직류 출력 전압을 측정하라.
  직류 출력 전압 = Vdc

21. R2가 C1에 병렬로 연결되어 있을 때, 브리지 정류기 양단의 직류 출력 전압이 #V6,s,4,1# Vdc에서 #V8,s,4,2# Vdc로 감소하는 이유는 무엇인가?
  a. 변압기 2차코일에서의 전압강하 때문에.
  b. 리플이 줄어들었기 때문.

22. 필터의 커패시턴스를 20 mF으로 증가시키기 위해, C2를 그림과 같이 C1과 R2에 병렬로 연결하여라.

23. 오실로스코프의 채널2에서, C1, C2, R2가 연결된 정류기 출력 양단의 리플 첨두-첨두 전압을 측정하여라.
  리플 = mVpk-pk

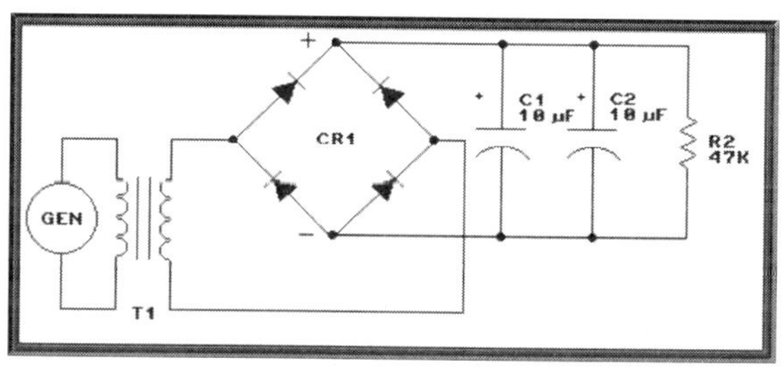

24. 멀티미터를 사용하여, C1, C2, R2 양단의 정류기 직류 출력 전압을 측정하라.
  직류 출력 전압 = Vdc

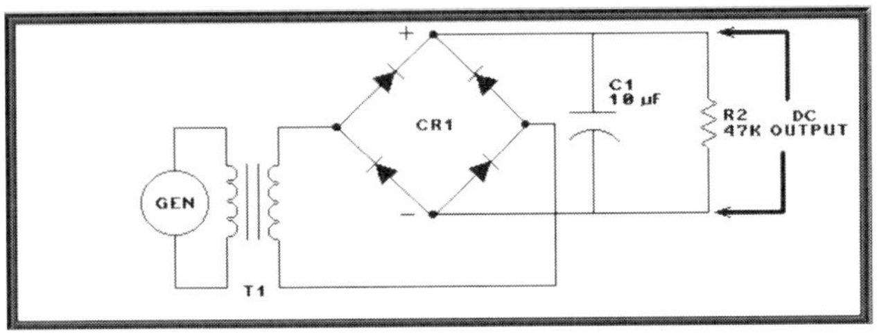

25. 커패시터 입력 필터의 커패시턴스가 10mF에서 20mF로 증가될 때, 측정된 리플은 #V7,s,3,0# mV_{pk-pk}에서 #V9,s,3,0# mV_{pk-pk}으로 감소하였다. 그러나 직류 출력 전압은 실제로 똑같이 남아 있었다. (#V8,s,5,2# Vdc에서 #V10, s,5,2# Vdc).

이 측정값으로부터, 커패시터 입력 필터의 커패시턴스를 증가시키면 정류된 전압의 리플이 상당히 감소한다고 할 수 있으며 그리고,
a. 직류 전압 크기는 감소하지 않는다..
b. 직류 전압 크기도 감소한다.

26. R2대신 R3를 회로에 달아서 부하 저항값을 47kΩ에서 33kΩ 으로 줄여라. 부하 저항 값이 줄어들면 회로 부하의 전류는 어떻게 되는가?
a. 감소한다. b. 증가한다.

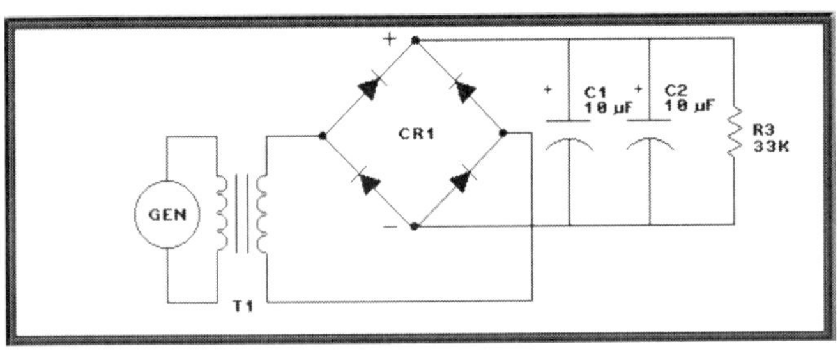

27. 오실로스코프의 채널2에서, C1, C2, R3가 연결된 채, 리플 첨두-첨두 전압을 측정하라.
리플 = mV_{pk-pk}

28. 멀티미터를 사용하여, C1, C2, R3양단의 직류 출력 전압을 측정하라.
직류 출력 전압 = Vdc

29. 20 μF 커패시터 입력 필터회로의 저항값을 47 kΩ에서 33kΩ 으로 감소시켰을 때, 리플은 #V9,s, 2, 0# mV_{pk-pk}에서 #V11,s,2,0# mV_{pk-pk}로 증가했고 직류 전압은 #V10,s,5,2# Vdc에서 #v12,s,5,2# Vdc로 감소했다.

커패시터 입력 필터를 가진, 전압이 항상 고르지 않은(unregulated) 파워 서플라이에서 부하 저항값은,

a. 리플과 평균 직류 전압에 영향을 준다.
b. 리플과 평균 직류 전압에 영향을 주지 않는다.

30. 오실로스코프의 채널1에서, T1의 1차 전압이 20 V_{pk-pk} 인지 점검하라.
채널2에서 리플을 관찰하는 동안, 외부 사인파 발생기의 주파수를 500 Hz로 증가시켜라.

채널2의 출력 전압의 리플 성분은 선(line)주파수가 증가할 때, 증가하는가 감소하는가?
a. 증가. b. 감소.

31. R3 와 C2를 회로에서 제거하고 R2를 그림과 같이 회로에 연결하고, 입력 주파수를 60Hz로 줄여라.
채널 2에서, 직류 출력 전압을 관찰하라.

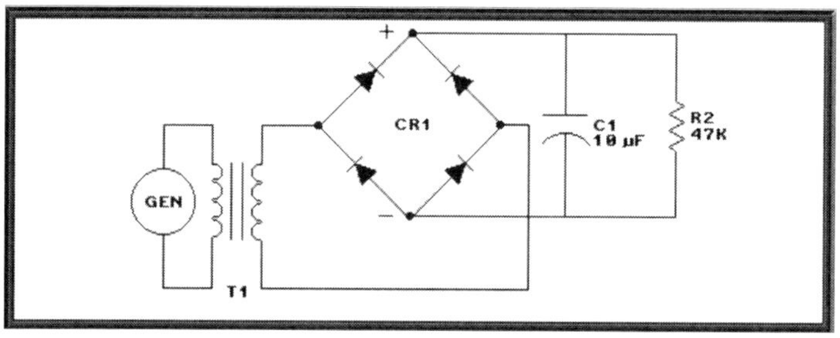

32. 회로에 결함을 만들기 위해 CM 15 가 동작된다. CM의 작용을 알아보기 위해, 〈CM〉을 마우스로 클릭하여 CM 15를 켜고 꺼 보아라. CM 15는,
a. R2 를 회로에서 분리시킨다.
b. C1 을 회로에서 분리시킨다.
c. T1을 단락시킨다.

결 론

p 용량성 입력 필터(커패시터 입력 필터)는 정류기 출력 양단에 연결된 전해 커패시터이다.

p 커패시터는 첨두 정류기 전압까지 매우 빠르게 충전된다.

p 정류기 출력이 펄스 사이의 0으로 떨어질때, 충전된 커패시터는 방전하여 부하에 전류를 공급한다.

p 커패시터 전압이 너무 낮게 떨어지기 전에, 정류기의 다른 출력 펄스가 커패시터를 첨두 전압까지 재충전 시킨다.

p 커패시터 입력 필터의 방전 시상수는 충전 시상수보다 길다.

p 커페시터 입력 필터는 직류 펄스의 리플을 볼트 범위에서 밀리볼트 범위로 감소시킨다.

실험 3

실험목표

이번 실험에서는, 2배 전압 정류기(voltage doubler) 회로를 이용하여 어떻게 첨두 교류 입력 전압 의 2배가 되는 필터를 거친 직류 전압을 얻을수 있는지 알아본다. 멀티미터와 오실로스코프를 사용하여 결과를 확인한다.

기본내용

옆의 그림은 전형적인 전파 2배 전압 정류기(full-wave voltage doubler)회로 이다. 두 다이오드와 두 필터 커패 시터가 2배 전압 정류기를 구성한다.

2배 전압 정류기는 교류 입력 신호를 정류하고 출력에 필터 작용을 해서 직류 출력 전압이 첨두 교류 입력전압에서 다이오드 전압 강하를 뺀 것의 2배가 되도록 만든다.

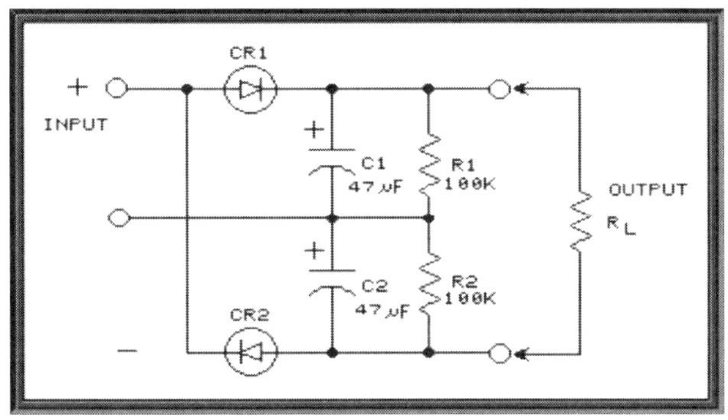

커패시터(C1과 C2) 끼리는 직렬 연결되어 있다. 직렬 연결된 두 커패시터 양단의 전압은 각 커패시터 양단의 전압의 합이다. 커패시터 전압의 첨가가 회로의 전압을 두배로 하는 효과를 한다. 커패시터 양단의 100 kΩ 저항들(R1 과 R2)은 회로 안의 커패시터 전압들을 똑같이 두개로 나눈다.

✔ 두 커패시터가 직렬 연결되어 있고 각 커패시터가 10 Vdc로 충전되어 있다면, 두 커패시터 양단의 전압은 얼마인가?
  a. 10 Vdc. b. 20 Vdc.

전파 2배 전압 정류기는 교류 입력 전압의 (+),(-) 두 부분을 모두 이용한다. 2배 전압 정류기의 한 다이오드와 한 커패시터는 교류 입력의 각각의 반 주기에 대하여 한 쌍으로 동작한다. 한번에 오직 하나의 다이오드에만 전류가 흘러서 쌍으로 된 하나의 커패시터를 충전시킨다.

✔ 그림의 2배 전압 정류기에서 옳은 것은 ?
  a. 다이오드 CR1에 전류가 흐를때 커패시터 C1 이 충전된다.
  b. 다이오드 CR2에 전류가 흐를때 커패시터 C2 가 충전된다.
  c. 둘 다 참이다.

교류 입력의 (+) 부분일때의 충전 경로는 2배 전압 정류 회로의 위쪽 반에서 볼 수 있다. 입력 전압의 (+)부분은 다이오드 CR1을 순방향 바이어스로 만들고, C1 은 V_{C1} = V_{pk} - V_F까지 충전된다. V_F 는 약 0.6 Vdc의 다이오드 순방향 전압 강하이다. V_{pk} 가 크면 이것은 무시될 수 있다.

교류 입력의 (+) 반 주기 동안, 다이오드 CR2 (그림에 나타내지 않음)는 역방향 바이어스가 되고 커패시터 C2는 충전되지 않는다.

교류 입력의 (-) 부분일 때의 충전 경로는 2배 전압 정류 회로의 아래쪽 반에서 볼 수 있다.

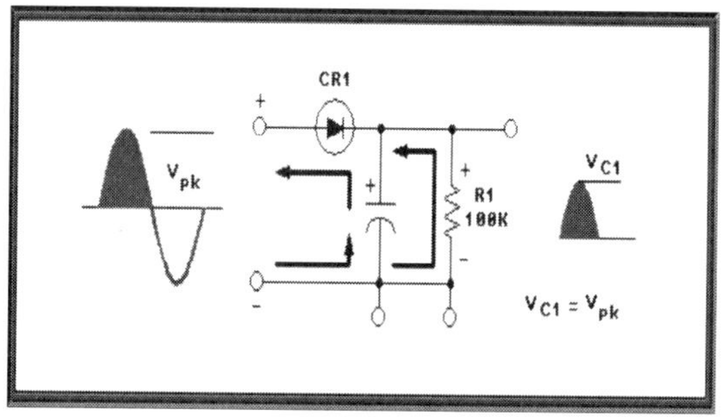

입력 전압의 (-)부분은 다이오드 CR2를 순방향 바이어스로 만들고, C2 는 $V_{CR2} = V_{pk} - V_F$ 까지 충전된다. V_F는 약 0.6 Vdc의 다이오드 순방향 전압 강하이다. V_{pk}가 크면 이것은 무시될 수 있다.

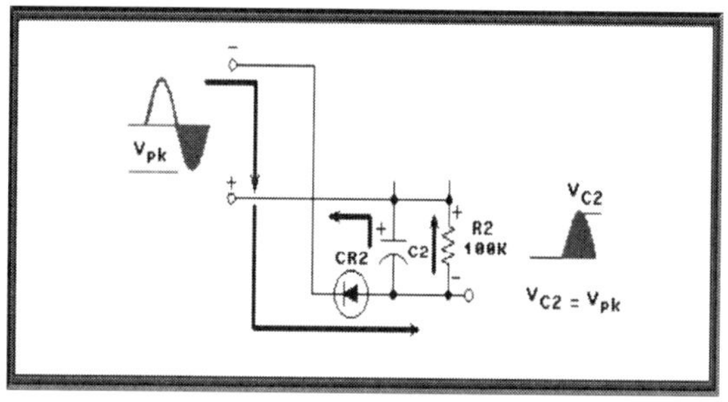

교류 입력의 (-) 반주기 동안 CR1 (그림에 나타내지 않음)은 역방향 바이어스가 되고 커패시터 C1 은 충전되지 않는다.

✍ 입력 첨두 전압(V_{pk})이 15 V_{pk}라면, 교류 입력의(-)부분인 동안에 C2는 약 얼마(V_{C2})로 충전되는가?
a. 30.0 Vdc. b. 14.4 Vdc.

100 kΩ 의 등화저항(equalizing resistor)을 가질 때, 각 커패시터의 방전 시상수는 길기 때문에 각 커패시터는 충전 주기 사이에서 커패시터가 최대로 충전되었을 때의 전압에 가까운 전압을 유지하게 된다. 회로의 출력인 V_O가 그림에 나타나 있다.

두 커패시터가 직렬로 되어 있기 때문에, V_O는 각 커패시터 양단에 걸리는 전압의 합과 같다. 여기서는 약 2 x V_{pk}이다.

(+) 교류 입력 부분 동안 C1 이 14.4 Vdc로 충전되었고 (-) 교류 입력 부분 동안 C2가 14.4 Vdc로 충전되었다.

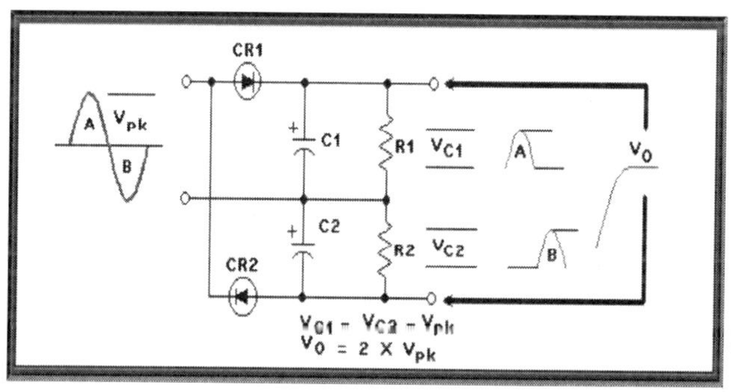

C1과 C2양단의 최대 직류 출력 전압(V_O)을 계산하라.

V_O = Vdc

R_L 은 커패시터가 충전되고 있지 않는 동안에 약간의 에너지를 커패시터로 부터 빼앗아서 리플을 만든다.

그러나 부하저항(R_L)이 상대적으로 큰 값을 가질 때, 방전 시상수는 작다.

교류 입력의 각 반주기동안 한 커패시터는 언제나 충전되게 되므로, 전파 2 배 전압 정류기의 출력 리플 주파수는 교류 입력 주파수의 2배가 된다.

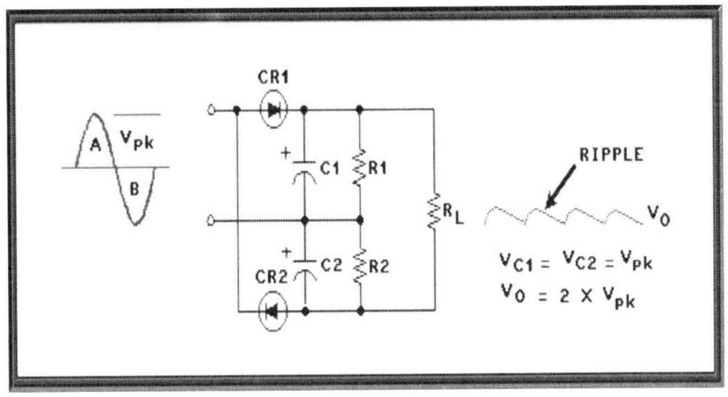

✔ 교류 입력 주파수가 50 Hz이면, 전파 2배 정류기의 출력 리플 주파수는 얼마인가?
   a. 100 Hz.   b. 50 Hz.

다음의 과정에서 이용된 SEMICONDUCTOR DEVICES 회로 보드위의 2배 전압 정류기의 입력은 고르게 공급되는 파워 서플라이가 아니기 때문에 2배 전압 정류기 의 충전 주기 동안에 입력 첨두 전압이 감소된다.

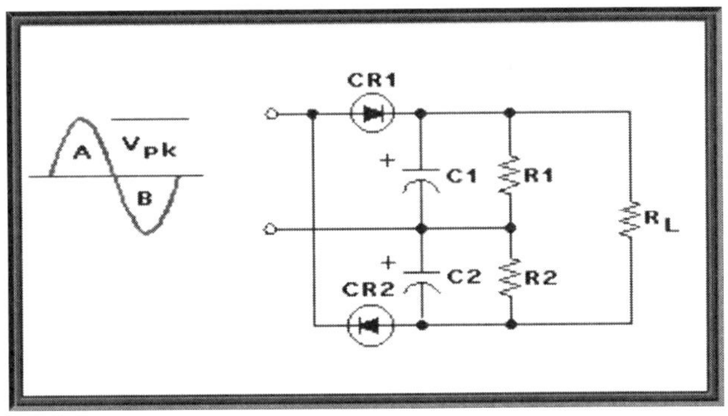

전압 감소는, 2배 전압정류기의 충전주기 동안, 변압기(T1)의 2차 코일(교류 입력처럼 사용됨)에서 약 2Vdc 의 전압강하를 발생시키는 높은 전류 수요에 의해 일어난다.

충전되는 동안의 이 T1의 2차 코일의 전압 강하는 (+),(-) 부분의 교류 입력 신호에 대하여 그림에서처럼 교류 입력 신호의 첨두를 더 낮은 첨두 전압으로 평평하게 만든다.

실험과정

1. FULL-WAVE RECTIFICATION WITH POWER SUPPLY FILTERS와 VOLTAGE DOUBLER 회로 블럭을 찾아 아래의 그림과 같이 연결한다.

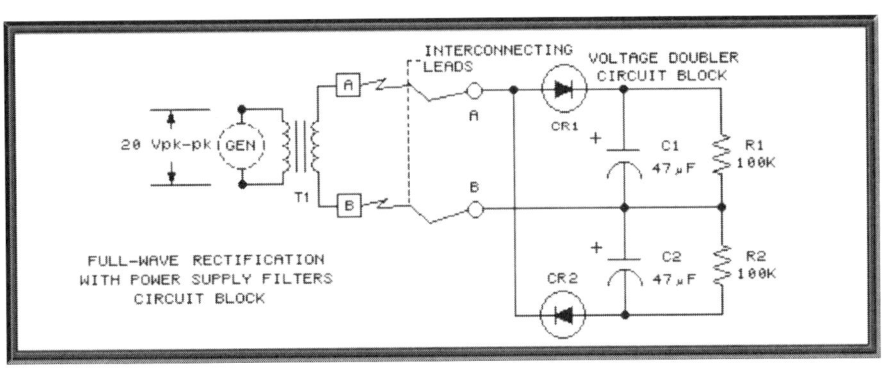

이 실험에서는 T1의 2차 쪽의 A, B가 VOLTAGE DOUBLER 회로 블럭의 A, B와 연결되어 전원을 공급해 준다.

2. 오실로스코프의 채널1 프로브를 T1의 1차 코일의 위쪽에 연결하고 접지 클립을 T1의 1차 코일의 아래쪽에 연결한다.

3. 외부 사인파발생기(또는 국부(local) 전원 장치에서 공급되는 주파수)를 60 Hz의 주파수로 맞춘다. T1의 1차쪽에서의 신호가 20 $V_{pk\text{-}pk}$ 가 되도록 파형 발생기를 조절한다.

4. 채널2의 프로브를 VOLTAGE DOUBLER 회로 블럭 입력쪽의 A지점에 연결하고, 접지 클립을 B점에 연결하라.

2배 전압 정류기의 입력 신호를 관찰하라.

5. 오실로스코프의 채널2에서, 2배 전압 정류기의 입력 신호의 첨두가 평평하게 되는 이유는?
   a. 각 다이오드에 비교적 큰 전류가 흐를 때, 각 주기 동안 T1 2차 코일에서의 전압 강하 때문.
   b. C1에 충전된 전압이 C2에 충전된 전압에 더해지기 때문.

6. 오실로스코프의 채널2에서, 2배 전압 정류기의 첨두 입력 전압을 측정하라.

   입력 V_{pk} = V

7. V15,s,5,2#V 의 측정된 첨두 입력 전압을 바탕으로 2배 전압 정류기의 직류 출력 전압 (R1과 R2 양단)을 계산하면 얼마인가? (다이오드 전압 강하는 무시한다.)

   계산된 V_O = Vdc

8. 멀티미터를 이용해 2배 전압 정류기의 직류 출력 전압(R1 과 R2양단)을 측정하라.

   측정한 V_O = Vdc

9. 측정값에서 다이오드 전압 강하가 고려되었다면, 계산(#V16,s,4,1# Vdc)과 측정 (#V17,s,4,1# Vdc) 출력값은 일치한다고 할 수 있나?
   a. 그렇다. b. 아니다.

10. 멀티미터로 C2양단에 충전된 직류 전압(V_{C2})을 측정하라.

   V_{C2} - Vdc

11. 멀티미터로 C1양단의 충전된 직류 전압 (V_{C1})을 측정하라.

   V_{C1} = Vdc

12. V_{C1} (#V19, s, 5, 2# Vdc)과 V_{C2} (#V18,s,5,2# Vdc)의 합은 측정오차 이내에서 측정된 출력 전압 (#V17,s,4,1# Vdc)의 값과 같은가?
   a. 아니다. b. 그렇다.

13. 채널2의 프로브를 C1의 위쪽에 출력 단자에 연결하고 접지 클립을 C2의 아래쪽에 연결하라. 오실로스코프를 직류(ac)로 맞추고 직류 출력의 리플 첨두-첨두 전압을 측정하라.

리플 = $\quad$ $mV_{pk\text{-}pk}$

14. 오실로스코프의 채널2에서, 리플의 주파수를 측정하라. 리플 주파수는 무엇과 같은가?
    a. 채널1의 교류 입력 신호의 주파수.
    b. 채널1의 교류 입력 주파수의 두배.

15. 39 kΩ 부하 저항을 출력 양단에 R1 과 R2와 병렬로 연결시키기 위해 CM 18 을 동작시킨다. 〈CM〉을 마우스로 클릭해서 CM18을 켜거나 끌수 있다. 채널2의 오실로스코프의 출력 신호를 관찰하라. 39 kΩ 의 부하 저항이 추가되면, 직류 출력 리플 첨두-첨두 전압은,
    a. 증가된다. $\quad$ b. 감소된다.

16. 오실로스코프 채널2에서, 39 kΩ 부하 (CM 18 켜짐)가 있을때의 직류 출력 리플 첨두-첨두 전압을 측정하라.

리플 = $\quad$ $mV_{pk\text{-}pk}$

17. 멀티미터를 이용하여 39 kΩ 부하(CM 18 켜짐)가 있을때 2배 전압 정류기의 직류 출력전압을 측정하라.

V_O = $\quad$ Vdc

결 론

p 2배 전압 정류기는 2개의 다이오드와 2개의 필터 커패시터로 이루어진다.

p 2배 전압 정류기는 교류 입력을 정류하고 출력에 필터 작용을 해서 첨두 교류 입력 전압의 약 2배가 되는 직류 출력 전압을 만들어낸다.

p 교류 입력의 각 반주기동안 하나의 다이오드에 전류가 흐르고 그것과 짝을 이루는 커패시터를 충전시킨다.

p 두 커패시터가 출력의 양단에 직렬로 연결되어 있으므로 직류 출력은 두 커패시터 전압의 합과 같다.

p 교류 입력의 각 반주기동안 한 커패시터가 충전되므로 전파 2배 전압 정류기의 출력 리플 주파수는 교류 입력 주파수의 두배와 같다.

unit 4

다이오드 파형 정형 및 제너 레귤레이션

단원목표

이 단원은 다이오드 회로를 사용해서 파형 정형 회로, 제너 다이오드의 작동, 제너 다이오드 전압 레귤레이터 회로에 대해서 설명 할 수 있어야 한다.

단원기본지식

다이오드 회로는 입력 파형을 다르게 바꿀 수 있다.

리미터 (혹은 clipper) 회로는 입력 파형을 그림과 같이 전체 혹은 부분적으로 제거 할 수 있다.

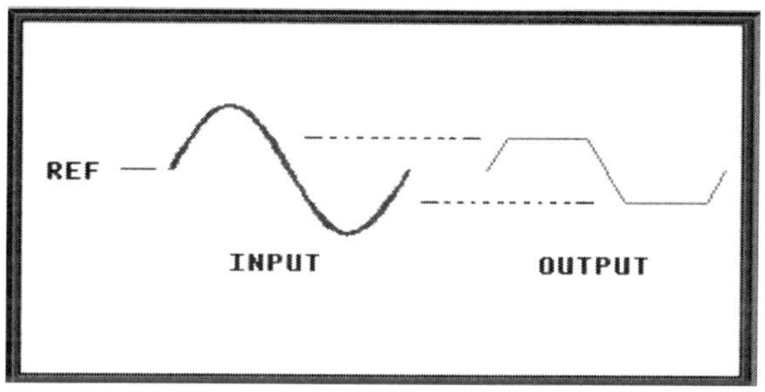

클렘퍼 회로는 위에서 보는 것과 같이 입력 파형의 양, 혹은 음의 진폭의 끝부 분을 다른 직류 전압 기준점으로 이동시 킨다.

리미터 회로 클램퍼회로는 다이오드 순방향 바이오스 전압 강하를 이용해서 전압 레벨을 클리핑 혹은 클램핑해준다.

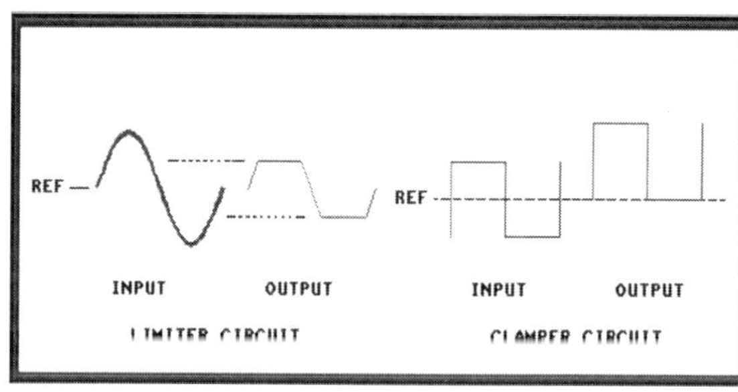

✍ 다이오드 파형 정류회로의 출력은
- a. 직류를 교류로 바꿔 준다.
- b. 입력과 다른 출력 파형을 가진다.
- c. 맥농하는 직류 파형을 필터링 해준다.

제너 다이오드는 역방향 breakdown 전압에서 안전하게 작동한다. 제너다이오드의 기호는 위와 같다. 제너 다이오드의 breakdown 전압을 ***제너 전압*** (V_Z) 이라고 부른다.
제너 전압은 3V에서 200V사이이다.

제너 전압 영역에서 역전류(제너 전류)는 제너 전압의 작은 증가에 대해서 매우 급격히 증가한다.

회로상에서 제너 전류(I_Z)는 제너 다이오드(CR1)에 직렬로 연결된 저항(R2)에 의해서 적당한 값으로 제한된다.

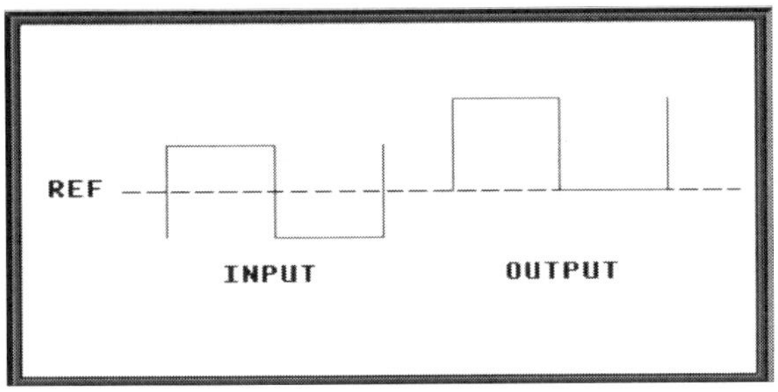

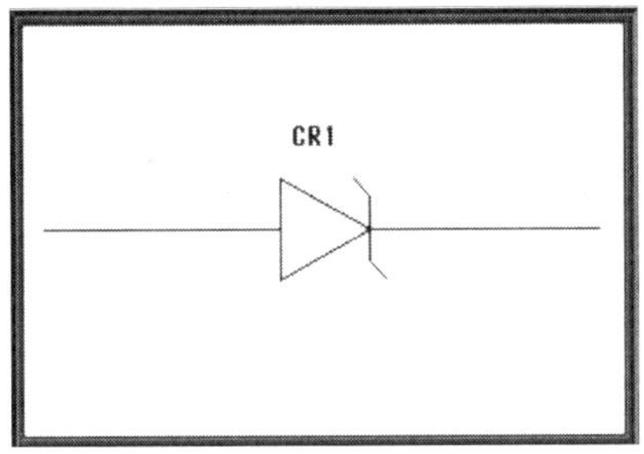

✓ 제너 다이오드의 제너 전압은
  a. 순방향 전압 강하와 같다.
  b. 역방향에서의 브레이크다운(항복) 전압이다.

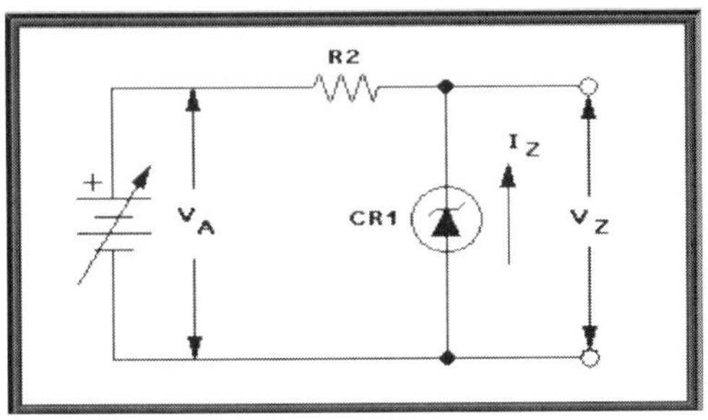

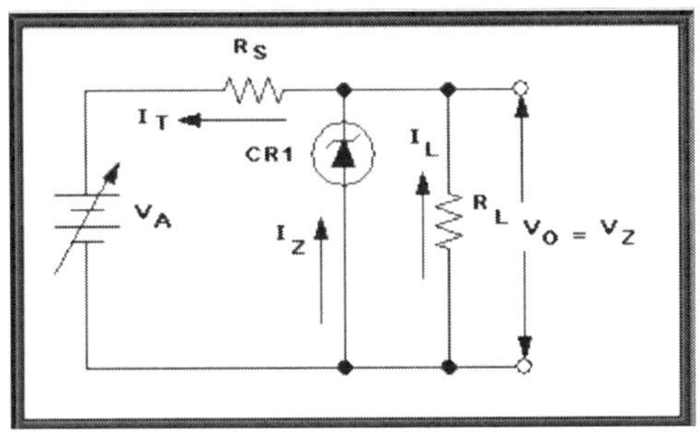

제너 다이오드(CR1)는 옆의 회로에서 출력전압(VO)을 제어해서 제너 전압(VZ)과 같도록 한다.
제너 다이오드 전압 레귤레이터는 출력 전압 (VO)과 부하 전류(IL)를 입력 전압(VA)의 변화에 대해서 일정하게 유지한다.

제너 다이오드 전압 레귤레이터는 ____ 에 대해 출력을 거의 일정하게 유지시킨다.
  a. LINE 전압의 변화
  b. 부하 전류의 변화
  c. 위의 것이 모두

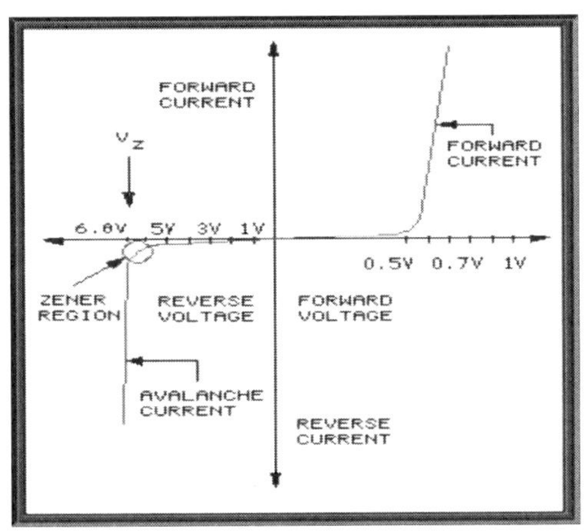

필요한 실험 도구

실험을 하기 위해서 다음과 같은 것들이 필요하다.

- F.A.C.E.T. base unit
- SEMICONDUCTOR DEVICES 회로 블럭
- Power supply, 15 Vdc (2 개)
- 멀티미터
- 오실로스코프, dual trace
- 사인파 발생기

실험 1

실험목표

이 실험을 하기 위해서 리미팅과 클램핑을 다이오드 회로를 이용해서 설명할 줄 알아야 한다. 또한 그 결과를 오실로스코프로 확인 할 줄 알아야 한다.

기본내용

리미팅(limting) :
limiter (혹 clipper) 회로는 입력 파형의 끝을 제거 한다. 이것을 LIMITING이라고 한다. limiter 는 입력 파형의 극대값 혹은 극소값을 직각이 되게 한다. 사인파는 LIMITER에 의해서 구형파로 바뀐다. 다이오드 LIMITER에는 직렬과 병렬 2가지 종류가 있다.

아래의 두 회로는 직렬 LIMITER 이다. 이것은 반파 정류기이다.

아래의 회로는 양의 직류 펄스만을 출력한다. 입력 중음의 부분은 제거한다.

아래의 회로는 음의 펄스만을 출력 한다. 입력중 양의 부분은 제거한다.

✔ limiter (혹은 클리퍼) 회로는
   a. 직류 펄스를 부드럽게 출력해 준다.
   b. 전파 정류기처럼 작동한다.
   c. 입력 파형의 끝을 제거한다.

아래의 회로에서 출력 전압은 다이오드가 _____ 약 0.6V 로 제한된다.

a. 양의 입력이 들어 올 동안 순방향으로 바이어스 된다.

b. 음의 입력이 들어 올 동안 역방향으로 바이어스 된다.

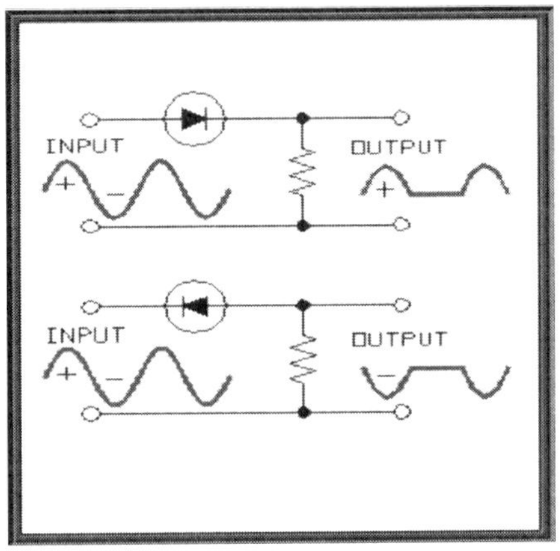

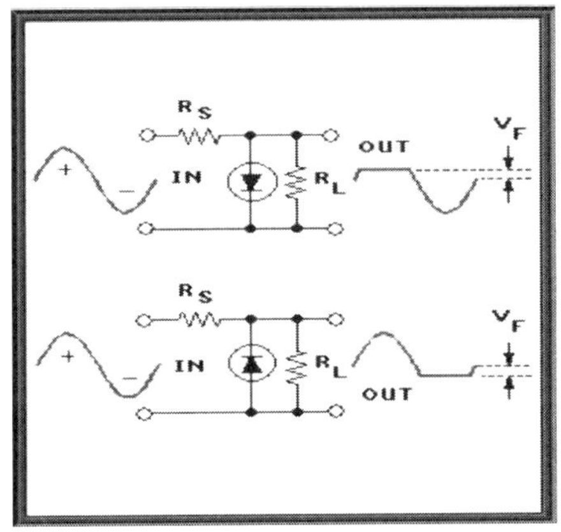

옆 회로는 다이오드에 의해서 입력전압이 바이어스가 된 MITING 회로이다.

옆 그림에서 리미팅이 발생하는 지점에서 바이어스의 총합은 (+)가변 전압공급기에 의해서 회로에 더해진다.

다이오드 음극에서 바이어스 전압(V_B)는 5.4 V이고 이것은 약 0.6V의 V_F와 더해지기 때문에 Limiting 은 6.0 V 직류에서 발생한다.

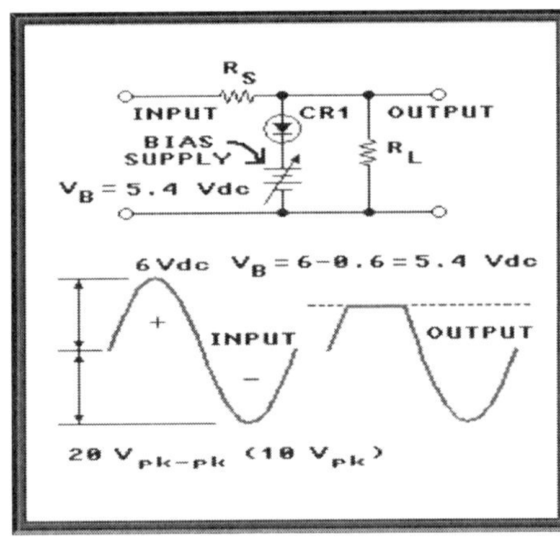

옆 회로에서는 다이오드 위치가 역방향이 되고, (-) 전압이 다이오드의 양극에 가해지면, (+) 파형대신에 (-) 파형이 제한되어 진다.

V_B의 (-) 전압에 의해서 (-) 출력 파형에서 전압은 각이 지게 된다.

✔ V_B 가 -6.4 Vdc일 때 음의 출력은

a. 약 -6.4 Vdc로 제한된다.

b. 약 -7.0 Vdc로 제한된다.

c. 약 -0.6 Vdc로 제한된다.

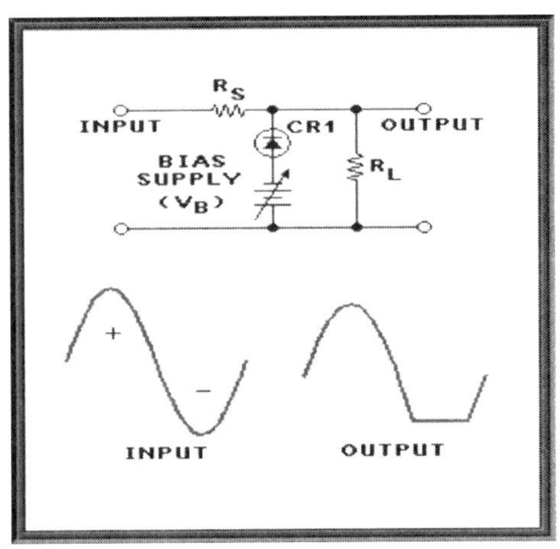

클램핑(claming)

리미팅의 변화된 형태를 클램핑이라고 한다.

아래 그림은 클램핑회로가 어떻게 입력파형에 대해서 작동하는 지를 보여준다.

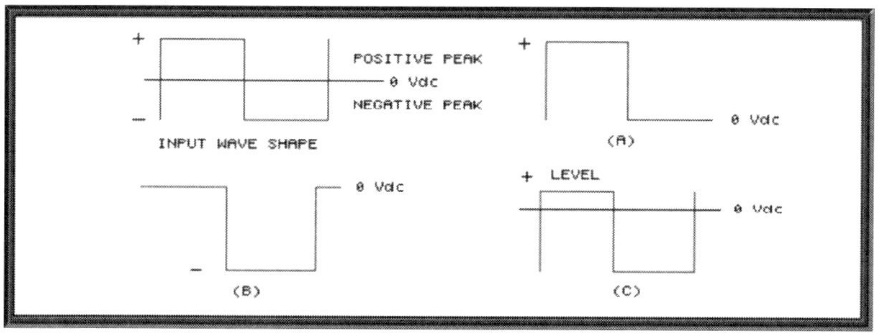

클램핑 회로는 입력의 (+) 혹은 (-) 진폭을 출력 직류 전압 기준 레벨로 이동시킨다.

클램핑회로는 ***직류 재생기*** 혹은 baseline stabilizer라고도 한다.

클램퍼 회로가 구형파의 첨두값을 0Vdc로 고정시킬 때, 출력은 _____이다.
a. (a). b. (b). c. (c).

클램퍼 회로는 구형파의 극소값을 0V로 고정시킨다. 출력은 다음 중 _____이다.
a. (a). b. (b). c. (c).

다음은 10V_{pk} 구형파의 입력 첨미값을 0Vdc로 클램핑하는 클램프 회로이다. 이 회로를 ***양극 클램퍼*** 라고 한다.

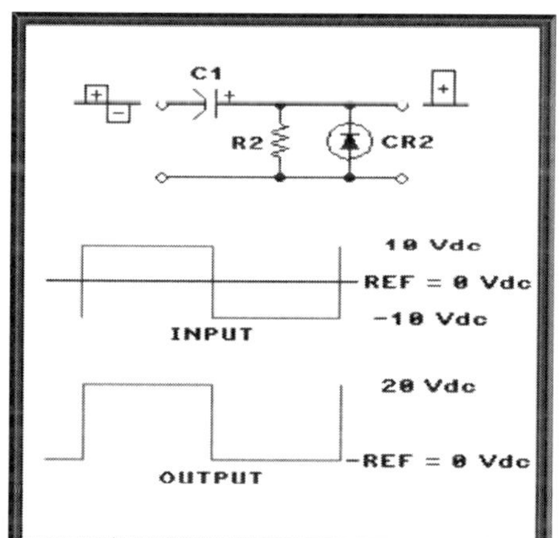

C1이 (+) 전하를 받기 때문에 CR2가 순방향 바이어스될 때, (-) 입력 파형에서 클램핑된다.

입력이 -10Vdc로 떨어 질때 CR2 은 출력을 약 0 Vdc에 고정시킨다.
(순방향 전압 강하 약 -0.6Vdc는 무시한다.) ; 입력과 출력사이의 전압 차이는 약 10.0Vdc[0 - (-10.0)]로 C1에 충전된다.

CR2가 역바이어스되어 0Vdc를 기준으로 출력 첨두값이 20V일 때, C1은 출력에 (+) 파형을 더해서 (+) 전하를 유지시킨다. C1 전하는 R2에서 입력의 첨미값(10 V_{pk})과 같은 값의 양 바이어스 전압을 발생시킨다. 양의 바이어스 전압은 CR2음극에서 역바이어스에서 다이오드를 유지시킨다. C1이 초기 전하를 가지고 난 후에 CR2에 전류가 흐르는 때는 입력의 극소값일 때 커패시터의 전하를 잃게 된다.

✔ 입력 구형파가 15 V_{pk} 의 최대값을 가질 때 0VdC를 기준으로 할 때의 출력 극대값의 크기는?
a. 30V. a. - 30V. c. 20V.

다이오드의 극(방향)이 역방향이면, 회로는 그림에서 보는 것처럼 0Vdc 기준으로 (+)입력 첨미값에서 클램프된다.
이 회로를 ***음극 클램퍼*** 라고 한다.

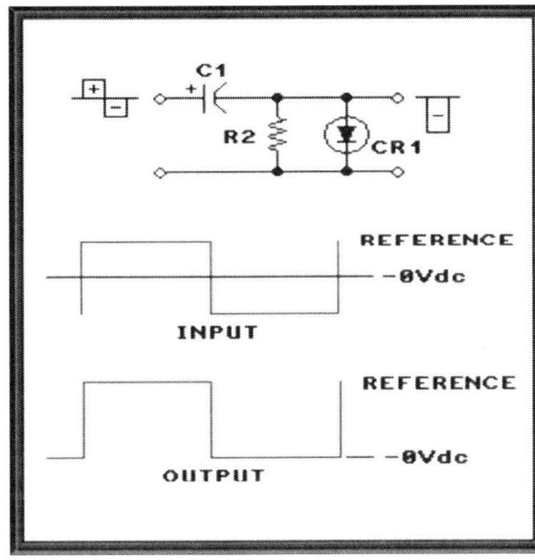

음 클램퍼에서 커패시터는 다이오드가 순방향 바이어스될 때, (+) 파형동안 첨두 값과 같은 (-) 전하를 받는다.
커패시터의 (+) 전하는 다이오드가 역바이어스 될 때 출력은 (-) 입력 파형에 더해진다.

입력 구형파가 15V의 최대 전압을 가질 때 C1 커패시터 전하의 크기는 약 ______이다.
a. +15 Vdc.
b. -15 Vdc.
c. -30 Vdc.

좋은 클램핑을 하기 위해서 입력 신호의 주기에 비해서 커패시터의 충전 시간상수(시정수)는 짧아야 하며, 방전 시간 상수(시정수)는 길수록 좋다.

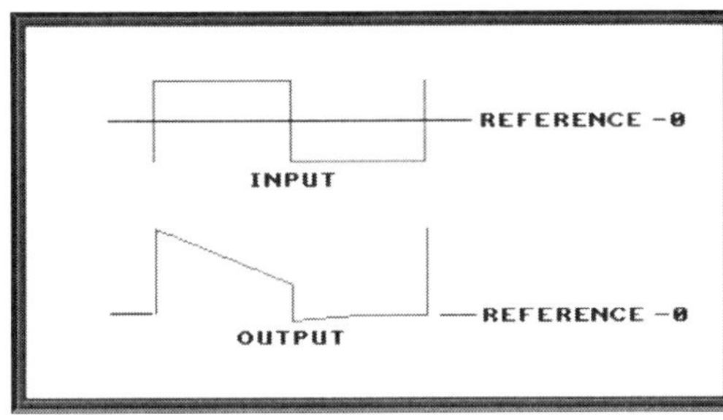

방전 시정수가 매우 짧다면, 저항에 걸리는 바이어스 전압은 커패스터가 방전을 다할 때까지 떨어진다. 이 떨어짐은 출력 파형의 기울기를 왜곡시키고 위와 같이 클램프 레벨의 변화를 일으킨다.

실험과정

1. SEMICODUCTOR DEVICES 회로 블록위에 있는 DIODE WAVE SHAPING 회로 블럭을 놓고 보는 것처럼 회로를 연결 하라.

2. 오실로스코프의 채널 1 프루브를 GEN의 위쪽 단자에 연결하고, ground 단자를 GEN의 아래쪽 단자(ground)에 연결하라.
파형 발생기를 20 V_{pk-pk}, 1000 Hz 사인파에 맞춰라.

참고 : 이 실험에서 오실로스코프의 두 채널 모두 직렬 상태이다.

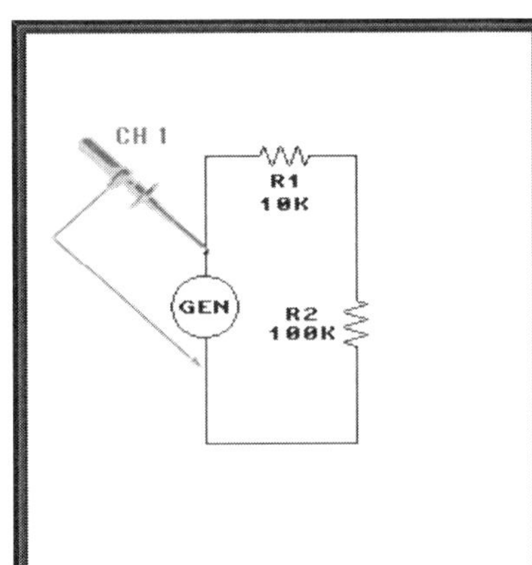

3. 채널 2의 프루브를 R2사이에 연결하고, 출력 파형을 관찰하라.

출력 파형이 회로의 입력 파형과 같은 모양인가?
a. 예　　　　b. 아니오

리미터 (클리퍼) 회로

4. 출력으로부터 채널 2 프루브를 제거하라.
회로를 보는 그림처럼 리미터를 연결하라.

(+) 전압 공급기를 조정해서 CR1를 0Vdc로 맞추어라.
멀티미터를 사용해서 전압을 측정하라.

5. 가변 전압공급기에서 CR1의 양극을 0VdC로 조정해서, 연결된 리미터 회로의 출력 신호를 (+) 혹은 (-) 파형 중 어떻게 제한할 수 있는가?
a. (+)　　　　b. (-)

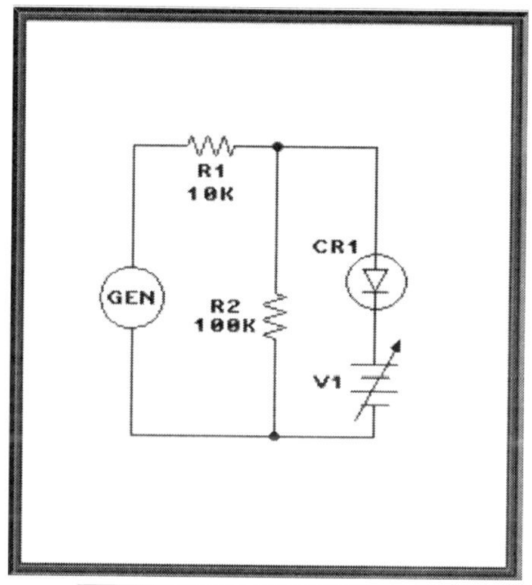

6. 회로 부하 저항 R2에 채널 2 프루브를 연결하라.
출력 파형이 어떻게 제한되는가?
a. (+)　　　　b. (-)

7. 오실로스코프를 조절하여 (+) 출력전압이 클리핑되는 첨두값을 가지는 전압(GROUND에 대해서)을 측정하여라.
(+) 출력 첨두값 =　　　　Vpk

8. # V1,s,4,2 # V_{pk} 의 측정값이
a. CR1의 순방향 전압강하이다.
b. R1의 전압 강하이다.

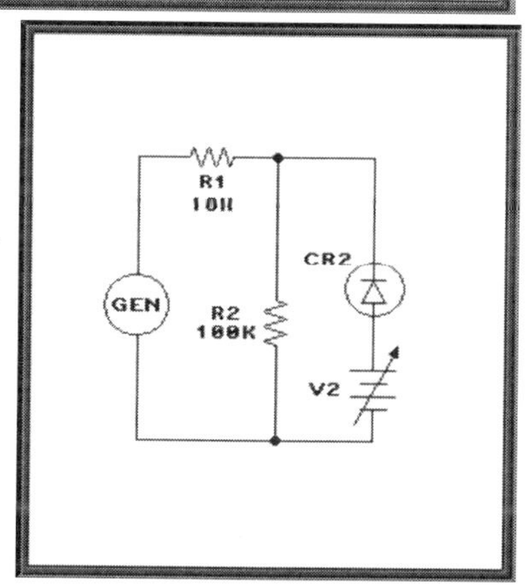

9. 그림에서 보는 것처럼 회로를 연결하라.
(-) 가변 전압 공급기를 조정해서 CR2를 0Vdc로 맞추어라.

멀티미터를 사용해서 전압을 측정하라. 입력파형이 어떻게 제한 되는가?
a. (+)　　　　b. (-)

10. 오실로스코프를 조절해서 첨두값을 측정하라(GROUND 에 대해서).
이때 (-) 출력 파형은 제한된다.
(-) 출력 첨두값 =　　　　Vpk

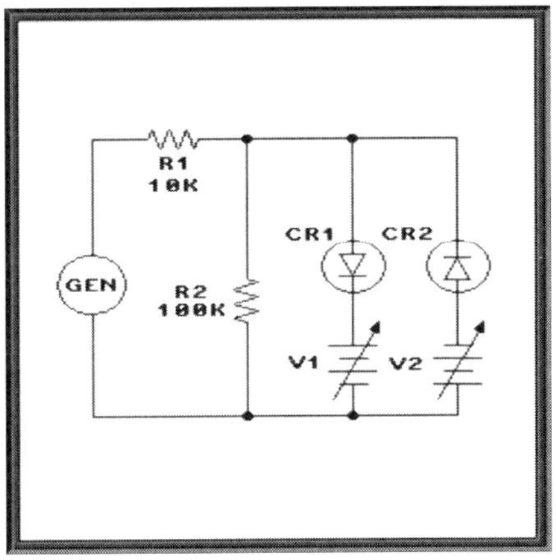

11. 회로를 옆 그림처럼 연결하라.

채널 2의 수직 눈금을 0.2V/cm로 맞춘다.(X10 프루브일 때는 2V/cm) 회로에서 CR1과 CR2에 대해서, 어떤 형태의 파형을 관찰할 수 있는가?
a. 사인파 b. 구형파

12. (+) 가변 전압공급기를 조정해서 CR1을 2.0Vdc로 맞추어라.

멀티미터를 사용해서 전압을 측정하라.
출력 파형이 (+)혹은 (-)중 어떻게 증가하는가?
a. (+) b. (-)

13. 오실로스코프 화면의 채널2에서 0Vdc(GROUND)를 기준으로 (+) 출력 파형의 첨두값을 측정하라
(+) 출력 첨두값 = V_{pk}

14. (-) 가변 전압공급기를 조절해서 CR2를 -2.0Vdc로 맞추어라.
멀티미터를 사용해서 전압을 측정하라. 출력파형이 (+) 혹은 (-) 중 어떻게 증가하는가?
a. (-) b. (+)

15. 오실로스코프 화면의 채널 2에서 출력 전압의 첨미값을 0Vdc(GRUOND)를 기준으로 측정하라.
(-) 출력 첨미값 = Vpk

16. 2개의 다이오드 리미터(클리퍼)회로가 사인파를 구형파로 바꿀 수 있는가?
a. 예 b. 아니오

17. 관찰한 파형을 바탕으로 출력신호의 기준전압이 입력신호의 기준전압에 대해서 쉬프트 되는가?
a. 예 b. 아니오

참고 : 답을 mVdc로 써야 한다.

18. 입력과 출력 신호의 기준 전압 레벨이 무엇인가?
기준 전압 레벨 = mVdc

클램퍼 회로

19. 클램퍼 회로를 보는 것처럼 연결하라.
(+) 가변 전압공급기를 조정하여 CR1에 0VdC를 공급하여라 전압측정기를 사용해서 전압을 측정하라

20. 오실로스코프 채널을 직류로 맞추어라.
채널 1에서 클램퍼 회로 입력을 관찰하는 동안, 파형발생기를 조절해서 출력이 10.0 V_{pk-pk}, 1000 Hz 구형파가 되게 한다.

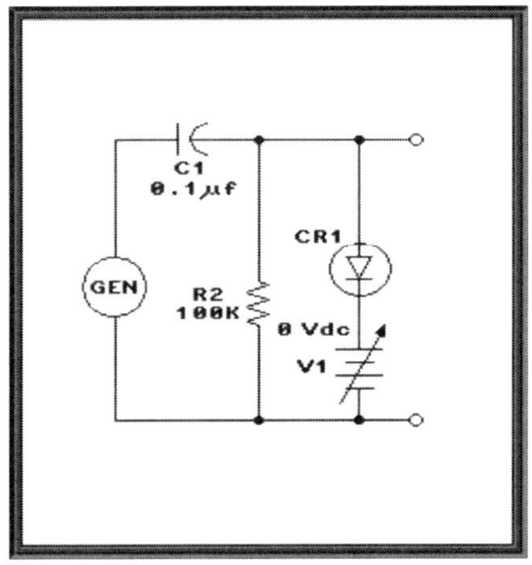

21. 채널 2에서 클램프 회로 출력을 관찰하라.
어떻게 출력파형의 첨값이 0Vdc로 클램프되는가? 다이오드 순방향 전압 강하는 무시한다.)
a. (-) b. (+)

22. 오실로스코프 화면의 채널 2에서 GROUND에 대한 (-) 출력 첨값의 전압 레벨을 측정하라.

참고 : 앞으로의 측정에서 다이오드 순방향 전압강하는 무시한다.

(-) 출력 첨값 = Vpk

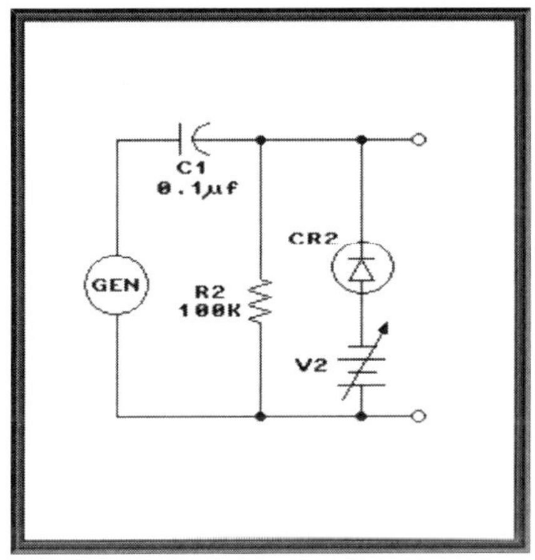

23. (+) 가변 전압공급기를 조정해서 CR1을 3.0Vdc로 맞추어라.

멀티미터를 사용해서 전압을 측정하라.
채널 2에 대해서 GROUND에 대해서 (+) 출력 첨값 이 클램프 되는 전압 레벨을 측정하라.
(+) 첨값 크램프 전압 = Vdc

24. 클램퍼 회로를 보는 것처럼 연결하라. 파형발생기의 상태는 유지한다.

(-) 가변 전압공급기를 조정해서 CR1을 0Vdc로 맞추어라. 전압 측정기를 사용해서 전압을 측정하라.

25. 채널 2에서의 클램퍼 회로 출력을 관찰하라.

어떻게 출력 파형의 첨값이 0Vdc로 클램프 되는가(다이오드 순방향 전압 강하는 무시 한다.)?
a. (-) b. (+)

26. 오실로스코프 화면의 채널2에 대해서, GROUND에 대해서 (+) 출력 첨값의 전압 레벨을 측정하라.
(+) 출력 첨값 = V_{pk}

27. 채널 1에서 교류 사인파 입력을 실험하고 채널 2에서 구형파 출력을 실험하라.

클램핑 회로이 직류 재생기 회로로서 작동하는가?
a. 아니오 b. 예

28. (-) 가변 전압공급기를 조정해서 CR2를 -2.0Vdc로 맞추어라.

멀티미터를 사용해서 전압을 측정하라.

채널 2에서 GROUND에 대해서 (-) 출력 첨값이 전압 레벨을 측정하라.
(-) 첨값 클램프 전압 =   Vdc

29. (-) 가변 전압 공급기를 조정해서 CR2를 0Vdc 맞추어라. 멀티미터를 사용해서 전압을 측정하라.

30. CM14는 작동중이다.

오실로스코프의 채널 2에 나타나는 클램퍼 출력 파형을 관찰하라.

파형의 모양을 바탕으로 CM14의 회로 방전 시간상수가 매우 ______ 는 것을 알 수 있다.
a. 짧다.   b. 길다.

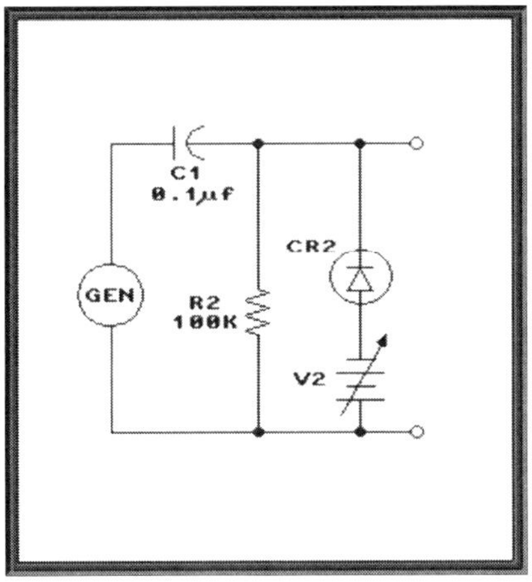

31. 방전 시간 상수를 매우 짧게 만들기 위해서 CM14가
a. R2부하 저항을 줄여야 한다.
b. R2부하 저항을 증가 시켜야 한다.

결 론

- 리미터 회로는 (+)나 (혹은) (-) 출력 파형의 크기를 클립시키기 위해서 병렬로 다이오드와 저항이 연결 되어 있거나, 반파 정류기로 작동하기 위해서 직렬로 연결되어 있다.
- 출력 파형은 둘 다 두 다이오드 리미터 회로에 의해서 제한된다.
- 다이오드가 직류 바이어스 되면서, 리미팅 전압 레벨은 설정된다.
- 클램퍼 회로는 다이오드와 저항-커패시터(RC)회로를 가진 변형된 리미터 회로이다.
- 클램퍼 회로는 입력의 (+) 혹은 (-) 파형 첨두값을 다른 직류 출력전압 기준레벨로 쉬프트 시킨다.

실험 2

실험목표

이 실험을 하기 위해서 제너 다이오드의 작동에 대해서 직류 특성 곡선을 사용해서 설명할수 있어야 한다. 또한 이것을 멀티미터로 확인할 수 있어야 한다.

기본내용

avalanche 혹은 제너 다이오드

순방향 바이어스된 다이오드의 저항은 낮고 큰 전류가 흐를 수 있다.

역 바이어스 저항은 높고 breakdown 전압에 이를 때까지, 약간의 전류만이 흐를 수 있다. 그러면, 역 전류는 매우 급격히 증가하기 시작한다.

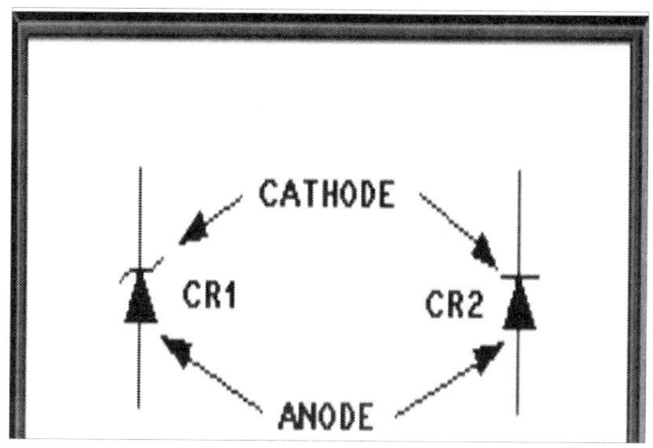

✔ 제너 다이오드의 avalanche 혹은 제너 전압은
  a. 순방향 전압에 있다.
  b. breakdown 전압에 있다.

제너 다이오드(CR1)는 avalanche혹은 제너 전압에서 안전하게 작동하도록 설계된 PN접합 다이오드이다.

제너 다이오드는 Z자 형의 선을 음극에 가지고 있다.

제너 다이오드는 3V에서 200V 범위의 제너 전압(aval anche 혹은 breakdown 전압)을 가지고 있다. 제너 다이오드의 순방향 전압 강하는 일반 다이오드와 같다.(0.6에서 0.9Vdc)

✔ 제너 다이오드는
  a. CR1이다.   b. CR2이다.

제너 직류 특성 곡선

순방향 전압에서 제너 다이오드의 전압/전류 관계는 정류다이오드의 그것과 같다.

역방향에서 제너 전압(V_Z)에 이르는 동안(이 다이오드는 6.8V ñ10%) 아주 작은 전류만이 흐른다.

제너 영역(breakdown 지점)은 곡선의 굴곡부이다.

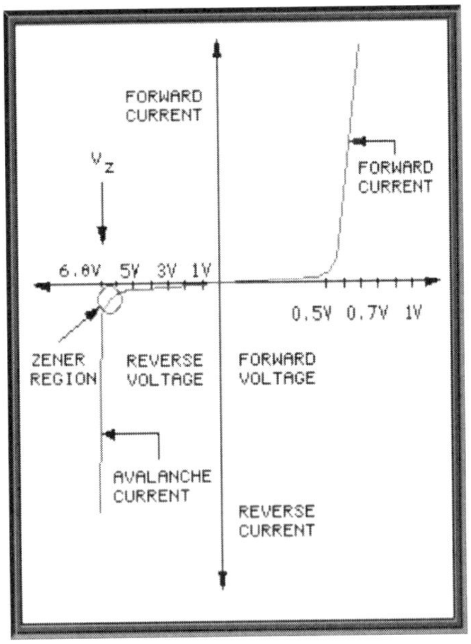

✔ 제너 다이오드에 대한 직류 특성 곡선의 제너 영역은
  a. 약간의 전압 증가에 대해서 순방향 전류가 매우 급격히 증가 한다.
  b. 역방향 전압에서 큰 증가에 대해 역방향 전류는 매우 급격히 감소한다.
  c. 역방향 전압에서 작은 증가에 대해 역방향 전류는 매우 급격히 증가한다.

제너 영역

이것은 전형적인 제너 다이오드 일반의 제너 영역을 확대 한 것이다.

제너 시험 전류(I_{ZT} = 20 mA)는 오차 범위내에서 제너 전압(V_Z)과 제조자에 의해서 정해지는 제너 전류이다.(이 다이오드는 6.8V ñ10%) 제너 전압이 증가함에 따라 전류가 천천히 증가하는 곡선의 일부분은 soft 영역이다. stiff 영역에서 V_Z를 잘 정의할 수 있다. 전류는 제너 전압의 작은 증가에 대해서 급격히 변한다.

✔ 제너 시험 전류(I_{ZT})는 제너 전류가 ________일때, 특성 곡선상의 한점이다.
  a. 역방향 전압이 증가함에 따라 천천히 증가 할 때
  b. 제너 전압의 작은 증가에 대해 매우 급격히 증가하기 시작할 때

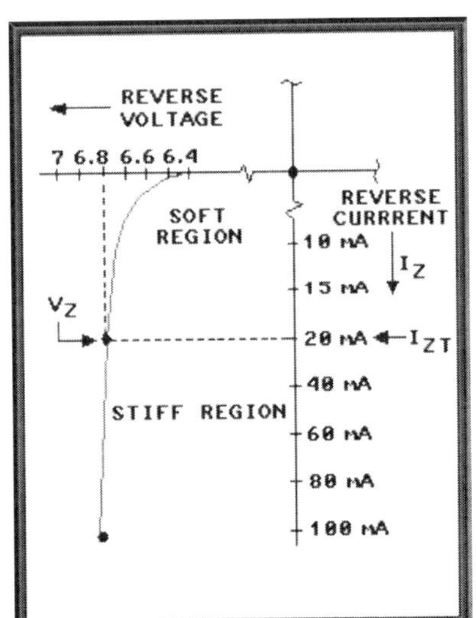

제너 회로

이것은 전형적인 제너 시험 회로이다.
공급되는 전압(V_A)는 제너보다 높은 전압을 공급한다.

하지만, 제너 다이오드는 과잉 전원을 없앤다.
R2의 저항은 롤(roll) 제너 시험 전류(I_{ZT})와 같도록 유지시킬 수 있는 값을 선택한다.

✔ 보이는 회로에서 제너 전류(I_Z)는
a. (VA - VZ)/R2 이다.　　　b. VZ/R2이다.

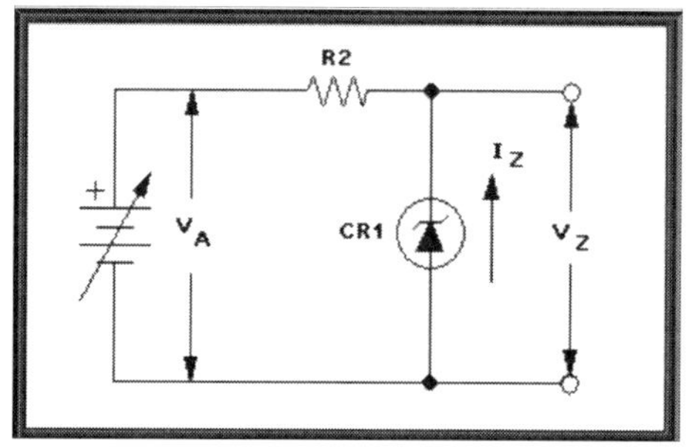

제너 다이오드에 대한 I_{ZT}의 값은 다음 실험에 의해서 37 mA이다. 실제적으로 제너 시험 전류는 제너 다이오드의 전압과 전력비에 의해서 변한다. 다이오드 특성표를 이용해서 I_{ZT}의 주어진 값을 찾을 수 있다.

실험과정

1. ZENER DIODE REGULATOR 회로 블럭을 놓아라

2. 순방향 바이어스 제너 다이오드(CR1)에 저항측정기의 붉은단자 (+)는 음극에 검은 단자 (-)는 양극에 연결하라.

   측정기로 제너다이오드가?
   a. 작동 중이라는 것을 알 수 있다.
   b. 작동 중이지 않다는 것을 알 수 있다.

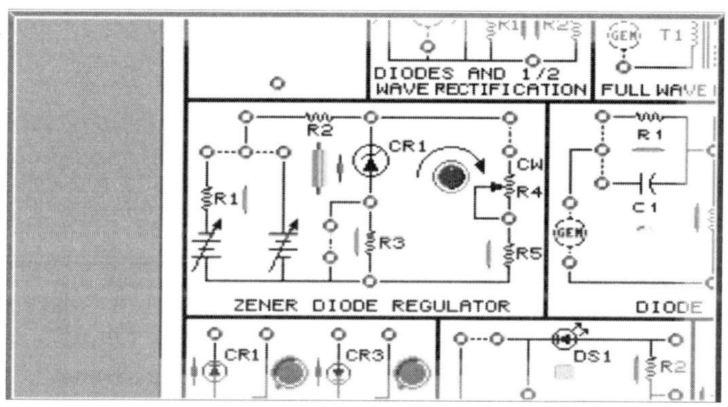

3. 역 바이어스 제너 다이오드(CR1)에 저항측정기의 붉은단자(+)는 양극에 검은단자(-)는 음극에 연결하라. 측정기로 제너다이오드가?
   a. 작동중이라는 것을 알 수 있다.
   b. 작동중이 아니라는 것을 알 수 있다.

4. 회로를 옆 회로와 같이 연결하라.

   (-) 가변 전압공급기를 조정해서 R1과 R2사이의 시험 점에 - 2.0Vdc가 공급 되도록 하라.

   멀티미터를 사용해서 전압을 측정하라.

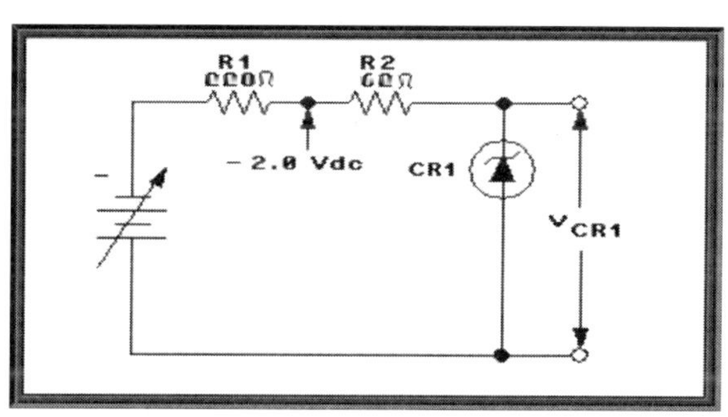

5. 제너 CR1 (V_{CR1})사이의 전압을 측정하라.
V_{CR1} = Vdc

6. V_{CR1} (#V9,,5,2# Vdc)의 측정값을 바탕으로 CR1은 순방향바이어스인가, 역방향 바이어스인가?
   a. 역방향 바이어스
   b. 순방향 바이어스

7. R1과 R2점 사이에서 (-) 가변 전압 공급기를 -2.5Vdc까지 증가시켜라.
VCR1를 측정하라.

VCR1 = Vdc

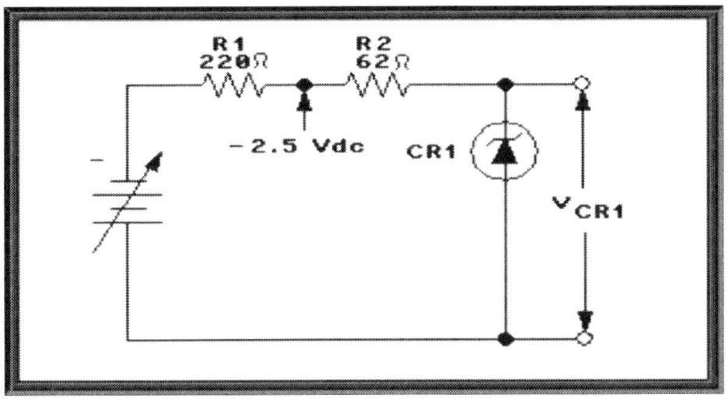

8. V_{CR1}의 #V9,,5,2# Vdc 와 #V10,,5,2# Vdc 측정값을 바탕으로 전압공급이 증가하면, 제너다이오드(CR1)이 순방향 바이어스될 때, 정류 다이오드와 같이 작동하는가?
   a. 예 b. 아니오

9. 회로를 아래 그림과 같이 연결하라.

양의 가변 공급원(positive variable supply - VA)이 회로에 있다.

측정값과 계산값의 기록에 의해서 다음 실험 과정에서 제너 다이오드(CR1) 역방향 전류(I_Z) 대 역방향 바이어스 전압 (V_{CR1}) 관계를 결정시킨다.

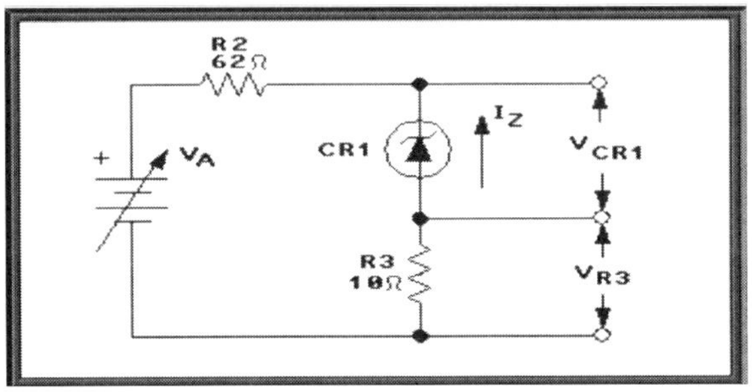

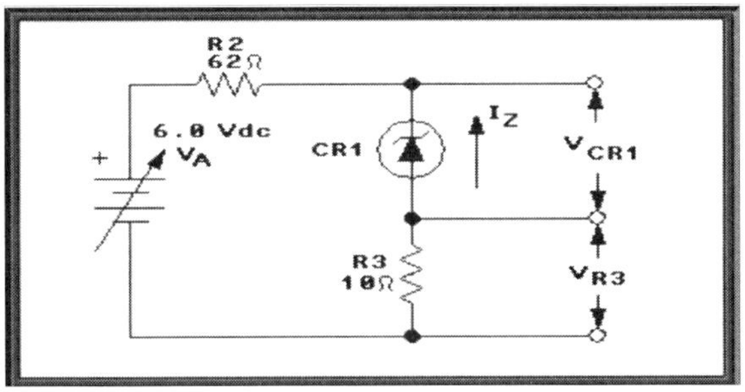

10. (+) 가변 전압공급기(V_A)를 6.0Vdc로 조정하라

V_A	V_{CR1}	V_{R3}	$I_Z = V_{R3}/10$
6.0 Vdc	Vdc	mVdc	# V14 / 10 ,t,4,1 # mA
7.0 Vdc			
8.0 Vdc			
10.0 Vdc			

11. V_A 를 6.0Vdc로 맞추어라.
    a. VCR1를 측정하라.
    b. VR3.를 측정하라.
    c. 컴퓨터로 IZ를 계산하라.

12. (+) 전압 공급기(V_A)를 7.0Vdc로 조절하라.

V_A	V_{CR1}	V_{R3}	$I_Z = V_{R3}/10$
6.0 Vdc	#V13,,4,2# Vdc	#V14,,5,1# mVdc	# V14 / 10 ,t,4,1 # mA
7.0 Vdc	Vdc	mVdc	# V16 / 10 ,t,4,1 # mA
8.0 Vdc			
10.0 Vdc			

13. V_A를 다음 회로와 같이 7.0Vdc로 맞춰라.
    a. VCR1.을 측정하라.
    b. VR3를 측정하라.
    c 컴퓨터로 IZ를 측정하라.

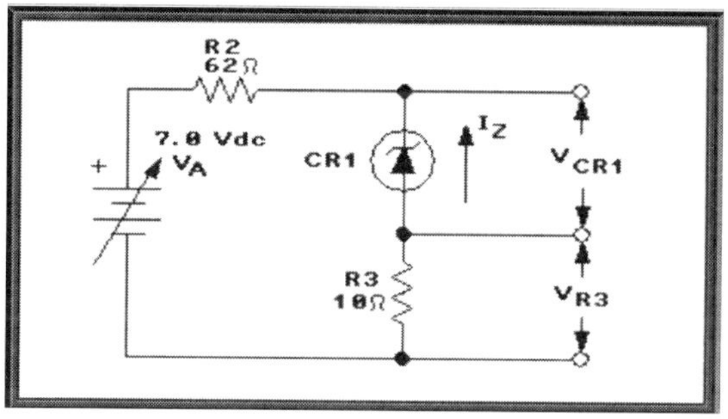

14. (+) 전압 공급기(V_A)를 8.0Vdc로 조절하라.

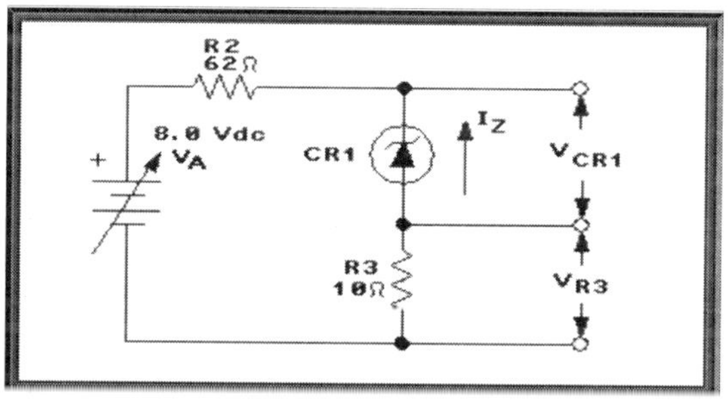

V_A	V_{CR1}	V_{R3}	$I_Z = V_{R3}/10$
6.0 Vdc	#V13,,4,2# Vdc	#V14,,5,1# mVdc	# V14 / 10 ,t,4,1 # mA
7.0 Vdc	Vdc	mVdc	# V16 / 10 ,t,4,1 # mA
8.0 Vdc	#V15,,4,2# Vdc	#V16,,5,1# mVdc	# V18 / 10 ,,4,1 # mA
10.0 Vdc			

15. V_A 이 8.0 Vdc로 맞춰져 있다.
   a. VCR1을 측정하라.
   b. VR3를 측정하라.
   c. 컴퓨터로 IZ를 계산하여라.

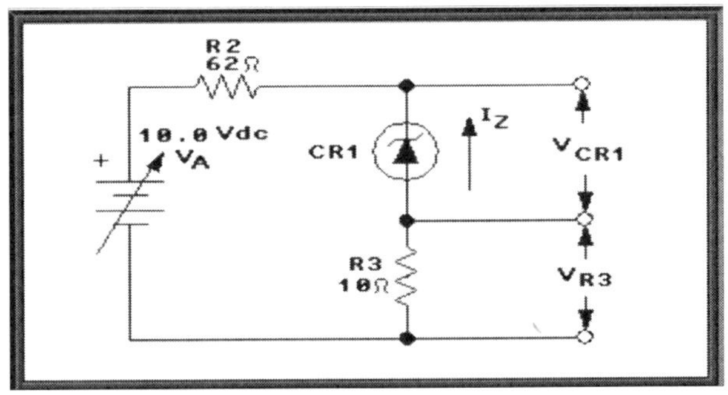

16. (+) 전압 공급기(V_A)를 10.0Vdc로 조절하라.

V_A	V_{CR1}	V_{R3}	$I_Z = V_{R3}/10$
6.0 Vdc	#V13,,4,2# Vdc	#V14,,5,1# mVdc	# V14 / 10 ,t,4,1 # mA
7.0 Vdc	#V15,,4,2# Vdc	#V16,,5,1# mVdc	# V16 / 10 ,t,4,1 # mA
8.0 Vdc	Vdc	mVdc	# V18 / 10 ,,4,1 # mA
10.0 Vdc	#V17,,4,2# Vdc	#V18,,5,1# mVdc	# V20 / 10 ,,4,1 # mA

17. V_A 를 10.0 Vdc.로 맞춰라.
   a. VCR1를 측정하라.
   b. VR3를 측정하라.
   c. 컴퓨터로 IZ , 를 측정하라.

V_{CR1} Vdc	I_Z mA
#V13,,4,2#	# V14 / 10,,4,1 #
#V15,,4,2#	# V16 / 10,,4,1 #
#V17,,4,2#	# V18 / 10,,4,1 #
#V19,,4,2#	# V20 / 10,,4,1 #

18. 위 표는 앞에서 알아낸 I_Z (mA)와 V_{CR1} 를 나타낸다.

19. 옆의 그래프는 전형적인 직류 특성 곡선의 역바이어스 특성을 보여주고 있다.

그래프로 값을 비교하라.

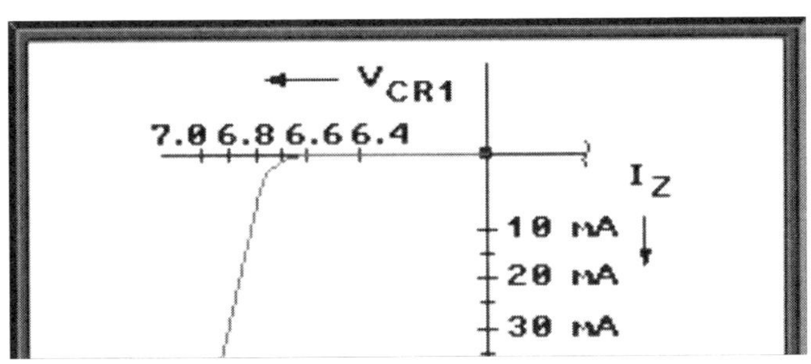

20. 제너 전류(I_Z) 대 전압 강하(V_{CR1}) 값이 전형적인 직류 특성 곡선과 일치하는가?
   a. 예   b. 아니오

21. 제너 다이오드(가) ________(이기 때문에) V_{CR1}이 #V15,,4,2# Vdc보다 작을때 I_Z는 약 0mA이다.
   a. 전압에 이르지 않았기 때문에
   b. 순방향 바이어스이기 때문에

22. 제너 전압(V_Z)이 약 #V17,,4,2# Vdc인가?
    a. 예　　　　b. 아니오

23. 제너 시험 전류(I_{ZT})이 # V18 / 10,,4,1 # mA 와 # V20 / 10,,4,1 # mA사이인가?
    a. 예　　　　b. 아니오

결 론

p 제너 다이오드는 역방향 BREAKDOWN 지점에서 안정적으로 작동한다.

p 순방향 바이어스 될때, 제너 다이오드는 정류 다이오드처럼 작동한다.

p 제너 전압(V_Z)이 BREAK DOWN 지점에 이를 때까지 제너 다이오드의 역방향 바이어스 특성은 다이오드가 꺼지는 것을 알 수 있다.

p 제너 다이오드 전압(V_Z)에서, 매우 작은 역방향 전압 증가에 대해서 제너 역방향 전류가 급격히 증가한다.

p 제너 다이오드 회로에서, 제너 테스트 전류(I_{ZT})와 같은 전류를 제한하는 저항은 직렬로 연결된다.

실험 3

실험목표

이 실험을 하기 위해서 제너 다이오드 전압 레귤레이터를 이용해서 전압 레귤레이션을 설명할 수 있어야 한다. 또한 이를 멀티미터로 확인할수 있어야 한다.

기본내용

다음은 제너 다이오드 전압 레귤레이터 회로이다.

상수의 제너 전압(V_Z)을 가지기 때문에 제너 다이 오드(CR1)은 전압 레귤레이터로서 회로에서 사용된다.

제너 다이오드는 출력 전압(V_O)을 공급 전압(V_A)과 부하 저항(R_L)의 변화에 대해서 V_Z와 같도록 레귤 레이션 한다.

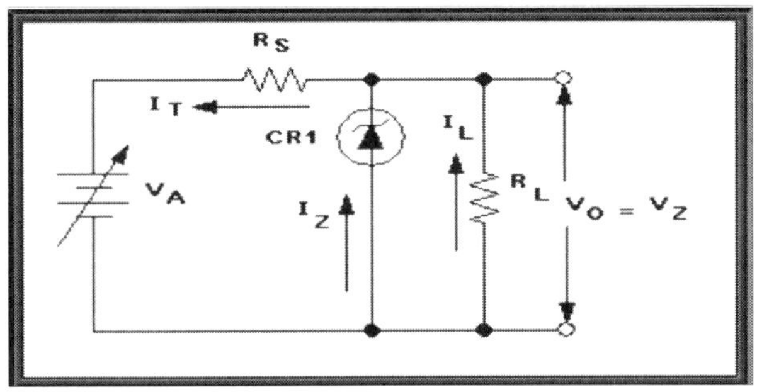

✔ 전압 레귤레이터로 사용하는 제너 다이오드의 특성은
  a. 거의 일정한 순방향 전압 강하이다.
  b. 역바이어스되어 질 때, 제너 전압(VZ)이 일정하다는 것이다.

레귤레이션 작동

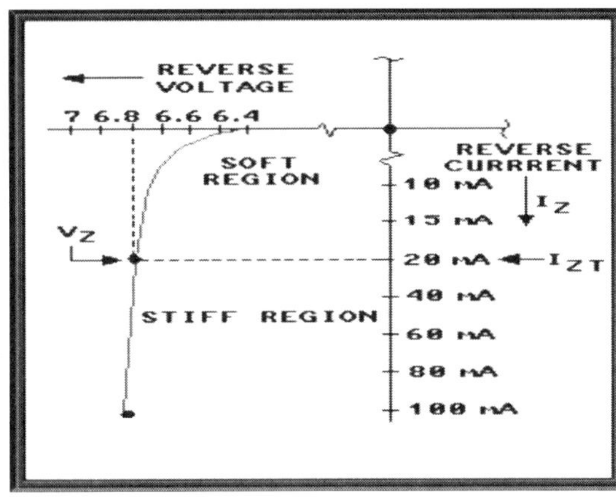

V_A 는 공급 전압(선 전압)이다.

R_L 가 0이고 전체 회로 전류(I_T)가 일반 제너 레귤레이터 작동을 하는 동안 저항은 제너 전류(I_Z)를 제한한다.

회로에 쓰이는 R_L은 보통 작동 상태에 따라서 변한다.

✔ 제너 다이오드 레귤레이션 회로에서 R_S의 목적은
  a. IZ가 위험한 높은 값을 가지지 않도록 막는 것이다.
  b. CR1 전압을 맞추는 것이다.

전체 회로 전류(I_T)는 제너 전류(I_Z)와 부하 저항 전류(I_L)의 합과 같다.
: $I_T = I_Z + I_L$.

레귤레이트되는 출력 전압(V_O)는 제너전압 (V_Z)이다. 보는 것처럼 제너 전압(V_Z) 주위에서 전압의 작은 변화에 대해서 I_Z는 급격히 변하기 때문에 제너 다이오드는 전압 레귤레이터로서 작용할 수 있다.

✔ 제너 전압 레귤레이터가 전압을 제너 전압과 같은 값으로 조절할때 I_T는 ____ 와 같다.
  a. IL - IZ.
  b. IL +

부하 레귤레이션

I_L의 증가가 I_Z의 감소를 보상한다.

V_Z가 거의 상수이기 때문에 레귤레이트되는 출력 전압(V_O)는 거의 상수이다.

✔ 제너 전압 레귤레이터이 일반적으로 작동하는 동안 I_L가 증가하면
a. IZ이 감소됨에 따라 offset된다.
b. IT 이 증가한다.

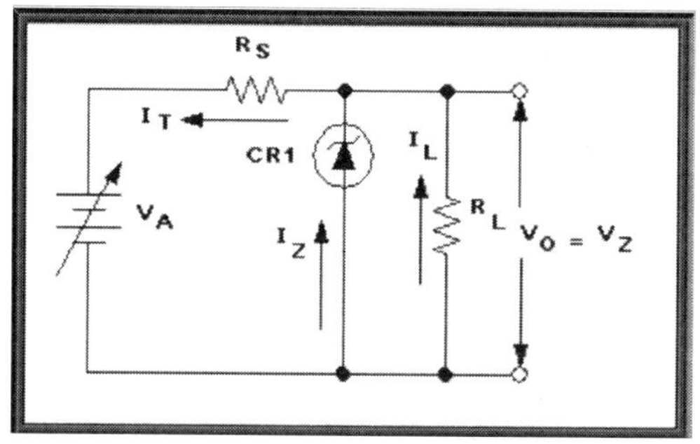

제너 전류는 특성곡선의 굴곡부에서 급격히 감소 할 정도로 부하 전류가 증가하면 역 전압은 제너 전압 아래로 강하하고 전압 레귤레이션은 되지 않는다.

부하 전류가 0으로 낮아지면, 전체 회로 전류는 제너 다이오드를 통해서 흐르게 된다.

✔ 특성 곡선의 굴곡부에서 제너 전류가 빠르게 감소할때, 제너 전압은
a. 제너 전류의 작은 감소에 대해서 증가하기 시작한다.
b. 제너 전류의 작은 감소에 대해서 감소하기 시작한다.

% 부하 레귤레이션

% 부하 레귤레이션은 바뀌는 부하에 걸리는 전압 변화의 측정값이다.

다음 공식을 사용해서 %부하 레귤레이션을 계산하라.

$$\% \text{ 부하 레귤레이션} = \frac{V_O\text{ (부하가 없을때)} - V_O\text{ (완전한 부하)}}{V_O\text{ (완전한 부하)}} \times 100\%$$

부하가 없을 때, V_O는 7.0Vdc이고 완전한 부하일때 V_O는 6.9Vdc이다. 다음 공식을 사용해서 부하 레귤레이션 비율을 계산하여라.

$$\% \text{ 부하 레귤레이션} = \frac{V_O\text{ (저항이 없을때)} - V_O\text{ (완전한 부하일때)}}{V_O\text{ (완전한 부하일 때)}} \times 100\%$$

선 레귤레이션

I_T의 변화는 I_Z의 변화에 의해서 흡수되기 때문 에 공급 전압(V_O)이 바뀔때, 제너 전압 레귤레이터는 출력 전압(V_A)을 유지한다.

제너 전류가 0으로 떨어지기 때문에 V_A이 제 너 전압 아래로 감소하면, 레귤레이션은 되지 않는다.

✔ V_A이 증가하고 I_T이 15mA로 증가하면, V_O는 거의 비슷한 값으로 남는다. 왜냐하면,
a. IZ 이 15 mA로 증가하기 때문에
b. IL 이15 mA로 감소하기 때문에

시험 회로

다음은 다음 실험에서 사용할 시험 회로이다.

저항 R4를 조정해서 부하 저항을 측정하는 것이다.

R5는 부하 저항의 일부이고 R4가 최소 값으로 조정될 때(시계방향으로 돌린다.), 안전한 값으로 부하 전류를 제한한다. R3는 I_Z를 측정해서 알 수 있다.

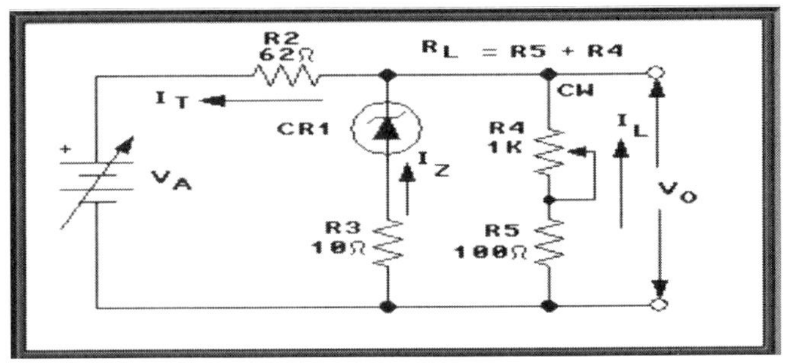

실험과정

1. ZENER DIODE REGULATOR 회로 블럭을 놓고 아래의 제너 다이오드 전류 레귤레이션 회로와 같이 연결하라.

2. 가변 저항 R4을 완전히 시계 반대 방향으로 돌려서 R4를 최대 저항값을 갖도록 한다. 이것은 약 1 kΩ이다. (+) 가변 전압공급기(V_A)를 8.75VdC로 맞추어라.

부하 레귤레이션

다음 실험과정에서 부하 전류(I_L)의 변화와 V_O에서의 영향의 측정에 의해서 부하 레귤레이션을 보 게 될 것이다.

또한 R3주위의 shunt(두핀 컨넥터)를 제거하고 I_Z와 V_{R3}를 측정하게 될 것이다. R3주위의 shunt를 제거하는 것은 간단한 문제를 일으킬 것이지만, 별다른 영향은 없다.

3. R4를 시계방향으로 돌려서 R5(V_{R5})에 걸리는 전압강하를 1.0VdC로 맞추어라. 멀티미터로 V_{R5}를 측정하라.

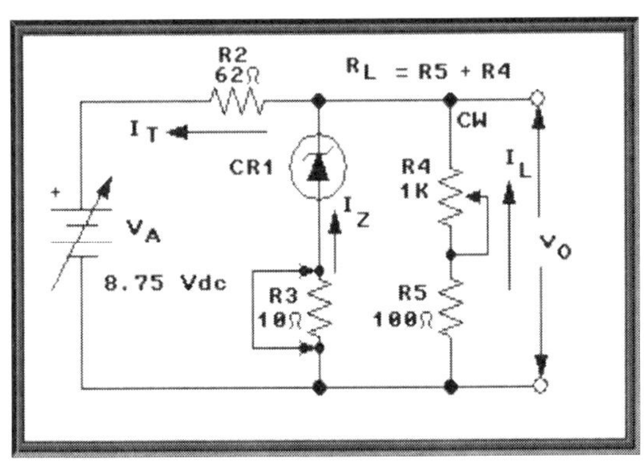

I_L을 10mA로 맞추어라. 그 값을 다음 표에 기록하라.

V_{R5} I_L	V_O V_{R3}	I_Z Vdc	mA Vdc	mVdc mA
1.0	10			# V26 / 10 ,,4,1 #
1.5	15			
2.0	20			
5.0	50			

4. I_L은 10mA로
   a. R4와 R5에 걸리는 VO를 측정하라.
   b. R3에 연결된 컨넥터를 제거하고 VR3를 측정하라.
   c. 컴퓨터로 IZ를 계산하라.

5. R3에 컨넥터를 삽입하라. R4를 시계방향으로 돌려서 V_0를 1.5Vdc로 맞추어라.

   멀티미터를 사용해서 V_{R5}를 측정하라.
   I_L 은 15mA로 맞추어진다.

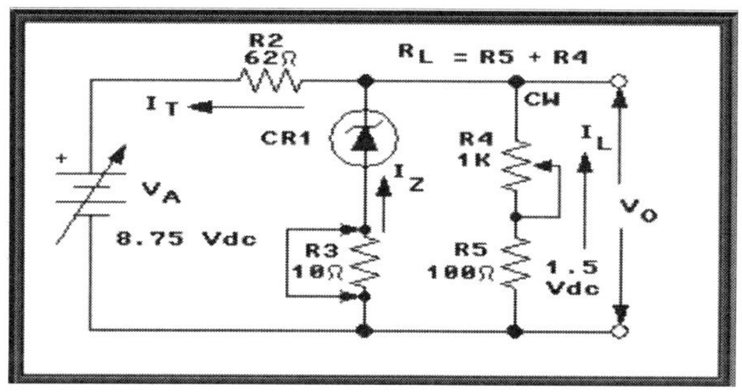

V_{R5} I_L	V_O V_{R3}	I_Z Vdc	mA Vdc	mVdc mA
1.0	10	#V25,,	#V26,,	# V26 / 10 ,,4,1 #
1.5	15			# V28 / 10 ,,4,1 #
2.0	20			
5.0	50			

6. I_L 이 15 mA 로 맞추어 졌다.
   a. R4 와 R5 사이의 VO를 측정하라
   b. R3에 연결된 컨넥터를 제거하고 VR3를 측정하라.
   c. 컴퓨터로 IZ를 계산하라.

7. R3에 연결된 컨넥터를 삽입하라. R4를 시계방향으로 돌려서 V_{R5}를 2.0Vdc로 맞추어라.
   멀티미터로 V_{R5}를 측정하라.
   I_L은 20mA로 맞추어진다.

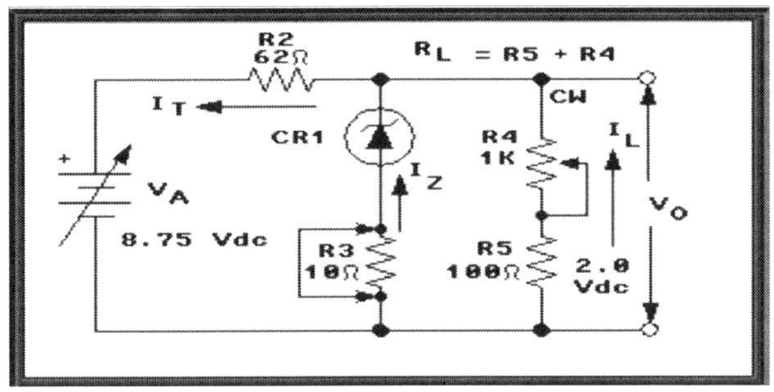

8. I_L 는 20 mA로 맞추어졌다.
   a. R4와 R5사이의 VO를 측정하라.
   b. R3에 연결된 컨넥터를 제거하고 VR3를 측정하라.
   c. 컴퓨터로 IZ를 계산하라.

V_{R5} I_L	V_O V_{R3}	I_Z Vdc	mA Vdc	mVdc mA
1.0	10	#V25,,4,2#	#V26,,5,1#	# V26 / 10 ,,4,1 #
1.5	15	#V27,,4,2#	#V28,,5,1#	# V28 / 10 ,,4,1 #
2.0	20			# V30 / 10 ,,4,1 #
5.0	50			

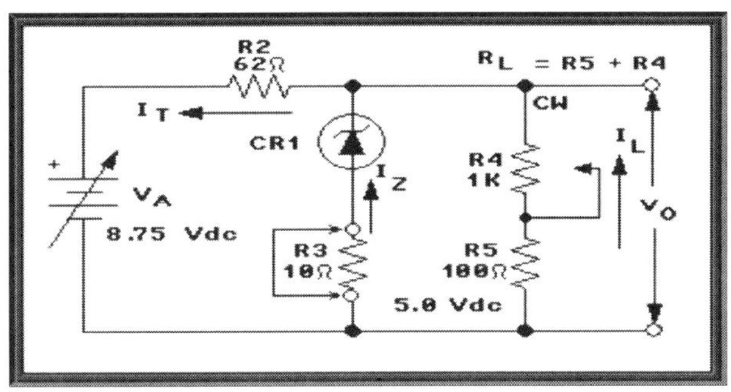

9. R3에 컨넥터를 삽입하라. R4를 시계방향으로 돌려서 V_{R5}를 5.0VdC로 맞추고 멀티미터로 V_{R5}를 측정하라.

I_L는 50mA로 맞추어져 있다.

V_R Vdc	I_L mA	V_O Vdc	V_{R3} mVdc	I_Z mA
1.0	10	#V25,,4,2#	#V26,,5,1#	# V26 / 10 ,,4,1 #
1.5	15	#V27,,4,2#	#V28,,5,1#	# V28 / 10 ,,4,1 #
2.0	20	#V29,,4,2#	#V30,,5,1#	# V30 / 10 ,,4,1 #
5.0	50			# V32 / 10 ,,4,1 #

10. I_L 50mA로 맞추어져 있다.
   a. R4와 R5사이의 VO를 측정하라.
   b. R3에 연결된 컨넥터를 제거하고 VR3를 측정하라.
   c. 컴퓨터로 IZ를 계산하라.

I_L mA	V_O Vdc	I_Z mA
10	#V25,,4,2#	# V26 / 10 ,,4,1 #
15	#V27,,4,2#	# V28 / 10 ,,4,1 #
20	#V29,,4,2#	# V30 / 10 ,,4,1 #
50	#V31,,4,2#	# V32 / 10 ,,4,1 #

11. 표에서 V_O대 I_L와 I_Z 값을 볼 수 있다.

제너 레귤레이터 회로에 대한 V_O 대 I_L 값의 전형적인 그래프는 다음의 그래프와 같다.

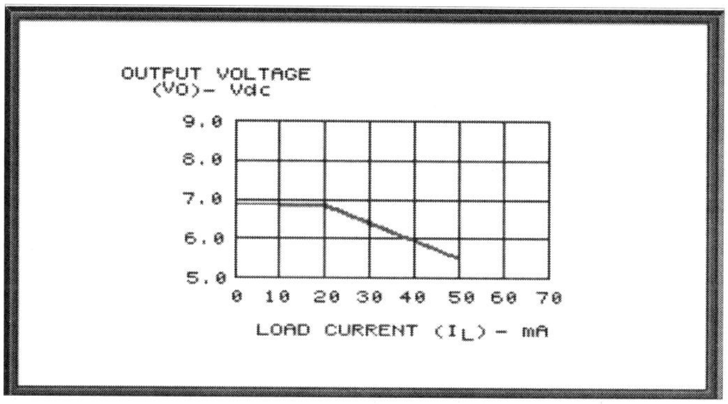

12. 측정한 값과 전형적인 값의 그래프를 비교하라. ; 측정값의 오차는 약 ± 15%이다.

13. 오차 범위내에서 V_O와 I_L 값이 회로에서 전형적인 곡선과 일치하는가?
    a. 예　　　　b. 아니오

14. 측정값을 바탕으로 레귤레이터는 I_L가 20mA까지 올라갈 때 V_O를 조절할 수 있는가?
    a. 아니오　　b. 예

15. 측정값을 바탕으로, 20mA이후 V_O의 레귤레이터 제어손실이 있는가?
    a. 아니오　　b. 예

16. I_L이 20mA로 된 이후, 레귤레이터 제어 손실이 생기는 이유는
    a. IZ이 0mA로 되기 때문이다.
    b. VA이 20mA보다 큰 전체 전류를 공급할 수 없기 때문이다.

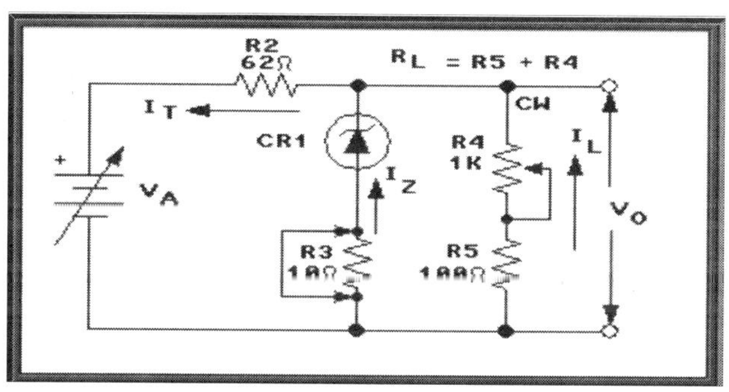

17. I_L가 10에서 20mA사이 일때, 부하 레귤레이션 %를 계산하여라.

% 부하 레귤레이션 = {[V_O(10 mA) - V_O(20 mA)]/V_O(20 mA)} x 100
= %

선형 레귤레이션

19. R3에 컨넥터를 연결해서 다음과 같이 만들어라.

R4를 시계 반대방향으로 돌려서 부하저항을 최대로 증가 시켜라.

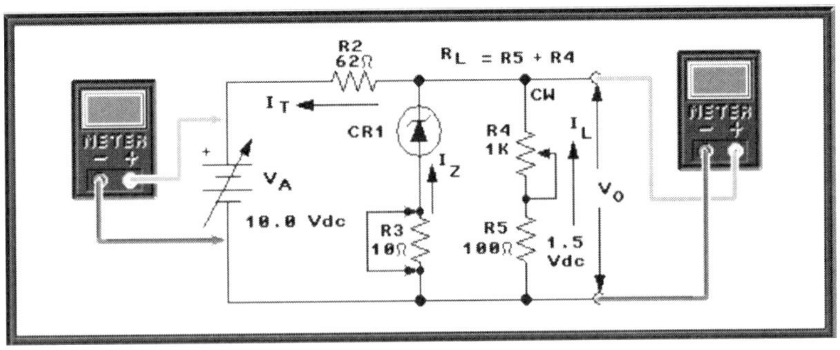

20. (+) 가변 전압공급기를 조정해서 선 전압(V_A)을 10.0 Vdc로 맞추어라. 처음 V_A를 측정할 때, 전압기 연결은 다음과 같이 하고 V_O를 측정하라.
   V_O = Vdc

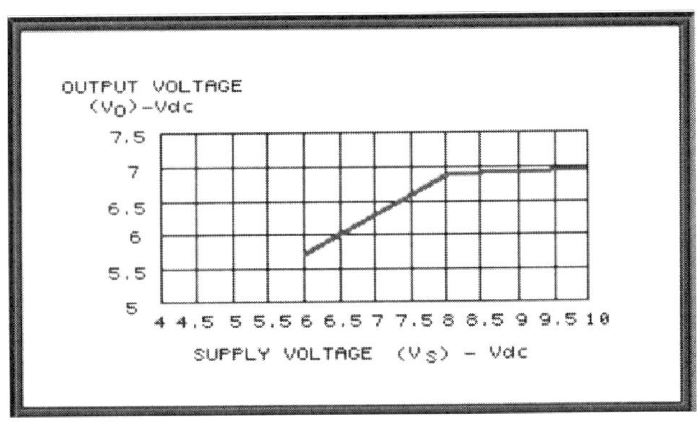

21. V_A 8.0 Vdc로 줄여라. V_O를 측정하라.
   V_O = Vdc

22. V_A를 6.0 Vdc로 줄여라. V_O를 측정하라.
   V_O = Vdc

23. 표에서 측정한 V_O대 V_A값을 알 수 있다. 또한 그래프는 제너 레귤레이터 회로에서 일반적인 값의 그래프이다.

V_A Vdc	V_O Vdc
10.0	#V33,,4,2#
8.0	#V34,,4,2#
6.0	#V35,,4,2#

24. 값과 그래프를 비교하라; 측정오차는 ± 15%이다.

25. V_A가 8.0Vdc에서 10.0Vdc로 변할 때, 제너 전압 레귤레이터가 V_O를 조절하는가?
    a. 예　　　　　b. 아니오

26. V_A가 6.0Vdc로 줄어들 때, 제너 전압 레귤레이터는 V_O를 제어 하지 못한다. 왜냐하면,
    a. 부하 전류가 너무 낮기 때문에
    b. 제너 전류가 0 mA로 줄어 들기 때문에

27. 커넥터를 제거함으로써, 제너다이오드(CR3)에 직렬로 R3를 연결하라.그리고 V_{R3}를 측정 하라.
    V_{R3} =　　　　　　mVdc

28. V_A 가 6.0Vdc일때, V_{R3} (#V37,,5,1# mVdc) 의 측정으로 왜 제너 레귤레이터가 V_O를 제어 하지 못하는지를 알 수 있나?
    a. 예　　　　　b. 아니오

결 론

p 제너 다이오드는 부하 전류와 선 전압의 변화에 대해서 출력 전압을 일정하게 유지 시키는 전압 레귤레이터 회로로 사용된다.

p 부하 전류 증가에 대해서, 출력 전압을 유지시키기 위해서 제너 다이오드 전류는 감소된다.

p 제너 다이오드는 출력 전압을 일정하게 유지시키기 위해서 최소 전류를 요구한다.

p 선 전압이 변화함에 따라 제너 전류는 출력 전류와 전압을 유지시키기 위해서 변한다.

p 선 전압이 제너 전압보다 작게 되면, 레귤레이션은 되지 않는다.

unit 5

트랜지스터 접합 & PNP 직류 바이어스

단원목표

이번 단원에서는, PNP와 NPN 트랜지스터 회로를 이용하여 트랜지스터를 시험해 보고 트랜지스터 스위치에 대해 알아보자.

단원기본지식

✍ 트랜지스터의 가운데 부분은 어느 것인가?

a. 콜렉터(collector)이며, 넓고 고농도 도핑되었다.

b. 이미터(emitter)이며, 넓고 고농도로 도핑되었다.

c. 베이스(base)이며, 좁고 저농도로 도핑되어 있다.

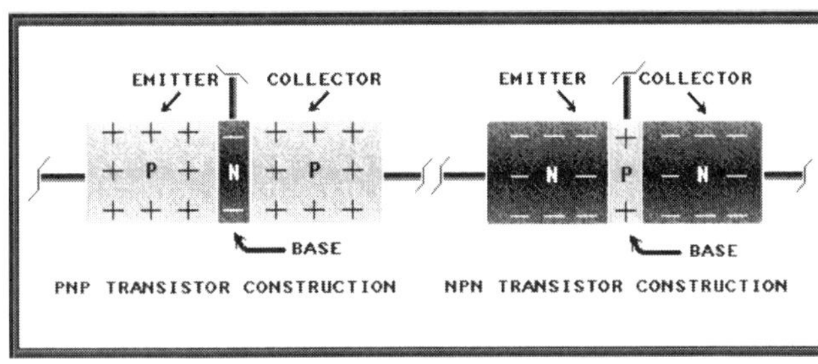

트랜지스터는 P(positive)형과 N(negative)형 물질의 배열순서에 따라 분류된다.

트랜지스터에는 그림과 같이 *PNP* 과 *NPN*형이 있다.

트랜지스터의 두 PN 접합은 각각 다이오드의 PN 접합과 유사하게 순방향과 역방향의 전압/전류 특성을 가진다.

트랜지스터를 나타내는 문자로 Q 를 사용한다.

NPN이나 PNP 트랜지스터에서 이미터의 화살표 기호는 전류 흐름의 관습적인 (우리가 사용하는) 방향을 나타낸다.

이 과정에서는 관습적인 전류의 방향과는 반대 방향인 전자 전류의 흐름이 사용된다.

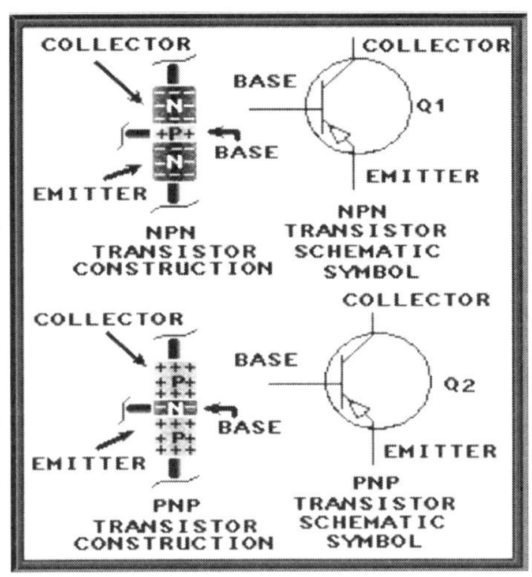

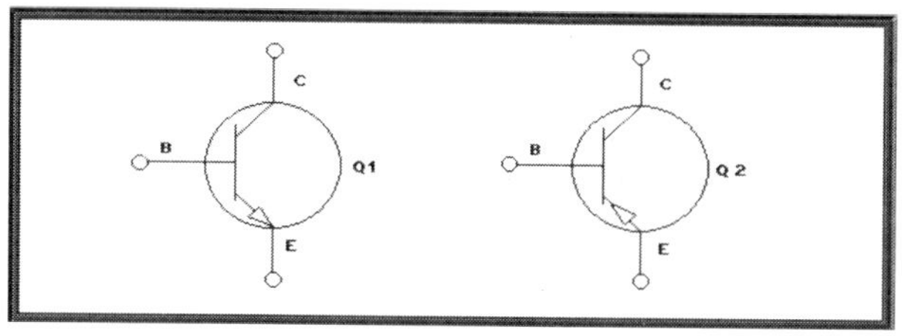

✔ 옆 그림에서 PNP 트랜지스터는 어느 것인가?
a. Q1.　　　　　b. Q2.

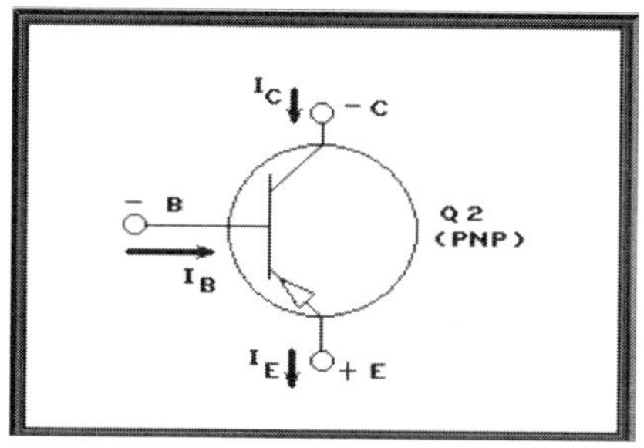

그림의 PNP 트랜지스터는 이미터 단자에 대하여 베이스와 콜렉터 단자가 (-)이다. (-) (N)베이스 물질은 이미터보다 더 (-)전압이기 때문에, PN 접합은 순방향 바이어스이고 베이스에서 이미터로 전류가 흐를수 있게 된다. 전류 화살표는 전자 전류 흐름을 나타내다. 콜렉터가 이미터보다 더 (-)전압이므로 베이스 전류는 콜렉터 전류가 이미터로 흐를 수 있게 해 준다.

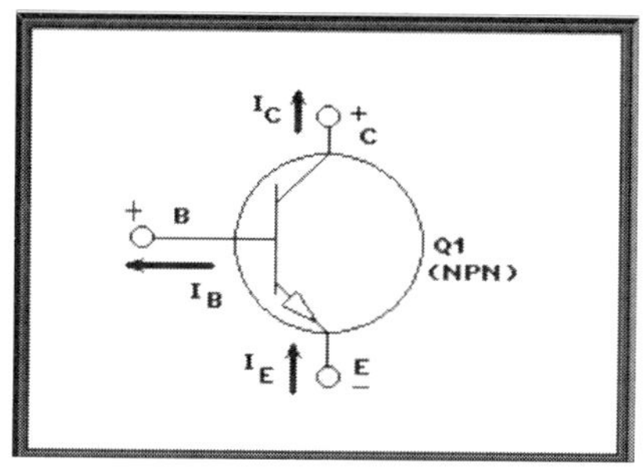

옆 그림의 NPN트랜지스터는 이미터 단자에 대하여 베이스와 콜렉터 단자가 (+)전압이다.

(+) (P)베이스 물질은 이미터보다 더 (+)전압 이므로 PN 접합은 순방향 바이어스이고 이미터에서 베이스 방향으로 전류가 흐를 수 있다.

콜렉터가 이미터보다 더 (+)전압이므로 베이스 전류는 이미터로부터 콜렉터로 전류가 흐르게 해 준다.

✔ PNP 트랜지스터의 베이스-이미터 접합이 순방향 바이어스이다. 베이스 전압은 어떻게 되는가?
a. 이미터보다 (+)이다.
b. 이미터보다 (-)이다.

트랜지스터는 전류 제어 소자이다. 트랜지스터에 전류가 흐르려면, 베이스 -이미터 접합이 순방향 바이어스 이어야 한다.

베이스 전류의 작은 변화가 콜렉터 전류를 크게 변화시킨다. 그러면 이 트랜지스터는 적절한 전류 이득을 가지는 것이 된다.

이미터 전류는 베이스와 콜렉터 전류의 합이다 :

$$I_E = I_B + I_C$$

✔ 트랜지스터에 전류가 흐르기 위해서는 어느 접합이 순방향 바이어스이어야 하는가?
a. 베이스-콜렉터
b. 베이스-이미터

필요한 실험도구

이번 실험을 하기 위해서는 다음과 같은 실험도구가 필요하다:

- F.A.C.E.T. 베이스 유닛
- SEMICONDUCTOR DEVICES 회로 보드
- 파워 서플라이(15 Vdc, 2개 필요)
- 멀티미터

실험 1

실험목표

이번 실험에서는, 접합에 순방향과 역방향 바이어스를 걸어 줌으로써 트랜지스터를 시험해 보고 결과를 저항 계측기로 확인한다.

기본내용

트랜지스터를 테스트하는 가장 좋은 방법은 트랜지스터를 사용하는 회로에 연결해 보는 것이다.

트랜지스터가 올바르게 증폭 작용을 하거나, 동작 전압 하에서 고장을 일으키지 않거나, 허용 오차 이내의 누설 전류가 흐른다면 이 트랜지스터는 정상적으로 동작하고 있는 것이다.

시중에 나와 있는 트랜지스터 시험기(tester)로 트랜지스터를 시험할 수 있으나, 단지 저항 계측기로도 할 수 있다.

간단한 저항 계측기 시험으로 다음과 같은 것들을 알 수 있다.

- p 트랜지스터가 개방되었는지 단락되었는지 여부.
- p PNP 형인지 NPN 형인지 여부.
- p 상당한 누설 전류가 있는지 여부.

✔ 저항계측기로 트랜지스터를 시험하면 무엇을 알 수 있는가?

a. 트랜지스터가 개방되어 있는지 단락되어 있는지 여부.
b. 트랜지스터가 PNP형인지 NPN형인지 여부.
c. 트랜지스터가 상당한 누설 전류가 있는지 여부.
d. 위 세가지 모두.

테스트를 하기 위해 트랜지스터를 두개의 다이오드로 간주한다.
이스-이미터 PN 접합을 하나의 다이오드처럼베 시험 할 수 있고, 베이스-콜렉터 PN 접합을 다른 하나의 다이오드처럼 시험할 수 있다.

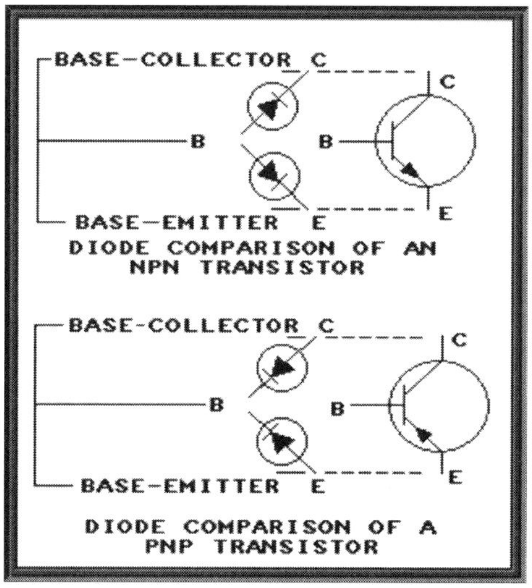

DIODE COMPARISON OF AN NPN TRANSISTOR

DIODE COMPARISON OF A PNP TRANSISTOR

그러나 등을 맞대고 연결된 두 다이오드는 트랜지스터와 같은 기능을 하지 못 한다.

PN 접합이 순방향 바이어스에서는 전류가 흐르고 역방향 바이어스 에서는 전류가 흐르지 않는다는 것은 앞서 배웠다.

베이스-이미터와 베이스-컬렉터의 측정값으로 다음 사항을 결정할 수 있다.

p 트랜지스터의 종류 (PNP 또는 NPN)
p 개방 또는 단락되었는지 여부.
p 누설 전류가 정상보다 큰지 여부.

✔ 트랜지스터의 두 접합은 각각 마치 무엇처럼 테스트 할수 있는가?
a. 저항.　　b. 다이오드.

NPN 트랜지스터

호한 NPN 트랜지스터의 베이스-이미터 접합은 순방향 바이어스 일때는 전류가 흐르고 역방향 바이어스 일 때는 전류가 흐르지 못 한다.

양호한 NPN양 트랜지스터의 베이스-콜렉터 접합에서도 같은 현상이 일어난다.

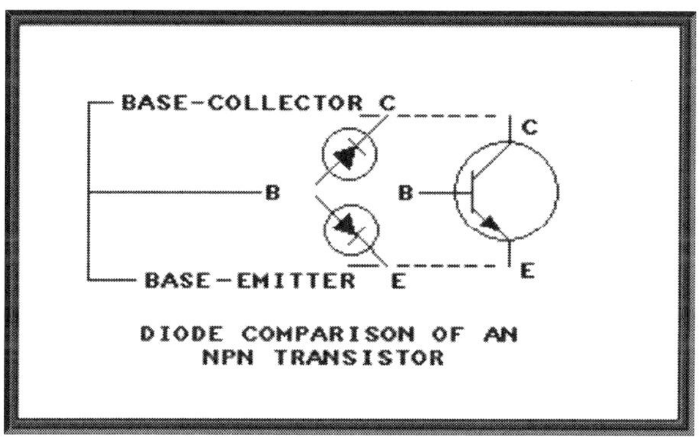

DIODE COMPARISON OF AN NPN TRANSISTOR

저항계측기로 테스트할 때, 양호한 NPN 트랜지스터의 콜렉터와 이미터 사이에는 전류 가 흐르지 않음을 나타내야 한다.

✔ 어떤 NPN 트랜지스터의 베이스-이미터 접합은 순방향 바이어스일 때 전류가 흘렀다.
이 트랜지스터는,
a. 양호하다.　　b. 불량이다.

✔ NPN트랜지스터의 베이스-콜렉터 접합이 역방향 바이어스일 때 전류가 흘렀다. 이 트랜지스터는
a. 양호하다.　　b. 불량이다.

PNP 트랜지스터

양호한 PNP 트랜지스터의 베이스-이미터 접합은 순방향 바이어스 일때는 전류가 흐르고, 역방향 바이어스 일때는 전류가 흐르지 못한다.

양호한 PNP트랜지스터의 베이스-콜렉터 접합도 위와 같다.

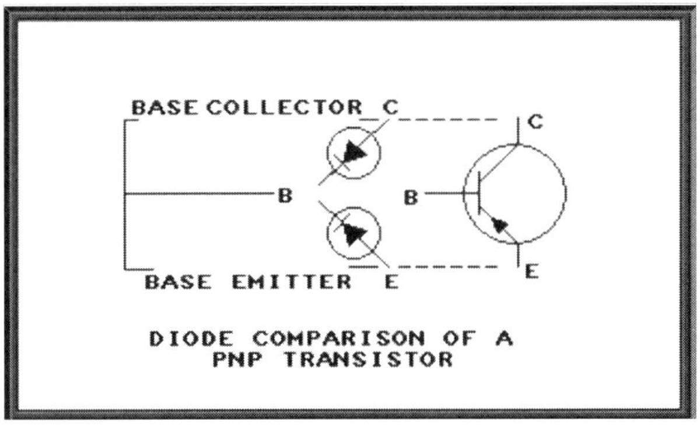

저항계측기로 테스트해 볼 때, 양호한 PNP 트랜지스터의 콜렉터와 이미터 사이에는 전류가 흐르지 않아야 한다.

✔ 어떤 PNP 트랜지스터의 베이스-콜렉터 접합에 순방향 바이어스일 때 전류가 흘렀다. 이 트랜지스터는
  a. 양호하다. b. 불량이다.

✔ 트랜지스터가 오프상태(off state)에 있다. 콜렉터와 이미터 양단에 연결된 저항 계측기가 전류가 흐름을 나타내면, 이 트랜지스터는,
  a. 양호하다. b. 불량이다.

저항 계측기를 양호한 트랜지스터 접합에 순방향 바이어스로 연결했을 때, 전류가 흐르고 있음을 나타내는 값을 표시할 것이다.

계측기에 나타난 값은 실제의 저항값이 아니라 접합에 전류가 흐름을 나타내는 값이다.

계측기에 나타나는 값의 크기는 계측기의 종류와 선택된 측정 범위에 의존하며, 매우 다양하게 다르다.

저항계측기를 양호한 트랜지스터 접합에 역방향 바이어스로 연결할 때, 측정 범위를 벗어났음(과부하)을 나타내는데, 이것은 전류가 흐르지 않음을 의미한다.

저항 계측기를 NPN 트랜지스터의 베이스-이미터 접합에 순방향 바이어스로 항연결하려면, (+) 리드(보통 빨간색 리드)를 베이스 (B)에 연결하고, (-)리드(보통 검정색 공통 리드)를 이미터(E)에 연결한다.

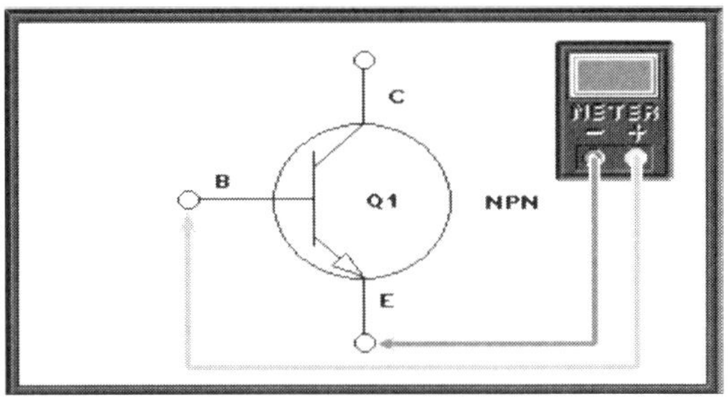

저항 계측기를 NPN 트랜지스터의 베이스- 콜렉터 접합에 순방향 바이어스로 연결하 려면, (+) 리드를 베이스(B)에 연결하고, (-) 리드를 콜렉터(C)에 연결한다.

저항 계측기를 NPN 트랜지스터의베이스 - 콜렉터 접합에 역방향 바이어스로 연결하려면, (+) 리드를 콜렉터(C)에 연결하고, (-)리드를 베이스(B)에 연결한다.

✔ 위의 저항 계측기는 어떻게 연결되어 있는가?
  a. 베이스-이미터 접합에 순방향 바이어스로 연결되어 있다.
  b. 베이스-이미터 접합에 역방향 바이어스로 연결되어 있다.

저항 계측기를 PNP 트랜지스터의 베이스-이미터 접합에 순방향 바이어스로 연결하려면, (+)리드를 이미터(E)에 연결하고, (-) 리드를 베이스(B)에 연결한다.

저항 계측기를 PNP 트랜지스터의 베이스-이 미터 접합에 역방향 바이어스로 연결하려면, (+)리드를 베이스(B)에 연결하고, (-)리드를 이 미터(E)에 연결한다.
저항 계측기를 PNP 트랜지스터의 베이스-콜렉터 접합에 순방향 바이어스로 연결하려면, (+)리드를 콜렉터(C)에 연결하고, (-)리드를 베이스(B)에 연결한다.

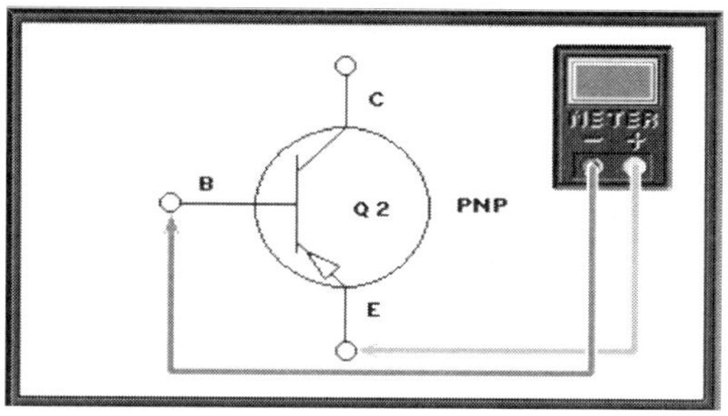

저항 계측기를 PNP 트랜지스터의 베이스-콜렉터 접합에 역방향 바이어스로 연결하려면, (+) 리드를 베이스(B)에 연결하고, (-)리드를 콜렉터(C)에 연결한다.

트랜지스터(PNP 또는 NPN)의 콜렉터와 이미터 사이를 테스트하기 위해서는 계측기의 한 리드 (빨간색 또는 검정색)를 콜렉터에 연결하고 다른 리드를 이미터에 연결한다.

트랜지스터가 양호할 때, 저항 계측기는 전류가 흐르지 않음을 나타낸다.

✔ 위의 저항 계측기는 어떻게 연결되어 있는가?
   a. 베이스-콜렉트 접합에 순방향으로 연결되어 있다.
   b. 베이스-콜렉트 접합에 역방향으로 연결되어 있다.

트랜지스터 접합이 순방향 바이어스일 때, 저항 계측기가 과부하(측정 범위를 넘어섬, off scale)를 표시하면, 트랜지스터 접합은 개방(open)되었다. 전류가 흐르는 경로가 파괴되어 전류가 흐르지 않는다.

트랜지스터 접합이 역방향 바이어스나 순방향 바이어스 일때, 저항 계측기가 0이나 아주 작은 값을 표시하면, 트랜지스터 접합은 단락(short)되었다.

트랜지스터가 역방향 바이어스 일때, 저항계측기가 전류가 흐름을 표시하면, 트랜지스터에는 매우 큰 누설 전류가 흐르며, 트랜지스터는 손상된다.

저항계측기가 콜렉터와 이미터 양단에 연결 되었을때, 0이나 매우 작은 값을 표시하면, 단락되었거나 매우 큰 누설 전류가 흐른다.

✔ 옆 그림에서 저항 계측기가 0을 나타내었다면 옳은 것은?
   a. 베이스-콜렉터 접합이 단락되었다,
   b. 콜렉터와 이미터 사이가 단락되었다.
   c. 트랜지스터는 손상되지 않았다.

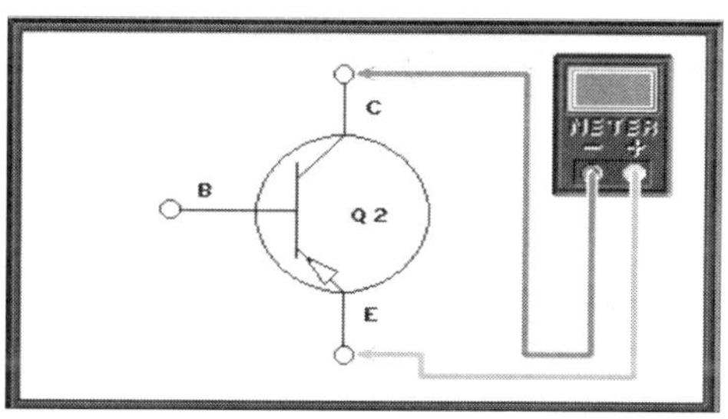

아래의 세 측정기를 가지고 어떻게 트랜지스터 접합을 테스트 하는지 다음의 세 화면에서 설명할 것이다.
1. LAB-VOLT MODEL 1242 디지탈 멀티 미터.
2. 다이오드 테스트 기능을 가진 디지탈 멀티 미터.
3. 아날로그 저항 계측기.

LAB-VOLT MODEL 1242 디지탈 멀티 미터

Lab-Volt Model 1242 디지털멀티미터로 트랜지스터 접합을 테스트 할 때는, 저항 측정기능으로 맞춘다.

측정 범위를 2000 kΩ 으로 맞춘다.

1242 멀티미터를 양호한 트랜지스터 접합에 순방향 바이어스로 연결하면, 약 1000에서 2500 사이 의 값을 나타낸다.

1242 멀티미터를 양호한 트랜지스터 접합에 역방향으로 연결하면, 과부하를 나타낸다.(1뒤에 0이 늘어서 깜박인다.)

다이오드 테스트 기능이 있는 디지탈 멀티미터

트랜지스터를 테스트 하는 데에 다이오드 테스트 기능(보통 다이오드 기호로 표시되어 있다.)을 가진 디지털멀티미터를 이용하려면, 이 기능을 사용해 트랜지스터를 테스트 한다.

양호한 트랜지스터 접합에 순방향 바이어스로 계측기가 연결되었을 때, 약 0.6 에서 1.2사이의 값을 표시한다.

양호한 트랜지스터 접합에 역방향 바이어스로 계측기가 연결되었을 때, 과부하를 나타낸다.

아날로그 저항 측정기

저항측정기능을 고르고, X100으로 맞춘다.

양호한 트랜지스터 접합에 순방향 바이어스로 연결되면, 약 800에서 1200사이의 값을 나타내는데 이것은 전류가 흐름을 의미한다.

양호한 트랜지스터 접합에 역방향 바이어스로 연결되면, 과부하(또는 매우 큰 값)를 표시하는데 이것은 전류가 흐르지 않음을 의미한다.

실험과정

1. 회로 보드에서 TRANSISTOR JUNCTION 회로 블럭의 트랜지스터 Q1을 찾아보아라.
2. 계측기의 빨간색(+) 프로브를 트랜지스터 Q1의 베이스(B)에, 검정색(-, 공통) 프로브를 이미터(E)에 연결하라.

3. 저항 계측기의 측정값은 베이스 이미터 접합이 어떤 상태임을 나타내는가?
   a. 전류가 흐르지 않음.
   b. 전류가 흐름.

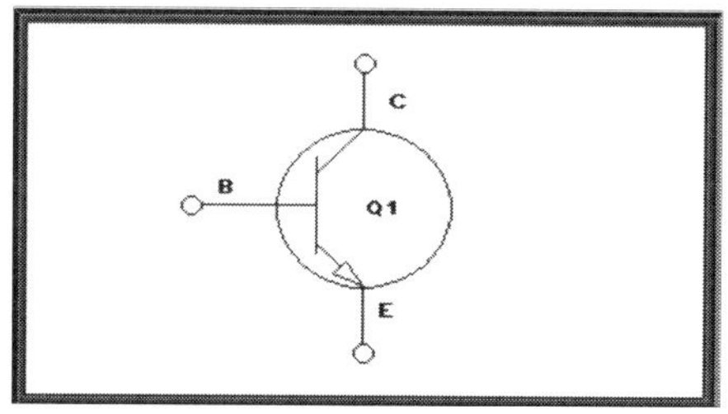

4. 측정값으로 Q1의 베이스-이미터 접합이 어떤 상태임을 알 수 있나?
   a. 순방향 바이어스.
   b. 역방향 바이어스.

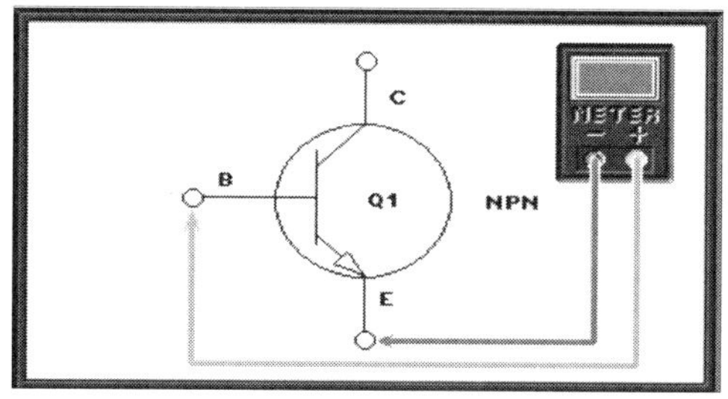

5. 계측기의 검정색(-, 공통) 프로브를 트랜지스터 Q1의 콜렉터(C)에 연결하라.

6. 측정값은 베이스-콜렉터 접합이 어떤 상태인지 나타내는가?
   a. 전류가 흐르지 않음.
   b. 전류가 흐름.

7. 측정값은 Q1의 베이스-콜렉터 접합이 어떤 상태임을 나타내는가?
   a. 순방향 바이어스.
   b. 역방향 바이어스.

8. 베이스가 이미터나 콜렉터보다 (+)전압일때, 측정값이 Q1의 베이스-이미터 접합과 베이스-콜렉터 접합이 순방향 바이어스임을 나타내므로, Q1 은 어떤 트랜지스터인가?
   a. PNP 트랜지스터.
   b. NPN 트랜지스터.

9. 회로 블럭의 트랜지스터 Q1의 베이스에 연결된 다이오드 CR1과 CR2를 관찰하라.
   계측기의 빨간색(+) 프로브가 Q1의 베이스에 연결되어 있고, 검정색(-, 공통) 프로브가 다이오드 CR1이나 CR2의 음극에 연결되었다면 다이오드는 어떤 상태인가?
   a. 순방향 바이어스.
   b. 역방향 바이어스.

10. Q1 의 베이스-이미터 접합은 다이오드 CR2와 같이 동작하고, 베이스-콜렉터 접합은 다이오드 CR1와 같이 동작한다고 할 수 있는가?
   a. 아니다.
   b. 그렇다.

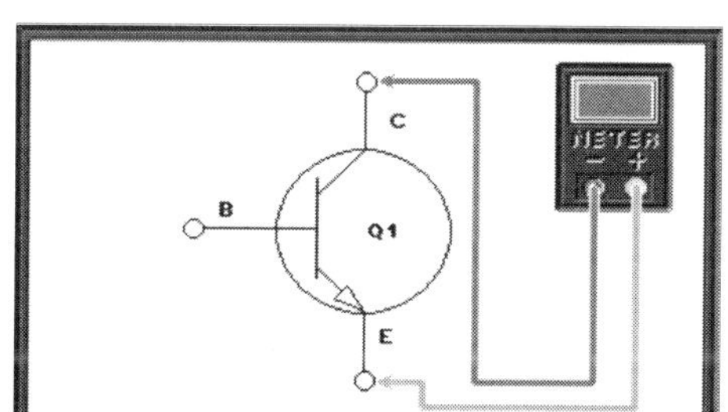

11. 양호한 트랜지스터에 위와 같이 연결된 저항계측기는 무엇을 나타내겠는가?
   a. 콜렉터와 이미터 사이에 전류가 흐르지 않음.
   b. 콜렉터와 이미터 사이에 전류가 흐름.

12. Q1에 결함을 일으키기 위해 CM 2가 동작되었다. 접합을 시험하기 위해 저항계측기를 사용하라. 결함은 어디에 있는가?
   a. Q1의 베이스-콜렉터 접합.
   b. Q1의 콜렉터와 이미터 사이.
   c. Q1의 베이스-이미터 접합.

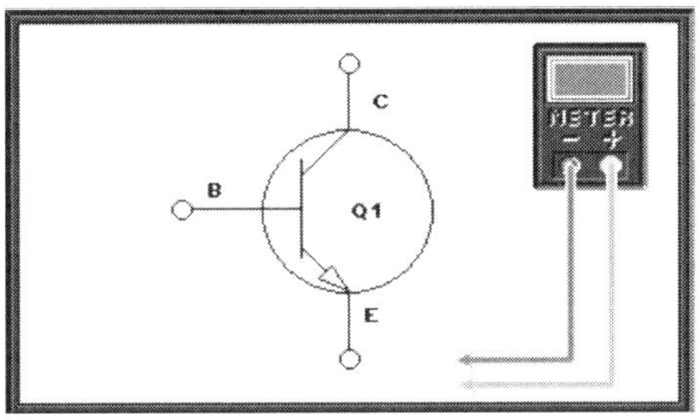

13. CM 2가 켜졌을 때, Q1의 베이스-이미터 접합은,
   a. 개방(open).
   b. 단락(shorted).

14. 계측기의 빨간색(+) 프로브를 트랜지스터 Q2의 베이스(B)에, 검정색 프로브(-, 공통)를 이미터(E)에 연결한다.

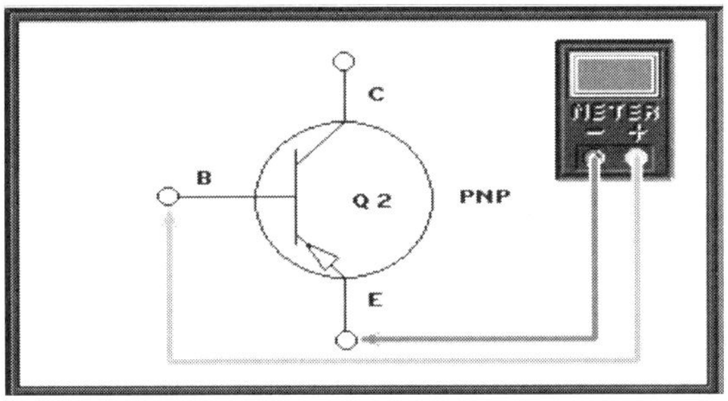

15. 측정값은 베이스-이미터 접합이 어떤 상태임을 나타내는가?
   a. 전류가 흐르지 않음.
   b. 전류가 흐름.

16. 측정값은 Q2의 베이스-이미터 접합이 어떤 상태임을 의미하나?
   a. 순방향 바이어스.
   b. 역방향 바이어스.

17. 계측기의 검정색(-, 공통) 프로브를 트랜지스터 Q2의 콜렉터(C)에 연결하라.

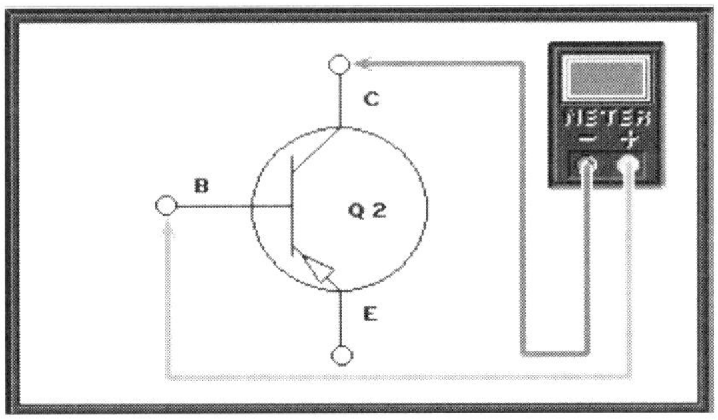

18. 측정값에 의해면 Q2의 베이스-콜렉터 접합은 어떤 상태인가?
   a. 전류가 흐르지 않는다.
   b. 전류가 흐른다.

19. 측정값에 의해면 Q2의 베이스-콜렉터 접합은 어떤 상태인가?
   a. 순방향 바이어스.
   b. 역방향 바이어스.

20. 베이스가 이미터나 콜렉터보다 (+)전압일때, 측정값이 Q2의 베이스-이미터와 베이스 콜렉터 접합이 역방향 바이어스임을 보여주므로 , Q2는 어떤 트랜지스터인가?
   a. PNP 트랜지스터.
   b. NPN 트랜지스터.

21. TRANSISTOR JUNCTION 회로 블럭을 관찰하라. 계측기의 검정색(-, 공통) 프로브를 다이오드 CR2나 CR3의 양극에연결하면, 다이오드는 어떻게 될까?
   a. 순방향 바이어스.
   b. 역방향 바이어스.

22. Q2의 베이스-이미터 접합은 다이오드 CR4와 같이 동작하고, 베이스-콜렉터 접합은 다이오드 CR3과 같이 동작한다고 할 수 있는가?
    a. 아니다. b. 그렇다.

23. 양호한 Q2 트랜지스터에 저항계측기를 연결하면 어떤 것을 나타내는가?
    a. 콜렉터와 이미터 사이에 전류가 흐르지 않는다.
    b. 콜렉터와 이미터 사이에 전류가 흐른다.

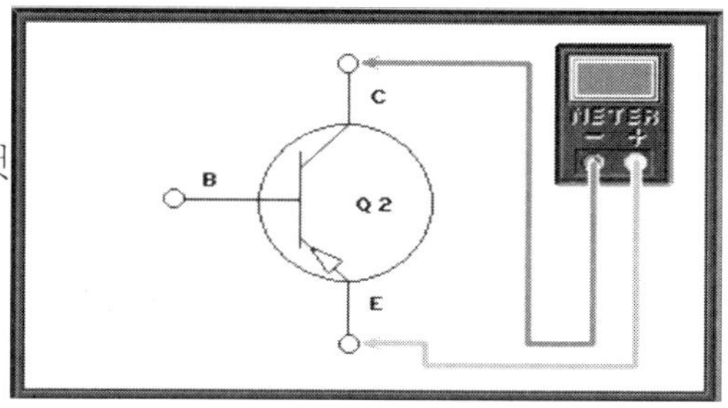

결 론

p 저항 계측기를 이용하서, 트랜지스터가 NPN인지 PNP 인지, 단락되었는지 개방되었는지 누설전류가 많이 흐르는지를 알아볼 수 있다.

p NPN 트랜지스터의 베이스가 이미터나 콜렉터보다 (+)전압일때, 접합은 순방향 바이어스이다.

p PNP 트랜지스터의 베이스가 이미터나 콜렉터보다 (-)전압일때, 접합은 순방향 바이어스이다.

p 순방향 바이어스일때 접합에 전류가 흐르고, 역방향 바이어스일때 전류가 흐르지 않기 때문에, 트랜지스터의 PN 접합은 다이오드의 PN 접합과 유사하다.

p 트랜지스터가 오프 상태(off-state)일때 콜렉터와 이미터 사이에는 전류가 흐르지 않는다.

실험 2

실험목표

이번 실험에서는, PNP 트랜지스터 회로를 이용하여, 트랜지스터의 전류 제어를 알아본다. 실험 결과를 멀티미터로 확인한다.

기본내용

베이스 전류(I_B)를 0에서 최대값까지 변화시킴으로서, 쌍극성 트랜지스터를 스위치처럼 사용할 수 있다. 콜렉터(C)와 이미터(E) 사이의 저항값 은 베이스(B)와 이미터(E) 사이의 순방향 전류에 의존한다.

베이스-이미터 접합이 순방향 바이어스일 때, 베이스 전류(I_B)는 콜렉터-이미터 저항값이 매우 작게 되도록 만든다.

✔ 트랜지스터에 전류가 흐르기 위해서 베이스-이미터 접합은 어떻게 되어야 하는가?
  a. 역방향 바이어스.
  b. 순방향 바이어스.

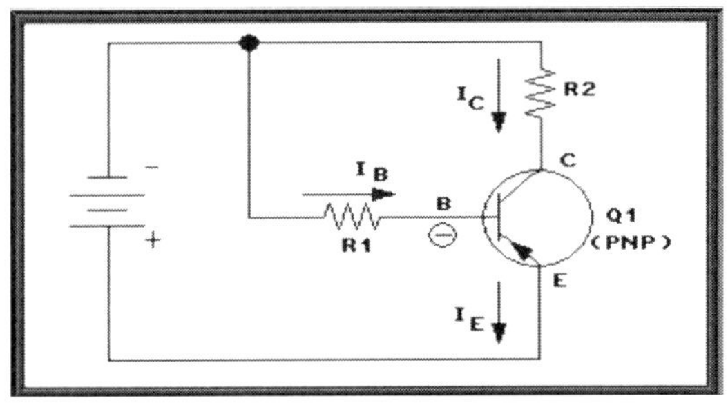

실리콘 PNP 트랜지스터(Q1)가 베이스 전류를 가지는 완전한 순방향 바이어스가 되려면, 베이스가 이미터보다 약 0.5 Vdc에서 0.8 Vdc로 더 (-)전압이어야 한다.

베이스-이미터 순방향 바이어스 전압/전류 특성은 다이오드와 유사하다.

베이스 전류(I_B)는 콜렉터-이미터 저항이 매우 작아지도록 만들고, 닫힌 스위치와 같이, 트랜지스터 콜렉터 회로에 전류(I_C)를 흐르게 한다.

✔ 실리콘 트랜지스터의 베이스-이미터 접합의 순방향 바이어스 전압 강하는 약 얼마인가?
  a. 1.2 Vdc 에서 2.0 Vdc
  b. 0.5 Vdc 에서 0.8 Vdc.

PNP트랜지스터의 베이스가 이미터보다 (-)전압을 갖게되어 (역방향 바이어스 상태) 순방향 바이어스가 제거면, 콜렉터-이미터 저항은 매우 크게 되며, 열린 스위치와 같아진다.

PNP트랜지스터의 베이스가 이미터보다 (-)전압을 갖게되어(역방향 바이어스 상태) 순방향 바이어스가 제거되면, 콜렉터- 이미터 저항은 매우 크게 되며, 열린 스위치와 같아진다.

✔ 트랜지스터는 언제 열린 스위치처럼 동작하는가?
  a. 베이스-이미터 접합이역방향 바이어스일 때.
  b. 베이스-콜렉터 접합이 역방향 바이어스일 때.

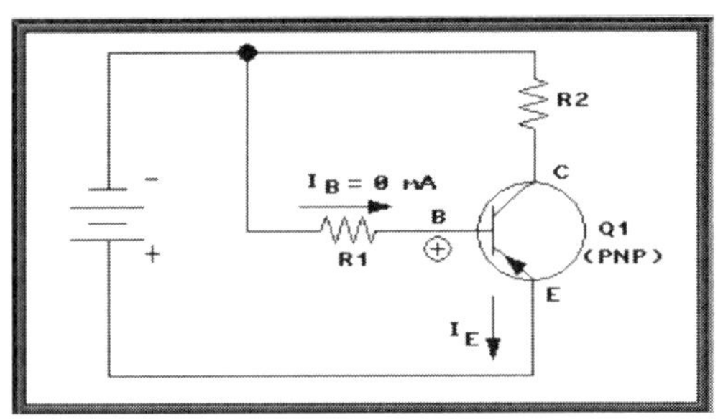

R2를 통과하는 콜렉터 전류(I_C)를 0(열린 스위치)에서부터 최대값(닫힌 스위치)까지 다양하게 변화시킬 수 있다.

이 동작은 0에서부터 콜렉터 전류(I_C)를 최대가 되게하는 값까지 변화하는, 베이스 전류(I_B)에 의해 이루어진다.

베이스 전류(I_B)를 변화시키려면, 베이스 저항(R1)값을 바꾼다. I_B 를 0으로 하기 위해서는 베이스-이미터 접합을 역방향 바이어스로 만든다.

✔ 트랜지스터 콜렉터 전류(I_C)를 제어하는 것은 무엇인가?
  a. 전원 공급기의 전압.
  b. 트랜지스터 베이스 전류(IB).
  c. 트랜지스터의 종류(PNP 또는NPN).

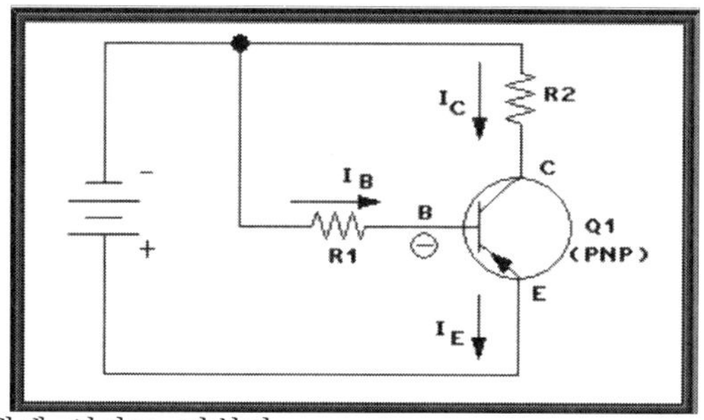

최대 콜렉터 전류(I_C)가 흐를때, 트랜지스터는 포화(saturation) 상태라고 말한다.

포화 상태에서, 콜렉터-이미터 전압 강하 (V_{CE})는 0 Vdc에 접근한다; 공급 전압(V_A)의 거의 모두가 콜렉터 저항 R2의 양단에 걸려 전압 강하가 일어난다.

트랜지스터 베이스-이미터 접합이 역방향 바이어스일 때, 콜렉터 전류(I_C)는 0이 되고, 트랜지스터는 차단(cut-off) 상태에 있다고 말한다.

트랜지스터가 차단(cut off) 상태일때, 콜렉터-이미터 전압(V_{CE})은 공급 전압(V_A)과 같다.

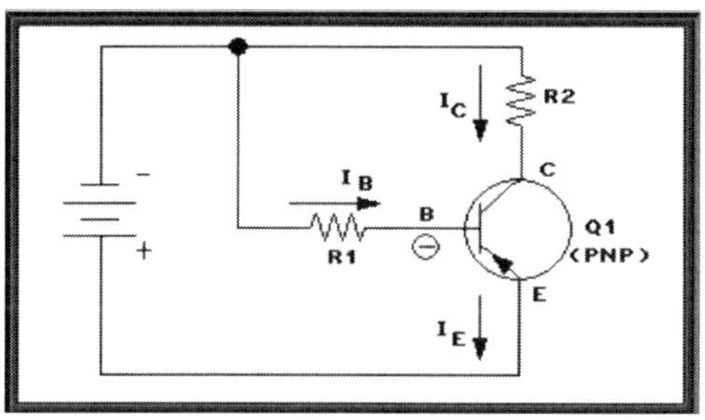

✔ 최대 콜렉터 전류(I_C)가 흐를때, 트랜지스터는 어디에서 동작하는가?
  a. 차단(cutoff)점.   b. 포화(saturation)점.

트랜지스터 이미터 전류(I_E)는 베이스 전류(I_B)와 콜렉터 전류(I_C)의 합과 같다.

IE = IB + IC

I_B 는 I_C에 비해서 매우 작다. 그 때문에 콜렉터와 이미터 전류는 거의 같다고 간주한다. 베이스 전류가 조금 증가하면, 콜렉터 전류는 상당히 증가하며, 거꾸로도 마찬가지다. I_C 와 I_B 사이의 이 관계는 전류 이득 (current gain)으로 나타낸다.

전류 이득= IC/IB

✔ 트랜지스터의 콜렉터와 이미터 전류는,
  a. 베이스 전류 만큼의 차이가 있다.
  b. 베이스 전류가 매우 작으므로 거의 같다고 할 수 있다.
  c. 베이스 전류에 비례해서 변화한다.
  d. 위의 3가지 모두 답이다.

실험과정

1. PNP DC BIAS 회로 블럭을 찾아 그림과 같이 연결하라.

2. 연결한 회로에서, PNP 트랜지스터(Q1)은,
   a. 순방향 바이어스.
   b. 역방향 바이어스.

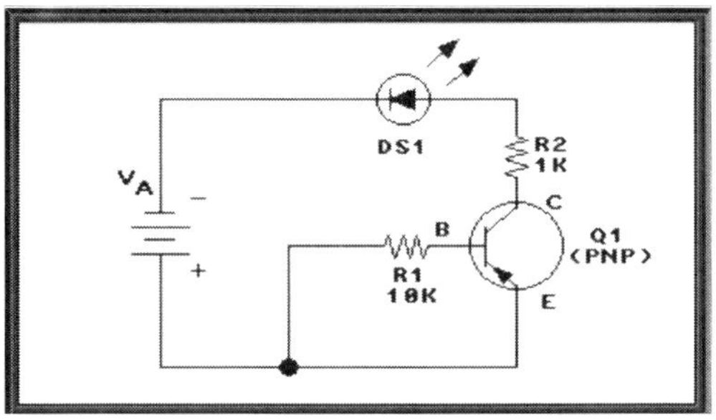

3. LED(DS1)가 꺼지는 이유는 무엇인가?
   a. 전류가 흐르므로.
   b. 전류가 흐르지 않으므로.

4. 전압계의 리드를 전압 공급기(V_A)의 (-) 단자에, 공통 리드를 V_A 의 (+)단자에 연결하라.

   Q1의 이미터(V_A 의 (+)단자)를 기준으로 V_A를 측정하라.
   VA = Vdc

5. 이미터를 기준으로, Q1의 베이스-이미터 접합 양단의 전압 강하를 측정하라.
   VBE = mVdc

주의: 답은 mVdc단위로 해야 한다.

6. 트랜지스터 Q1은 전류가 흐르는 상태인가?
   a. 그렇다. b. 아니다.

7. Q1의 콜렉터와 이미터 사이의 전압 강하를 측정하라.
   VCE = Vdc

8. R1에 연결된 2핀 커넥터를 (+)전원공급기로 부터 (-) 전원 공급기쪽으로 옮겨 회로를 그림과 같이 연결하라.

   트랜지스터Q1은 전류가 흐르는가?
   a. 그렇다. b. 아니다.

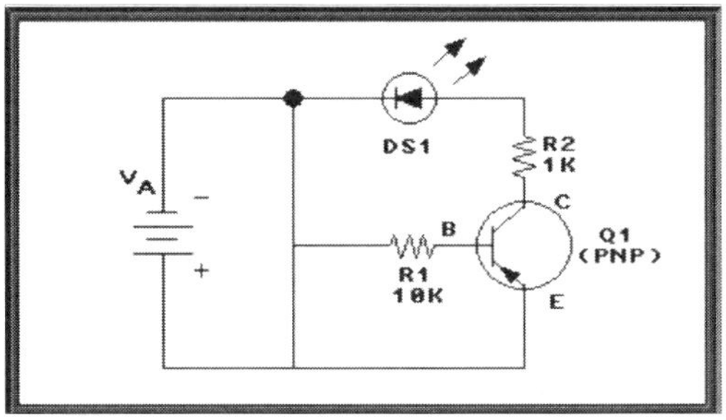

9. 계측기의 공통 리드를 이미터에 연결하여, Q1의 베이스-이미터 접합 양단의 전압강하를 측정하라.
   VBE = Vdc

10. 베이스-이미터 접합은,
   a. 순방향 바이어스.
   b. 역방향 바이어스.

11. Q1에 전류가 흐를때, 이미터와 콜렉터 사이의 전압강하를 측정하라.
   V_{CE} = Vdc

12. 트랜지스터 Q1은 어디에서 동작하나?
    a. 차단(cutoff)점.　　　　　　b. 포화(saturation)점.

13. 전압계의 공통 리드를 R2와 DS1 사이에 연결하고, 다른 리드를 Q1의 콜렉터에 연결하라.

    콜렉터 저항 R2 양단의 전압 강하를 측정하라.
    V_{R2} =　　　　　　Vdc

14. 콜렉터 전류(I_C)를 옴의 법칙에 근거한 다음 방정식을 이용해 밀리암페어 단위로 계산하라.
    IC = VR2/R2
    IC = #V1,,5,2#/1 k
    =　　　　　　mA

15. 베이스 전류를 감소시키는 것에 의해(베이스 저항을 크게 만든다), 콜렉터 전류를 감소시킬 수 있다. 다음 화면에서, CM 9 는 R1의 값을 10 kΩ 에서 1 MΩ으로 증가시킴으로써 베이스 전류를 감소시킬 것이다.

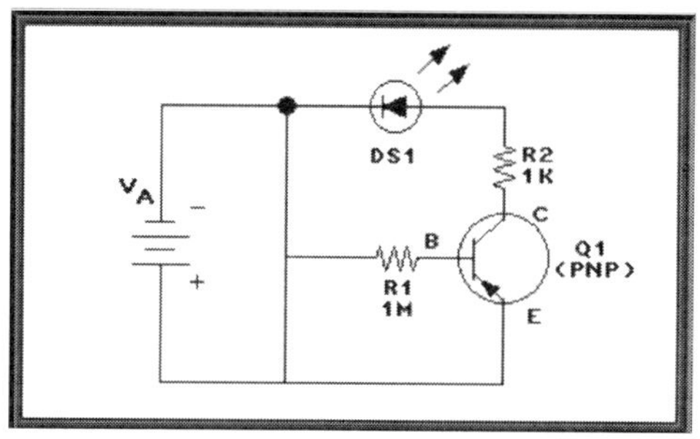

16. 전류계의 공통 리드를 R2와 DS1 사이에 연결하고, 다른 리드를 Q1의 콜렉터에 연결하라.

    콜렉터 저항 R2 양단의 전압강하를 측정하라.
    VR2 =　　　　　　Vdc

17. 콜렉터 전류(I_C)를 밀리암페어 단위로 계산하라.
    I_C = V_{R2}/R2 = #V2,,3,1#/1 k

18. I_C 가 #I1,4,,4,1# mA 에서 #V2,5,,3,1# mA 로 감소되면 LED 는 어떻게 되나?
    a. 어두워진다.　　　　b. 밝아진다.

19. 멀티미터의 공통 리드를 이미터에 연결 하고, Q1의 베이스-이미터접합 양단의 전압 강하를 측정하라.
    VBE =　　　　　　Vdc

20. 베이스 전류가 줄어드는것은, V_{BE} 를 #V3,,5,2# Vdc 에서 #V4,,5,2# Vdc 로 감소시키는가?
    a. 그렇다.　　　　b. 아니다.

21. PNP트랜지스터 (Q1)의 베이스-이미터 접합은 여전히 순방향 바이어스인가?
    a. 그렇다.　　　b. 아니다.

22. Q1에 전류가 더 적게 흐를때, 이미터를 기준으로 콜렉터와 이미터 사이의 전압 강하를 측정하라.
    VCE =　　　　　　Vdc

결 론

- 트랜지스터에 전류가 흐르기 위해서는 베이스-이미터 접합이 순방향 바이어스가 되어야 한다. 역방향 바이어스일때는 전류가 흐르지 않는다.
- 실리콘 트랜지스터의 베이스-이미터 접합의 순방향 바이어스 전압 강하는 약 0.5V에서 0.8V이다.
- 작은 베이스 전류가 큰 콜렉터 전류를 제어한다.
- 이미터 전류는 베이스와 콜렉터 전류의 합이다. 베이스 전류는 콜렉터 전류에 비하면 매우 작다.
- 포화 지점에서, 콜렉터 전류는 최대이고, 차단 지점에서 콜렉터 전류는 0이다.

unit 6

트랜지스터 LOAD LINE과 이득

단원목표

이 단원에서 트랜지스터 dc line 과 load line 을 사용해서 트랜지스터의 상태와 이득을조정하는 방식을 알아야 한다.

단원기본지식

트랜지스터는 전류를 조절하는 장치이다. 베이스 전류(I_B)가 컬렉터 전류(I_C)를 조절한다. 컬렉터 전류는 에미터 전류에서 베이스 전류를 뺀 것과 같다.

: $I_C = I_E - I_B$.

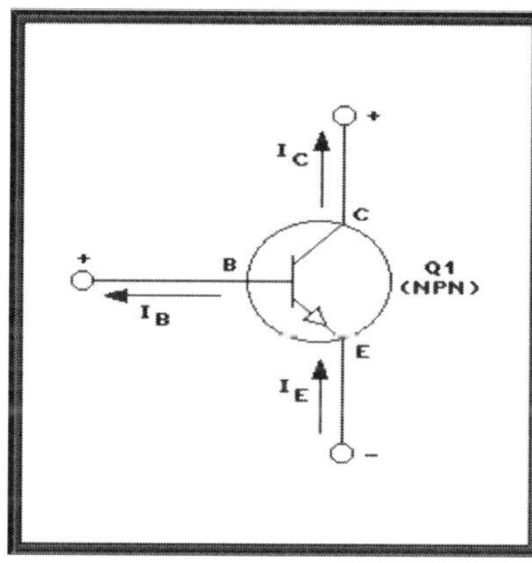

베이스 전류가 흐르기 위해서 베이스- 에미터 접합은 순방향 바이어스 되어야 한다.

베이스-에미터 전압(V_{BE})이 0.5 Vdc 에서 0.75 Vdc까지의 범위일때 V_{BE}의 매우 작은 변화에 비해 베이스 전류(I_B)는 매우 급격히 증가한다.

✓ 베이스 전류(I_B)가 흐르기 위해서, 베이스- 에미터 접합은
  a. 순방향 바이어스야 한다.
  b. 역방향 바이어스야 한다.

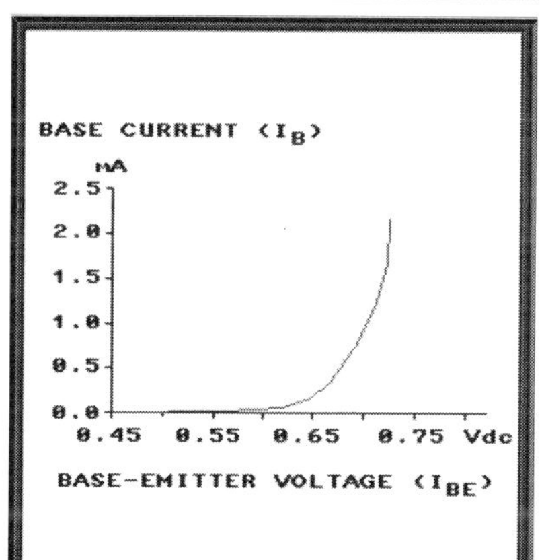

베이스-에미터 접합이 순방향 바이어스이고 베이스 컬렉터 접합이 역방향 바이어스일 때 컬렉터 전류(I_C) 는 베이스 전류(I_B) 에 비례한다.

컬렉터 전류(I_C 와 베이스 전류(I_B 의 비는 전류이득 (b_{DC}) 이다. 트랜지스터의 전류 이득(b_{DC}) 은 50에서 300 사이이다.

✓ 전류 이득(b_{DC}) 은
  a. IC /IE 이다.   b. IC /IB 이다.

	베이스 -에미터 접합	베이스컬렉터 접합
SATURATION	순방향 바이어스	순방향 바이어스
ACTIVE	순방향 바이어스	역방향 바이어스
CUTOFF	역방향 바이어스	————

위의 표에서 트랜지스터가 saturation, active, cutoff 인 각각의 경우와 베이스-에미터 접합과 베이스 -컬렉터 접합 에서의 전압 바이어스를 알 수 있다.

dc *load line* 은 컬렉터 전류 (I_C) 와 컬렉터-에미터 전압(V_{CE})사이의 직선이다.

active region 은 *saturation point* 와 *cutoff point* 사이에 있다.

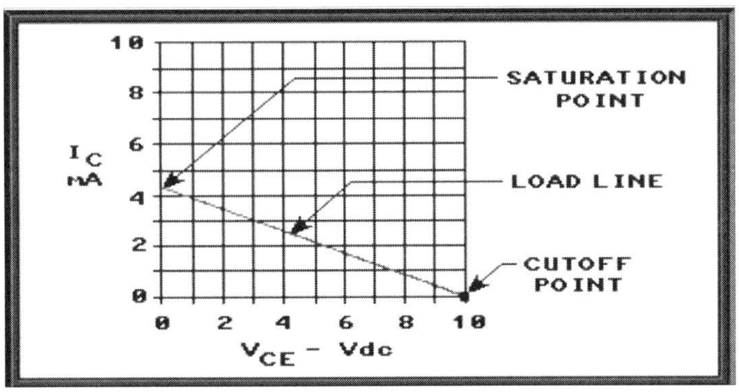

✓ load line 상의 active region 에서
 a. 베이스-에미터 접합은 순방향으로 바이어스 되어 있고, 베이스-컬렉터접합은 역방향으로 바이어스 되어 있다.
 b. 두 접합 모두 순방향이다.
 c. 베이스-에미터 접합은 역방향 바이어스이다.

필요한 실험 도구

실험을 위해서 다음과 같은 준비물이 필요하다.

- F.A.C.E.T. base unit
- SEMICONDUCTOR DEVICES circuit board
- Power supply, 15 Vdc (2 required)
- 멀티미터

실험 1

실험목표

이 실험을 하기 위해서 트랜지스터트랜지스터 베이스-에미터전압 과 베이스 전류 사이의 관계를 트랜지스터 회로를 이용하여 설명하고 그 결과를 멀티미터로 확인할줄 알아야 한다.

기본내용

트랜지스터 베이스-에미터 접합의 순방향, 역방향 바이어스 직류 특성은 다이오드 PN 접합의 그것과 비슷하다.

트랜지스터 PN 접합에 걸리는 전압은 각각 순방향 혹은 역방향으로 바이어스 되어 진다.

하지만 서로 연결된 두개의 다이오드는 트랜지스터와 같이 작동하지 않는다.

✔ PN 트랜지스터 접합에 걸리는 전압은 순방향 혹은 역방향으로 바이어스되어진 다이오드 접합과 같다.
  a. 그리고 서로 연결된 2개의 다이오드는 트랜지스터와 같은 기능을 한다.
  b. 하지만 서로 연결된 2개의 다이오드는 트랜지스터와 같은 기능을 하지 못한다.

순방향 전압 강하

전형적인 실리콘 트랜지스터 접합의 순방향 전압 강하는 순방향 전압의 총합에 의해서 0.50에서 0.75Vdc 이다.

순방향 전압 강하에 이르면, 순방향 전류는 매우 작은 순방향 전압의 증가에도 급격히 증가한다.

게르마늄 트랜지스터 접합의 순방향 전압 강하는 약 0.15에서 0.3Vdc이다.

✔ 트랜지스터 순방향 전압 강하에 도달하면 트랜지스터 순방향 전류는
  a. 전압에 일정한 비율로 증가 한다.
  b. 매우 작은 전압 변화에 급격히 증가 한다.

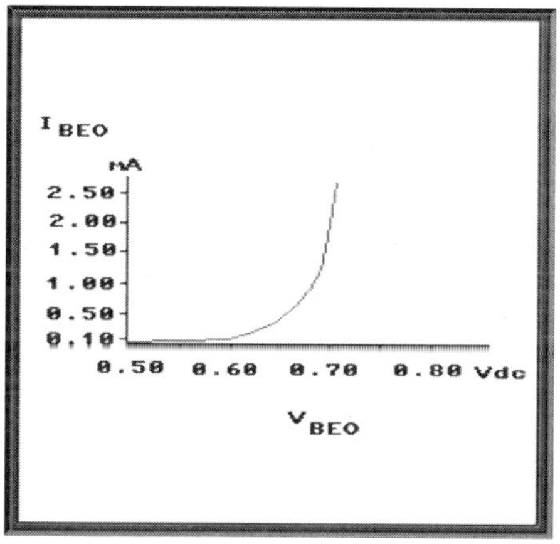

역방향 전압 강하

트랜지스터의 베이스-에미터접합은 약 5 Vdc에서 6 Vdc 보다 큰 역방향 전압을 견딜 수 있다.

하지만, 일반 트랜지스터 작동에서 트랜지스터 베이스-컬렉터 접합은 60Vdc 에서 75Vdc 범위의 최대 역방향 전압 바이어스 특성(breakdown voltage) 을 가진다. (이것은 트랜지스터 특성에 의한 다.)

만약 breakdown 전압을 넘으면 접합 영역은 파괴되고 결국 트랜지스터는 못 쓰게 된다.

트랜지스터전류와 접합 바이어스의 관계

트랜지스터회로에서 베이스-에미터접합이 순방향 바이어스이고 베이스 전류가 접합사이를 흐를때,접합, 전류는 또한 그 바이어스를 무시하고 베이스-컬렉터 접합 사이를 흐른다.

linear 영역에서 트랜지스터가 작동할때 (이것은 실험 4에서 좀더 자세히 다루어 질것이다.) 베이스-에미터 접합은 순방향 바이어스 되고 베이스-컬렉터 접합은 역방향 바이어스 된다.

최대 컬렉터 전류로 트랜지스터가 saturation 될 때 베이스-에미터와 베이스-컬렉터 접합 은 모두 순방향 바이어스 된다.

하지만, 역방향 바이어스 되어 있는 베이스-에미터접합을 통해서 전류는 흐르지 않는다.(작은 손실 전류를 제외하고) 또한 베이스-컬렉터 접합은 순방향 바이어스 된다.

✓ 트랜지스터 회로에 흐르는 전류가 발생 하려면
   a. 베이스-컬렉터 접합이 순방향 바이어스 이어야 한다.
   b. 베이스-컬렉터 접합이 역방향 바이어스이어야 한다.
   c. 베이스-에미터 접합이 순방향 바이어스이어야 한다.

다음 실험 과정에서, 베이스-에미터 전압 강화 (V_{BEO})와 컬렉터 단자가 열려 있을때 베이스 전류 (I_{BEO}) 사이의 관계를 결정할 줄 알아야 한다.

아래첨자 BEO는 컬렉터단자가 열려 있을 때 베이스-에미터를 의미한다.

실험과정

1. TRANSISTOR LOAD LINES AND GAIN 회로 블록을 놓고 회로를 보는 것과 같이 연결한다. (-) 전압 공급기와 R3를 이 회로에 연결시킨다.

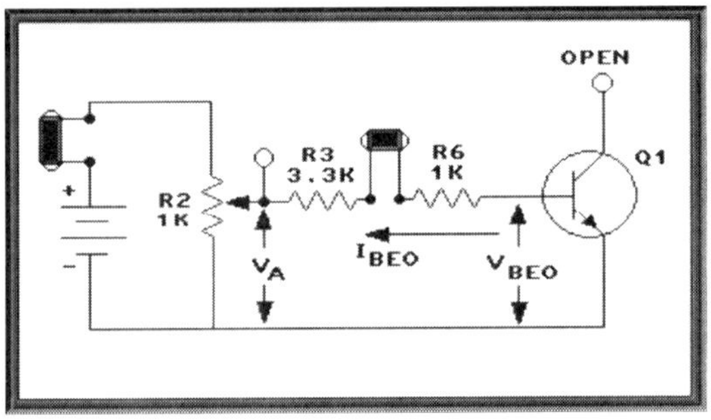

2. 가변저항 R2 의 가운데 부분을 조정하여 Q1의 에미터 부분으로 연결되어 있는 R3부분에 -2.5V가 걸리도록 하라.

3. Q1(PN) 의 베이스-에미터 접합이 순반향 바이어스인가, 역방향 바이어스인가?
   a. 순방향 바이어스
   b. 역방향 바이어스

4. 컬렉터가 열려있을때 Q1 의 에미터전압 (V_{BEO})을 측정하라.

   V_{BEO} = Vdc

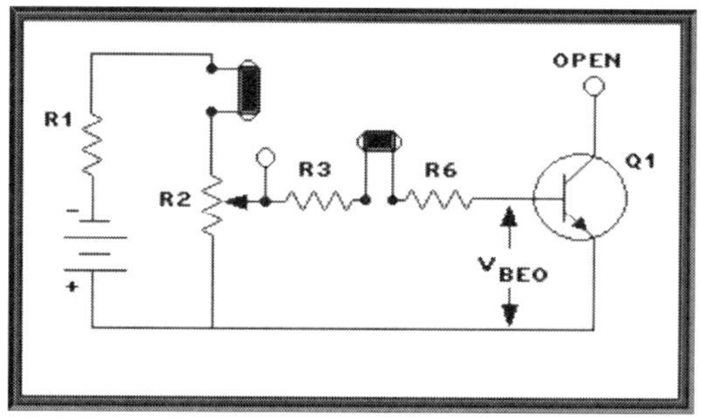

5. 순방향 베이스 전류가 흐르는가?
   a. 예 b. 아니오

6. 위의 회로와 같이 (+) 전압 공급장치를 연결하라.

   R2 의 가운데 부분을 완전히 시계방향으로 돌려라.

7. V_{BEO} 을 측정하라

   V_{BEO} = Vdc

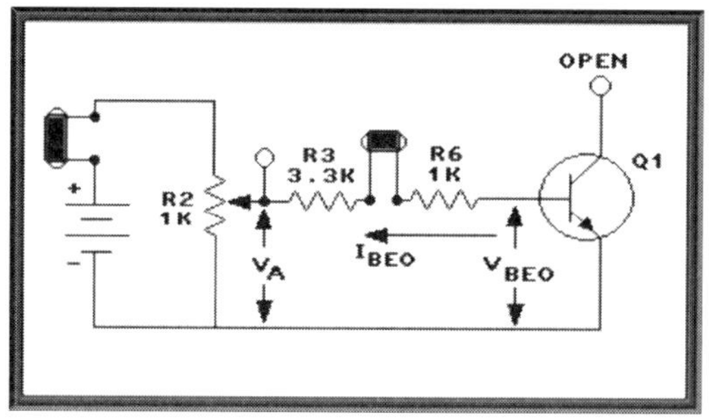

8. 변화된 회로에 대해서 Q1의 베이스-에미터접합은 순방향 바이어스인가, 역방향 바이어스인가?
   a. 순방향 바이어스
   b. 역방향 바이어스

9. R2 를 반시계방향으로 최대한 돌려라.

   R2를 조절해서 다음 실험 과정 컬렉터가 열린 트랜지스터에서 베이스 전류(I_{BEO})와 베이스-에미 터 전압(V_{BEO}) 사이의 관계를 알 수 있을 것이다.

10. R2를 조정해서 R6에 걸리는 전압(V_{R6})을 떨어뜨려라.

11. 가변 저항 R2의 가운데 부뷰을 시계방향으로 돌려서 V_{R6} 를 0.10 Vdc로 조정하라. 그 결과를 다음 표에 기록하라

V_{R6} Vdc	$I_{BEO} = V_{R6} / 1$ kê mA	V_{BEO} Vdc
0.10	0.10	
0.50		
1.00		
2.50		

12. V_{R6} 이 0.10 Vdc로 조정되어있다.
    a. IBEO 은 0.10 mA이다.
    b. VBEO를 측정하라.

13. 가변저항R2 의 가운데 부분을 시계 방향으로 V_{R6} 를 0.50 Vdc 로 조정한다.

V_{R6} Vdc	I_{BEO} = V_{R6} /1 kê mA	V_{BEO} Vdc
0.10	0.10	#V3,s,5,3#
0.50	0.50	
1.00		
2.50		

14. V_{R6} 이 0.50 Vdc로 조정되었다.
  a. IBEO 이 0.50 mA 이다.
  b. VBEO를 측정하라

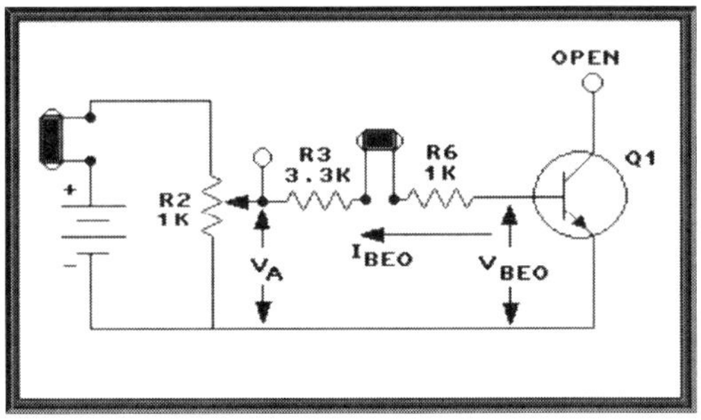

15. R2 의 가운데 부분을 시계방향으로 돌려서 V_{R6}를 1.00 Vdc 로 맞춰라

V_{R6} Vdc	I_{BEO} = V_{R6} /1 kê mA	V_{BEO} Vdc
0.10	0.10	#V3,s,5,3#
0.50	0.50	#V4,s,5,3#
1.00	1.00	
2.50		

16. V_{R6} 를 1.00 Vdc로 맞춘다.
  a. IBEO 이 1.00 mA 이다.
  b. VBEO를 측정하라

17. R2 의 가운데 부분을 시계방향으로 돌려서 V_{R6} 를 2.50 Vdc로 맞춘다.

V_{R6} Vdc	I_{BEO} = V_{R6} /1 kê mA	V_{BEO} Vdc
0.10	0.10	#V3,s,5,3#
0.50	0.50	#V4,s,5,3#
1.00	1.00	#V5,s,5,3#
2.50	2.50	

18. V_{R6} 가 2.50 Vdc.로 맞춰져 있다.
    a. IBEO 가 2.50 mA이다.
    b. VBEO를 측정하라
19. 위의 표에서 측정한 I_{BEO} 대 V_{BEO} 값을 보아라. 오른쪽에 있는 곡선은 NPN트랜지스터를 사용한 이 회로의 전형적인 I_{BEO} 대 V_{BEO} 그래프를 나타낸다.
20. 측정한 값과 그래프를 비교하라. 같은 모델 번호를 가지고 있는 트랜지스터에 대해서 V_{BEO}는 다를 수 있다.
21. 측정한 트랜지스터의 V_{BEO} 대 I_{BEO} 값과 다이오드의 순방향 전류 대 순방향 전압 강하 값이 비슷한가?
    a. 예　　　　　　b. 아니오

I_{BEO} mA	V_{BEO} Vdc
0.10	
0.50	
1.00	
2.50	

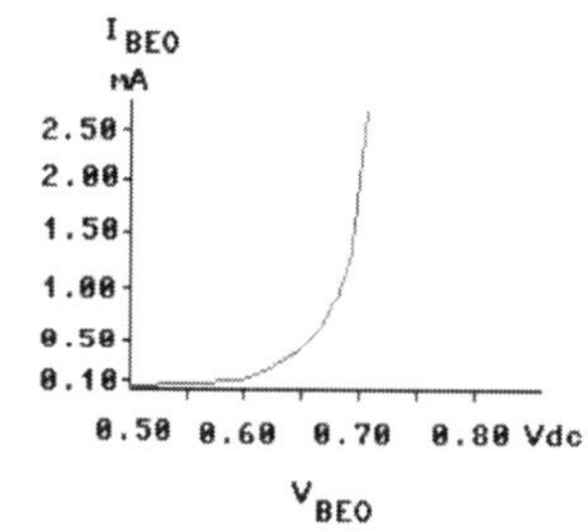

결 론

p 베이스-에미터 접합 트랜지스터는 순방향 혹은 역방향 바이어스 될수 있고, 이것은 그 극 에 걸리는 전압에 의존한다.

p 베이스- 에미터 접합 트랜지스터의 순방향 바이어스 직류 특성은 다이오드의 그것과 비 슷하다.

p V_{BEO} 가 약 0.5 Vdc에 도달할 때까지 베이스와 에미터 사이의 순방향 전류는 0에서 마이 크로 암페어 범위이다.

p V_{BEO}가 약 0.5 Vdc a와 0.8 Vdc,사이일때, 순방향 베이스-에미터전류(I_{BEO}) 는 V_{BEO}.의 작 은 증가에 대해 배우 급격히 변한다.

p 베이스-에미터전류가 2 mA,를 넘으면, 순방향 전압 강하는 원칙적으로 거의 상수이다.

실험 2

이 실험을 하기 위해서 트랜지스터 회로를 이용해서 컬렉터 전류와 베이스 전류와의 관계를 설명할 줄 알아야 한다. 또한 이결과를 멀티미터로 측정할 줄 알아야한다.

기본내용

옆의 트랜지스터 회로는 이 실험을 하는데 사용 된다. 두 전압원이 사용 된다. 하나는 베이스를 바이어스 시키며, 다른 것은 컬렉터 전류를 공급한다.

베이스 전류를 변화시키 려면, 가변저항 R2를 조절 하라.
베이스가 이미터에 비해 더 높은 전압으로 물려 있으므로 베이스-에미터 접합은 순방향 바이어스이다.
베이스가 컬렉터에 비해 낮은 전압이므로, 베이스-컬렉터 접합은 역 바이어스이다.
이 바이어스 상태는, 전류가 Q1을 통해 흐른다.
에미터전류(I_E)는 베이스전류(I_B)와 컬렉터(I_C)전류의 합($I_E = I_B + I_C$)과 같다.

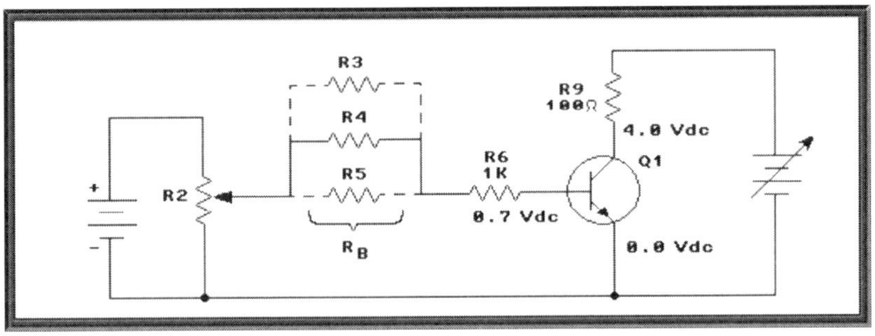

✔ ______ (때문에) 트랜지스터Q1 에 전류가 흐른다.
a. 베이스-컬렉터접합이 역방향 바이어스이기 때문에
b. 베이스-에미터접합이 순방향 바이어스이기 때문에

앞의 실험에서 접합이 순방향 바이어스 되면, 에미터와 베이스 사이에 전류가 흐르는 것을 알았다.

베이스-에미터 접합이 순방향이 되면, 베이스-컬렉터 접합이 역방향 바이어스가 되더라도 컬렉터 전류는 흐른다.

접합이 역 바이어스 되더라도, 베이스와 컬렉터 접합 사이에 전류가 흐르는 것은 베이스 영역이 얇고, 컬렉터와 에미터 영역에 비해 얇게 도핑되어 있기 때문이다.

베이스 영역이 얇고, 얇게 도핑되어 있기 때문에, 에미터 경로를 지나는 전자는 베이스 쪽 단자보다 쉽게 두껍게 도핑된 컬렉터 쪽으로 흐를 수 있다.

일반적으로 에미터 단자로부터 컬렉터 단자로 95% 이상의 전류가 흐른다. 베이스 쪽으로는 5%미만이 흐른다.

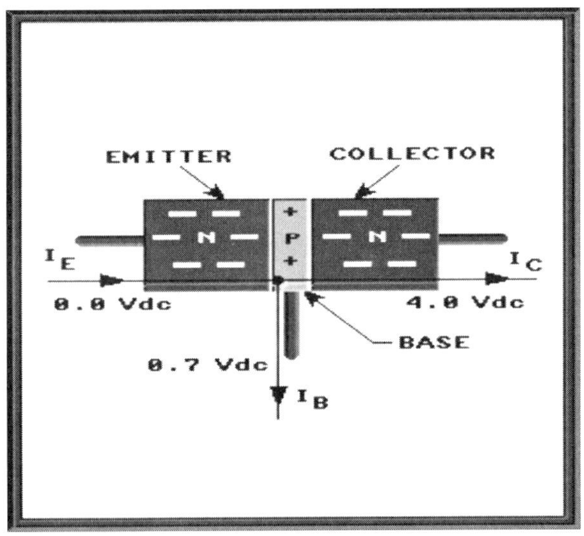

✔ 트랜지스터의 에미터 전류가 10mA이다. 컬렉터 전류는
a. 약 0.5mA이고 베이스 전류는 약 9.5mA이다.
b. 약 9.5mA이고 베이스 전류는 약 0.5mA이다.

이득

베이스-에미터 접합이 순방향 바이어스이고 베이스-컬렉터 접합이 역방향 바이어스일때 주어진 트랜지스터에 대해서 컬렉터-베이스 전류의(I_C /I_B) 비는 상수이다. (직선영역에서 작동할 때)
직류 컬렉터 전류와 베이스전류의 비(I_C/I_B) 는 직류 전류이득이다.

b_{DC} (beta) 기호 혹은 h_{FE}는 직류 전류이득을 나타낸다.

bDC = hFE = IC/IB

Beta (b_{DC})는 10에서 500사의 값을 가지고 트랜 지스터의 작동 상태에 따라 증가한다.; 이 실험 에서 사용되는 NPN 트랜지스터 0에서 300 사 이의 이득을 가진다.

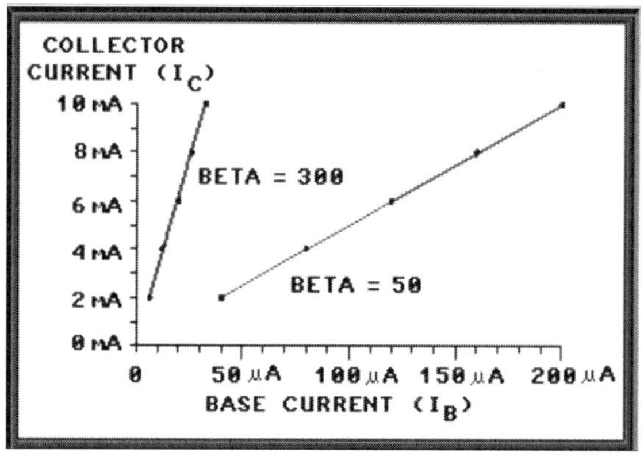

작은 베이스 전류(I_B)로도 훨씬 큰 컬렉터 전류 (I_C)를 제어할 수 있으므로 전류이득 (b_{DC})은 트랜지스터의 중요한 특성중 하나이다.

이득(b_{DC})때문에, 트랜지스터는 작은 신호로 큰 신호를 제어할 수 있다.

트랜지스터의 이득(b_{DC}) 은 200이다. 베이스 전류(I_B)는 0.02mA이다. 컬렉터 전류(I_C)를 계산하라.

$I_C = b_{DC} \times I_B =$ mA

실험과정

1. TRANSISTOR LOAD LINES AND GAIN 회로를 놓고 옆과 같이 연결하라

NOTE: 이 과정의 나머지부분 에서 더 쉽게 베이스 전류를 조정할수 있는 B(R3,R4,R5)값을 선택하라. 2핀 커넥터를 사용 해서 저항을 선택하라. 일반적으로 R4(47 kΩ) 가 처음 실험과정에서 가장 좋을 것이다. 트랜지스터(Q1)은 최소 50에서 최대 300까지의 이득을 가지기 때문에 베이스 저항이 다를 수 있다

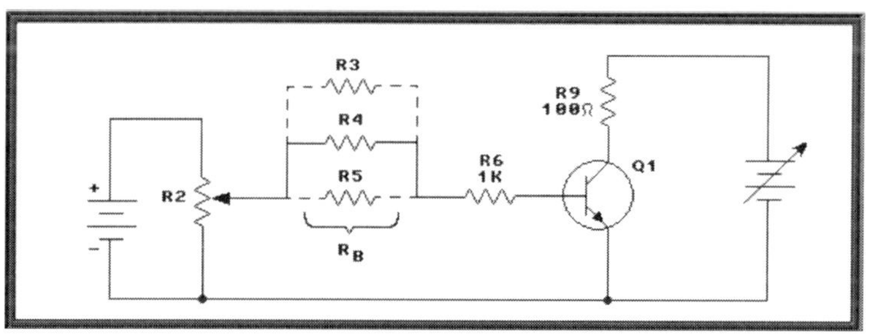

2. 컬렉터 저항(R9)에 연결된 (+)전압 공급기를 조정하여 5.0 Vdc로 조정하라.

   다음 실험 과정에서 컬렉터 전류(I_C) 와 베이스 전류(I_B)사이의 관계를 알게 될 것이다.

3. 100Ω 컬렉터 저항 R9에 걸리는 전압 강하를 조정해서 I_C 값을 조정하게 될 것이다.

   1 kΩ 베이스 저항 R6에 걸리는 전압 강하를 측정하고 옴의 법칙으로 I_B를 계산해서 I_B 값을 알아내라

4. 멀티미터를 컬렉터 저항 R9사이에 연결하고 전압강하(V_{R9})를 측정하라.

R2의 가운데 부분을 조정하여 V_{R9} 를 0.20 Vdc으로 조정하라. 이 때 I_C는 2.0 mA으로 조정된다.

V_{R9} Vdc	$I_C = (V_{R9} / 100\ W) \times 10^3$ mA	V_{R6} Vdc	$I_B = (V_{R6} / 1\ kW) \times 10^3$ mA
0.20	2.00		

5. I_C가 2.0 mA이다.
   a. 베이스 저항 R6 (1 kΩ)에 걸리는 전압강하를 측정하라.
   b. 컴퓨터로 IB 를 계산하라.

6. 컬렉터 저항 R9사이에 멀티미터를 연결하고 전압 강하(V_{R9})를 측정하라.
R2의 가운데 부분을 조정해서 V_{R9} 를 0.60 Vdc으로 조정하라. 이 때 I_C 는 6.0 mA으로 조정 된다.

V_{R9} Vdc	$I_C = (V_{R9} / 100\ W) \times 10^3$ mA	V_{R6} Vdc	$I_B = (V_{R6} / 1\ kW) \times 10^3$ æA
0.20	2.00	#V11,,5,4#	# V11 * 1000,t,3,0 #
0.60	6.00		# V12 * 1000 ,t,3,0 #

7. I_C 가 6.00 mA이다.
   a. R6 (1 kΩ)에 걸리는 전압 강하를 측정하라.
   b. 컴퓨터로 IB를 계산하라.

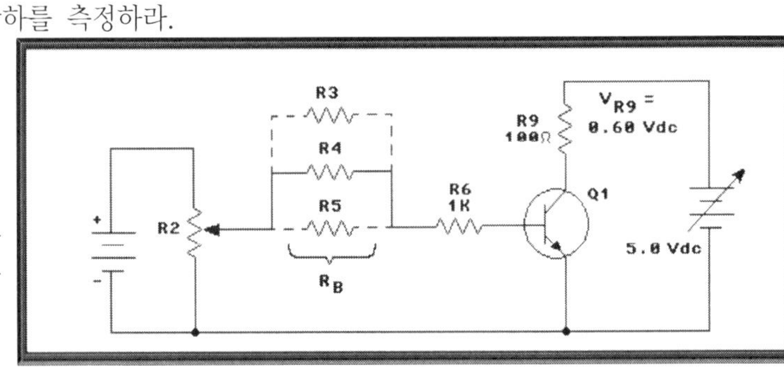

8. 컬렉터 저항 R9에 멀티미터를 연결하고 전압강하(V_{R9})를 측정 하라.

R2의 가운데 부분을 조정해서 V_{R9}가 1.00 Vdc이 되게 하라. 이때 I_C는 10.0 mA이 된다.

V_{R9} Vdc	$I_C = (V_{R9} / 100\ W) \times 10^3$ mA	V_{R6} Vdc	$I_B = (V_{R6} / 1\ kW) \times 10^3$ æA
0.20	2.00	#V11,,5,4#	# V11 * 1000,t,3,0 #
0.60	6.00	#V12,s,5,3#	# V12 * 1000 ,t,3,0 #
1.00	10.00		# V13 * 1000,t,3,0 #

9. I_C 이 10.00 mA이다.
   a. R6 (1 kW)의 전압 강하를 측정하라.
   b. 컴퓨터로 IB 를 계산하라.

I_C mA mA	I_B
2.00	# V11 * 1000,t,3,0 #
6.00	# V12 * 1000,t,3,0 #
10.00	# V13 * 1000,t,3,0 #

11. 이득 (b_{DC}) 특성은 최소 50에서 최대 300이기 때문에 회로 상에서 트랜지스터의 I_C 대 I_B 값은 많은 변화를 가지고 있다. 실험한 값과 이득이 50일 때, 300일 때의 I_C대 I_B 그래프를 비교하라.

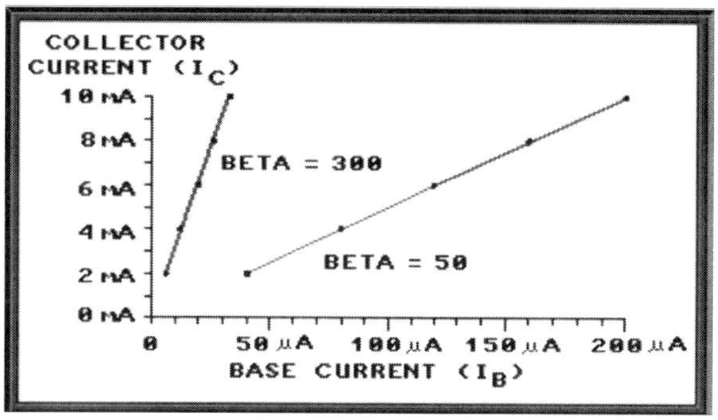

12. 실험한 1대 1값이 이득이 300과 50일 때의 그래프 사이에 있는가?
    a. 예 b. 아니오

13. 측정값으로, I_C를 2 mA에서 10 mA으로 변화시킬 수 있는 I_B 값을 계산하라.
    I_B 값의 변화 = mA

14. I_C가 8.0 mA 변할 때 I_B가 # I10 / 1000,s,5,3 # mA 변화한 것을 통해 Q1의 이득(b_{DC})을 계산하라.
    b_{DC} = I_C /I_B = 8.0 mA/# I10 / 1000,s,5,3 # mA
    =

15. 컬렉터와 베이스 전류 측정으로부터 계산한 이득(b_{DC}) #G1,s,3,0# 이 50에서 300사이의 이득에 맞는가?
    a. 예 b. 아니오

결 론

p 트랜지스터 컬렉터 전류는 베이스 전류에 의해서 조절된다.

p 베이스 전류에 대한 컬렉터 전류의 비는 트랜지스터의 전류 이득이다.

p 실험한 트랜지스터(Q1)의 이득은 #G1,s,3,0# 이다.

p 트랜지스터 에미터 전류는 컬렉터와 베이스 전류의 합과 같다.

p 베이스 전류는 일반적으로 에미터 전류의 5%보다 작다.

실험 3

실험목표

이 실험을 위해서 NPN 트랜지스터를 이용한 트랜지스터 회로의 직류 동작 상태에 대해서 알아야 한다. 또한 그 결과를 멀티미터로 측정할 수 있어야 한다.

기본내용

트랜지스터 회로의 직류 전압 상태는

1. saturation 지점에서, 최대 전류가 흐르고
2. active (linear) 영역에서, 컬렉터 전류는 베이스 전류에 직선적으로 비례하고 : I_C = b_{DC} x I_B,
3. cutoff 지점에서, 전류는 0이다.

saturation 지점에서, 두 트랜지스터 접합은 순방향 바이어스 되어 진다. active 영역에서, 베이스- 에미터 접합은 순방향 바이어스 되고 베이스-컬렉터 접합은 역방향 바이어스된다. cutoff 지점 에서, 베이스-에미터 접합은 역방향 바이어스 되어 진다.

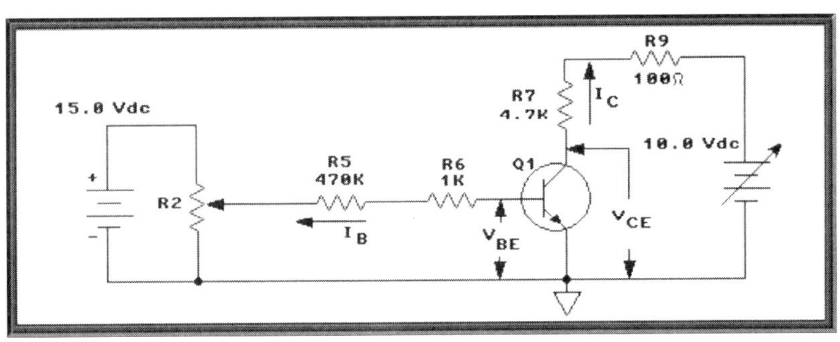

NPN트랜지스터(Q1)가 있는 위의 회로가 이 실험에서 사용된다. 베이스 전압은 15.0Vdc로 공급되고 컬렉터 회로 전압 공급기는 10.0 VdC로 조정된다. 모든 전 압 측정은 Q1의 에미터 전 압을 참고해서 이루어진다.

에미터 저항이 없기 때문에 베이스 전압은 베이스-에미터 전압(V_{BE})과 같고 컬렉터 전압은 컬렉터-에미터 전압(V_{CE})과 같다.

R2는 베이스 전류(I_B)를 조정한다.

SATURATION(포화) 전압

이 회로는 트랜지스터 Q1이 saturation일 때 직류 전압 상태를 보여 준다.

베이스-에미터 와 베이스-컬렉터 접합은 순방향 바이어스 되어진다. 베이스 전압이 에미터나 컬렉터 전압보다 높다. 베이스-컬렉터 접합이 순방향 바이어스 되어지면 트랜지스터는 saturation 된다.
saturation되면 V_{CE}는 0Vdc로 되고 트랜지스터는 닫힌 스위치처럼 작동한다.

I_C가 최대이고 컬렉터 공급 전압이 전체 컬렉터 회로 저항으로 나누어진 값과 같게 된다.

I_C는 다음과 같이 계산한다.

I_C = (10.0 - V_{CE})/(R9 + R7) = (10.0 - 0.1)/4.8 kΩ = 2.04 mA.

saturation 지점에서, 베이스-컬렉터 접합이 순방향 바이어스이기 때문에 I_C는 b_{DC} * I_B와 같지 않다.

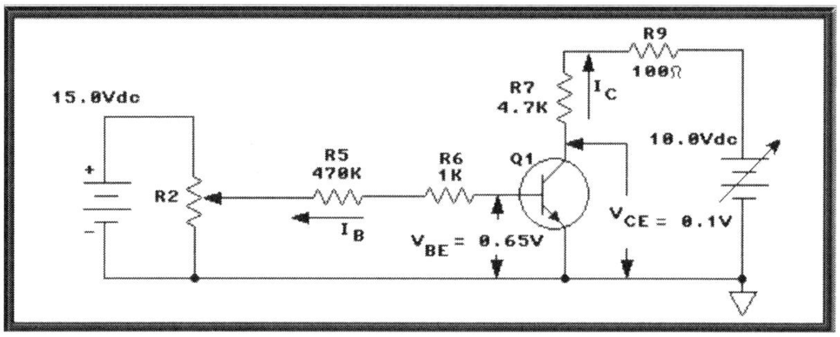

✔ 트랜지스터가saturation일 때

a. 두 접합은 순방향 바이어스 이다.
b. 컬렉터-에미터 전압은 0이 된다.
c. 트랜지스터 전류는 최대이다.
d. 위의 것 모두이다.

ACTIVE(활성) 영역 전압

트랜지스터 Q1이 active 영역 에서 작동할 때, 직류 전입 상태를 보여주고 있다. 트랜지스터 전압과 전류 상태는 saturation과 cutof 사이에서 정해질 수 있다.

active 영역에서, 베이스-에미터 접합은 순방향 바이어스이고 베이스-컬렉터접합은 역방향 바이어스이다.

I_C은 직선적으로 I_B에 비례한다.
β_{DC}는 비례상수이다.

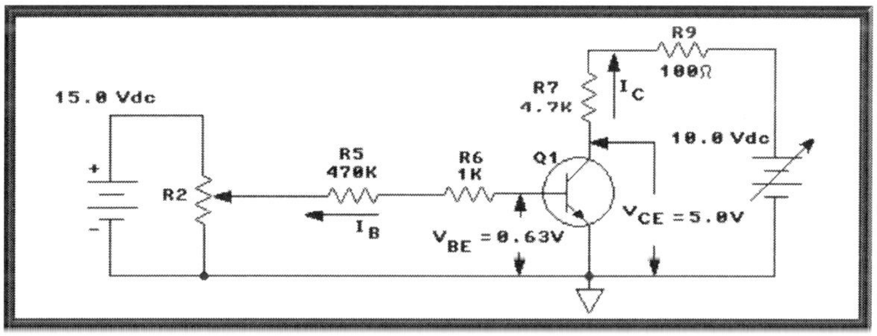

IC = bDC x IB

I_C는 회로의 상태로 부터 다음과 같이 계산된다.

IC = (10.0 - VCE) / (R9 + R7) = (10.0 - 5.0)/4.8 kΩ = 1.04 mA.

회로로부터 I_B는 다음과 같이 계산된다.

$I_B = V_{R6} / 1\ k\Omega$

✔ 트랜지스터 회로가 active (linear)영역에서 동작할 때, 베이스-컬렉터 접합은

a. 순방향 바이어스 된다. 베이스-에미터 접합은 역방향 바이어스 된다. 그리고 컬렉터 전류는 베이스 전류에 비례하지 않는다.

b. 역방향 바이어스 된다. 베이스-에미터 접합은 역방향 바이어스 된다. 그리고 컬렉터 전류는 베이스 전류에 비례한다.

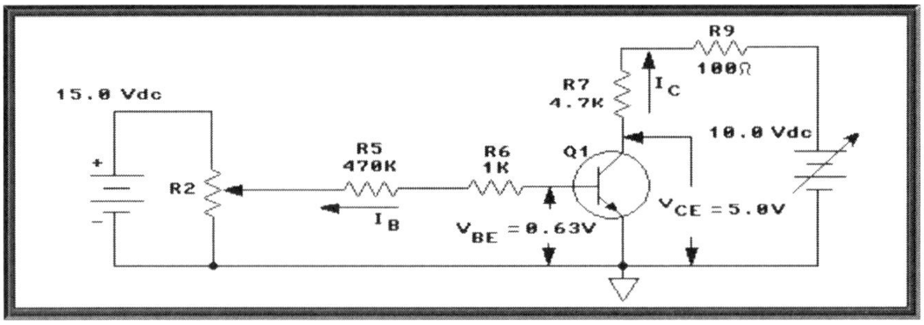

CUTOFF(차단) 전압

트랜지스터 Q1이 cutoff일 때, 이 회로는 직류 전압 상태를 나타낸다.

베이스-에미터 접합이 순방향 바이어스가 아니기 때문 에 베이스 전압과 전류가 0이다.

베이스-에미터 접합의 순방향 전압 강하는 베이스 전류 흐름에 대해서 0.5Vdc 에서 0.8Vdc 사이에 있다.

베이스 전류가 0이며, 콜렉터 전류가 0이므로, 트랜지스터는 회로가 끊어진것과 같은 역할을 한다.

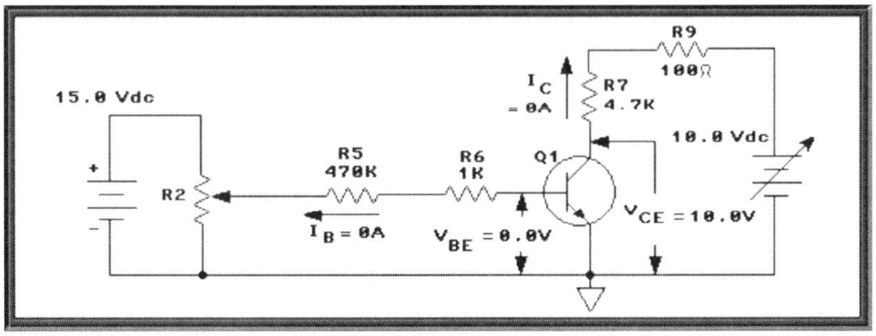

I_C가 0이기 때문에 V_{CE}은 공급되는 컬렉터 전압(10.0 Vdc)와 같다.

✔ 트랜지스터가 ______(일)때, 트랜지스터의 컬렉터 전압은 공급된 컬렉터 전압과 같다.

a. saturation 지점에서

b. active 영역에서 작동할

c. cut off

실험과정

1. TRANSISTOR LOAD LINES AND GAIN 회로 블럭을 놓고, 회로를 보는 것처럼 연결하라.

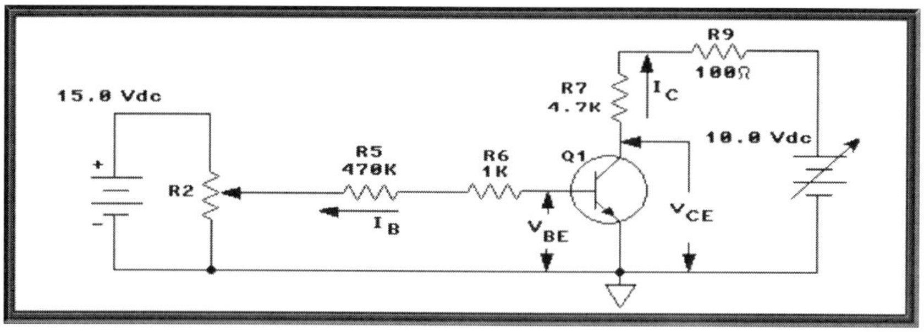

2. Q1컬렉터 회로에 10Vdc를 공급하도록 전압공급기를 조정하라.
   모든 전압 측정과 조정은 저항의 전압강하를 제외하고 Q1에미터를 참고로 하라.

SATURATION 전압 상태

3. R2를 완전히 시계방향으로 돌리고, Q1 베이스-에미터 전압(V_{BE})을 측정하라.
   V_{BE} = Vdc

4. V_{BE} (#V15,s,5,3# Vdc)의 측정값을 바탕으로 볼 때 베이스-에미터 접합은
   a. 순방향 바이어스되어있다.
   b. 역방향 바이어스 되어있다.

5. Q1의 컬렉터-에미터 전압을 측정하라.

   V_{CE} = Vdc

6. 측정한 Q1의 베이스 전압은 #V15,s,5,3# Vdc 이고 측정한 컬렉터 전압은 #V16,s,5,3# Vdc이다.

   베이스-컬렉터 접합은
   a. 순방향 바이어스되어있다.
   b. 역방향 바이어스되어있다.

7. 컬렉터 저항 R9 (100Ω)에 걸리는 전압 강하를 측정하라
   V_{R9} = Vdc

8. V_{R9} (#V17,s,5,3# Vdc)의 측정한 값에 따르면, 컬렉터 전류(I_C) 는 #V17,s,4,2# mA 이다.

9. 베이스 저항R6 (1 kΩ)에 걸리는 전압 강하를 측정하라.
   V_{R6} = Vdc

10. V_{R6} (#V18,s,5,3# Vdc)의 측정한 값을 바탕으로, 베이스 전류는 #V18,s,5,3# mA 이다.

CUTOFF 전압 상태

11. R2 를 완전히 반시계 방향으로 돌려라. V_{BE}를 돌려라.
V_{BE} = mVdc

참조 : 정답은 mVdc 로 써야한다.

12. V_{BE} (#V19,s,4,1# mVdc)의 측정된 값을 바탕으로, 베이스- 에미터접합는
a. 순방향 바이어스이다.
b. 역방향 바이어스이다.

13. V_{CE}를 측정하라.
V_{CE} = Vdc

14. 측정한 Q1 베이스 전압은 #V19,s,4,1# mVdc이고 컬렉터 전압은 #V20,s,5,2# Vdc이다.

베이스-컬렉터 접합은
a. 순방향 바이어스이다.
b. 역방향 바이어스이다.

15. V_{R9}를 측정하라.
V_{R9} = mVdc

참고 : 정답은 mVdc로 써라.

16. V_{R9} (#V21,s,5,1# mVdc)의 측정한 값을 바탕으로, 컬렉터 전류(I_C) 는 # V21 / 100,s,4,1 # mA 이다.

17. V_{R6}를 측정하라.
V_{R6} = mVdc

참고 : 답은 mVdc 로 써라

18. V_{R6} (#V22,s,5,1# mVdc)의 측정 값을 바탕으로, 베이스 전류 (I_B) 는 # V22 / 1000,s,4,1 # mA이다.

ACTIVE (LINEAR) 전압 상태

19. R2 시계방향으로 돌려서 V_{CE} 를 5.0 Vdc로 조정하라. V_{BE}를 조정하라.
V_{BE} = Vdc

20. V_{BE} (#V23,s,5,3# Vdc)의 측정값을 바탕으로, 베이스-에미터접합은
a. 순방향 바이어스 되어 있다.
b. 역방향 바이어스 되어 있다.

21. 컬렉터-에미터전압을 5.0 Vdc로 맞추었다. 측정한 Q1 베이스 전압은 #V23,s,5,3# Vdc 이다.

베이스-컬렉터접합은
a. 순방향 바이어스되어 있다. b. 역방향 바이어스되어 있다.

22. V_{R9}를 측정하라.
V_{R9} = Vdc

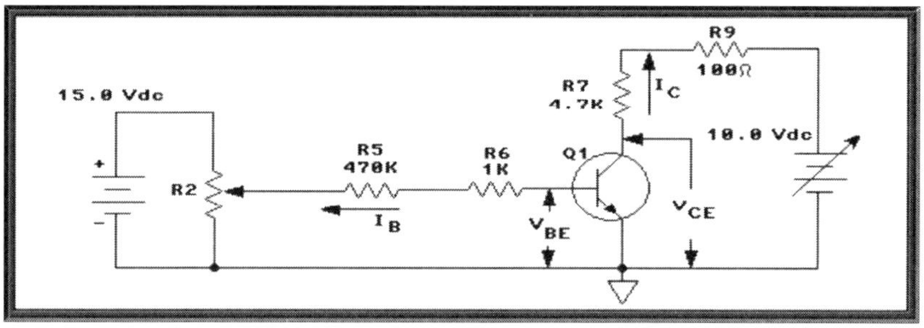

23. V_{R9} (#V25,s,5,3# Vdc)의 측정값을 바탕으로, 컬렉터 전류(I_C)는 # V25 * 10,s,4,2# mA 이다.

24. V_{R6}를 측정하라.
V_{R6} = Vdc

25. V_{R6} (#V26,s,6,4# Vdc)의 측정값을 바탕으로, 베이스 전류 (I_B) 는 #V26,s,6,4# mA 이다.

결 론

측정값을 표에 정리하면, 다음과 같은 결론을 얻을 수 있다:

p active 영역에서 베이스-에미터 접합은 순방향 바이어스이고 베이스-컬렉터 접합은 역방향 바이어스이다; 트랜지스터 전류는 cutoff 와 saturation 상태 사이에서 흐른다.

실험 4

실험목표

이 실험을 하기위해서 트랜지스터 회로의 dc load line을 설명할 수 있어야 한다. 또한 이것을 멀티미터로 측정할 수 있어야 한다.

기본내용

옆의 그림은 컬렉터 전류(I_C) 특성 곡선상의 dc load line을 나타낸다.

컬렉터 전류 특성 곡선은 베이스 전류(I_B)의 역할에 따른 컬렉터 전류(I_C) 대 컬렉터-에미터 전압(V_{CE})의 곡선이다.

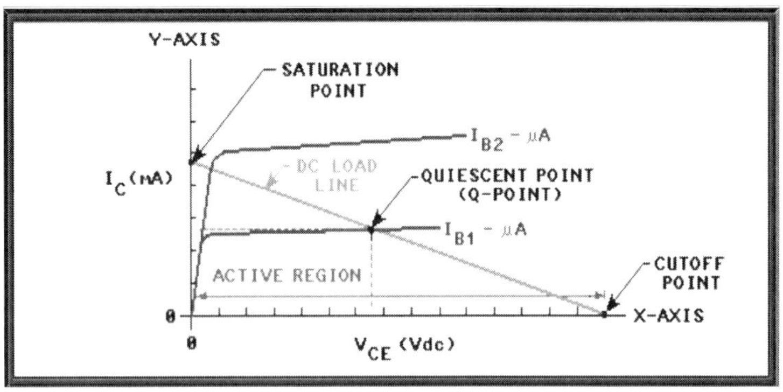

일정한 베이스 전류(I_B)를 가지고 있는 회로에 대해서 V_{CE}가 증가 할 때 I_C는 매우 조금씩 변한다.

이러한 증가는 active 영역에서 dc 전류이득(b_{DC})이 거의 일정하기 때문에 발생한다. dc load line은 Y축과 saturation 지점에서 교차하고 X축과 cutoff 지점에서 교차한다. load line이 I_B와 교차하는 점 을 *quiescent point* (Q-point) 라고 한다.

트랜지스터 회로 직류 작동 상태(I_C, I_B, and V_{CE})는 Q-point 에서 교차한다. Q-point 는 트랜지스터 회로의 직류 바이어스 상태(전류와 전압)에 의해서 결정된다.

✔ dc load line의 두 끝점은
- a. saturation point 과 Q-point 이다.
- b. cutoff point 와 saturation point 이다.
- c. Q-point 와 cutoff point 이다.

load line을 그릴 때, $V_{CE(SAT)}$가 0 Vdc인 지점에 있는 saturation지점을 생각해야 한다.

하지만, 실제로는 베이스-컬렉터 접합이 순방향 바이어스로 될 때, 트랜지스터는 V_{CE}가 active 영역에서 0Vdc 보다 조금 큰 saturation으로 지나간다.

다음의 회로에서 saturation 지점($I_{C(SAT)}$)에서 컬렉터 전류는 컬렉터 공급 전압(V_A)을 컬렉터 저항(R_C)으로 나눈 것과 같다.

$$I_{C(SAT)} = V_A/R_C$$

saturation에서 V_{CE}는 0이기때문에 R_C에 걸리는 V_A는 모두 강하된다.

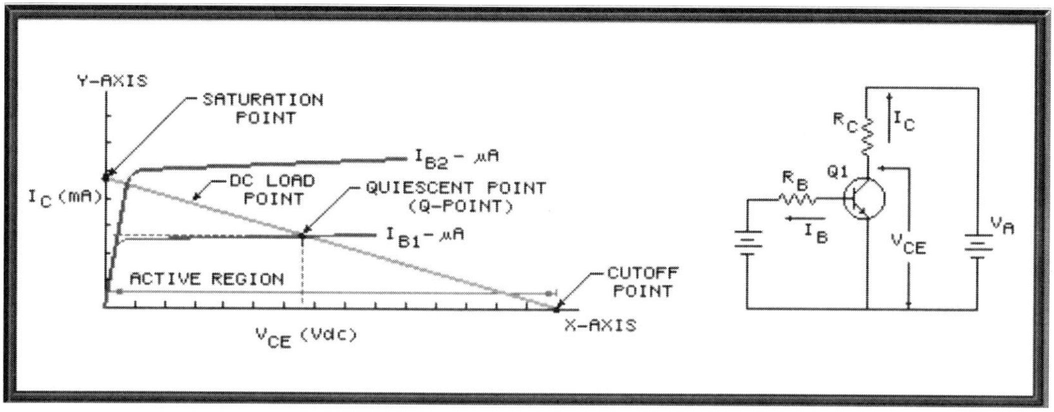

✔ V_A = 10.0 Vdc 이고 R_C = 2 kΩ 일 때, 컬렉터 saturation 전류($I_{C(SAT)} = V_A/R_C$)는
- a. 20 mA 이다.
- b. 5 mA 이다.
- c. 0.2 mA 이다.

cutoff 지점은 I_C와 I_B가 0일 때이다. 트랜지스터는 열린 스위치처럼 작동하기 때문에, cut-off($V_{CE(CUTOFF)}$)에서 컬렉터-에미터 전압은 컬렉터 공급 전압(V_A)과 같다.

✔ V_A = 10.0 Vdc 이고 R_C = 2 kΩ 일때, cutoff 지점은
- a. IC = 0 mA 이고 VCE = 10.0 Vdc일 때이다.
- b. IC = 2.0 mA 이고 VCE = 0 Vdc일 때이다.

트랜지스터 회로의 active(linear)영역은 saturation과 cutoff사이에 있다. 다음 식으로부터, 위의 회로에서 load line 상의 점에서 컬렉터 전류(I_C)를 계산할 수 있다.

$$I_C = (V_A - V_{CE})/R_C$$

트랜지스터 회로는 일반적으로 load line의 중간에 Q-point가 오도록 설계한다. 위의 회로에서 Q-point의 좋은 위치는 컬렉터-에미터 전압(V_{CE})와 컬렉터 공급 전압(V_A)의 절반이 같은 지점이다. 직류 신호가 회로에 가해질 때, Q-point는 load line의 가운데 있다. dc load line은 컬렉터 전압 공급(V_A)이나 컬렉터 저항(R_C)값에 따라 다르게 변하게 될 것이다. 베이스 저항(R_B)의 값은 load line에 영향을 미치지 못한다.

✔ 트랜지스터 회로의 Q-point 는
- a. dc load line 상의 dc 작동 상태(IC, IB, and VCE)의 교차점이다.
- b. dc load line의 가운데에 위치한다.
- c. 베이스 전류 변화에 따라 변한다.
- d. 위의 것 모두 다 맞다.

실험과정

1. TRANSISTOR LOAD LINES AND GAIN 회로 블럭을 놓고, 위와 같이 연결하라. R3은 베이스회로이고 R8은 컬렉터회로이다.

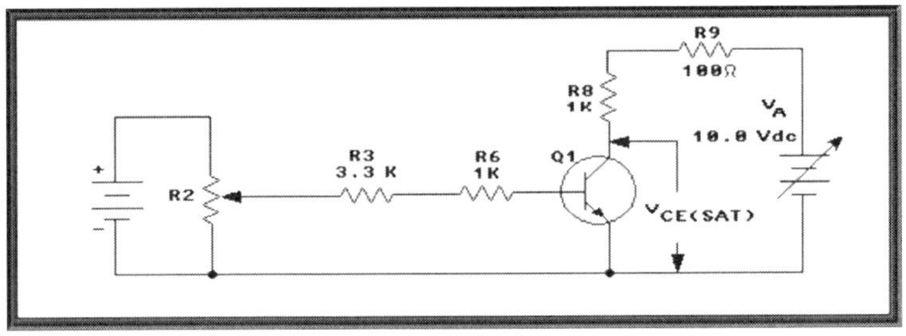

2. (+)가변 전압공급기(V_A)를 조정해서 컬렉터 회로에 10.0Vdc가 공급되도록 하라.

3. saturation 지점에서 컬렉터-에미터 전압강하($V_{CE(SAT)}$)는
   a. 0.0 Vdc 이다.
   b. 10.0 Vdc 이다.

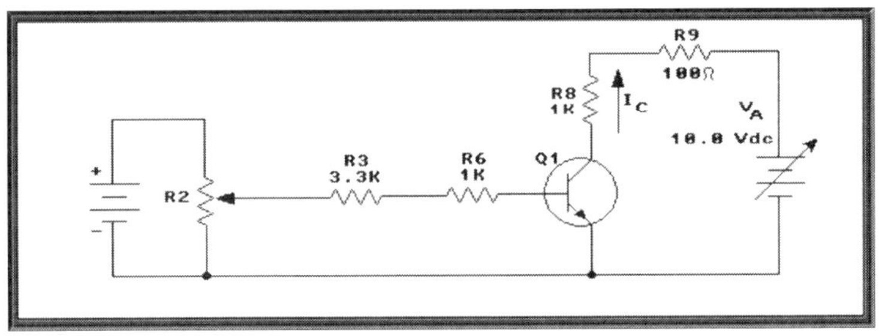

4. saturation 지점에서 컬렉터 저항(R8 + R9)에 걸리는 전압강하는
   a. 0.0 Vdc 이다.
   b. 10.0 Vdc 이다.

5. 이 회로에서 컬렉터 저항(R_C)는 R8 + R9(1.1 kΩ)이다. 컬렉터 saturation 전류를 계산하라.

$I_{C(SAT)} = V_A/R_C = 10.0\ Vdc/1.1\ k\Omega$
$= \qquad\qquad mA$

6. cutoff 지점에서 컬렉터 전류는
   a. 5.0 mA 보다 크다.
   b. 0.0 mA 이다.

7. cutoff 지점에서 컬렉터-에미터 전압은
   a. 0.0 Vdc 이다.
   b. 10.0 Vdc 이다.

8. 트랜지스터 회로의 dc load line은 보는 것처럼 saturation와 cutoff 지점을 가지고 있다.

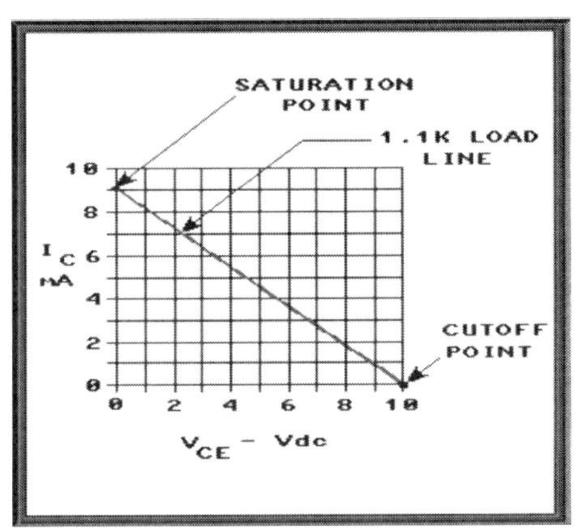

9. R2를 완전히 시계방향으로 돌려서 트랜지스터회로를 saturation으로 만들어라

Q1컬렉터-에미터 전압을 측정하라.

load line상에서 그릴때, $V_{CE(sat)}$이 거의 0Vdc로 될 수 있는가?
   a. 예 b. 아니오

10. R9(11KΩ)에 걸리는 전압 강하를 측정하면, 컬렉터 saturation 전류가 결정되어 진다.
    V_{R9} = Vdc

11. V_{R9} (#V30,s,5,3# Vdc)의 측정값을 바탕으로 $I_{C(SAT)}$는 # V30 * 10,,5,2 # mA와 같다.

    측정오차 범위 내에서 $I_{C(SAT)}$의 측정값은 load line으로 계산한 $I_{C(SAT)}$(#I30,s,4,2# mA)의 값과 같은가?
    a. 예 b. 아니오

12. R2를 완전히 시계 반대 방향으로 돌려서 트랜지스터 회로를 cutoff로 만들어라 그리고 컬렉터-에미터 전압을 측정하라.

    load line 상에서 그릴 때, $V_{CE(CUTOFF)}$는 10.0Vdc로 볼 수 있나?
    a. 예 b. 아니오

13. R9(11KΩ)의 전압 강하를 측정하면 컬렉터 cutoff 전류를 결정할 수 있다.
    V_{R9} = mVdc

    참고 : 답은 mVdc로 써라.

14. (#V31,s,5,1# mVdc)의 측정값을 바탕으로, $I_{C(CUTOFF)}$는 #V31/100,s,5,1# mA와 같다.
    $I_{C(CUTOFF)}$의 측정값은 근사적으로 $I_{C(CUTOFF)}$ (0.0 mA)의 load line 값과 같은가?
    a. 예 b. 아니오

15. dc load line으로부터 V_{CE}가 5.0Vdc일 때 I_C를 구할 수 있다.
    I_C = mA

16. 회로를 옆과 같이 연결하라. 베이스 회로 상에 V_{CE}를 쉽게 조절하기 위해서 R5를 R3 대신 놓아라. 베이스 저항이 달라짐에 따라 load line은 영향을 받지 않는다.

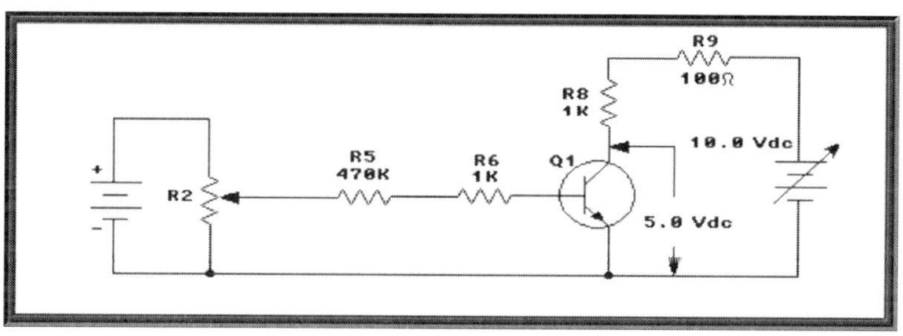

R2를 조절해서 V_{CE}를 5.0 Vdc로 맞추어라.

17. R9(100Ω)의 전압 강하를 측정하면, V_{CE}가 5.0Vdc에서 컬렉터 전류를 계산할 수 있다.
    V_{R9} = Vdc

18. V_{R9} (#V32,s,5,3# Vdc)의 측정값을 바탕으로 I_C는 #V32 * 10,s,4,2 # mA 와 같다.

    측정 오차를 감안하면, I_C의 위 측정값은 V_{CE} 이 5.0Vdc에서 I_C (#I31,s,4,2# mA) 의 load line 값과 같은가?
    a. 예 b. 아니오

19. R6(1 kΩ)에 걸리는 전압 강하를 측정 하면 V_{CE}가 5.0Vdc일 때의 베이스 전류 (I_B)를 계산할 수 있다.
    V_{R6} = Vdc

20. V_{R6}의 위 측정값을 바탕으로 I_B는
    # V33* 1000,s,2,0 #mA이다.

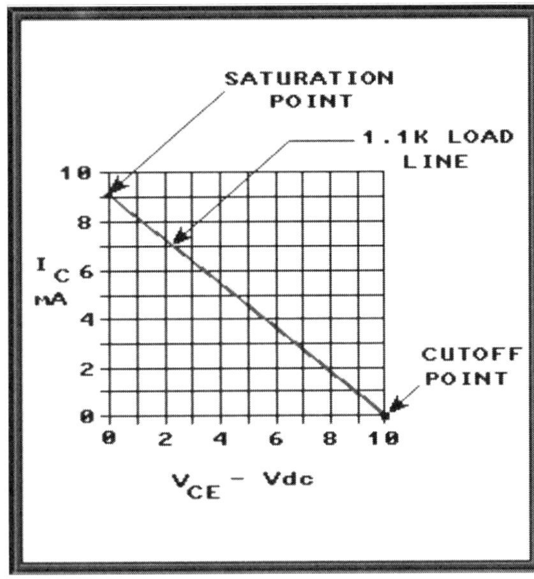

21. V_{CE}° 가 5.0Vdc로 맞춰졌을 때, I_C가 # V32 *10,s,4,2 # 이고 I_B 가 # V33 * 1000,s,2,0 #mA이면, 트랜지스터 회로는
    a. cutoff 이다.
    b. active 영역에 있다.
    c. saturation 이다.

22. V_{CE}가 5.0Vdc일때 load line 상의 점은 트랜지스터 회로는 작동한다. 이 점은
    a. Q-point 이다.
    b. active지점이다.

23. 아래와 같이 같이 회로를 연결하라.

R8를 제거하고 R7을 넣음으로써 컬렉터 저항 (R_C)을 1.1 kΩ에서 4.7 kΩ까지 증가시켰다.

24. R_C 의 1.1 kΩ에서 4.7kΩ 까지 증가는
    a. 컬렉터 saturation 전류를 증가시킨다.
    b. 컬렉터 saturation 전류를 감소시킨다.

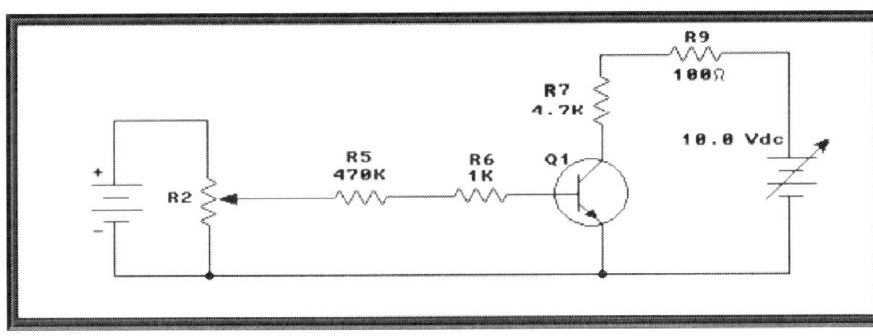

25. 연결된 회로에서 RC = R7 + R9 = 4.8 kΩ 이다. 컬렉터 saturation 전류를 계산하라.

    IC(SAT) = VA/RC = 10.0 Vdc/4.8 kΩ
    = mA

26. 컬렉터 저항이 4.7 kΩ 으로 증가하면 cutoff 지점이 변화하는가?
    a. 예 b. 아니오

27. 연결한 회로에 대한 dc load line (4.8 kΩ)은 saturation과 cutoff 지점을 가지고 있는 것을 볼 수 있다.

28. R2를 시계 방향으로 완전히 돌려서 트랜지스터회로가 saturation이 되게 하라.

29. R9(100Ω)의 전압 강하를 측정하면, 컬렉터 saturation 전류를 구할 수 있다.
    VR9 = Vdc

30. V_{R9} (#V34,s,5,3# Vdc)의 측정값을 바탕으로 $I_{C(SAT)}$ #V34 * 10,s,4,2# mA이다.
    측정오차를 감안 할 때, $I_{C(SAT)}$의 위의 측정값은 $I_{C\ SAT)}$ (#I32,s,4,2# mA)의 계산된 값과 같은가?
    a. 예 b. 아니오

31. R_C가 1.1 kΩ 일때와 4.7 kΩ 일때의 load line을 비교하라. 컬렉터 공급저항이 10.0Vdc 일 때 어떤 부하저항이 컬렉터 전류를 더 잘 공급하는가?
    a. 4.7 kΩ b. 1.1 kΩ

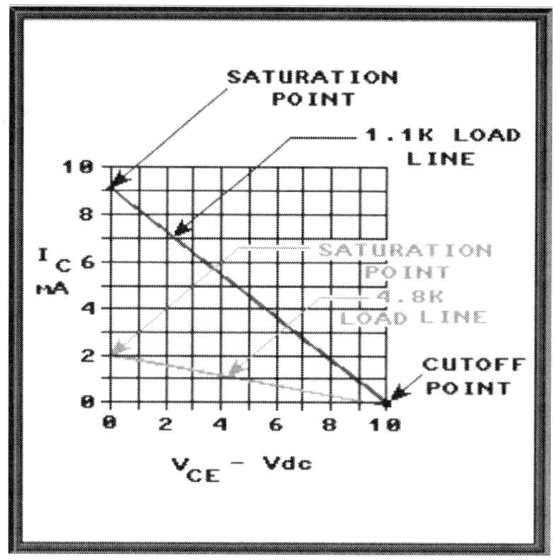

결 론

p 트랜지스터의 dc load line은 컬렉터 전류대 saturation과 cutoff 지점 사이의 컬렉터-에미터 전압사이의 그래프이다.

p dc load line은 컬렉터 saturation 전류에서의 Y축과 cutoff 지점에서의 X축과의 교점이다.

p saturation지점은 컬렉터 전류가 최대이고 컬렉터-에미터전압이 거의 0인 지점이다.

p cutoff 지점은 컬렉터 전류가 0이고 컬렉터-에미터 전압이 컬렉터 공급 전압과 같은 지점이다.

p Q-point는 load line 상에 있는 컬렉터 전류, 베이스 전류, 컬렉터-에미터 전압 사이의 교점이다.

unit 7

트랜지스터 증폭기

단원목표

TRANSISTOR AMPLIFIER CIRCUITS 회로 블럭에서의 회로 블럭과 주요 소자에 대한 확인, 연결과 작동법에 대한 고찰.

단원기본지식

이 단원에서는 TRANSISTOR AMPLIFIER CIRCUITS 회로 블럭에서의 회로의 구현과 트랜지스터 증폭기(transistor amplifiers)의 배경 지식에 대하여 다루게 된다.

트랜지스터 증폭기 (transistor amplifiers)는 입력, 출력과 트랜지스터의 각 단자와의 관계에 따라 세 가지의 기본 회로 형태를 구성할 수 있다.

1. 베이스 접지(Common base)
2. 이미터 접지(Common emitter)
3. 콜렉터 접지(Common collector)

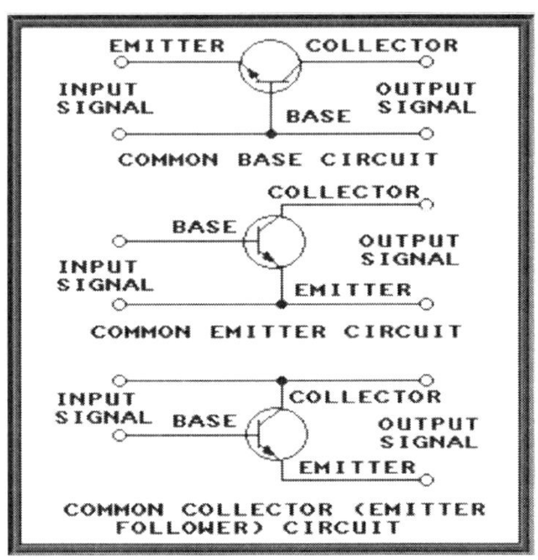

각각의 회로는 서로 구별 되는 독자적인 특성을 가지고 있으며, 이런 득성 에 따라 회로의 응용 분야 역시 다르다

다단(Multistage) 트랜지스터 증폭기(transistor amplifiers)는 하나 이상의 트랜지스터가 포함되었음을 뜻한다. 첫 번째 단의 출력은 두 번째 단의 입력으로 연결(결합) 되어 있다. 두번째 단의 출력은 세 번째 단의 입력으로 연결(결합) 되어 있으며, 이런 방식으로 계속 연결된다.

TRANSISTOR AMPLIFIER CIRCUITST 회로 블럭에는, 다음 세 가지의 '결합 증폭단(coupling amplifier stage)'이 있다.

RC 결합(coupling), 변압기(transformer) 결합(coupling), 직접(direct) 결합(coupling).

✓ 트랜지스터 증폭 회로의 기본 구성에는 몇 가지가 있는가?

힌트: 회로의 구성은 입출력과 트랜지스터의 각 단자와의 관계에 의해 좌우된다.
a. 2 b. 3 c. 4

필요한 실험도구

앞으로의 실험을 위해서 다음의 실험 기기가 필요하다:

- F.A.C.E.T. 베이스 유닛
- 15 Vdc 파워 서플라이(2 개)
- 멀티미터
- 오실로스코프(dual trace)
- 파형 발생기(사인파)
- TRANSISTOR AMPLIFIER CIRCUITS 회로 블럭

실험 1

실험목표

TRANSISTOR AMPLIFIER CIRCUITS 회로 보드에서의 각 기능(functional) 회로 블럭의 구현, 확인 및 오실로스코프 (oscilloscope)를 이용한 두 가지 기본 증폭-회로(amplifier circuits)의 동작에 대한 관찰.

기본내용

증폭기(Amplifier)는 입력 신호의 전압, 전류 또는 전력을 증가시켜 출력으로 유도하는 회로이다.
증폭기(amplifier)는 *능동 소자(active component)* 와 동작 전원을 필요로 한다.
회로 보드에서의 능동 소자(active component)는 트랜지스터이며, 외부 전원에 의해 파워가 공급된다.

✓ 증폭기(Amplifier)는 무엇을 증가시키는 회로인가?
a. 전압. b. 전류.
c. 전력. d. 위 모두 가능하다.

TRANSISTOR AMPLIFIER CIRCUITS 회로 보드에는 7 가지의 회로를 구현할 수 있는 5개의 증폭 회로 블럭이 있다.
COMMON BASE/EMITTER 회로 블럭과 RC COUPLING/ TRANSFORMER COUPLING 회로 블럭에서는 두 가지의 증폭 회로를 구현할 수 있다.
회로의 구현에는 2핀 커넥터가 쓰인다.

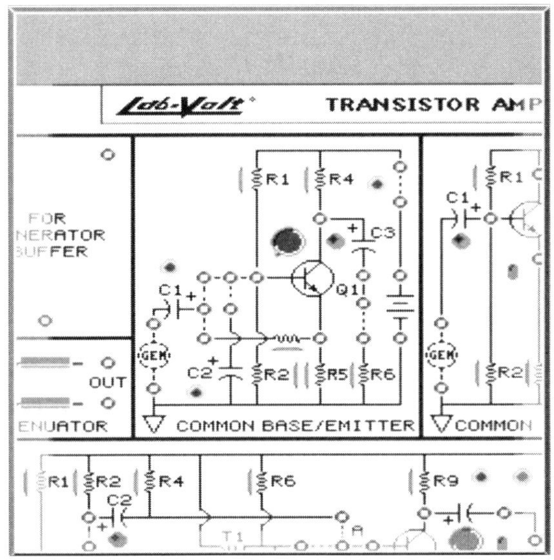

첫번째 증폭 회로 블럭은 COMMON BASE/ EMITTER 회로 블록이다.

이 회로 내의 NPN 트랜지스터(Q1)는 베이스 접지 또는 이미터 접지 구성으로 연결될 수 있다.

이번 실험에서는 두 구성에 대한 동작을 관찰 할 것이며, 두 회로의 신호에 대한 ***이득(gain)*** 을 측정할 것이다.

✔ COMMON BASE/EMITTER 회로 블럭에서는 몇 개의 트랜지스터가 쓰이는가?
  a. 0 b. 1 c. 2

두 번째 회로 블럭은 COMMON COLLECTOR 회로 블록이다.

가변 저항 R4는 부하(load) 저항이다.

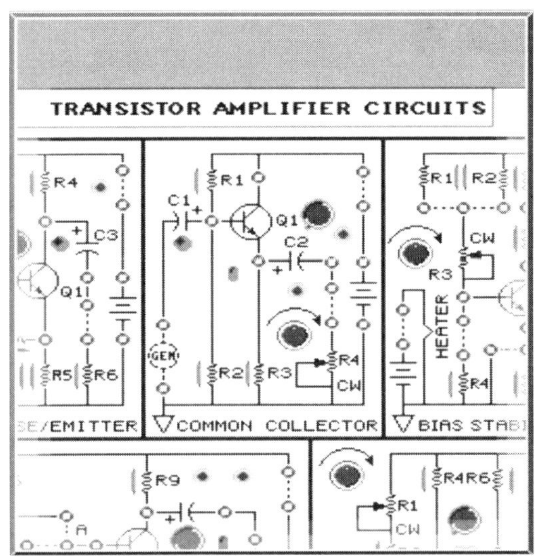

✔ COMMON COLLECTOR 회로 블럭의 가변 저항 R4를 시계 방향(CW)으로 완전히 돌릴 경우, R4의 저항값은 어떻게 되는가?
  a. 최소값을 가지게 된다.
  b. 최대값을 가지게 된다.
  c. 최대값의 절반이 된다.

BIAS STABILIZATION 회로 블록은 HEATER 라는 이름의 저항을 포함하고 있으며, 이 저항은 트랜지스터 케이스와 분리되어 있다.

직류 전원으로 이 저항(HEATER)을 통하여 전류가 흐르도록 되어 있다. BIAS STABILIZATION 회로 블럭에서는 (+)의 가변 전원이 쓰인다.

이 회로 블럭은 사인파 발생기를 사용하지 않는다.

✔ BIAS STABILIZATION 회로 블럭에서 히터(heater) 회로의 전원에 대한 설명으로 옳은 것은?

a. 트랜지스터 전원과 다른 고정 직류 전원.
b. 트랜지스터 전원과 다른 가변 직류 전원.
c. 트랜지스터 전원과 같은 고정 직류 전원.
d. 트랜지스터 전원과 같은 가변 직류 전원.

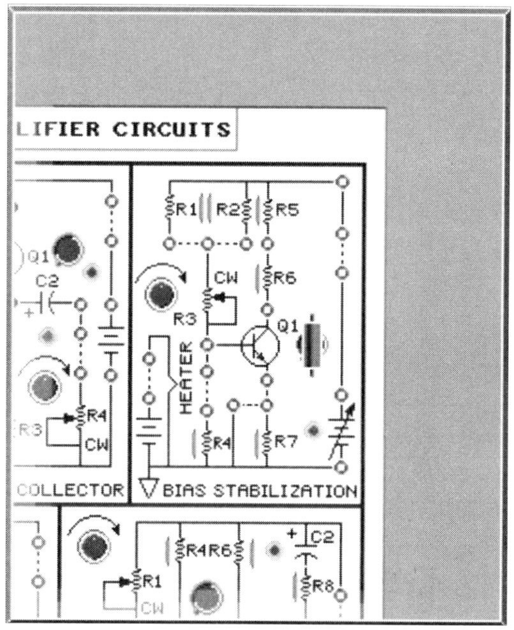

RC COUPLING/TRANSFORMER COUPLING 회로 블럭은 2단 증폭기(two-stage amplifier)에 쓰이는 소자를 포함하고 있다.

2개의 NPN 트랜지스터(Q1과 Q2)는 각 단(stage) 사이에 RC(저항-커패시터) 결합과 변압기 (transformer) 결합이 가능하다.

✔ RC COUPLING/TRANSFORMER COUPLING 회로 블럭에는 몇 개의 트랜지스터가 쓰이는가?

a. 1　　b. 2　　c. 3

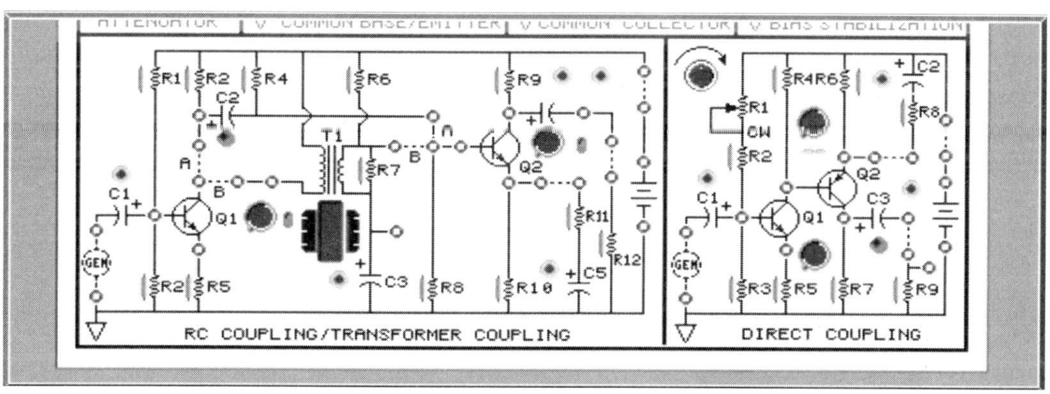

DIRECT COUPLING 회로 블럭은 단 사이가 직접 연결된 2단 증폭기의 동작을 설명해 주는 소자를 포함하고 있다.

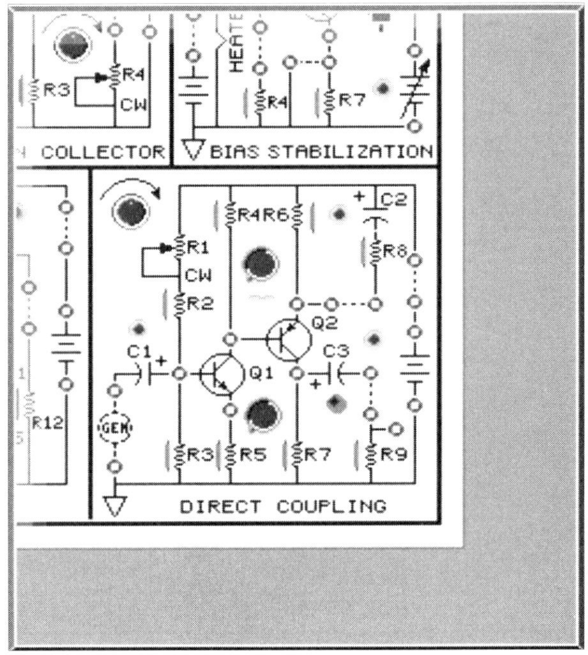

가변 저항 R1은 전압-분배(voltage divider) 회로에 쓰인다.

두번째 단은 PNP 트랜지스터(Q2)를 포함 하고 있다.

✔ DIRECT COUPLING 회로 블럭에 대한 설명으로 옳은 것은?

a. 2개의 PNP형 트랜지스터를 사용한다.
b. 2개의 NPN형 트랜지스터를 사용한다 .
c. 1개의 NPN형과 1개의 PNP형 트랜지스터를 사용한다.

실험과정

1. TRANSISTOR AMPLIFIER CIRCUITS 회로 보드를 검사하라.

   다음 중 두 가지의 회로 구현이 가능한 회로 블럭은 어느 것인가?

   a. COMMON BASE/EMITTER 회로 블록.
   b. COMMON COLLECTOR 회로 블록.
   c. BIAS STABILIZATION 회로 블록.
   d. DIRECT COUPLING 회로 블록.

2. TRANSISTOR AMPLIFIER CIRCUITS 회로 보드를 검사하라. 다음 중 가변 저항을 포함하는 회로 블럭은 어느 것인가?

   a. COMMON BASE/EMITTER, COMMON COLLECTOR, DIRECT COUPLING 회로 블록.
   b. COMMON COLLECTOR, BIAS STABILIZATION, DIRECT COUPLING 회로 블록.
   c. COMMON BASE/EMITTER, COMMON COLLECTOR, BIAS STABILIZATION 회로 블록.
   d. COLLECTOR, BIAS STABILIZATION, RC COUPLING/TRANSFORMER COUPLING 회로 블록.

3. 다음 중 직류 가변 전원에 의해 전원을 공급받는 회로 블럭은 어느 것인가?

   a. COMMON BASE/EMITTER 회로 블록.
   b. COMMON COLLECTOR 회로 블록.
   c. BIAS STABILIZATION 회로 블록.
   d. DIRECT COUPLING 회로 블록.

4. 다음 중 PNP형 트랜지스터를 가지는 회로 블럭은 어느 것인가?
   a. COMMON BASE/EMITTER 회로 블록.
   b. COMMON COLLECTOR 회로 블록.
   c. BIAS STABILIZATION 회로 블록.
   d. DIRECT COUPLING 회로 블록.

5. 다음 중 사인파 발생기(sine wave generator)를 사용하지 않는 회로 블럭은 어느 것인가?
   a. COMMON BASE/EMITTER 회로 블록.
   b. COMMON COLLECTOR 회로 블록.
   c. BIAS STABILIZATION 회로 블록.
   d. DIRECT COUPLING 회로 블록.

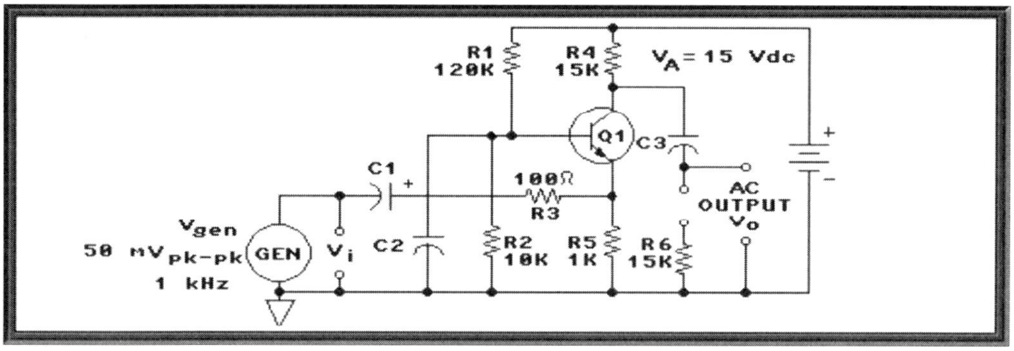

6. COMMON BASE/EMITTER 회로 블럭을 찾아, 위 그림과 같이 연결하라.

7. 오실로스코프의 채널 1에 나타나는 신호를 관찰하면서, 사인파 발생기로부터의 입력 신호 (V_i)를 1 kHz, 50 mV_{pk-pk} 로 맞춘다.

8. 오실로스코프의 채널 2 프로브를 사용하여 교류 출력 신호를 측정하라.
   Vo =   Vpk-pk
   Vi = 50 mVpk-pk
   Vo = #v1,s,4,2# Vdc

9. 출력 신호(V_o)는 입력 신호(V_i)보다 큰가?   (이것은 곧 '이득(gain)'을 뜻한다.)
   a. 그렇다   b. 아니다

10. 이미터-접지(common emitter) 증폭 회로를 위 그림과 같이 연결하라.

11. 오실로스코프 채널 1의 신호를 관찰하면서 사인파 발생기로부터의 입력 신호(V_i (=V_{gen}))를 1 kHz, 100 mV_{pk-pk} 로 맞춘다.

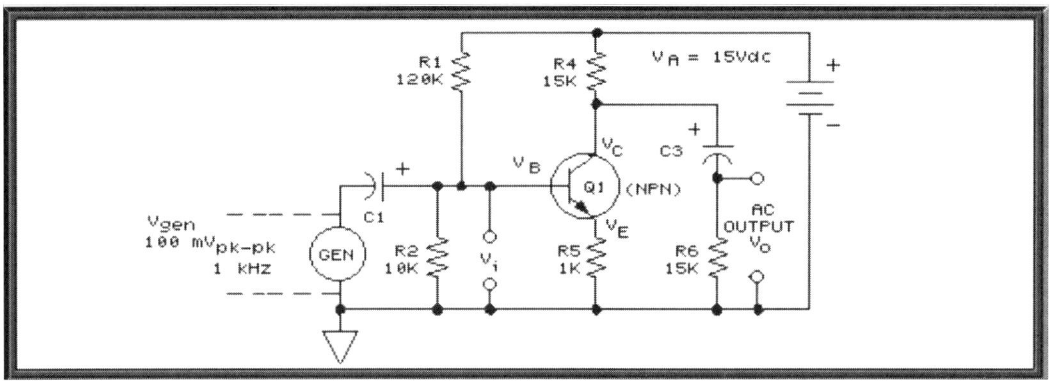

12. 오실로스코프 채널 2 프로브를 사용하며 교류 출력 신호 (V_o)를 측정하라.

Vo = mVpk-pk

Vo = #v2,,3,0# mVpk-pk
Vi = 100 mVpk-pk

13. 출력 신호(V_o)는 입력 신호(V_i)보다 큰가?
(이것은 곧 '이득(gain)'을 뜻한다.)
a. 그렇다. b. 아니다.

14. 입력 신호와 출력 신호와의 위상 관계는 어떻게 되는가?
a. 동상이다. (in phase)
b. 동상이 아니다. (out of phase)

결론

p TRANSISTOR AMPLIFIER CIRCUITS 회로 블럭에는 다섯개의 트랜지스터-증폭(transistor amplifier) 회로 블럭이 있다.

p 두 회로 블럭은 각각 두 가지 형태의 증폭(amplifier) 회로 구성이 가능하다.

p 입력 신호 레벨(level)은 연결 회로도의 회로에서 표시된 위치에서 측정해야 한다.

실험 2

실험목표

2단 트랜지스터 증폭기(two-stage transistor amplifier circuit)의 동작 관찰과 오실로스코프를 이용한 결과 분석.

기본내용

다음 그림과 같은, 다단(multistage) 트랜지스터 증폭기는 하나 이상의 트랜지스터를 포함한다. 다단(multistage) 트랜지스터는 단일 트랜지스터보다 큰 전압, 전류, 전압 이득을 얻을 수 있다.

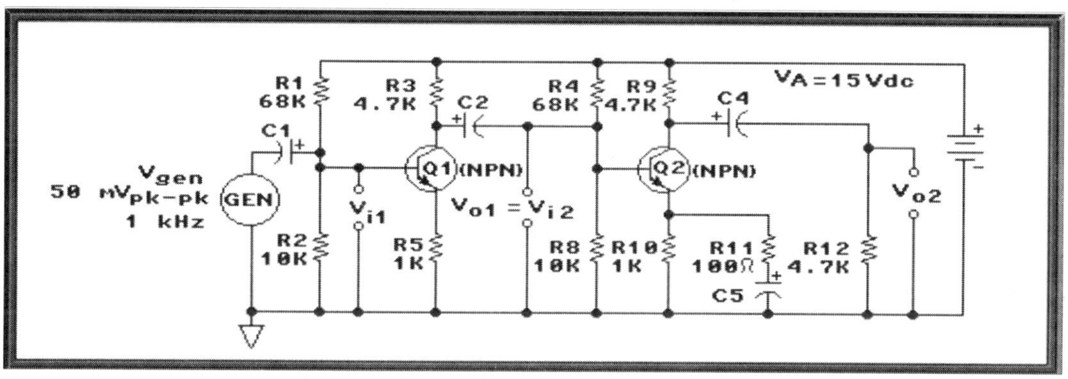

✔ 다음 중 다단 증폭기를 이용하여 얻을 수 있는 잇점으로 옳은 것은?
  a. 전원을 덜 쓸 수 있다.
  b. 필요한 소자의 수가 작다.
  c. 이득(gain)이 증가한다.

다단(multistage) 증폭기는 각 단 사이를 연결하는 방법에 의해 구분 될 수 있다.
RC(저항-커패시터) 결합에서 저항은 신호가 감소하는 것을 막는 역할을 하고 커패시터는 한 쪽단의 출력 신호를 다음 단의 입력 신호를 전송하는 역할을 한다.

다음그림에서 변압기(transformer) 결합은 첫번째 코일에서 두번째 코일로 연결된 변압기를 사용한다. 커패시터 결합이나 변압기 결합 방식은 개별 증폭단의 구성을 간단하게 하여 각 단 사이의 직류 바이어스(dc bias)가 인접 단과 독립 가능하도록 한다.

✔ 다단 증폭기에서 각 단 사이의 직류 바이어스를 서로 독립시키기 위해서는 다음 중 무엇을 사용해야 하는가?
  a. 저항-커패시터 결합.
  b. 변압기(transformer).
  c. 둘 다 가능하다.

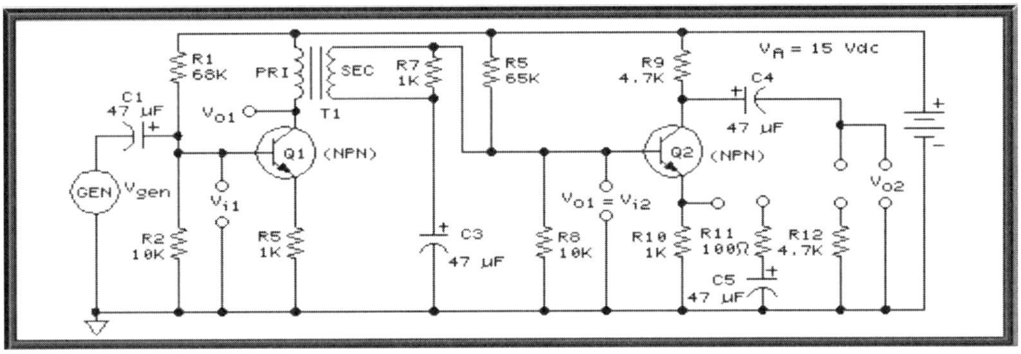

모든 증폭기는 일정 범위의 주파수와 입출력 신호 크기 내에서 동작하도록 디자인되어 있다. 입력 신호가 너무 크거나 증폭기의 주파수 범위를 벗어나게 되면, 출력 신호에서 ***왜곡(distortion)***이 발생한다.

✔ 출력 신호의 왜곡(distortion)은 언제 발생하는가?
 a. 입력 신호가 너무 클 때.
 b. 입력 신호의 주파수 범위가 증폭기의 한계를 넘어갈 때.
 c. 둘 다 해당된다.

실험과정

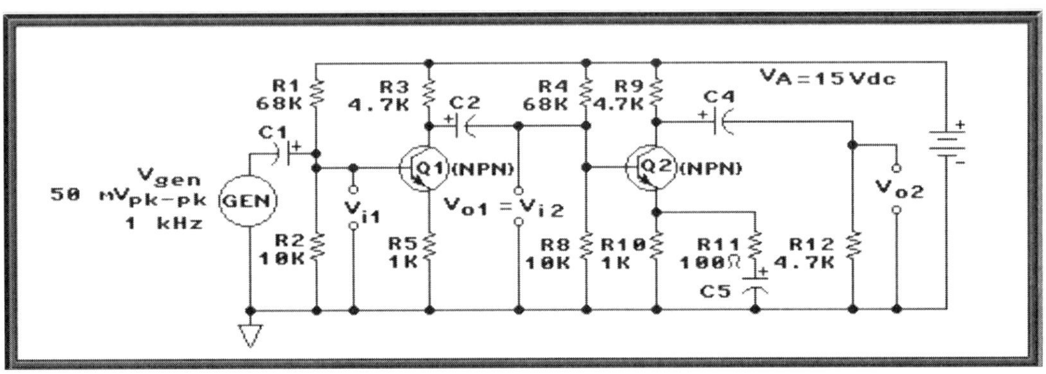

1. RC COUPLING/TRANSFORMER COUPLING 회로 블럭을 찾아라.

2. 그림과 같이 RC 결합 증폭 회로를 연결하라.

3. 오실로스코프 채널 1으로 입력 신호를 관찰하면서, 사인파 발생기로부터 트랜지스터 Q1의 베이스 단자로 들어가는 입력 신호(V_{i1})를 1 kHz, 80 $mV_{pk\text{-}pk}$ 로 맞춘다.

4. 오실로스코프 채널 2의 프로브를 첫째단 출력(V_{o1}) 단자인 Q1의 콜렉터 단자에 연결한다. 이 콜렉터 단자는 둘째단의 입력(V_{i2}) 단자이기도 하다.
   Vo1을 측정하라.
   Vo1 = mVpk-pk
   Vo1 = #v3,,3,0# mVpk-pk

5. 첫 째단 증폭기(Q1)에서 전압 이득(Av)이 발생하는가?
   Av = Vo /Vi
   a. 그렇다. b. 아니다.

6. 채널 2 프로브를 둘째단(Q2) 출력 신호(V_{o2})에 연결하라.
   둘째단의 출력 신호를 측정하라.
   V_{o2} = V_{pk-pk}
   V_{o2} = #v4,,4,2# V_{pk-pk}

7. 둘째단의 증폭기(Q2)에서 전압 이득(Av)이 발생하는가?
   Av = V_o /V_i
   a. 그렇다. b. 아니다.

8. 다시, 채널 2 프로브를 V_{o1}에 연결한다.
   Q1의 입력 신호(V_{i1})를 200 mV_{pk-pk}까지 증가시킨다.(오실로스코프의 채널 1 모니터를 관찰하면서 조정하라.)
   V_{o1}를 측정하라.
   V_{o1} = mV_{pk-pk}

9. 첫째단의 출력신호(V_{o1})에 왜곡(distortion)이 발생하는가?
   a. 그렇다. b. 아니다.

10. 채널 2 프로브를 V_{o2}에 연결하라.
    둘째단의 출력 신호(V_{o2})에 왜곡(distortion)이 발생하는가?
    a. 그렇다. b. 아니다.

11. Q1, Q2 중, 이 왜곡은 원인이 되는 증폭기는 어느 것인가?
    a. Q1 b. Q2

결론

- p 다단 증폭기(multistage amplifier)는 단일 증폭기보다 큰 이득을 얻을 수 있다.
- p 다단 증폭기에서, 각 트랜지스터의 이득이 모여 전체 이득을 이루게 된다.
- p 신호 왜곡(distortion)은 입력 신호가 증폭기의 수용치보다 더 클 때 발생한다.
- p 신호 왜곡은 입력 신호의 주파수가 너무 클 때도 발생한다.

unit 8

베이스 접지 회로

단원목표

이 단원을 마치면, 주어진 베이스접지 증폭회로의 동작을 계산값과 측정값을 이용하여 설명할 수 있다.

단원기본지식

베이스접지(CB) 트랜지스터 회로에서는 베이스 단자가 입력신호와 출력신호간의 공통단자로 쓰인다.

베이스접지(CB)회로의 교류 출력신호는 입력신호와 위상이 같다.

모든 형태의 증폭회로에서 트랜지스터가 PNP형이거나 NPN형이거나 정상적으로 동작하기 위해서는 베이스-이미터 접합의 순방향, 베이스-콜렉터 접합은 역방향 바이어스가 걸려있어야 한다.

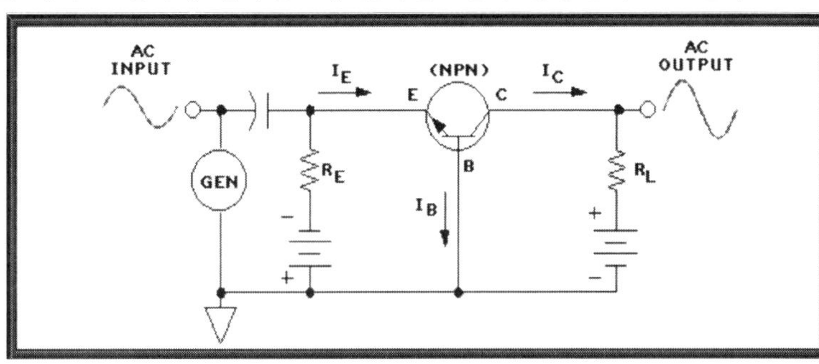

✓ 정상적으로 동작하는 PNP형 또는 NPN형 트랜지스터의 베이스-이미터 접합은 어떻게 바이어스되야 하는가?
a. 순방향 바이어스 b. 역방향 바이어스

트랜지스터가 순방향 바이어스가 걸리게 되면 이미터 전류(I_E)가 급격히 증가한다[베이스-이미터 전압(V_{BE})은 약 0.6 Vdc가 걸린다].

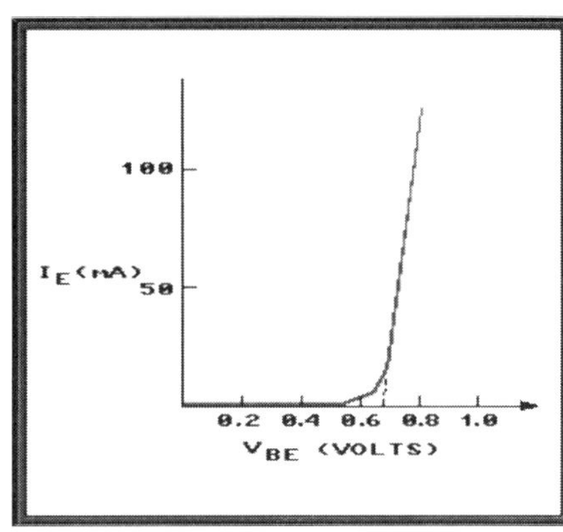

베이스접지(CB) 트랜지스터 회로의 적절한 바이어스는 단일 직류 전압원에 걸려 있는 전압분배 회로와 베이 스단을 연결하여 구성할 수 있다.

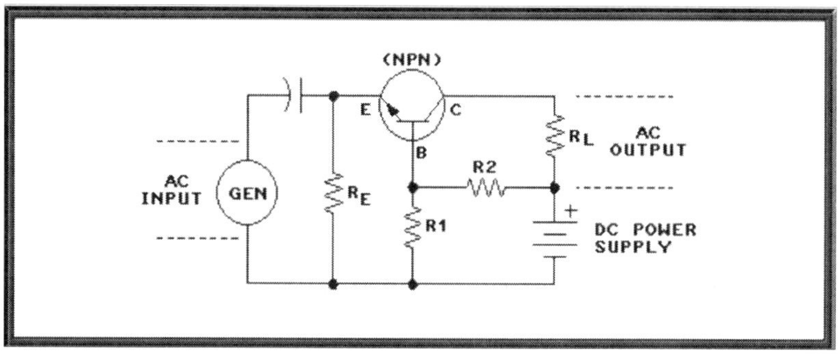

✓ 베이스 접지(CB) 회로를 동작시키기 위해 필요한 전압원은 하나로 가능한가?
a. 예 b. 아니오

필요한 실험도구

- 다음 실험을 하기 위해서 필요한 실험도구:
- F.A.C.E.T. 베이스 유닛
- 파워 서플라이 (15 Vdc 2개)
- 멀티미터
- 오실로스코프 (dual trace)
- 사인파 발생기
- TRANSISTOR AMPLIFIER CIRCUITS 회로보드

실험 1

실험목표

이 실험에서는 일반적인 베이스 접지(CB) 회로를 이용하여 CB 트랜지스터 회로의 직류 동작조건을 알아보자. 또, 이 실험결과를 멀티미터로 검사하자.

기본내용

이 그림은 TRANSISTOR AMPLIFIER CIRCUITS 회로보드에 있는 베이스 접지(CB) 증폭회로의 직류 동작을 알아보기 위한 회로도이다.

이 그림 역시 베이스접지(CB) 증폭회로도이며, 베이스가 입력과 출력신호의 공통단자임을 더 명확히 보여주기 위해 재배치한 회로도이다.

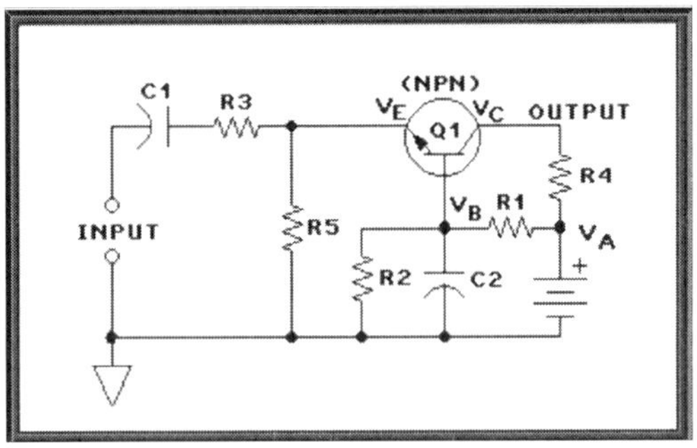

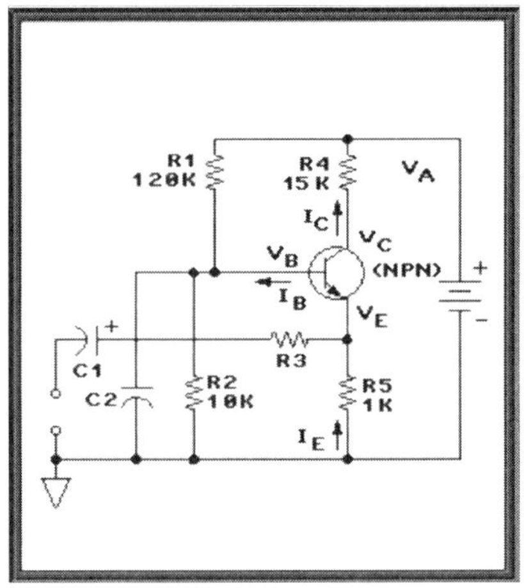

베이스 단자가 입력과 출력신호에 공통인 단자이며, 교류신호에 대해서 커패시터 C2에 의해 접지된다. 직류공급 전압원에 걸려있는 전압분배회 로인 R1과 R2는 베이스-이미터 접합에 순방향 바이어스에 필요한 고정된 베이스 직류전압 을 유지시킨다.

✔ 이 회로는 어떤 접지 방식의 회로인가?
   a. 베이스 접지
   b. 이미터 접지
   c. 콜렉터 접지

베이스 전압(V_B)은 다음과 같이 전압분배 회로식에 의해 구할 수 있다.

$$V_B = V_A x \frac{R2}{R1 + R2}$$

여기서 V_A는 직류 공급전압이고, R1과 R2는 베이스단의 전압분배 회로저항이다.

실리콘 트랜지스터의 베이스와 이미터에 걸린 전압(V_{BE})은 정상적인 경우 약 0.6 Vdc이다.

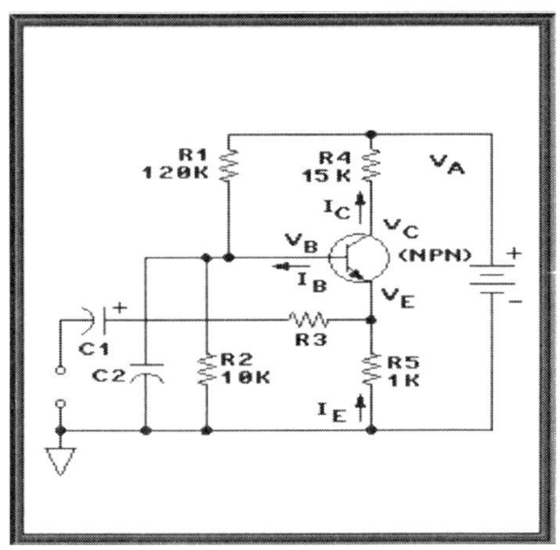

결론적으로, 이미터 전압(V_E)은 베이스 전압보다 0.6 Vdc 작다.

$V_E = V_B - 0.6$

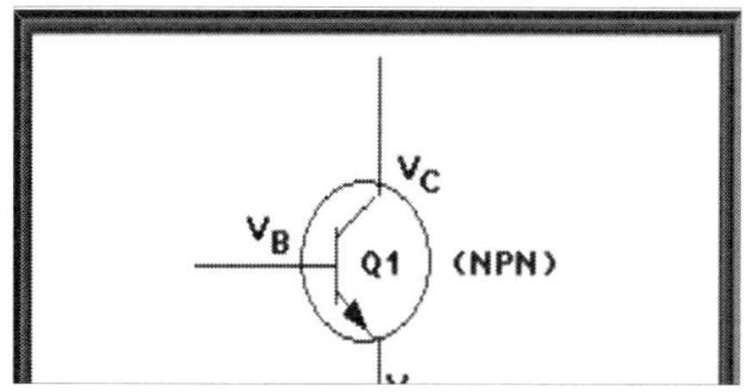

✔ 이미터 전압(V_E)은 어떻게 구하는가?

a. 베이스 전압에서 0.6 Vdc 더한다.
b. 콜렉터 전압에서 0.6 Vdc 뺀다.
c. 베이스 전압에서 0.6 Vdc 뺀다.

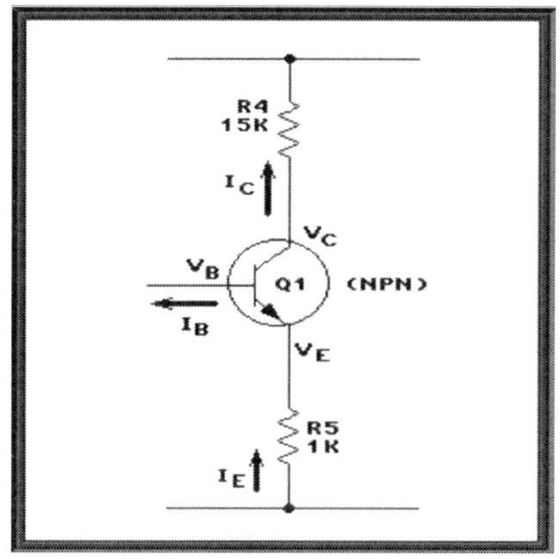

이미터 전류(I_E)는 다음과 같이 이미터 저항 값(R5)과 옴의 법칙을 이용하여 구할 수 있다.

$$I_E = \frac{V_E}{R5}$$

또, 콜렉터 전류(I_C)는 이미터 전류(I_E)와 베이스 전류(I_B)의 차로 구할 수 있다.

$$I_C = I_E - I_B$$

베이스 전류(I_B)가 이미터 전류(I_E)에 비해 아주 작기 때문에, 콜렉터 전류(I_C)는 이미터 전류와 거의 같다.

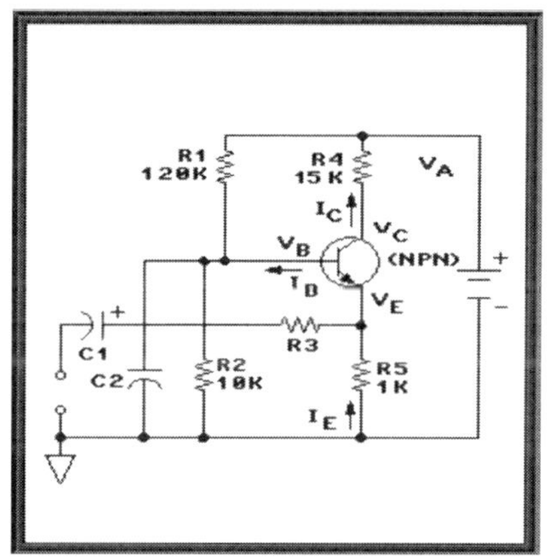

콜렉터 전류(I_C)는 다음과 같이 옴의 법칙으로 구할 수 있다. 여기서 R4는 콜렉터 저항이다.

콜렉터 전류는 이미터 전류(I_E)와 같다.

$$I_C = \frac{V_A - V_C}{R4}$$

✔ 콜렉터 전류는 본질적으로 무엇과 같은가?

a. 베이스 전류
b. 베이스 전류와 이미터 전류의 합
c. 이미터 전류

베이스 접지 회로의 콜렉터전류 특성곡선 위에 직류 부하선을 표시하였다.

트랜지스터의 직류 ***동작점(Q-point)***은 직류 부하선에서, Y축위에 동작하고 있는 콜렉터전류(I_C)와 X축위의 베이스-콜렉터 전압(V_{BC}) 의 교점에 있다.

그리고 X축상에 있는 ***차단점(cutoff point)*** 은 콜렉터전류와 이미터전류가 거의 0인 곳에 있다(베이스-이미터 접합이 순방향 바이어스에서 벗어난 점이다).
콜렉터 전압은 거의 공급전압인 V_A와 같다. 또 Y축상에 있는 ***포화점(saturation point)*** 은 베이스-콜렉터 접합이 역방향 바이어스에서 벗어난 점이다.

이때 콜렉터 전류(I_C)는 최대가 된다. 그리고 트랜지스터의 ***활성영역(active region)*** 은 차단점과 포화점사이에 있는 영역이다.

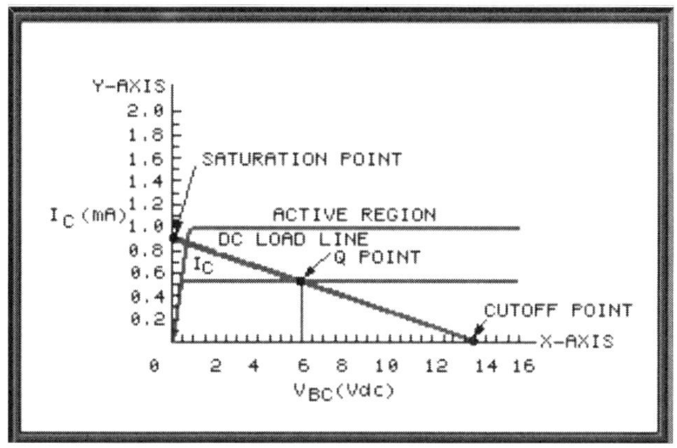

부하선(load line)위에서 베이스-콜렉터 전압(V_{BC})이 0인 점은 어떤 점인가?

a. 차단점 (cutoff point)
b. 동작점 (Q-point)
c. 포화점 (saturation point)

실험과정

1. COMMON BASE/EMITTER 회로 블럭을 찾아서 그림과 같이 베이스 접지 회로를 연결하자.

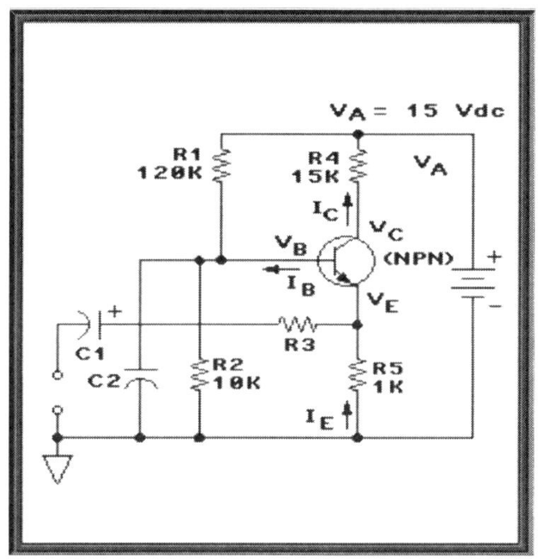

2. 회로에 공급되는 전압 V_A를 측정하자.
   V_A = Vdc

3. Q1의 베이스 전압(V_B)을 계산하자. 여기서 전압분배식과 저항 R1과 R2 값을 이용하자.

$$V_B = V_A \times \frac{R2}{R1 + R2}$$

$$= V\,dc$$

4. Q1의 베이스 전압(V_B)을 측정하자.
   V_B = Vdc

5. 베이스-이미터 전압(V_{BE})을 측정하자.
   V_{BE} = Vdc

6. 앞에서 측정한 값을 볼 때 베이스-이미터 접합이 순방향 바이어스인가?
   a. 그렇다. b. 아니다.

   VB = #V3,,4,2# Vdc
   VBE = #V4,,4,2# Vdc

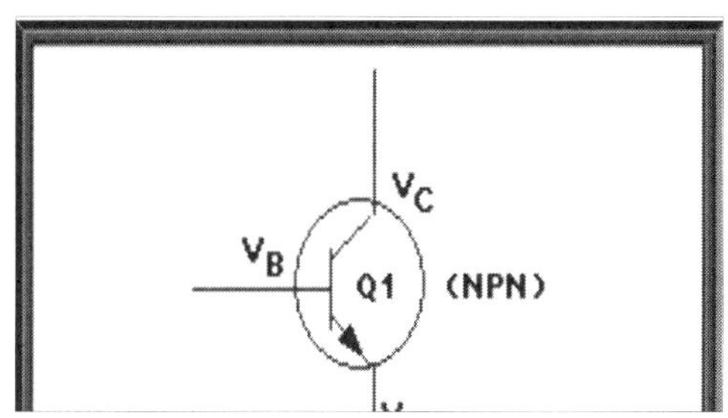

7. 베이스-콜렉터 전압(V_{BC})을 측정하자.
   V_{BC} = Vdc

8. 앞에서 측정한 값을 볼 때 베이스-콜렉터 접합이 역방향 바이어스되어 있는가?
 a. 그렇다. b. 아니다.
 V_{BC} = #V5,,4,2# Vdc

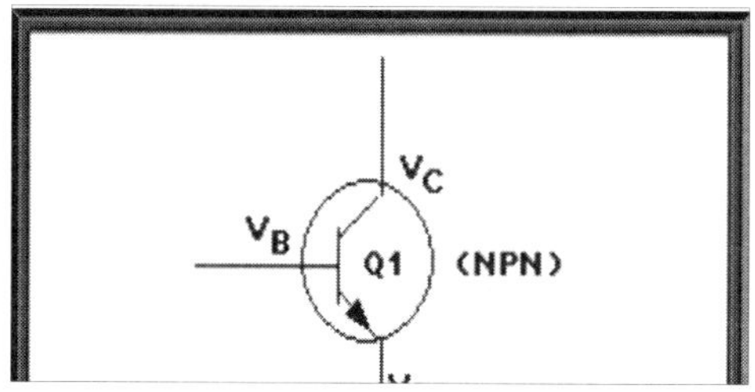

9. NPN형 트랜지스터 Q1은 활성영역에서 동작하고 있는가?
 a. 그렇다. b. 아니다.

10. 이미터 전압(V_E)을 측정하자.
 V_E = Vdc

11. 직류 이미터전류(I_E)를 옴의 법칙을 이용하여 계산하자.

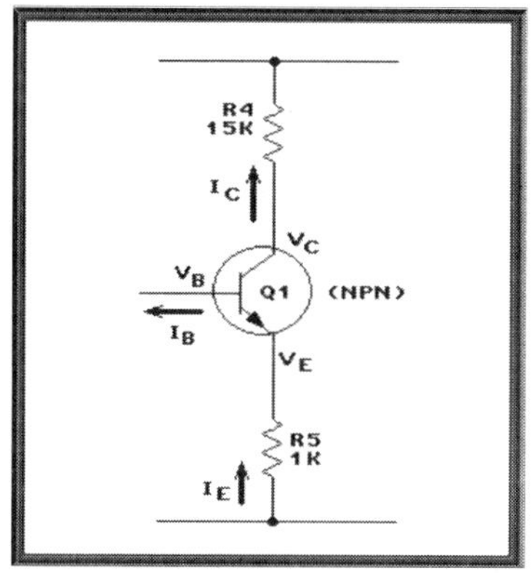

 V_E = #V6,,5,3# Vdc
 R5 = 1.0 kΩ

$$I_E = \frac{V_E}{R5}$$

$$= \text{mA}$$

12. 콜렉터 전압(V_C)을 측정하자.

 V_C = Vdc

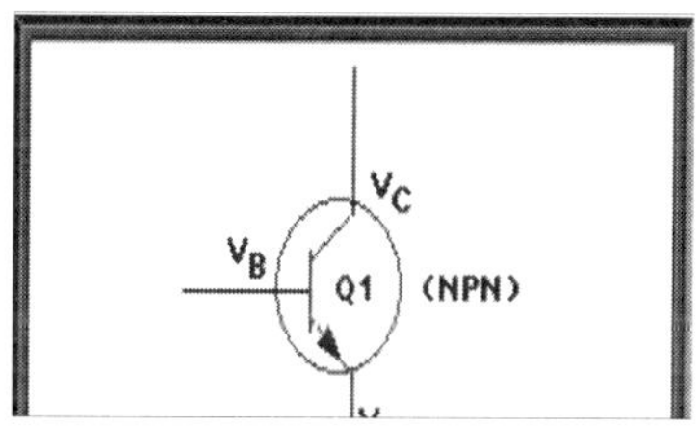

13. 직류 공급전압(V_A)가 콜렉터 전압(V_C)과의 전압차는 저항 R4 양단에 걸린 전압이다.

R4 양단에 걸린 전압을 측정하자.
 VR4 = VA - VC

 = Vdc

 VA = # V1,,5,2 # Vdc
 V_C = # V7,,4,2 # Vdc

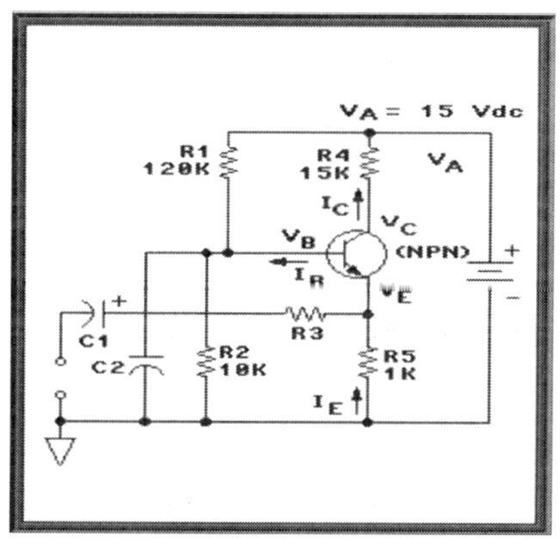

14. 직류 콜렉터 전류(I_C)를 옴의 법칙을 이용하여 계산하자.

$$I_C = \frac{V_{R4}}{R4}$$

$$= \text{mA}$$

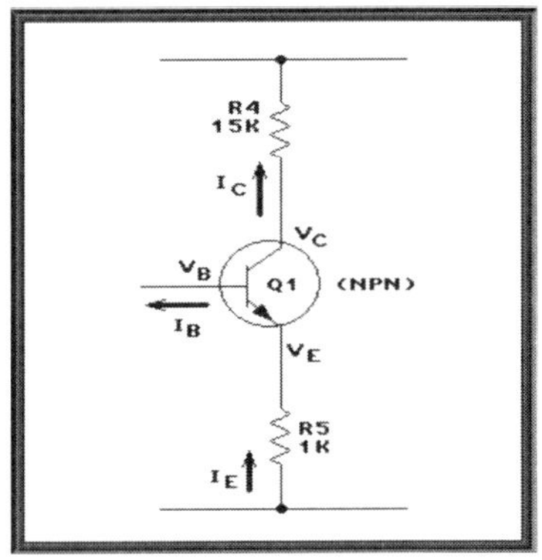

15. 이미터 전류와 콜렉터 전류가 비교적 같은가?

IE = #I1,,5,3# mA
IC = #I2,,5,3# mA

a. 예　　　　　b. 아니오

VC = 　　　　　Vdc
VB = 　　　　　mVdc
VE = 　　　　　mVdc

16. CM 9가 동작되면 Q1 바이어스가 옆 그림과 같이 바뀐다. 콜렉터 전압(V_C)을 측정하여 기록하자.

17. 베이스 전압(V_B)을 측정하여 기록하자.

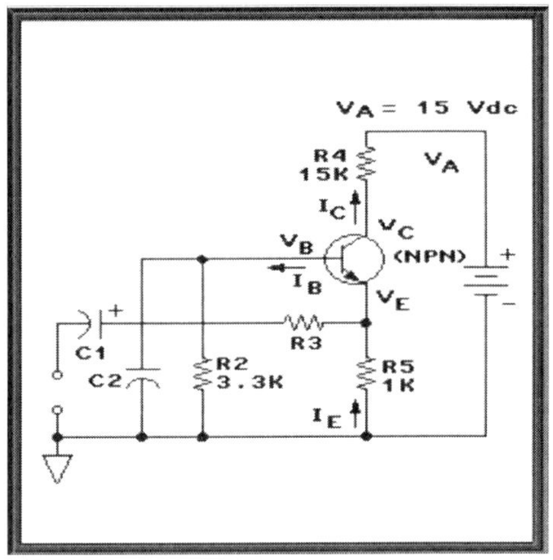

18. 이미터 전압(V_E)을 측정하여 기록하자.

19. 그림과 같이 Q1을 바이어스 했을 때 Q1이 여전히 활성 영역에서 동작하는가?

a. 그렇다.　　　　　b. 아니다.

VC = # V9,,5,2 # Vdc
VB = # V10,,5,2 # mVdc
VE = # V11,,5,2 # mVdc

20. 측정한 결과를 볼 때 트랜지스터가 어떤 영역에서 동작하는가?

a. 포화점　　　　b. 동작점　　　　c. 차단점

21. 트랜지스터가 차단점에서 동작하는 것을 확인하는 방법으로 맞는 것은?

a. VBE가 0.6 Vdc보다 작다.
b. VB값이 변화됐다.
c. VE값이 변화됐다.

결론

p 전압분배 회로는 일정한 직류 베이스전압을 유지해 트랜지스터를 적절하게 바이어스 시킨다.

p 트랜지스터가 활성영역에서 동작할때, 베이스-이미터 접합은 순방향이, 베이스-콜렉터 접합은 역방향 바이어스가 걸린다.

p 이미터 전류와 콜렉터 전류는 거의 같다.

p 직류 부하선(dc load line)으로 콜렉터 전류와 베이스-콜렉터전압과의 관계를 표현한다.

p 직류 부하선위의 동작점(Q-point)은 동작하고 있을 때의 콜렉터 전류(I_C)와 베이스-콜렉터 전압(V_{BC})의 교점이다.

p 직류 부하선과 Y축과의 교점은 포화점(V_{BC}가 0임)이고, 직류 부하선과 X축과의 교점은 단점(전류가 0임) 이다.

실험 2

실험목표

이 실험에서는 일반적인 베이스접지(CB) 회로를 이용하여 CB 증폭기의 교류 동작특성을 알아보자. 그리고 이 실험 결과를 멀티미터와 오실로스코프를 이용하여 확인하자.

기본내용

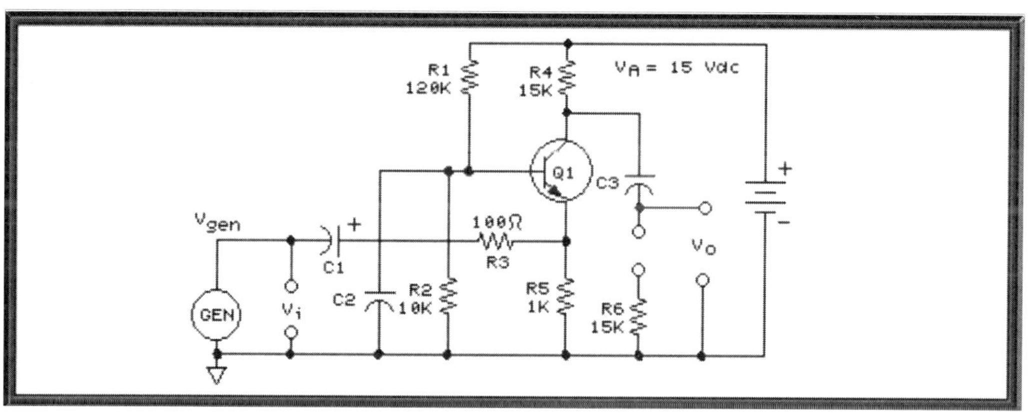

이 그림은 베이스접지(CB) 증폭회로의 교류 동작을 알아보기 위한 회로도다.

사인파발생기는 교류 입력신호(V_i)를 생성한다. 교류 신호에 대해서, 커패시터 C2에 의해 트랜지스터의 베이스단이 접지와 단락된다. 교류 출력신호(V_o)는 Q1 콜렉터의 커패시터 C3와 접지간의 전압으로 측정된다.

✔ Q1 베이스단은 교류 신호에 대해서 무엇에 의해 접지되는가?
a. R1　　b. C2　　c. C3

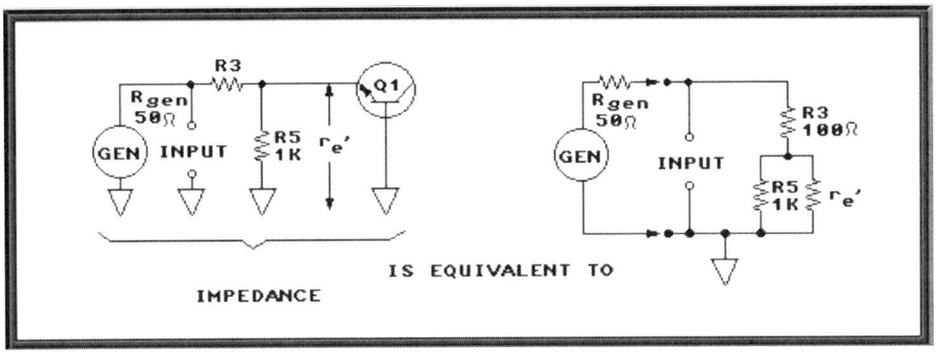

위 그림은 왼쪽 CB 회로와 입력 임피던스가 등가인(같은) 회로이다.
CB회로의 입력 임피던스는 베이스-이미터 접합의 병렬저항성분(r_e'는 약 50Ω이다)에 의해 아주 작다(10Ω 에서 100Ω 정도).
출력임피던스는 콜렉터 저항 R4(15 kΩ)와 같기 때문에 상당히 높다. 교류 신호에 대해 직류 전압원을 통해 R4 한쪽이 접지된다.

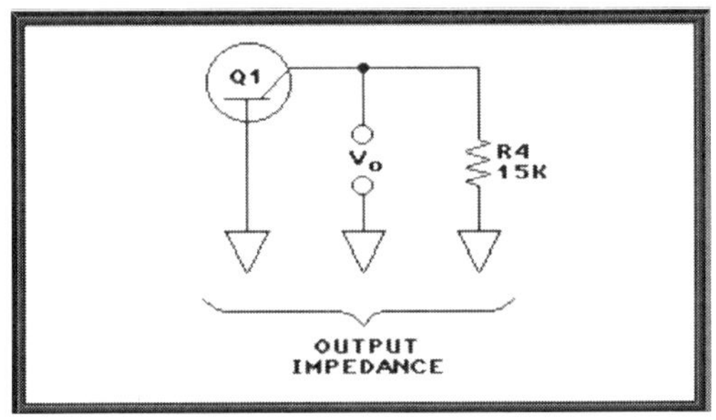

베이스접지(CB)회로에서는 작은 입력임피던스에 의해 입력 신호를 감소시킨다. 그러나, CB회로는 큰 출력-대-입력 임피던스비 때문에 높은 이득이 필요한 응용회로에 바람직하다.

✔ 베이스 접지(CB)의 특징으로 옳은 것은?
  a. 작은 입력임피던스와 작은 출력임피던스
  b. 작은 입력임피던스와 큰 출력임피던스
  c. 큰 입력임피던스와 작은 출력임피던스

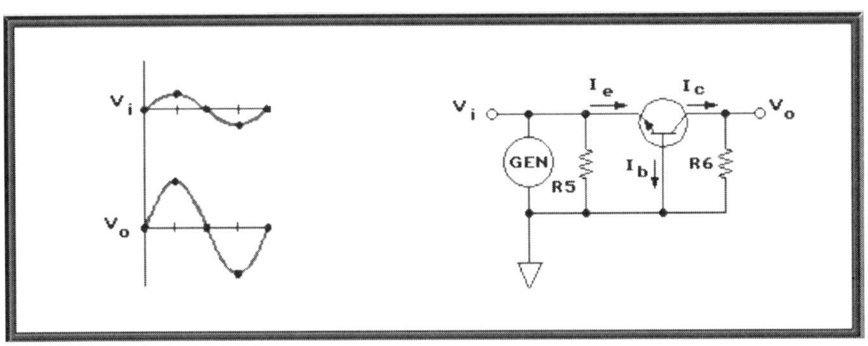

교류 출력 전압은 입력신호와 위상이 같으며, 입력신호에 비해 크기가 비교적 크다.

그 이유는 출력임피던스가 입력임피던스에 비해 약 100배 크고, 콜렉터와 이미터 전류는 서로 위상과 크기가 같으며, 입력 전압과는 180으 위상차가 있기 때문이다.

교류 입력신호(전압)가 증가되면 이미터전류(I_e)는 감소된다. 또 콜렉터 전류(I_c)도 감소한다.

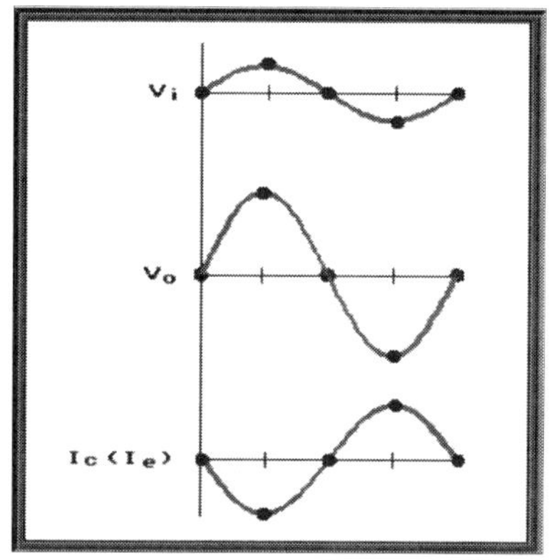

✔ 콜렉터와 이미터 전류는 ______.

a. 크기가 같다
b. 위상이 같다
c. 입력신호 전압과 180으위상차가 있다
d. 위 모두 답이다

CB 트랜지스터 회로의 전압 이득(Av)은 교류 출력전압(V_o)과 입력전압 (V_i)의 비로 결정된다.

$$A_V = \frac{V_o}{V_i}$$

전압 이득은 부하와 입력임피던스의 비와도 같다.

✔ CB 트랜지스터의 전압이득(Av)은 _______ 의 비와 같다.

a. 교류 출력전압(Vo)과 입력전압(Vi)
b. 부하와 입력임피던스
c. 위 예문 모두 답이다.

실험과정

1. COMMON BASE/EMITTER 회로 블럭을 찾아 그림과 같이 회로를 연결하자.

2. 공급 전압(V_A)을 접지기준으로 측정하자.

   VA = Vdc

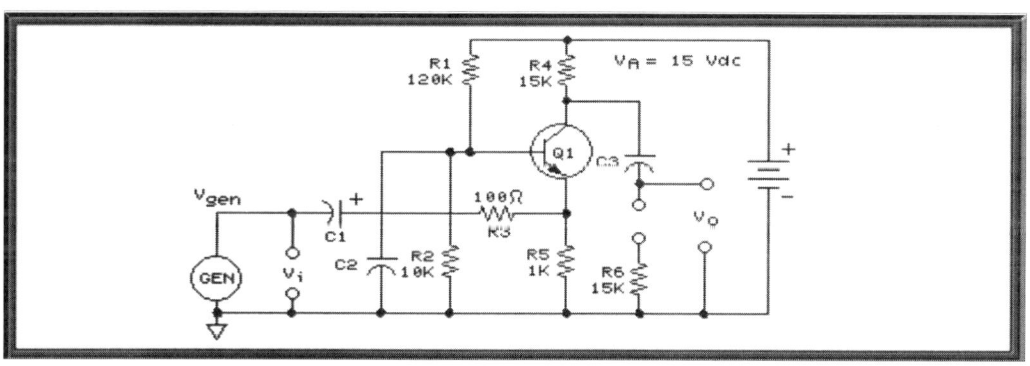

3. 콜렉터 전압(V_C)을 측정하자.

   VC = Vdc
   VB = Vdc
   VE = Vdc

4. 베이스 전압(V_B)을 측정하자.

   VC = Vdc
   VB = Vdc
   VE = Vdc

5. 이미터 전압(V_E)을 측정하자.

   VC = Vdc
   VB = Vdc
   VE = Vdc

   V_C = #V22,,4,2# Vdc
   VB = #V23,,4,2# Vdc
   VE = #V24,,4,2# Vdc

6. 측정한 값을 볼 때, NPN형 트랜지스터 Q1이 교류 동작하도록 적절하게 바이어스 되어 있는가?
   a. 그렇다.　　b. 아니다.

7. 입력신호(V_i)를 오실로스코프 채널 1로 관찰하면서 사인파발생기 출력을 50 mV_{pk-pk}, 1 kHz로 조정한다 (Vi = Vgen).

8. 오실로스코프의 채널 2 프로브를 Q1의 교류 출력신호(V_o)를 측정할 수 있도록 연결하자.

9. 교류 출력신호(V_o)의 첨두-첨두(peak-to-peak)값을 측정하자.

   Vo = Vpk-pk

10. 교류 입력신호(채널 1)와 출력신호(채널 2)간에 사인파 신호의 왜곡 또는 클리핑된 부분이 있는가?
    a. 있다.　　b. 없다.

11. 교류 입력신호와 출력신호간의 위상관계는 어떠한가?
    a. 위상이 같다.　　b. 180° 위상차가 있다.

12. 전압이득($Av = V_o / V_i$)을 계산하자.

    Vi = 50 mVpk-pk
    Vo = # V25,,4,2 # Vpk-pk

    Av =

13. 저항 R6을 콜렉터단에 있는 C3에 연결하자. R6은 15 kΩ 이며 2핀 커넥터를 이용하면 된다.

14. 콜렉터단자에서 출력 임피던스는 이제 이전의 출력피던스와 저항 R6(15kΩ) 와의 병렬 저항값이다. 출력신호(V_o)의 첨두-첨두값을 다시 측정하자.

    Vo = Vpk-pk

15. 출력전압의 감소를 볼 때, 원래의 출력임피던스는 얼마인가?
참고: 출력전압이 반으로 줄었을 때, 원래 출력 임피던스는 R6의 저항값과 같다. 저항 R6은 출력에 병렬로 연결되어 있다.
a. 7.5 kΩ b. 15.0 kΩ c. 30.0 kΩ

16. 사인파발생기의 교류 신호를 50 mV_{pk-pk}인지 관찰하여 필요하다면 재조정하자.
C1과 R3사이에 있는 2핀 커넥터를 제거하여 CB 트랜지스터 회로의 입력과 발생기 신호를 분리시키자.

V_{gen}은 어떻게 변화되는가?
a. 증가한다. b. 감소한다. c. 그대로 유지한다.

17. 사인파발생기가 CB 입력과 분리되었을때 V_{gen}이 변화된 것은 회로 부하때문인가?
a. 그렇다. b. 아니다.

18. 사인파 발생기가 CB 회로에 연결되었을때 입력신호의 부하가 작게 걸리게 된 것은 무엇 때문인가?
a. CB 입력임피던스가 작기 때문
b. CB 입력임피던스가 크기 때문

결론

p 베이스가 입력과 출력 신호에 공통단자이다.

p 트랜지스터가 적절히 바이이어스되었을때, 최대 교류출력 신호는 왜곡되지 않고, 교류 입력신호와 위상이 같다.

p 전압이득이 높다.

p 입력임피던스는 작아서 입력신호를 작게 만든다.

p 트랜지스터 출력임피던스는 크고, 콜렉터 저항(R4)의 저항성분과 같다.

p CB 트랜지스터는 차단점 또는 포화점에 있을때 입력신호를 증폭하지 않는다.

unit 9

이미터 접지 회로

단원목표

이 단원에서는, 계산하거나 측정한 회로조건에 대해, 이미터 접지 트랜지스터(Common Emitter Transister) 증폭기 회로가 어떻게 동작하는지에 대해 배운다.

단원기본지식

이미터 접지(CE)트랜지스터 회로에서는 트랜지스터의 이미터 단자가 입력신호와 출력신호의 접지단자에 공통으로 연결되어 있다.

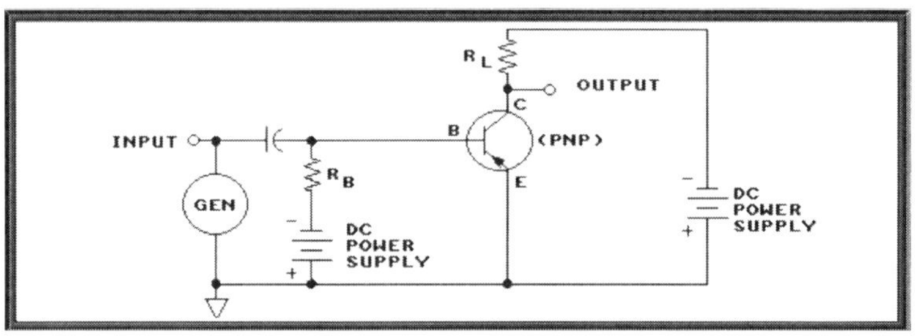

CE회로에서 교류 출력값은 교류 입력값에 비해 위상이 180° 늦다.

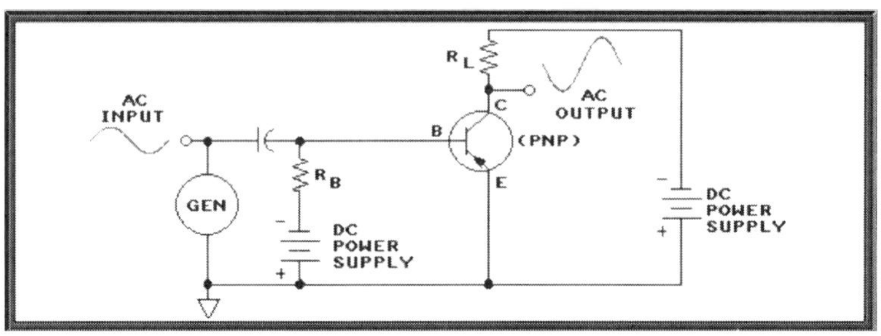

베이스-이미터 전압(V_{BE})이 0.6 Vdc인 지점을 지나면, 베이스 전류 (I_B)가 급격히 증가한다.

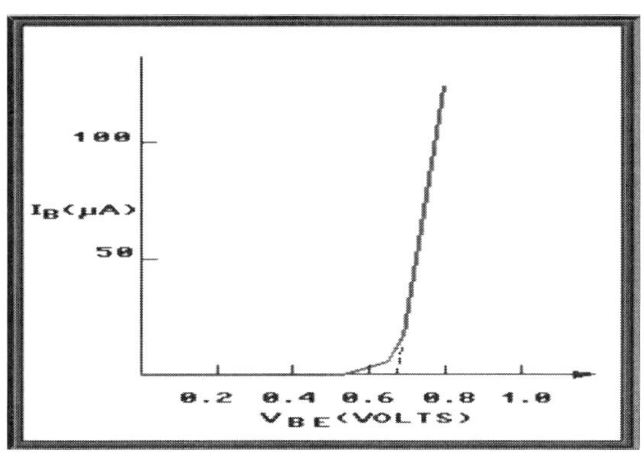

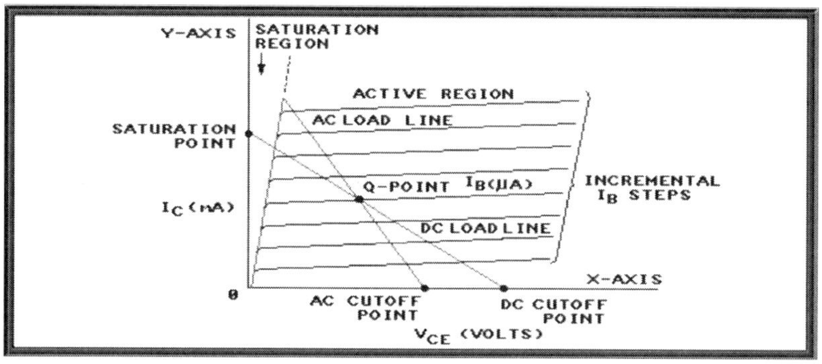

트랜지스터 회로의 ac, dc 부하선(load line)은 콜렉터- 전류 특성곡선의 동작점(Q-point)을 지난다.

CE 트랜지스터에서 베이스 단자에 정전압을 공급할때, 이를 위해 전압원을 다시 추가하지 않고 쓰기 위하여, 전압 분배회로 (voltage div-ider circuit) 를 이용해 하나의 dc전원에서 뽑아 쓴다.

CE 회로는 전류, 전압, 전력이득이 모두 크다. 또한 입력임피던스와 출력임피던스가 크다.

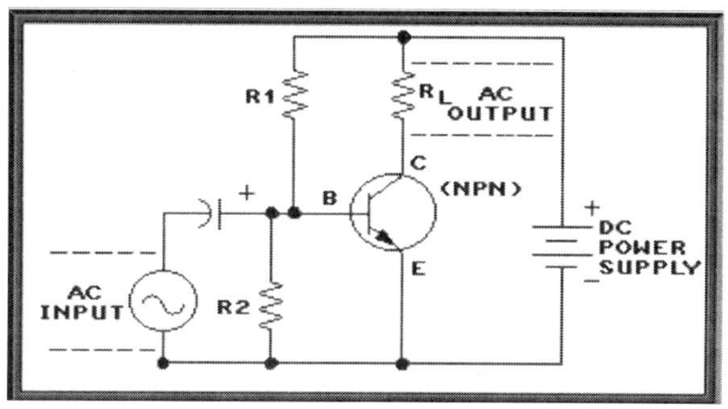

✓ 이미터 접지(CE) 트랜지스터에 대한 설명으로 옳은 것은?
   a. 높은 전류, 전압, 전력이득 값을 가지고 있다.
   b. 높은 입출력 임피던스를 가지고 있다.
   c. 위 모두 옳다.
   d. 답이 없다.

필요한 실험도구

계속되는 실험을 하려면, 다음과 같은 실험장비가 필요하다.

- F.A.C.E.T. 베이스 유닛
- 파워 서플라이, 15 Vdc (2 개 필요)
- 멀티미터
- 오실로스코프, (dual trace 지원)
- 사인파 발생기
- TRANSISTOR AMPLIFIER CIRCUITS
- 회로보드

실험 1

실험목표

이번 실험에서는, 전형적인 CE 회로를 이용하여 이미터 접지(CE) 트랜지스터 회로에서 직류(dc) 동작 조건을 결정하는 방법에 대해 배우고, 멀티미터와 계산기를 이용하여 결과를 확인한다.

기본내용

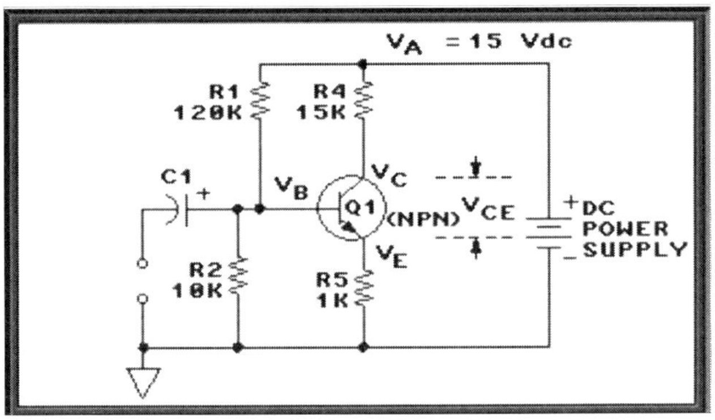

오른쪽 그림은 이미터 접지 증폭기 회로 의 직류(dc)동작을 나타낸 회로도이다.

이미터 단자가 이미터 저항(R5)을 통해 입출력 신호의 접지와 연결되어 있다.

베이스 전압(V_B)은 전압분배방정식 (voltage divider equation)에 의해 계산할 수 있다.

$V_B = V_A \times R2/(R1 + R2)$

✔ 베이스 전압을 결정하려면...
   a. 전압분배(voltage divider)형식을 사용한다.
   b. 이미터 전압에서 0.6V를 뺀다.
   c. 콜렉터 전압에 0.6 Vdc를 더한다.

트랜지스터가 일반적으로 동작할 때, 이미터 전압(V_E)은 약 0.6 Vdc 이다.

$V_E = V_B - 0.6$

옴의 법칙을 이용하여 이미터 전류(I_E)를 구할 수 있다.

$$I_E = \frac{V_E}{R5}$$

이미터 전류식에서 V_E 는 어디에 걸리는 전압과 같은가?
   a. R1 (VR1).   b. R2 (VR2).   c. R5 (VR5).

IC = IE - IB

콜렉터 전류(I_C)는 이미터 전류(I_E)와 베이스 전류(I_B) 의 차이다.
베이스 전류(I_B)는 이미터 전류(I_E)에 비해 매우 작은 값이므로, 콜렉터 전류(I_C)는 이미터 전류(I_E)와 거의 같다.

직류(dc) 콜렉터 전류(I_C)와 베이스 전류(I_B)의 비를 전류이득(current gain) 이라고 한다. 이 전류 이득을 나타내는 기호로 *베타(beta)*(β_{DC}) 또는 h_{FE}를 사용한다.

$$\beta_{DC} = h_{EE} = \frac{I_C}{I_B}$$

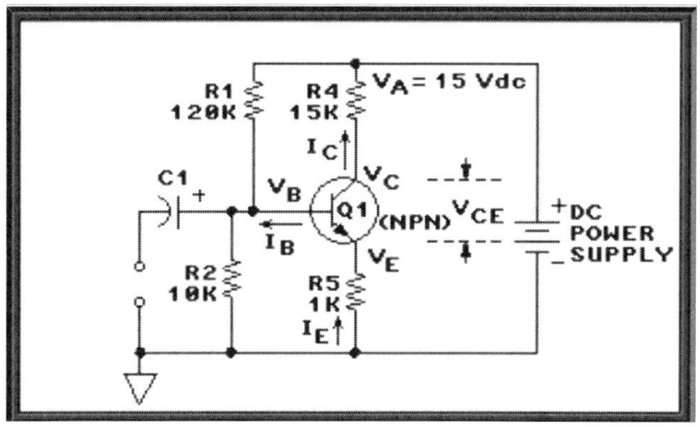

β_{DC} 는 일반적으로 10 ~ 500 사이의 값이다. 트랜지스터 회로는 일반적으로 콜렉터 전류(V_C)가 파워 서플라이의 전압(V_A)과 이미터 전압(V_E)의 중간값이 되도록 설계한다.

콜렉터 전류(I_C)는 옴의 법칙으로 계산해 낼 수 있으며, 이미터 전류(I_E)와 거의 같다.

$$I_C = \frac{V_A - V_C}{R4} = I_E$$

아래 그림은 CE회로의 콜렉터 전류특성곡선 위에 직류 부하선(dc load line)을 표시한 것이다.
부하선(load line)은 I_C값이 V_A /(R4 + R5)인 지점에서 Y-축과, V_{CE}가 V_A인 지점에서 X-축과 만난다. 포화점(saturation point)은 베이스-콜렉터 접점이 역바이어스(reverse bias)에서 빠져나오는 지점이다.
포화점(saturation point)에서, 표시된 부하선(load line)을 살펴보면 콜렉터-이미터 전압(V_{CE})은 0이며, 콜렉터 전류는 최대이다.[$I_{C(sat)}$ = V_A /(R4 + R5)]

실제로, V_{CE} 값은 포화점(saturation point)에서 트랜지스터의 종류에 따라 보통 0.1 Vdc ~ 2 Vdc 사이의 값을 가진다.

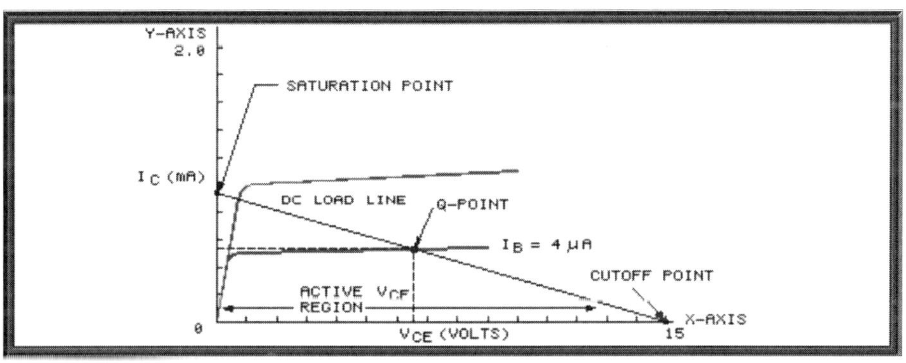

✔ 포화점(saturation point)에서, 실제 콜렉터-이미터 전압(V_{CE})에 대한 설명으로 옳은 것은?

a. VA와 같다.
b. 보통0.1 Vdc ~ 2.0 Vdc사이의 값이다.
c. 보통 VA의 반이다.

차단점(cutoff point)은 콜렉터 전류(IC)가 거의 0에 가까운 지점에 있다. 따라서 베이스-이미터 접합이 순바이어스가 된다. 포화점(saturation point)과 차단점(cutoff point)사이의 영역이 트랜지스터 회로의 활성영역(active region)이다.

트랜지스터에서의 직류 바이어스 조건(전류와 전압에 대해) 에 따라 동작점(Q-point)이 결정된다. 동작점(Q-point)은 직류부하선(dc load line)이 베이스 전류(I_B), 콜렉터 전류(I_C), 콜렉터-이미터 전압(V_{CE}) 곡선과 만나는 지점에 있다.

✔ 직류 부하선(dc load line)의 어느 지점에서 I_B, I_C, V_{CE} 곡선이 만나는가?
   a. 포화점(saturation point)
   b. 차단점(cutoff point)
   c. 동작점(Q(quiescent)-point)

이상적인 경우, 제대로 설계된 트랜지스터 회로의 동작점 (Q-point)은 직류 부 하선(dc load line)의 가운데 지점 가까이 위치해야 한다.

실험과정

1. COMMON BASE/EMITTER 회로 블럭을 찾아, 그림의 이미터 접지(CE) 회로와 같이 연결 하라.

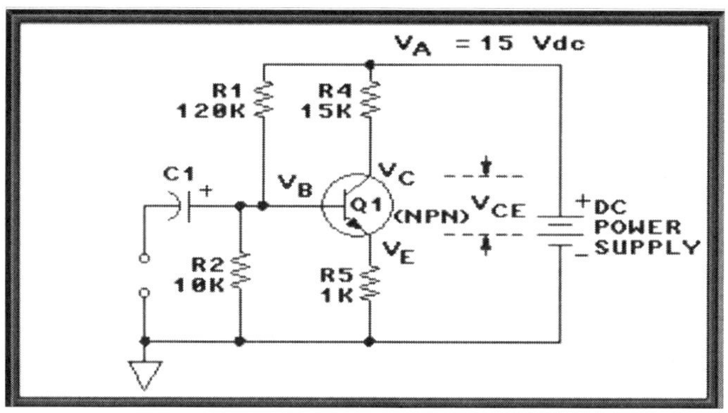

2. 접지에 대해 공급 전압(V_A)의 값을 측정하라.

   V_A = Vdc

3. Q1의 베이스 전압(V_B)을 계산 하라.

$$V_B = V_A \times \frac{R2}{R1 + R2}$$

   = Vdc

   V_C = Vdc

   V_B = Vdc

4. 접지(ground)에 대한 콜렉터 전압(V_C)를 측정하라.

5. 접지(ground)에 대한 베이스 전압(V_B)값을 측정하라.
   VB (계산값) = #v2,,4,2# Vdc
   VB (측정값) = #v4,,4,2# Vdc

6. 베이스 전압(VB)의 계산값과 측정값이 동일한가?

a. 동일하다. b. 동일하지 않다.

VC = #v3,,4,2# Vdc
VB = #v4,,4,2# Vdc
VE = Vdc

7. 접지(ground)에 대해 이미터 전압(V_E)을 측정하라.

8. 측정한 값으로 볼 때 베이스-이미터 접합(junction)이 순방향 바이어스인가?

a. 그렇다. b. 아니다.

9. 측정한 값으로 볼 때, 베이스-콜렉터 접합(junction)은 역바이어스인가?

a. 그렇다. b. 아니다.

VC = #v3,,4,2# Vdc
VB = #v4,,4,2# Vdc
VE = #v5,,4,2# Vdc

10. NPN 트랜지스터 Q1이 제대로 바이어스 되었다고 결론내릴 수 있는가?

a. 있다. b. 없다.

11. 트랜지스터가 활성영역(active region)에서 동작하는가?
a. 그렇다. b. 아니다.

VC = #v3,,4,2# Vdc
VB = #v4,,4,2# Vdc
VE = #v5,,4,2# Vdc

12. 직류(dc) 이미터 전류를 계산하라.
IE = VE /R5
= mA

주의: 답을 밀리암페어 단위로 쓰라.

13. 직류(dc) 콜렉터 전류를 구하라.

IC = (VA - VC)/R4
= mA

IE = #i1,,5,3# mA
IC = #i2,,5,3# mA

14. 이미터와 콜렉터의 직류(DC)전류는 근본적으로 같은가?
a. 같다. b. 다르다.

15. 동작점(Q-point)은 트랜지스터의 직류(dc) 바이어스 조건에 의해 결정된다.
VC = #v3,,4,2# Vdc
VB = #v4,,4,2# Vdc
VE = #v5,,4,2# Vdc

앞에서 측정한 전압을 이용하여, V_{CE}값을 구하면? ※ $V_{CE} = V_C - V_E$
V_{CE} = Vdc

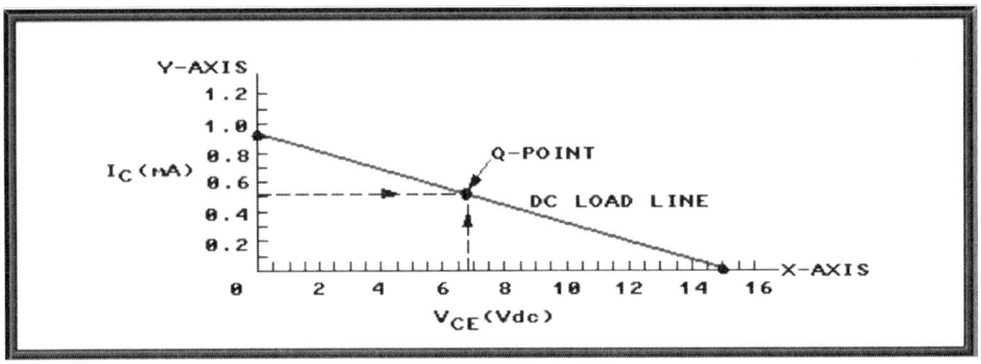

16. 동작점(Q-point)은 Y축의 I_C, X축의 V_{CE} 와 만나는 지점이다.
IC = #i2,,5,3# mA
VCE = #v6,,4,2# Vdc

17. $V_{CE(cutoff)}$값은 얼마인가?
VCE(cutoff) = Vdc

18. $I_{C(sat)}$값은?
IC(sat) = mA

19. 트랜지스터가 제대로 바이어스 되어 있는가?
a. 그렇다. b. 아니다.

20. CM 7 이 동작되었다. 이제 R1이 20 kΩ 에서 10 kΩ 으로 바뀌었다.

21. 콜렉터 전압(V_C)을 측정하라.
VC = Vdc

22. 베이스 전압(V_B) 을 측정하라.
VB = Vdc

23. 이미터 전압(V_E) 를 측정하라.
VE = Vdc
VC = #v7,,4,2# Vdc
VB = #v8,,4,2# Vdc
VE = #v9,,4,2# Vdc

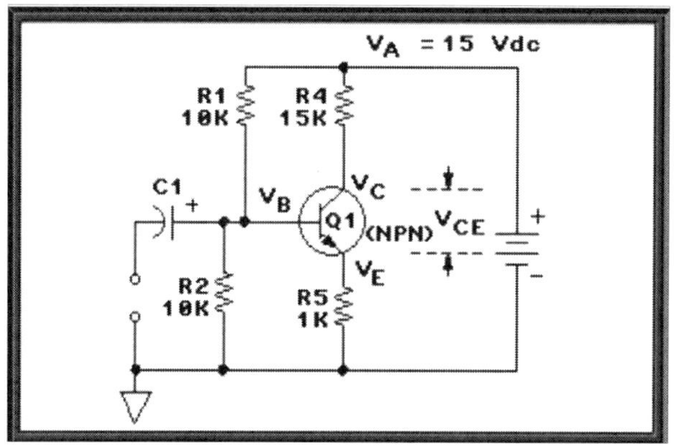

24. 새 콜렉터 전류(I_C) 값은 얼마인가?
IC = (VA - VC)/R4
= mA

25. 새 이미터 전류(I_E) 값은?
IE = VE /R5
= mA

26. I_C 를 증가시키는 것은 다음 어느 것이 증가하기 때문인가?
a. VC. b. VB. c. VE.

V_C = #v7,,4,2# Vdc, V_B = #v8,,4,2# Vdc V_E = #v9,,4,2# Vdc
I_C = #i4,,5,3# mA I_E = #i5,,4,2# mA

현재 값	일반적인 값
R1 = 10 kΩ	R1 = 120 kΩ
I_C = #i4,,5,3# mA	I_C = #i2,,5,3# mA
IE = #i5,,5,3# mA	IE = #i1,,5,3# mA

27. I_C 와 I_E가 감소하는가?
a. 그렇다. b. 아니다.

V_C = # v7,,4,2 # Vdc , V_B = # v8,,4,2 # Vdc , V_E = # v9,,4,2 # Vdc ,
I_C = # i4,,5,3 # mA

28. R1을10 kΩ 으로 바꾸면 Q1 트랜지스터가 포화점(saturation poi-nt)에서 동작하는가?
a. 그렇다. b. 아니다.

결론

p 전압분배 회로(voltage divider circuit)는 트랜지스터를 제대로 바이어스 시키기 위해 정전압을 베이스에 공급한다.

p 이미터 전류는 베이스 전류와 콜렉터 전류의 합이다.

p 베이스 전류는 아주 작은 값이므로, 이미터 전류와 콜렉터 전류값은 거의 같다.

p 활성영역(active region)에서 제대로 트랜지스터를 동작시키기 위해서는, 베이스-이미터 접합은 순방향으로, 베이스-콜렉터 접합은 역방향으로 바이어스 되어야 한다.

p 직류 부하선(dc load line)은 콜렉터 전류와 콜렉터-이미터 전압 차이 간의 관계를 나타낸다.

p 직류 부하선(dc load line)위의 동작점(Q-point)은 콜렉터 전류 (I_C)와 콜렉터-이미터 전압 (V_{CE})이 만나는 지점에 위치한다.

p 직류 부하선(dc load line)과 Y축이 만나는 지점이 포화점 (saturation point) 직류 부하선과 X축이 만나는 지점이 차단점(cutoff point - 전류가 흐르지 않는다.)이다.

실험 2

이번 실험에서는, 일반적인 이미터 접지(common emitter CE) 회로를 사용하여 이미터 접지 증폭기의 교류동작특성(ac operating characteristic)에 대해 배우고, 오실로스코프와 멀티미터를 이용하여 결과를 확인해 본다.

기본내용

이것은 CE 증폭기 회로의 교류 동작 회로도이다. 트랜지스터와 접지 사이에 연결된 사인파 발생기에서 교류(ac) 입력신호가 발생된다. 교류(ac)출력신호(V_o)는 콜렉터와 접지(ground) 사이의 값이다.

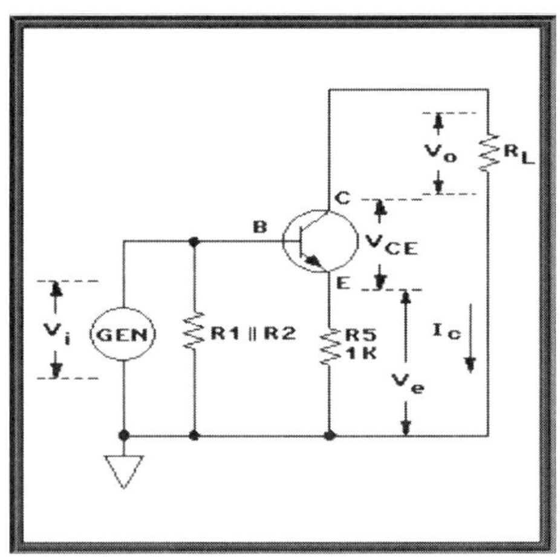

교류신호(ac signal)는 직류 전원에 의해 콜렉터 저항 (R4)를 접지시키므로, 교류에 대한 부하는 R4와 R6의 병렬저항이다.

✔ 이 CE 회로의 교류(ac) 부하는?
a. R6의 저항값
b. R4 와 R6 의 교류 저항값
c. C3 커패시터의 커패시턴스

이것은 교류 입출력 신호가 나타난 CE 회로이다. 부하저항(R_L)은 R4 와 R6의 병렬저항이다.

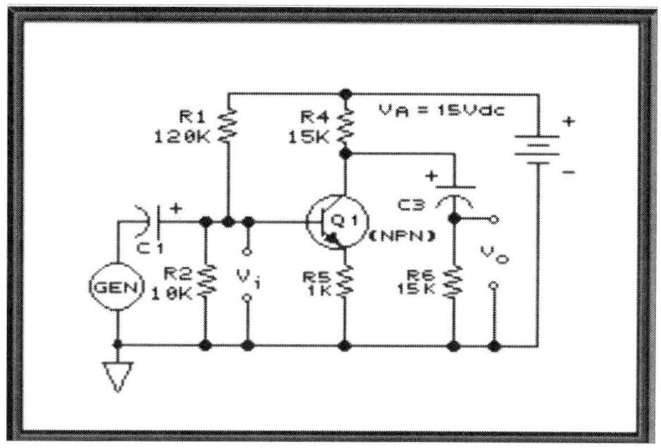

✔ CE 회로의 교류부하 (ac load)는 다음 어느 것과 같은가?
   a. 이미터 저항 R5
   b. 베이스 저항 R2
   c. R4와 R6의 병렬저항

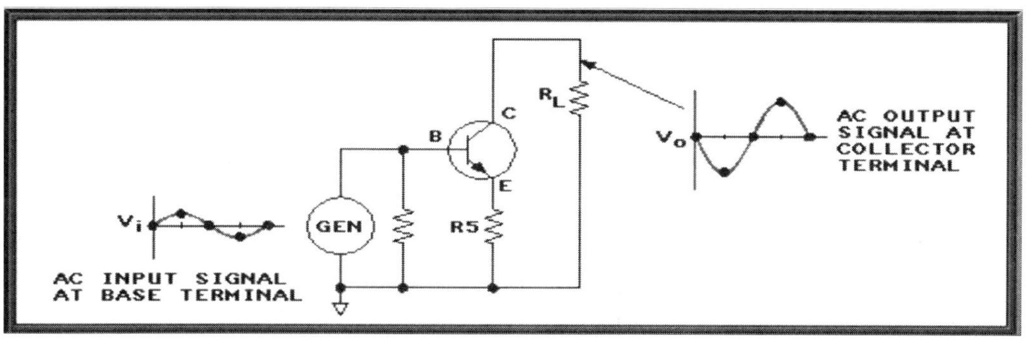

교류 출력 첨두-첨두 전압(peak to peak voltage)은 입력신호 보다 크고, 위상이 180° 늦다. 베이스 전압이 증가함에 따라, 베이스 전류가 증가하며, 이에 따라 콜렉터와 이미터의 전류도 증가한다. 교류(ac) 이미터 전압의 파형은 베이스의 입력 전압 파형과 같은 위상을 가진다.

✔ CE 회로의 교류(ac) 출력전압은...
   a. 베이스 전압에 대해 위상차가 180° 차이난다.
   b. 이미터 전압과 위상이 같다.
   c. 베이스 전압과 위상이 같다.
   d. 콜렉터 전압에 대해 위상차가 180° 차이난다.

RL = R4 와 R6 의 병렬저항

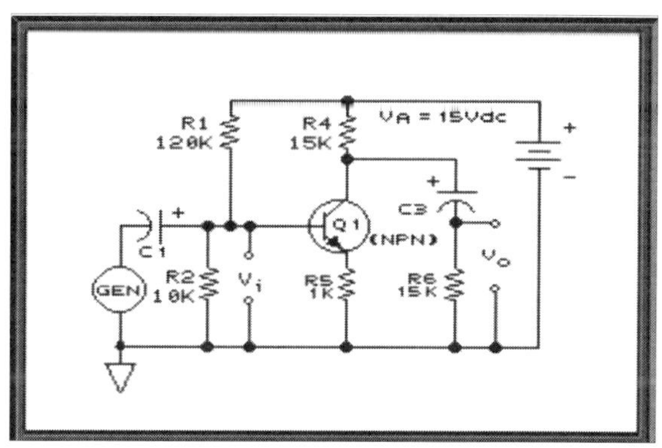

출력 전압이 큰 이유는, 콜렉터 부하저항 (R_L)이 이미터 저항 R5보다 7.5배 크기 때문이다. (7.5 kΩ 대 1 kΩ)
(콜렉터 전류와 이미터 전류는 동상이다.)

CE 트랜지스터의 전압이득(Av)은 교류 출력전압(V_o)과 교류 입력전압(V_i)의 비로 결정된다.

$$Av = -V_o / V_i$$

참고: (-)부호는 출력과 입력의 위상이 180°ㅇ 차이난다는 뜻이다.

이미터 저항이 커패시터에 의해 바이패스되지 않으면, 전압이득 역시 콜렉터 부하(R_L)와 이미터 저항(R5)의 비로 구할 수 있다.

$$Av = -RL / R5$$

✔ CE 회로에서, 전압이득 (Av)은 다음 어느 것과 같은가?

a. -Vo
b. -RL /R5.
c. (-R4 | | R6) / R5.
d. 위 모두 옳다.

교류, 직류 부하선은 CE 회로의 콜렉터 전류 특성곡선 위에 그려진다.

교류, 직류 부하선은 동일한 동작점을 가진다.

✔ 직류, 교류부하선 (dc, ac load line) 은 어디에 그려지는가?

a. 콜렉터 전류 특성 곡선
b. 베이스 전류 특성 곡선
c. 이미터 전류 특성 곡선

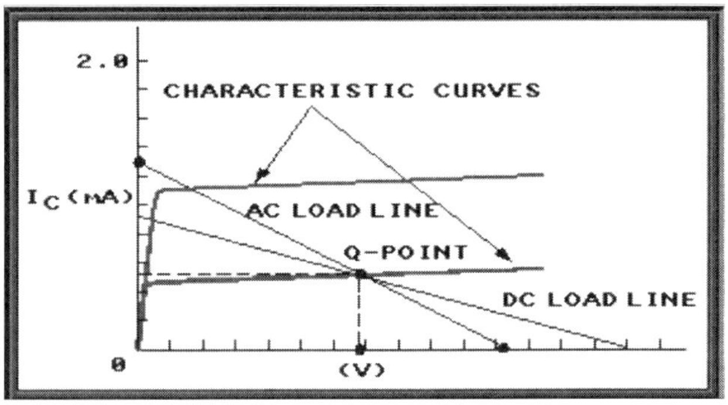

다음 콜렉터 포화전류($I_{c(sat)}$)에 대한 식은, 동작점 조건(Q-point condition (I_C 와V_{CE}))들의 합으로 구할 수 있다. 또한 교류전압 (ac voltage)콜렉터와 이미터 회로에 걸린다.

$$L_{c(sat)} = I_C + \frac{V_{CE}}{R_L + R5}$$

v동작점(Q-point)을 $I_{c(sat)}$ 점과 연결하고, X축으로 선을 그으면, 교류 차단 전압(ac cutoff voltage ($V_{ce(cutoff)}$))를 구할 수 있다.

이 점들을 이은 선이 교류 부하선(ac load line)이다.

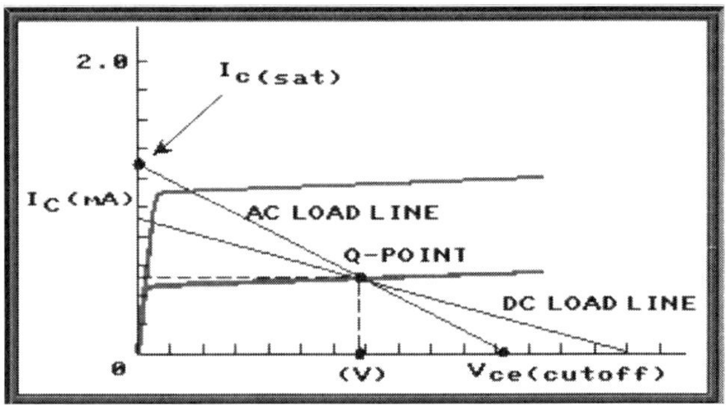

교류 입력신호(ac input signal)가 차단점의 한계보다 더 높은 첨두 출력전압(peak output voltage)을 회로에 발생 시키면 출력신호의 윗부분이 옆 그림과 같이 잘려진다.
이렇게 윗부분이 잘리는 현상 (clipping)은 콜렉터-이미터 전압차(V_{ce})의 첨두치가 $V_{ce(cutoff)}$ 지점을 넘어가기 때문이다.

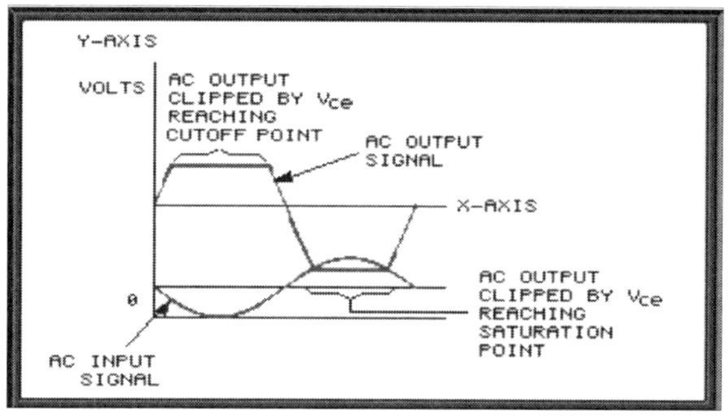

출력신호의 아래로 볼록한 부분 역시 포화점(saturation point ($V_{ce(sat)}$))에 이르면 잘릴 수 있다.

최적의 동작점(Q-point)은 교류 부하선의 가운데이다. 출력 신호의 최대치는 동작점 (Q-point)이 AC 부하선의 가운데에 있을 때이다.

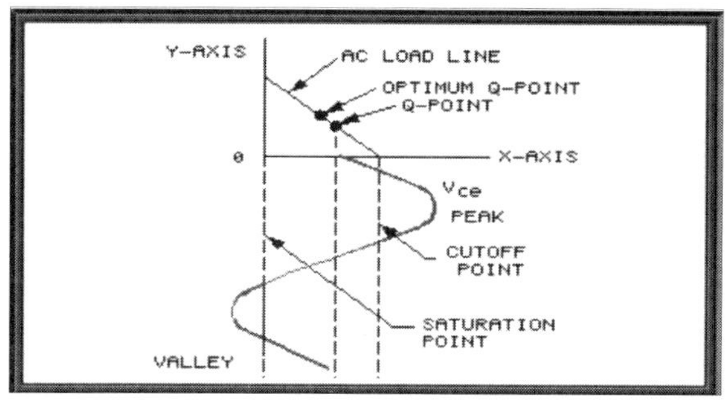

✔ 교류 부하선(ac load line)에서 최적의 동작점 (Q-point)은...
   a. 포화점(saturation poi-nt)과 차단점은 동작점(Q-poi-nt)에서 같은 거리에 위치한다.
   b. 차단점(cutoff point)가까이 있다.
   c. 포화점(saturation point)가까이 있다.

실험과정

1. COMMON BASE/EMIT-TER 회로 블럭을 찾아, 그림과 같이 연결하라.

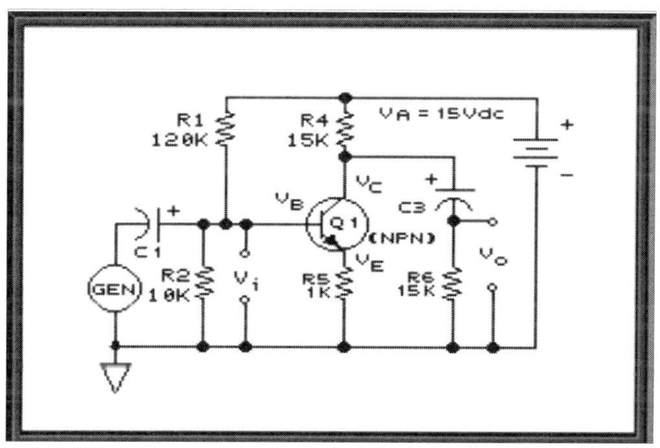

2. 접지(ground)에 대해 공급전압(V_A)을 측정하라.
   V_A = Vdc

3. 접지(ground)에 대해 V_C 를 측정하라.
   Vdc$_C$ = Vdc

4. 접지(ground)에 대해 V_B 를 측정하라.
   V_B = V

5. 접지(ground)에 대해 V_E를 측정하라.
   V_E = Vdc
   V_C = #v22,,4,2# Vdc
   V_B = #v23,,4,2# Vdc
   V_E = #v24,,4,2# Vdc

6. NPN 트랜지스터Q1이 교류(ac)동작을 위해 제대로 바이어스 되어 있는가?

   a. 그렇다. b. 아니다.

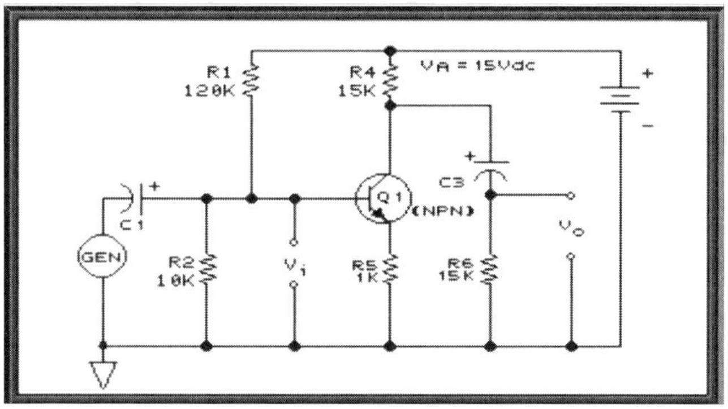

7. 오실로스코프의 채널1을 관찰 할 때, Q1 트랜지스터의 베이스 단자에 교류 입력신호(ac input signal)(Vi)로 들어갈 사인파 발생기를 1 kHz, 300 mVpk-pk로 조절하라.

8. 오실로스코프 채널2의 프로브를 Q1의 교류 출력에 연결하라. 교류 출력신호(Vo)의 첨두-첨두 전압을 측정하라.

   Vo = Vpk-pk

9. 사인파 출력신호에서 찌그러짐이나 파형이 잘려져 나간 부분을 찾을 수 있는가?

   a. 그렇다. b. 아니다.

10. 출력신호와 입력신호는...
   a. 같은 위상이다.
   b. 위상이 180° 다르다.

11. 앞에서 사인파 발생기를 1 kHz, 300 $mV_{pk\text{-}pk}$ 로 맞추어 교류(ac) 입력신호(V_i)로 사용하였다.

   측정한 교류(ac) 출력신호(V_o)는 #v25,,4,2# $V_{pk\text{-}pk}$이다.
   측정한 값으로 전압이득(voltage gain)을 계산하라($Av = -V_o / V_i$)

   참고: 전압이득을 계산할 때, rms(root mean square)값을 사용하지 말고 첨두-첨두값(peak to peak value)을 사용하라.

   $Av_{(meas)}$ =

12. 부하저항을 이미터 저항으로 나누어 대략적인 전압이득을 계산하라.

   $Av_{(calc)} = -R_L / R5$

   =

13. R_L 과 R5를 이용하여 계산한 Av (이득) 값과, 측정한 값, V_i, V_o로 계산한 이득 값이 비슷하게 나오는가?

참고: (-)부호는 위상이 반전되었음을 나타낸다.
   a. 그렇다. b. 아니다.

14. 오실로스코프의 채널2 프로브를 이미터 단자에 연결하라.
    Ve를 측정하라.
    Ve = mVpk-pk

15. 베이스 단자의 교류 입력신호(Vi)에 대해 이미터 단자의 교류신호(Ve)는...
    a. 위상이 180으 틀리다.
    b. 서로 위상이 같다.

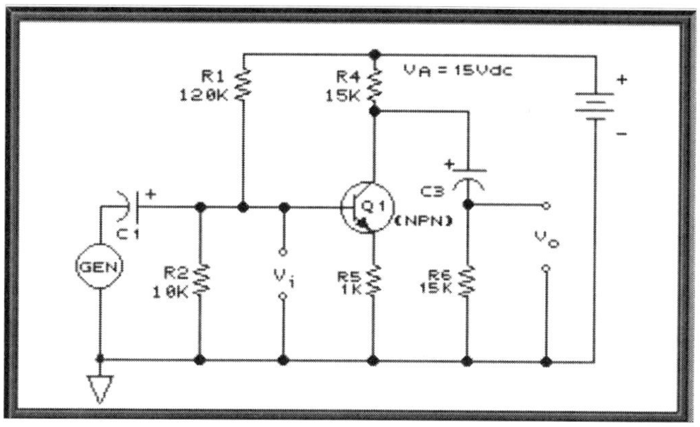

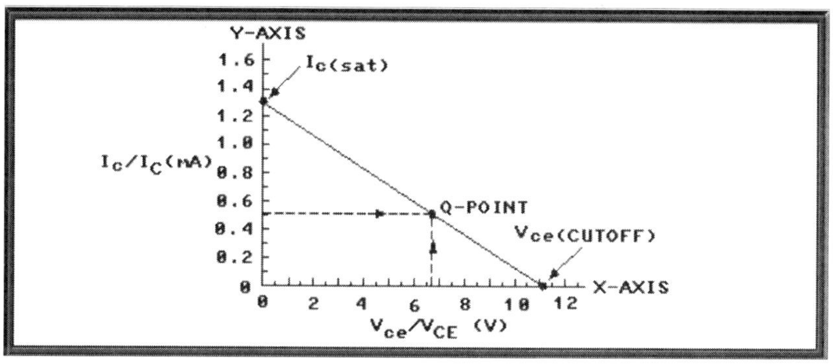

16. 부하선(load line)의 동작점(Q-point)는 I_C 와 V_{CE}값이 만나는 지점이다.
    I_C를 계산하라.

IC = mA
VC = #v22,,4,2# Vdc
VE = #v24,,4,2# Vdc

17. V_{CE}를 계산하라.
    $V_{CE} = V_C - V_E$

    = Vdc

18. 교류 콜렉터 포화전류($I_{c(sat)}$)를 계산하라.

I_C = #i21,,3,1# mA
V_{CE} = #v26,,4,2# Vdc
R_L = 7.5 kΩ
(R6 | | R4)
R5 = 1.0 kΩ

$$I_{C(sat)} = I_C + \frac{V_{CE}}{R1 + R5}$$

$I_{c(sat)}$ = mA

19. $V_{ce(cutoff)}$값은 얼마인가?
    $V_{ce(cutoff)}$ = Vdc

20. 채널1 프로브를 입력단인 베이스단자(V_i)에 연결하라. 그리고 채널2 프로브를 출력단(V_o)에 연결하라.

21. 교류 입력신호를 출력신호의 첨두값(peak)이 그림과 같이 잘릴 때 까지 증가시키자.

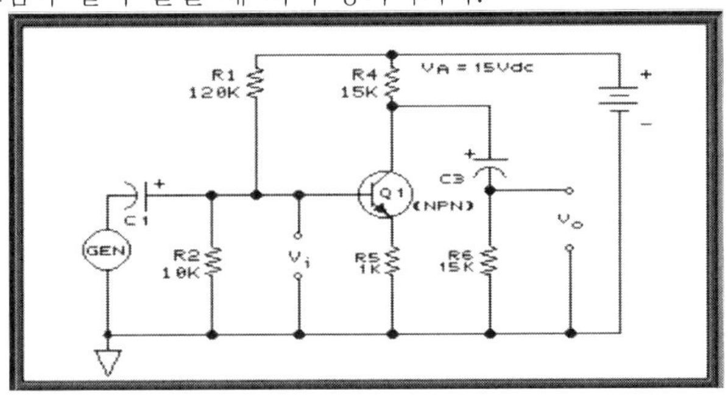

교류 부하선의 어느 부분에 도달하는가?
   a. 동작점(Q-point)
   b. 포화점(saturation point)
   c. 차단점(cutoff point)

22. 교류 입력신호를 출력신호의 골(valley)이 잘릴 때 까지 서서히 증가시키자.

교류 부하선의 어느 부분에 도달하는가?
   a. 동작점(Q-point)
   b. 포화점(saturation point)
   c. 차단점(cutoff point)

결론

- 이미터단자는 교류(ac)에서 입력신호와 출력단자에 공통으로 접지되어 있다.
- 트랜지스터가 올바르게 바이어스 되어 있을때, 출력파형은 변형되지 않으며, 입력파형에 대해 180° 위상이 틀리다.

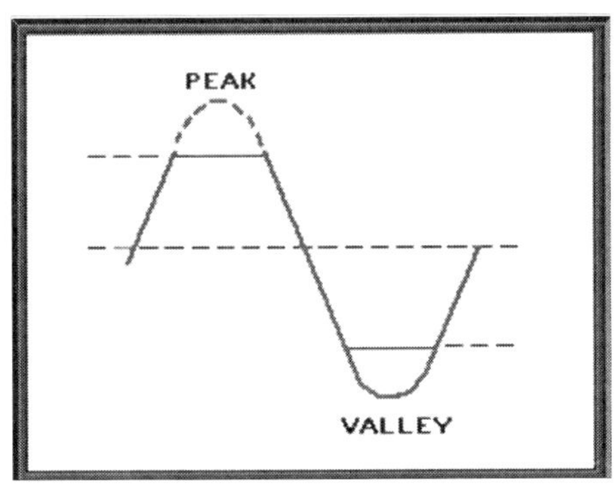

- 측정에 의한 전압이득은 ac 부하저항과 이미터저항의 비와 거의 같은 값이다.
- 교류 부하선(ac load line)은 동작점(Q-point)에서 직류 부하선 (dc load line)과 만난다.
- 콜렉터-이미터 전압이 차단점을 넘어갈때 까지 입력이 증가되면 출력파형은 잘리게 된다.
- 포화점에 도달했을때도 잘림현상(clipping)이 일어난다.
- 최적의 동작점(Q-point)은 교류 부하선의 가운데이다.

unit 10

콜렉터 접지 회로

단원목표

계산 또는 측정된 회로의 조건을 이용한 콜렉터 트랜지스터 증폭기(collector transistor amplifier) 회로의 동작을 구현하자.

단원기본지식

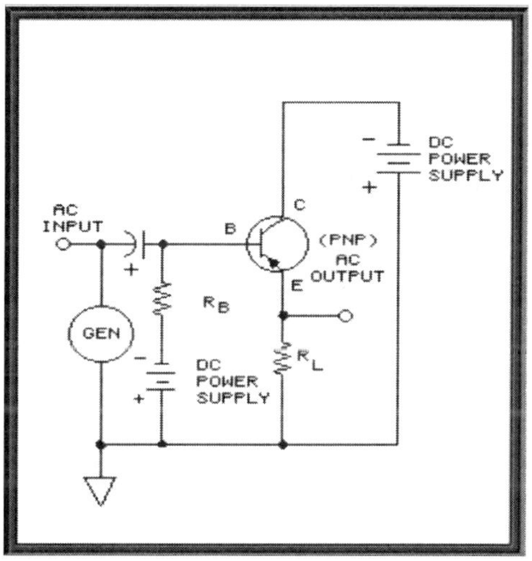

콜렉터 단자(collector terminal)는 콜렉터 접지 (common collector 이하 CC) 증폭 회로의 입력 신호(교류)와 출력 신호(교류) 계산 시 공통으로 쓰이는 단자이다.

CC 회로에서 출력 신호(교류)는 옆의 그림과 같이 입력 신호(교류)와 '위상이 같다'(이하 동상:in phase).

✓ CC 회로의 출력 신호 (교류)에 대한 설명으로 옳은 것은?
  a. 입력 신호와 180ø 의 위상차를 가진다.
  b. 입력 신호와 동상 이다.
  c. 콜렉터(collector)에서 나온다.

CC 트랜지스터 회로의 기본 구조와 콜렉터 전류 특성은 CE (common emitter:이미터 접지) 회로와 비슷한 성격을 가진다. CC 트랜지스터 전압 분배 회로(voltage divider) 회로는 베이스 (base) 단자에 직류 전원이 공급되는 구조로 되어 있다.

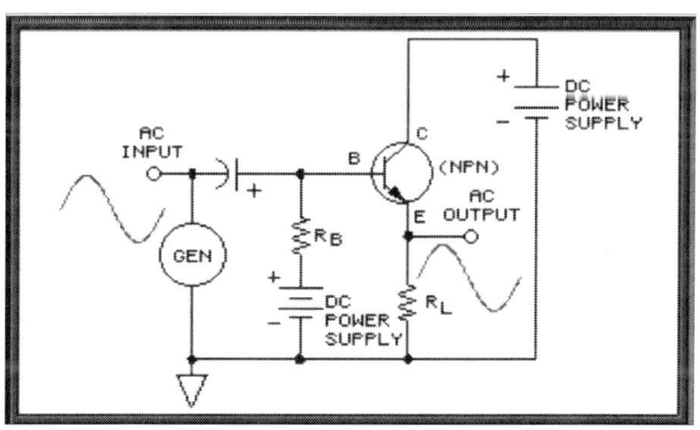

CC 회로의 최대 전압 이득은 1.0 이며, 전류 이득은 10~ 500 이다.

CC 트랜지스터 회로는 입력 임피던스가 높고, 출력 임피던스가 낮기 때문에 고-출력 소스(source) 회로와 저-출력 임피던스 부하 회로가 필요한 곳에 쓰인다.

✓ 다음 중, CC 트랜지스터 회로에 대한 설명으로 옳은 것은?
a. 높은 입력 임피던스와 낮은 출력 임피던스를 가진다.
b. 낮은 입력 임피던스와 높은 출력 임피던스를 가진다.
c. 높은 입력 임피던스와 높은 출력 임피던스를 가진다.

필요한 실험 도구

이 실험에서 필요한 실험 도구:
- F.A.C.E.T. 베이스 유닛
- 직류 5 V 파워 서플라이 (2 대)
- 멀티미터
- 오실로스코프 (dual trace)
- 파형 발생기(Generator) (사인파)
- TRANSISTOR AMPLIFIER CIRCUITS 회로 보드

실험 1

실험목표

CC 회로를 이용한 콜렉터 접지(common collector) 증폭 회로 의 동작 조건에 대한 실험과 멀티미터와 여러 가지 계산을 통해 결과를 고찰하자.

기본내용

옆 그림은 콜렉터 접지(CC) 증폭 회로의 직류-동작에 대한 회로도이다.

여기서 콜렉터(collector) 단자는 입력 신호와 출력 신호에 공통되는 단자이며 직류 전원에 연결되어 있다. 콜렉터(collector) 저항이 없기 때문에, 콜렉터 전압(V_C) 은 직류 공급 전압(V_A)과 같다.

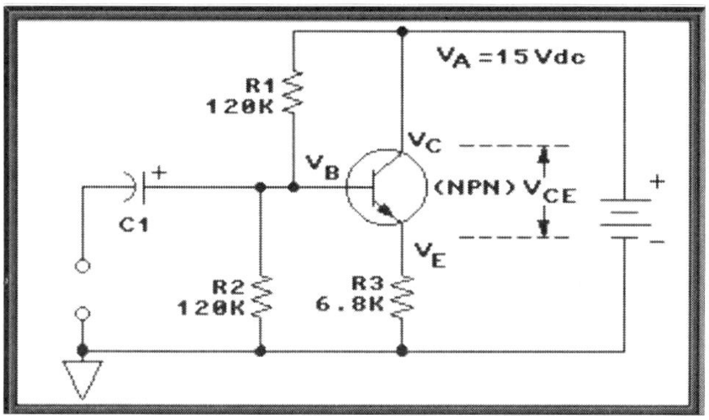

✔ 다음 중 콜렉터 접지 회로의 콜렉터 전압 (V_C)과 같은 것은?
  a. 직류 공급 전압(VA).
  b. 베이스 전압(VB).
  c. 접지.

베이스 전압(V_B)은 전압 분배에 대한 방정식을 세워서 구할 수 있다.

$$V_B = V_A \times \frac{R2}{R1+R2}$$

R1 + R2

트랜지스터가 정상적으로 동작할 경우, 이미터(emitter) 전압 (V_E)은 베이스 전압보다 약 0.6 Vdc 정도 낮게 나온다.

V_E = V_B - 0.6

이미터 전류(I_E)는 이미터 전압과 이미터 저항을 옴의 법칙에 대입하여 계산할 수 있다.

V_E

$$I_E = \frac{V_E}{R3}$$

콜렉터 전류는 이미터 전류와 베이스 전류와의 차와 같다.

I_C = I_E - I_B

보통 베이스 전류는 매우 작아 무시할 수 있으므로, 콜렉터 전류와 이미터 전류를 같은 값으로 취급한다.

✔ 콜렉터 전류와 이미터 전류를 같다고 볼 수 있는 이유는?
  a. 콜렉터 전류가 베이스 전류보다 작기 때문에.
  b. 이미터 전류가 베이스 전류보다 작기 때문에.
  c. 베이스 전류가 매우 작기 때문에.

직류 로드 라인(dc load line) 포화점(saturation point), 동작점 (Q-point), 그리고 차단점(cut off point)을 지난다.

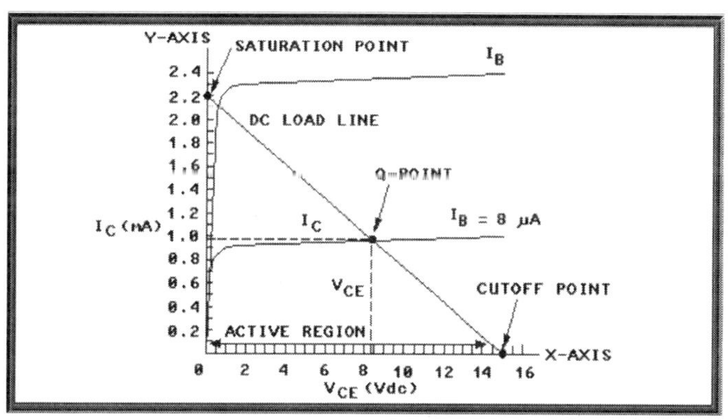

$V_{CE(cutoff)}$는 V_A와 같고, I_C가 0 mA인 지점을 차단점(cutoff point)이라 한다.

$I_{C(sat)}$는 $V_A/R3$ 와 같고,V_{CE} 가 0.0 V인 지점을 포화점 (saturation point)이라 한다.

✔ 포화점(cutoff point)의 조건으로 알맞은 것은?
  a. VCE(cutoff) = VA.
  b. IC = O mA.
  c. 둘 다 해당된다.

실험과정

1. COMMON COLLECTOR 회로를 찾아 옆의 회로도와 같이 연결하라.

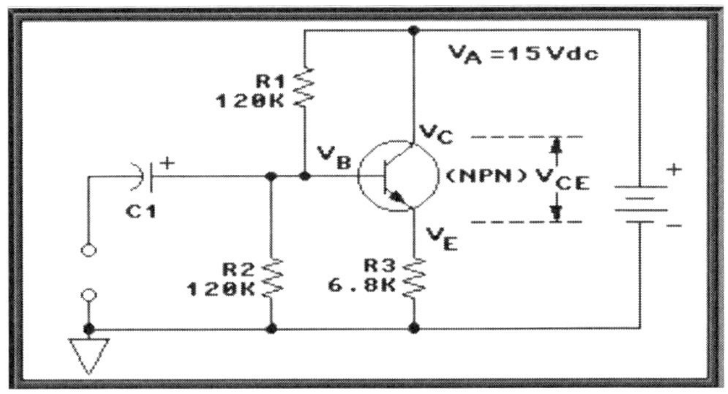

2. 접지를 기준으로, 공급 전압 (VA)을 측정하라.

   VA =   Vdc

   $V_B = V_A x \frac{R2}{R1+R2}$

3. 전압 분배식을 이용하여R1과 R2가 만나는 접점에서의 Q1의 베이스 전압(VB)을 측정하라.

   V_B =   Vdc

4. 베이스 전압(V_B)을 측정하라.
   (단, 접지 기준)

   VC =   Vdc

   VB =   Vdc

   VE =   Vdc

   VB(calc) = # v2,,4,2 # Vdc
   VB(meas) = # v3,,4,2 # Vdc

5. 베이스 전압에 대한 측정값과 계산값은 서로 일치하는가?
   a. 그렇다.   b. 아니다.

   VC =   Vdc
   VB = # V3,,4,2 # Vdc
   VE =   Vdc

6. 콜렉터(collector) 전압 (V_C)을 측정하라.

7. 이미터(emitter) 전압 (V_E)을 측정하라.

   VC = # v1,,5,2 # Vdc
   VB = # v3,,4,2 # Vdc
   VE = # v4,,4,2 # Vdc

8. 측정 결과를 볼 때, 베이스-이미터 접합 순방향 바이어스 상태인가?
   a. 그렇다. b. 아니다.

   VB = # v3,,4,2 # Vdc
   VE = # v4,,4,2 # Vdc

9. 측정 결과를 볼 때, 베이스-콜렉터 접합은 역방향 바이어스 상태인가?
   a. 그렇다. b. 아니다.

10. NPN 트랜지스터Q1 바이어스가 올바른 상태인가?
   a. 아니다. b. 그렇다.

11. 트랜지스터는 동작 범위 내에서 동작하는가?
   a. 그렇다. b. 아니다.

12. 옴의 법칙을 이용하여 이미터 전류 (I_E)를 계산하라.
   IE = VE /R3
   = mA

13. 다음 중 실제적으로 콜렉터 전류(I_C)와 같다고 볼 수 있는 것은?
   a. 이미터 전류(emitter current).
   b. 베이스 전류(base current).

   VC = #v1,,5,2# Vdc
   VB = #v3,,4,2# Vdc
   VE = #v4,,4,2# Vdc

14. 동작점(Q-point)은 트랜지스터의 바이어스 조건 (직류)으로부터 구해 낼 수 있다.

   측정 전압을 이용하여 V_{CE} 를 계산하라.

   VCE = Vdc

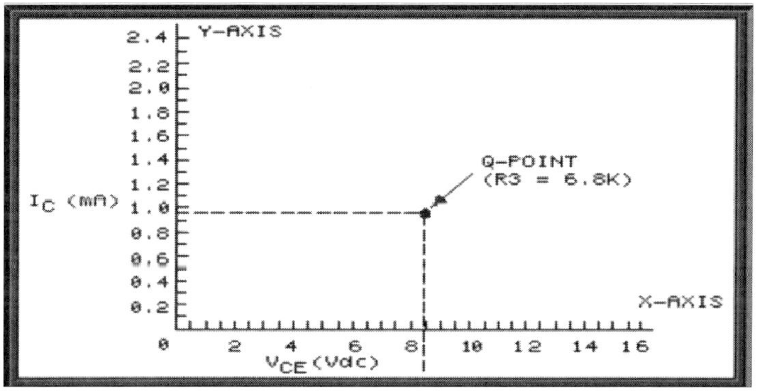

15. 동작점(Q-point)은 Y-측 의 I_C 와 X-측의 V_{CE} 가 만나는 점이다.

   VCE = #v5,,4,2# Vdc
   IC = #i1,,4,2# Vdc

16. 차단점(cutoff point) 은 $V_{CE(cutoff)}$이 V_A(직류 공급 전압)와 같고, 'I_C = 0.0 mA' 인 지점이다.

   CC 회로에서, $V_{CE(cutoff)}$ 의 값은 얼마인가?
   VCE(cutoff) = Vdc

17. 직류 로드 라인 (load line)을 관찰 했을 때, $I_{C(sat)}$의 값은 얼마인가?

$I_{C(sat)}$ = mA

결 론

- 전압분배 회로(voltage divider circuit)는 트랜지스터에 적당한 바이어스가 걸릴 수 있도록 베이스에 일정 전압을 공급하는 역할을 한다.
- 콜렉터(collector) 쪽에는 저항이 없기 때문에, 콜렉터 전압 (V_C)은 직류 공급 전압(V_A)과 같다.
- NPN 트랜지스터가 정상적으로 동작할 경우, 이미터 전압 (V_E)은 베이스 전압(V_B)보다 약 0.6V 정도 낮은 값을 가진다.
- 이미터 전류와 콜렉터 전류는 일반적으로 같다고 본다.
- 활성 영역(active region)에서, 베이스-이미터 접합은 순방향 바이어스, 베이스-콜렉터 접합은 역방향 바이어스 상태이다.
- 직류 로드 라인(dc load line)의 기울기는 이미터 저항 (R3)의 값에 따라 변한다.
- 로드 라인 위에서, 동작점(Q-point)은 동작 콜렉터 전류(I_C)와 동작 콜렉터-이미터 전압(V_{CE})의 교차점이다.
- 로드 라인과 Y-축(I_C)의 교차점은 포화점(saturation point) 이다.
- 로드 라인과 X-축(V_{CE})의 교차점은 차단점(cutoff point)이다. (이 때, 전류값은 0)

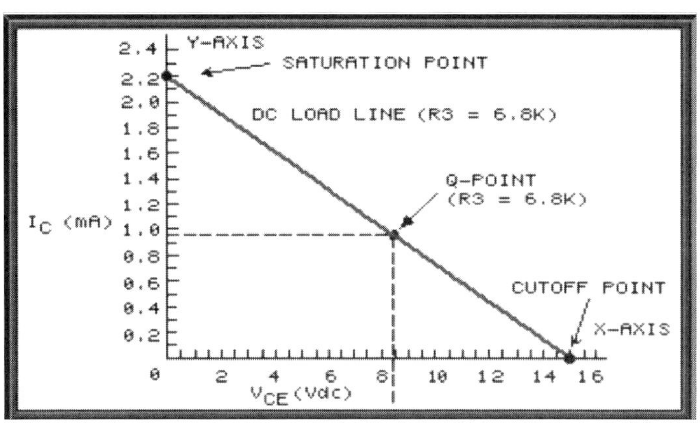

실험 2

실험목표

CC 트랜지스터 회로를 이용한 콜렉터 접지 증폭기의 '교류 동작 특성'(ac operating characteristics) 에 대한 측정과 멀티미터와 오실로스코프를 이용한 결과를 분석하자.

기본내용

아래 회로는 CC 증폭회로의 교류 동작(ac operation)에 대한 회로도 이다.

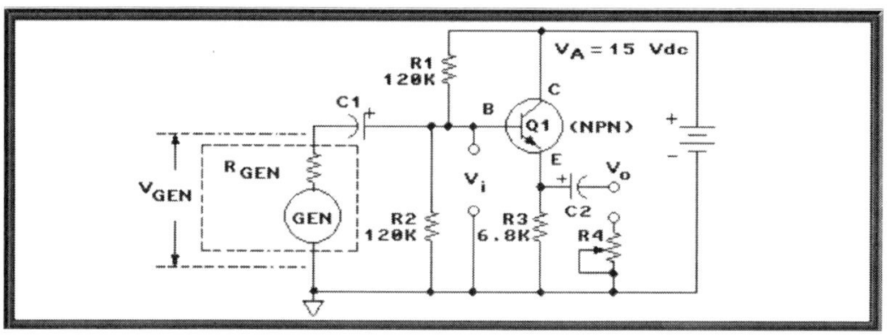

트랜지스터의 베이스 단자와 접지 사이에 연결된 사인파 발생기(sine wave generator)는 교류 입력신호를 공급한다.

교류 출력신호(ac output signal)는 이미터 단자와 접지 사이에서 얻을 수 있다. 교류신호(ac signals)에 대해, 입력과 출력에 공통으로 연결 되어 있는 콜렉터 단자는 직류 전원의 낮은 내부 저항을 통해 접지와 연결되어 있다.

✔ 교류 출력신호는 접지와 어느 단자 사이에서 얻을 수 있는가?
  a. 베이스 단자. b. 이미터 단자. c. 콜렉터 단자.

CC 트랜지스터 회로의 전압 이득(Av)은 교류 출력전압 (ac output voltagc:V_o)와 교류 입력전압 (input voltage:V_i)의 비율로 구한다.

$$Av = V_o / V_i$$

오른쪽 그림은 CC 회로에서 의 전압 이득과 '입력/출력' 파형의 관계에 대한 그림이다. 교류 이미터 저항은 r_e'이다.

그림과 아래의 방정식을 보면, 전압 이득은 항상 1.0보다 작다.

$$Vo = Ie \times R3$$

$$V_i = I_e \times (r_e' + R3)$$

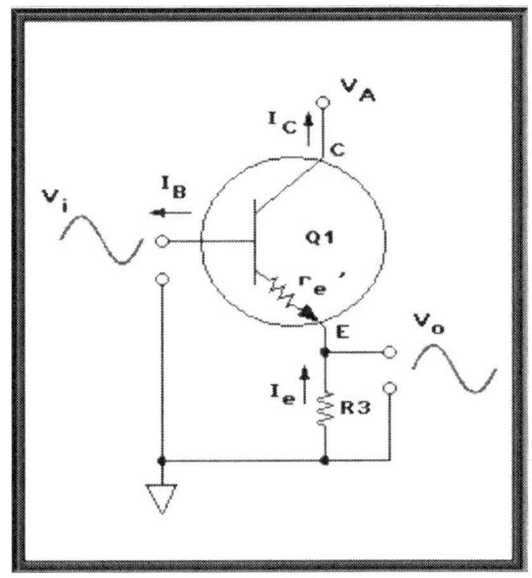

따라서:

$$A_V = \frac{V_o}{V_i}$$

$$= \frac{I_e x R3}{I_e x (r_e' + R3)}$$

$$= \frac{R3}{r_e' + R3}$$

Av에 대한 식으로 옳은 것은?

a. $A_V = \frac{V_o}{V_i}$

b. $A_V = \frac{I_e x R3}{I_e x (r_e' + R3)}$

c. $A_V = \frac{R3}{r_e' + R3}$

d. 모두 해당 된다.

R3(약 25Ω ~ 6800Ω)에 비해 교류 이미터 저항(r_e')은 매우 작기 때문에 Av는 1.0보다 약간 작은 값을 가진다. r_e'에서의 전압 강하는 R3의 전압 강하에 비해 매우 작은 값을 가진다.

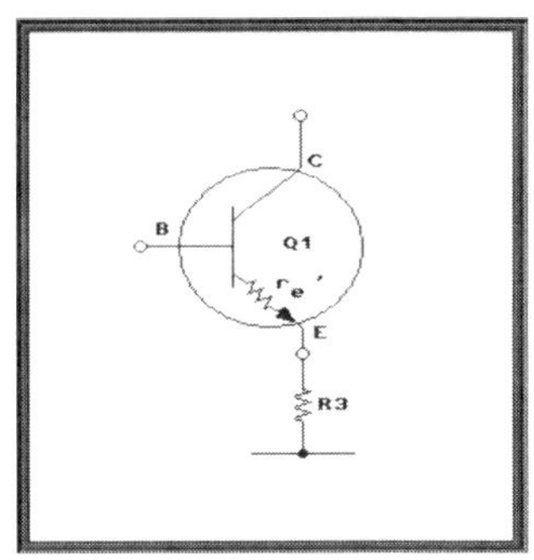

따라서, R3와 병렬 연결된 부하 저항이 없으면, V_o 는 V_i 와 같은 값이 된다. 이미터 전류는 입력 신호에 따라 증가하기 때문에 출력신호는 입력신호와 동상 이다.

출력 신호는 입력 신호에 따라 변하기 때문에, CC 트랜지스터 회로는 이미터-폴로워(emitter follower) 회로로 부르기도 한다.

✔ 출력 신호와 입력 신호가 동상인 이유는?

a. 입력 신호에 따라 이미터 전류가 감소하기 때문.
b. 입력 신호에 따라 이미터 전류가 증가하기 때문.
c. 출력 신호가 입력 신호와 동상이 아니므로.

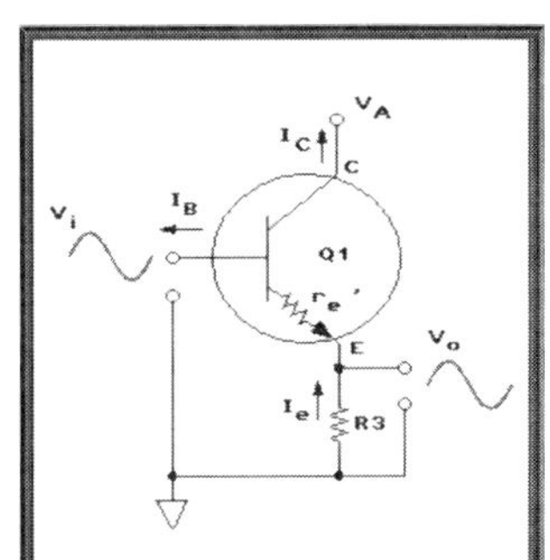

R3와 병렬로 연결된 R4와 같은 저항의 값이 매우 작은 경우, 로드 라인은 매우 큰 기울기를 가지게 된다.

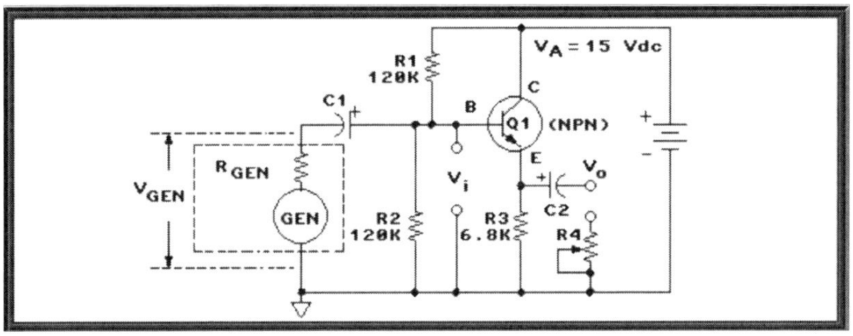

차단점(cutoff point)이 V_{CE} (동작점, Q-point)에 가까워지면 출력 신호의 '비변형 최대 첨두-첨두 전압'은 크게 감소된다.

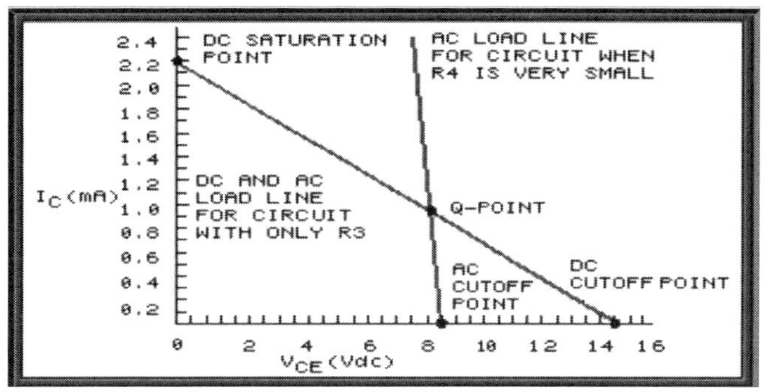

R3과 병렬 연결된 부하저항이 없을 경우에는, 류에 대한 로드 라인과 직류에 대한 로드 라인은 똑같게 나타난다.

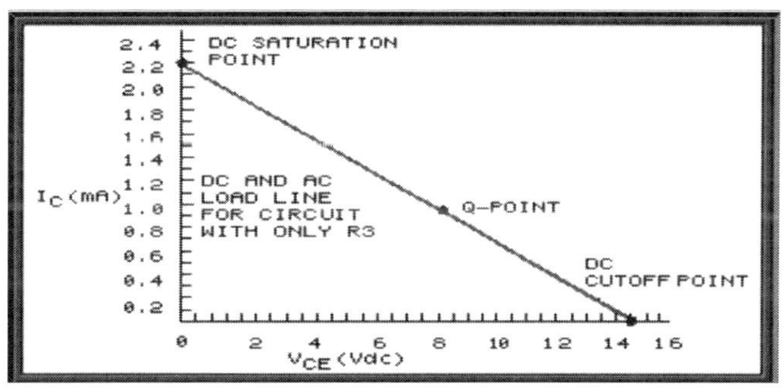

입력 임피던스(Zi)는 R1, R2, $h_{fc} \times (R3 + r_e')$의 병렬결합으로 구성된다.

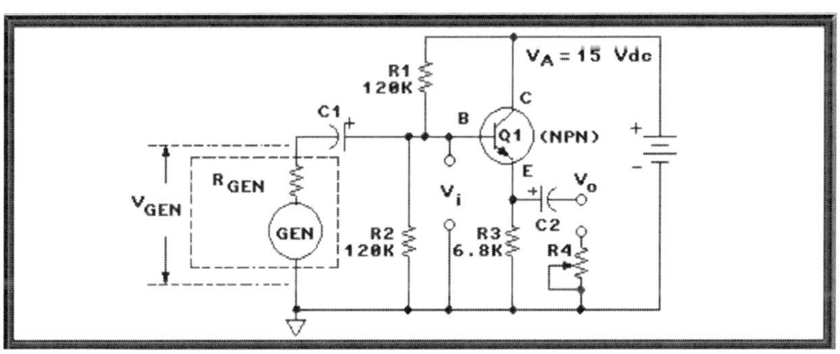

$h_{fe} \times (R3 + r_e')$이 'R1와 R2의 병렬 저항값'보다 100배 이상 클 경우, $h_{fe} \times (R3 + r_e')$의 값을 무시할 수 있으므로 입력 임피던스 (Zi)는 'R1와 R2의 병렬 저항값'과 같게 된다. 위 회로에서는, Zi는 60 kΩ 이다.

아래의 방정식은 출력 임피던스(Z_o)에 관한 식이다.

$$Zo = R3 \parallel (re' + RGEN) \parallel R1 \parallel (R2/hfe)$$

이미터 저항(emitter resistor : R3)이 클 경우, Z_o는 (r_e' + R_{GEN}) || R1 || (R2/h_{fe})와 같게 된다.
가변 저항 R4를 R3에 병렬로 연결한 후, 출력 신호(V_o)가 2분의 1로 감소하도록 R4를 조정함으로써 출력 임피던스(Z_o) 를 측정할 수 있다.

여기서, 거의 근사적으로 R4의 측정값을 출력 임피던스 (Z_o)라 할 수 있다.

✔ R3와 병렬 연결된 가변저항 R4를 조정하여 출력 임피던스(Z_o) 를 측정할 수 있다. 이 때, 출력 신호(V_o)는 어떻게 변하는가?
  a. 입력 신호(Vi)와 같다.
  b. 입력 신호(Vi)의 두배가 된다.
  c. 출력 신호(Vo)가 반으로 줄어든다.

실험과정

1. COMMON COLLECTOR 회로 블럭을 찾아, 다음 그림과 같이 연결하라.

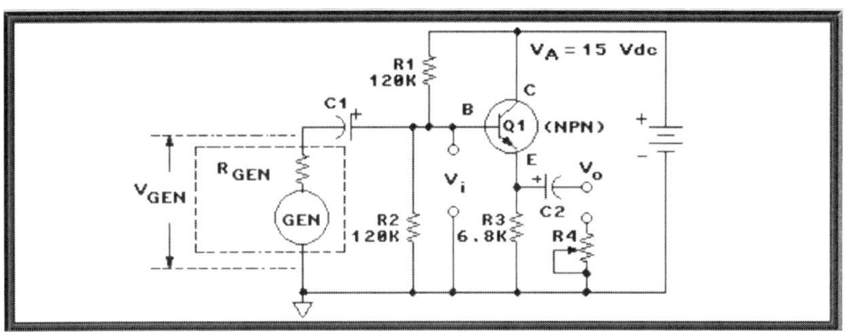

2. 콜렉터 접지 회로가 있다. 다음 중 콜렉터 전압과 같은 것은?
  a. VA.
  b. VB.
  c. VE.

3. V_C를 측정하라.
  VC = Vdc

4. V_B를 측정하라.
  V_B = Vdc

5. V_E를 측정하라.

VE = Vdc

VC = #v21,,5,2# Vdc
VB = #v22,,4,2# Vdc
VE = #v23,,4,2# Vdc

6. NPN 트랜지스터Q1은 교류 동작에서 바이어스가 정확하게 걸리는가?
a. 그렇다. b. 아니다.

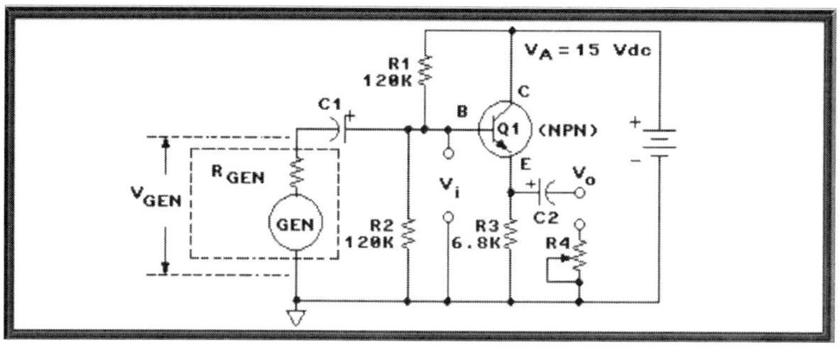

7. 오실로스코프의 채널 1을 관찰하면서, 사인파 발생기를 조절하여 트랜지스터 Q1의 베이스 단자에 1 kHz, 4.00 $V_{pk\text{-}pk}$ 의 입력 신호(V_i)가 공급되도록 한다.

8. 오실로스코프의 채널 2 프로브를 Q1의 교류 출력 신호 단자(이미터 단자)에 연결한다.

9. 교류 출력 신호(V_o)의 첨두-첨두 전압은 얼마인가?

V_o = $V_{pk\text{-}pk}$

10. 입력과 출력의 사인파 신호 사이에 왜곡이나 클리핑이 있는가?
a. 그렇다. b. 아니다.

11. 입력 신호와 출력 신호 사이의 위상 관계는?
a. 동상(in phase)이다.
b. 180°의 위상차(out of phase)가 있다.

12. 전압 이득(voltage gain)을 계산하라.

Vo = #v25,,4,2# Vpk-pk
Vi = 4.00 Vpk-pk
Av = Vo/Vi

=

13. 입력 신호(V_i)를 70 mV_{pk-pk}로 조정하라.

오실로스코프 채널 2로 출력 신호(V_o)를 관찰하라.
출력 신호는 얼마인가?
V_o = mV_{pk-pk}

14. 가변 저항 R4의 조절기를 시계방향(CW)으로 끝까지 돌린다.

2핀 커넥터로 R4와 C2를 연결하라.

V_o 가 정확히 V_i (35 mV_{pk-pk})의 반이 되도록 R4의 조절기를 시계 반대 방향으로 돌린다(CCW).

15. R4를 그대로 유지한 채, R4와 C2의 연결을 끊는다. (2핀 커넥터를 제거한다).

R4의 저항값을 측정하라.
R4 = Ω

결론

- p 콜렉터 단자는 입력 신호와 출력 신호에 공통되는 단자이다.
- p 트랜지스터가 정상적으로 동작할 경우, 최대 출력 신호는 왜곡(변형)되지 않는다.
- p 출력 신호와 입력 신호는 서로 동상(in phase)이다.
- p 전압 이득(voltage gain)은 1.0보다 약간 작은 값이다.
- p R3와 병렬 연결된 부하 저항은 출력 신호의 '최대 비변형 첨두-첨두 전압'을 감소시킨다.
- p 입력 임피던스는 높다.
- p 출력 임피던스는 낮다.

unit 11

바이어스 안정화

단원목표

이 단원에서는 일반적인 트랜지스터 증폭회로를 이용하여, 온도증가가 트랜지스터의 바이어스에 미치는 영향에 대해 배운다.

단원기본 지식

트랜지스터 바이어스는 직류(dc) 동작조건, 즉 베이스, 콜렉터, 이미터의 직류(dc)전압이나 전류의 영향을 받는다.

트랜지스터의 바이어스는 직류(dc) 전압과, 회로내 저항의 값이나, 배치의 영향을 받는다.

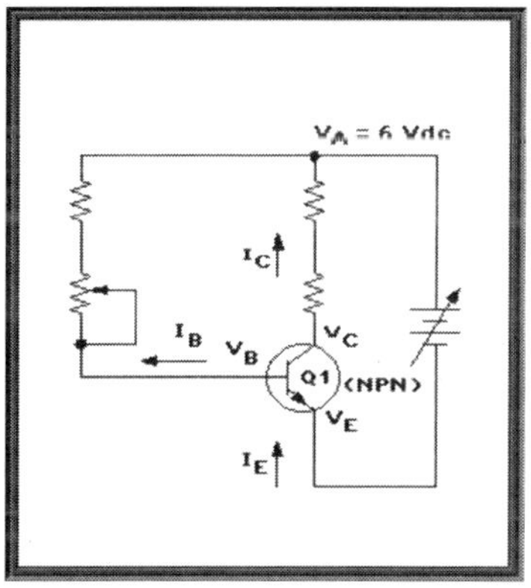

✓ 트랜지스터의 바이어스는 다음 어느것의 영향을 받는가?
  a. 교류(ac) 동작조건: 베이스, 콜렉터, 이미터의 교류전압.
  b. 직류(dc) 동작조건: 베이스, 콜렉터, 이미터의 직류전류.

부하선의 동작점(Q-point)은 트랜지스터의 바이어스에 의해 결정된다. 트랜지스터는 열에 민감한 소자이다. 트랜지스터의 온도가 바뀌면, 출력 신호의 질에 영향을 미친다.

소자가 온도의 변화를 극복할 수 있도록 설계되지 않은 경우, 동작점(Q-point)이 포화점(saturation point)이나 차단점(cutoff point)으로 옮겨져 신호의 변형을 일으킬 수 있다.

베이스 단자에 전압 분배회로(voltage divider)가 연결되어 있고 이미터 저항을 가진 트랜지스터 증폭회로는 바이어스가 고정되어 있으므로 온도에 따른 바이어스 안정성(temperature stability)이 좋다.

✓ 안정성 계수(stability factor (S))는 온도 변화에 따른 트랜지스터 회로의 바이어스 안정성을 나타낸 것이다. 좋은 바이어스 온도 안정성을 가진 트랜지스터 증폭회로가 가지고 있는 것은?

a. 베이스 전압분배회로
b. 이미터 저항
c. 위 둘 모두
d. 답이 없다.

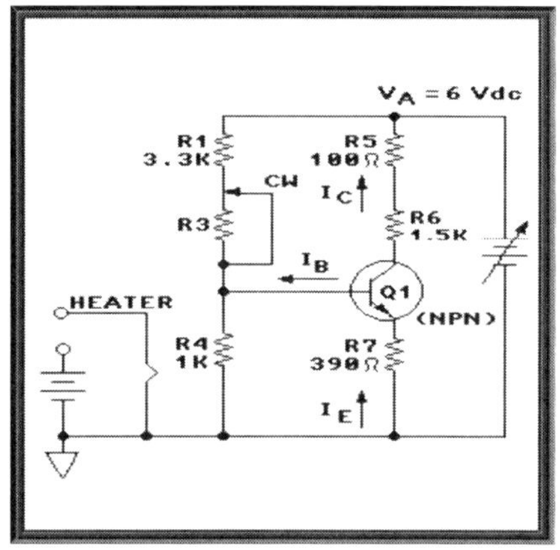

필요한 실험 도구

계속되는 실험을 하려면, 다음과 같은 실험장비가 필요하다.

- F.A.C.E.T. 베이스 유닛
- 파워 서플라이, 15 Vdc (2 개 필요)
- 멀티미터
- 시계
- TRANSISTOR AMPLIFIER CIRCUITS 회로보드

실험 1

실험목표

이번 실험에서는 고정된 바이어스를 가진 일반적인 트랜지스터 회로에 온도가 미치는 영향에 대해 배우고, 멀티미터, 시계, 계산기를 이용하여 결과를 확인한다.

기본내용

트랜지스터의 온도가 증가함에 따라 베타(b, 전류이득)값, *콜렉터 누설전류(leakage current) (ICBO)* 가 증가하며, 베이스-이미터 전압차가 감소한다.

고정 바이어스(fixed bias) 회로에서, 베타(b)값이 변하면 콜렉터 전류가 가장 큰 영향을 받는다. 온도가 크게 변하면, 콜렉터 전류가 포화점(saturation poi-nt)에 도달하거나, 트랜지스터가 견딜 수 있는 온도한계를 넘어 트랜지스터가 파괴 될 수 있다.

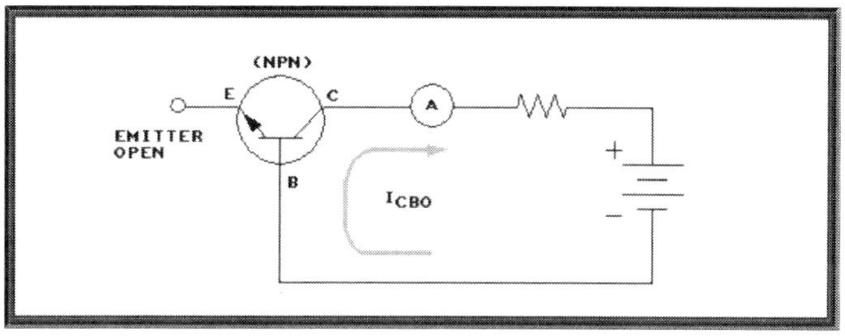

✔ 트랜지스터의 온도가 올라가면 이에따라 증가하는 값은?
a. 베타(b)
b. 콜렉터 누설전류(collector leakage current, ICBO)
c. 위 둘 모두
d. 답이 없다.

콜렉터 누설전류(collector leakage current, I_{CBO})는 역바이어스 전압에 의해 생긴다. I_{CBO} 는 온도에 따라 증가하게 된다. I_{CBO}는 이미터를 연결시키지 않은 상태에서 베이스와 콜렉터 양단을 측정한 값이다. 콜렉터 누설전류(collector leakage current, I_{CBO})는 나노암페어(nA) 단위이다. 그러나 온도가 10ºC 증가함에 따라 2배로 커진다.

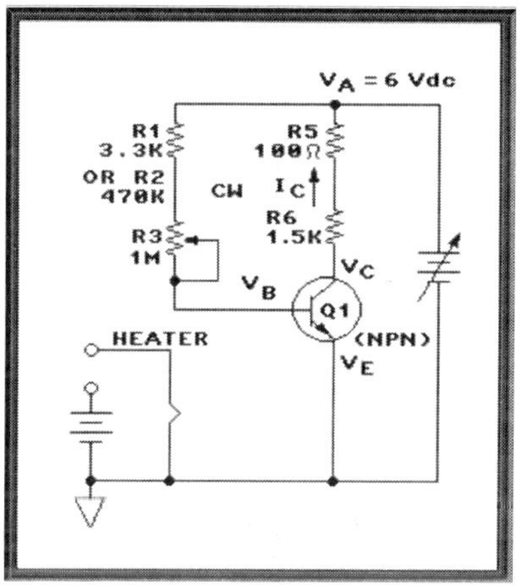

✔ 콜렉터 누설전류(collector leakage current, I_{CBO})가 30ºC 에서 10 nA이다. 40ºC 에서는 얼마가 될까?
a. 10 nA.　　b. 20 nA.　　c. 30 nA.

트랜지스터 온도 안정성의 척도인 안정성 계수(S)는 일반적으로 콜렉터 전류의 변화에 대한 콜렉터 누설전류의 비로 구해진다.

$$S = \frac{I_C \text{ 의 변화}}{I_{CBO} \text{ 의 변화}}$$

트랜지스터의 안정성계수(S)는 1.0에서 베타(20 to 500)사이의 값이다. S 값이 작으면 작을수록, 트랜지스터가 온도 변화에 대에 더욱 안정하다고 말할 수 있다. 일반적으로 S 값이 10 보다 작으면 "좋다"라고 말할 수 있다.

✔ 트랜지스터 안정성 계수가 어떨때 온도 변화에 대해 안정한가?
a. 낮을 때　　b. 높을 때

고정 바이어스(fixed bias) 회로는, 단순 바이어스회로 (simple bias circuit)라고도 불리며, 온도 안정성이 좋지 못하다. 고정 바이어스(fixed bias) 회로의 안정성 계수(S)는 베타(b)와 같다.

고정 바이어스(fixed bias) 회로에서, 온도증가는 V_{BE}를 감소하게 만든다. 결과적으로 R3에 걸리는 전압과 베이스 전류를 둘 모두 증가시킨다.

베이스 전류가 증가하면, 콜렉터 전류가 증가한다. 베타값과 콜렉터 누설전류가 증가하면, 콜렉터 전류와 베이스 전류가 증가한다.

✔ 고정 바이어스(fixed bias) 회로에서, 온도가 증가하면...

a. VBE가 감소한다.
b. R3양단에 걸리는 전압이 증가한다.
c. 베이스전류가 증가한다.
d. 모두 옳다.

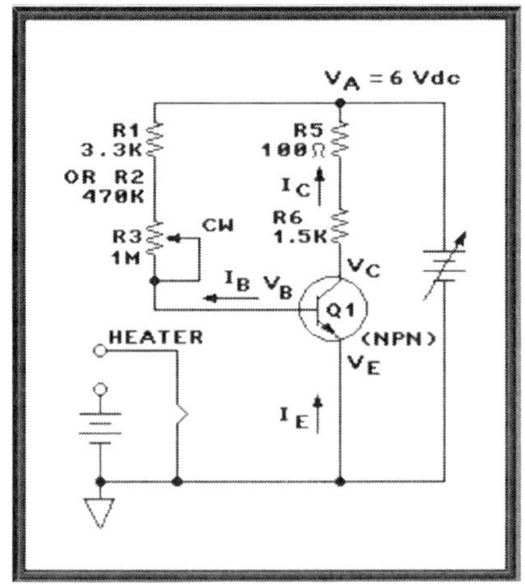

고정 바이어스(fixed bias) 회로는 일반적으로 차단 영역과 포화영역 만을 사용하는 스위치 회로에서 만 사용된다.

✔ 고정 바이어스(fixed bias) 회로는 어떤 기능으로 사용되는 트랜지스터에 적합한가?

a. 스위치
b. 고이득 증폭기
c. 고주파 증폭기

실험과정

1. BIAS STABILIZATION 회로 블럭을 찾아라.

2. R3 포텐쇼미터(potent-iometer)를 반시계방향 끝까지 돌려, 저항값을 최대로 올리자.

   고정 바이어스 회로를 옆 그림과 같이 연결하라. 저항 R1을 사용하자.

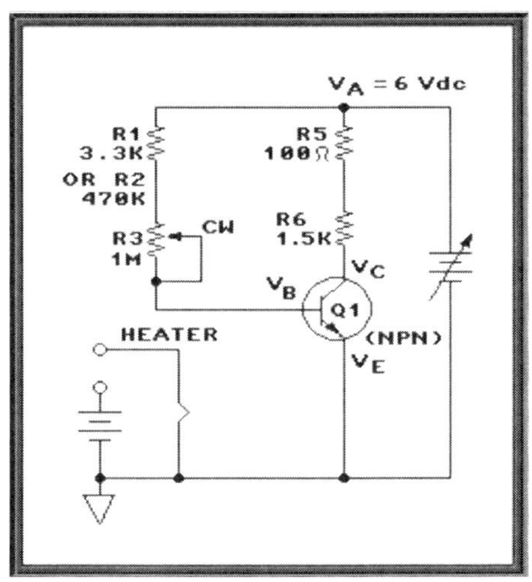

3. (+) 가변 직류전원을 V_A 값이 6.0 Vdc가 되도록 조절하라.

4. 포텐쇼미터(potentiometer) R3를 콜렉터 회로의 R5에 0.20 Vdc 걸리도록 조절하라.

참고: R3을 조절하여 R5에 0.20 Vdc를 만들 수 없을 때는, R1을 제거 하고 R2를 회로에 연결한 후 다시 조절해 보라.
R1과 R2를 자유롭게 바꿔 연결할 수 있는 이유는 Q1의 베타값이 크게 변하기 때문이다.

5. 포텐쇼미터(potentiometer) R3를 조절하여 R5에 0.20 Vdc가 걸리도록 하라.
이는 콜렉터전류(I_C)를 맞추게 된다.

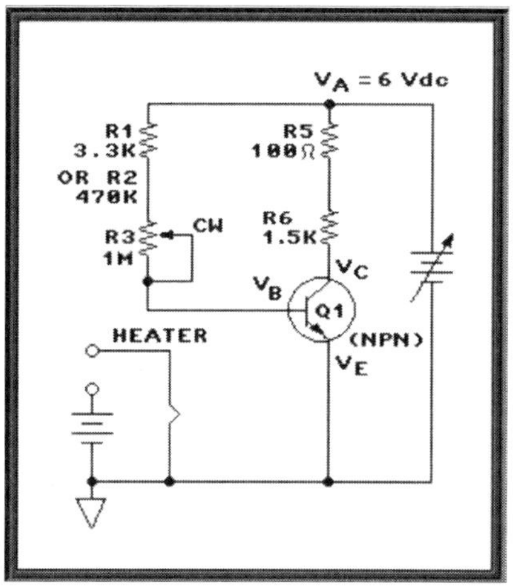

콜렉터 전류를 계산하라.
I_C = mA

6. Q1트랜지스터가 2분동안 가열된 후, 베이스-이미터 전압(V_{BE})과 콜렉터 전류(I_C) 값이 바뀐 것을 관찰할 수 있을 것이다.

회로보드에서 Q1 트랜지스터를 가열 시켜주는 소자는 그 위에 있는 저항이다.

7. 베이스-이미터 전압 ($V_{BE(cold)}$)을 측정하라.
$V_{BE(cold)}$ = Vdc

8. 2핀 커넥터를 이용하여 트랜지스터의 가열기(HEATER)를 회로에 연결한 후, 시간을 기록하라.

가열기(HEATER)를 연결하고 2분이 지나면 $V_{BE(hot)}$를 측정하라.
$V_{BE(hot)}$ = Vdc

VBE(cold) = #V1,,5,3# Vdc
VBE(hot) = #V2,,5,3# Vdc

9. 회로에서 가열기 (HEATER)를 제거하라.

10. 트랜지스터가 2분동안 가열된 후 변화된 V_{BE} 값은?
VBE = Vdc

11. Q1트랜지스터가 식을 때 까지 10분정도 기다리라.

그리고 필요하다면, R3를 조절하여 R5사이에 0.20 Vdc가 걸리게 하라.

12. R5사이에 걸리는 전압($V_{R5(cold)}$)은?
$V_{R5(cold)}$ = Vdc

13. 콜렉터 전류($I_{C(cold)}$)를 계산하라.
$I_{C(cold)}$ = mA

14. 트랜지스터 가열기(HEATER)를 회로에 연결하고, 시간을 기록하라.

가열기(HEATER)를 연결하고 2분이 지나면 R5 사이의 전압($V_{R5(hot)}$)을 측정하라.
VR5(hot) = Vdc

15. 회로에서 가열기(HEATER)를 제거하라.
$V_{R5(hot)}$ = #V4,,5,3# Vdc

16. 트랜지스터가 2분간 가열된 후 콜렉터전류($I_{C(hot)}$)는 얼마인가?

IC = mA

IC(hot) = #I4,,4,2# mA
IC(cold) = #I3,,4,2# mA

17. 트랜지스터 Q1의 온도가 증가하면 I_C 는 증가하는가, 감소하는가?
a. 감소한다. b. 증가한다.

18. 트랜지스터를 2분간 가열한 후 I_C는 어떻게 변했는가?

변화된 IC = mA

IC(hot) = # I4,,4,2 # mA
IC(cold) = # I3,,4,2 # mA

19. 고정바이어스(fixed bias) 회로에서 Q1트랜지스터를 2분간 가열했을 때 콜렉터 전류(I_C)의 퍼센트(%) 변화율은?

$$\frac{I_{C(hot)} - I_{C(cold)}}{I_{C(cold)}} \times 100$$

% 변화율= 퍼센트

결 론

- 트랜지스터는 온도에 민감한 소자이다.
- 고정 바이어스(fixed bias)회로에서 온도에 의한 베타(b)변화가 콜렉터 전류를 변화시키는 가장 큰 요인이다.

p 베이스-이미터 전압(VBE)은 트랜지스터의 온도가 올라감에 따라 감소한다.

p 고정 바이어스(fixed bias)는 온도 안정성이 가장 떨어진다. 따라서 콜렉터 전류가 온도 변화에 따라 확연히 변한다.

p 고정 바이어스(fixed bias)회로는 스위치로 사용되어 포화점(saturation point)이나 차단점(cutoff point)에서 동작되는 트랜지스터 회로에 주로 사용된다.

실험 2

실험목표

이번 실험에서는, 일반적인 트랜지스터를 이용하여 전압분배 바이어스(voltage divider bias)회로에 온도가 미치는 영향에 대해 배우고, 멀티미터, 시계, 계산기를 이용하여 결과를 확인해 본다.

기본내용

이 트랜지스터 회로는 바이어스 안정성을 위해 이미터 저항과 전압분배 회로(voltage devider)를 갖고 있다.

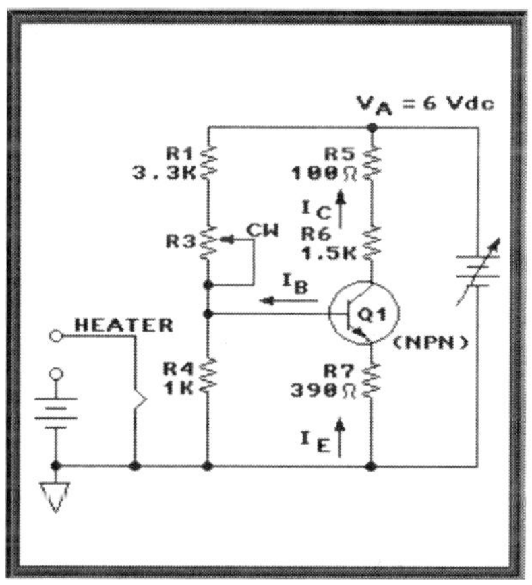

콜렉터 전류가 베타(b)값에 대해 거의 무관하다; 따라서, 베타값이 온도에 따라 변화에 따른 회로 바이어스에의 영향이 최소가 된다.

✔ 이 트랜지스터 회로는, 베타(b)값이 온도에 따라 변한다. 회로 바이어스에 대한 영향은?
   a. 최대이다.
   b. 최소이다.
   c. 없다.

전압분배 저항(R1과 R4)이 서로 연결된 지점에 베이스 단자가 연결되어 있다. 저항값이 제대로 선택되었다면, 트랜지스터의 모든 정상 동작조건에 대해 베이스 전압은 거의 변하지 않는다.

전압분배 방정식을 이용하여 베이스 전압을 구하자.

$$V_B = V_A \times \frac{R2}{R1 + R2}$$

고정된 베이스 전압과 이미터 저항을 통한 피드백이 합해져 회로의 온도 안정성이 좋아진다.

✔ 정상 트랜지스터 동작조건에서 베이스 전압은...
  a. 거의 변하지 않는다.
  b. 온도보상을 위해 크게 변한다.

온도가 올라감에 따라 콜렉터, 이미터 전류가 증가하면 , 이미터 전압이 증가한다. 이미터 전압이 잠시동안 증가하면서 베이스 전압이 약간 증가한다. 베이스 전압이 조금 증가하면 베이스 전류가 감소한다. 이에 대한 반작용으로 콜렉터와 이미터 전류가 증가하게 된다.

✔ 온도가 올라감에 따라 이미터 전압이 증가하면, 베이스 전압은 어떻게 되는가?
  a. 새로운 값으로 증가한다.
  b. 잠시 증가했다가 정상값으로 돌아온다.
  c. 잠시 감소했다가, 정상값으로 돌아온다.

이미터 전압증가가 베이스 전압에 미치는 영향을 피드백 (feedback)이라 부른다. 피드백(feedback)은 입력의 베이스 전류 증가와 출력의 콜렉터 전류 증가를 억제한다. 이미터 저항이 크면 클수록, 바이어스 안정성은 좋아진다.

그러나 큰 이미터 저항을 사용하면, 전압이득이 작아지며 동작점이 포화영역 가까이로 이동하여 AC 신호를 사용할 수 있는 범위가 줄어든다.

✔ 이미터 저항이 클때에 대한 설명으로 옳은것은?
  a. 전압이득(voltage gain)이 줄어든다.
  b. 동작점(Q-point)을 포화영역(saturation region) 가까이로 이동시킨다.
  c. 바이어스 안정성을 향상시킨다.
  d. 위 모두 옳다.

이 전압분배 바이어스 회로의 안정성 계수(S)는 R4와 R7의 비와 거의 같다.

$$S = 1000/390 = 2.56$$

이 전압분배 바이어스 회로에 대한 새로운 안정성 계수는 R4와 R7의 비와 거의 같은 값이다.

S를 계산하라.

$$S =$$

좋은 바이어스 회로는 안정성 계수가 10 이하이다.

✔ 계산한 S값에 의하면, 이 전압분배 바이어스 회로는 온도에 대해 안정한가?
  a. 그렇다.   b. 아니다.

실험과정

1. BIAS STABILIZATION 회로블럭을 찾아라.

2. 가변저항 R3를 시계방향 끝까지 돌려 저항값을 0으로 맞추라.
   그림과 같이 전압분배 바이어스 회로를 연결하라.

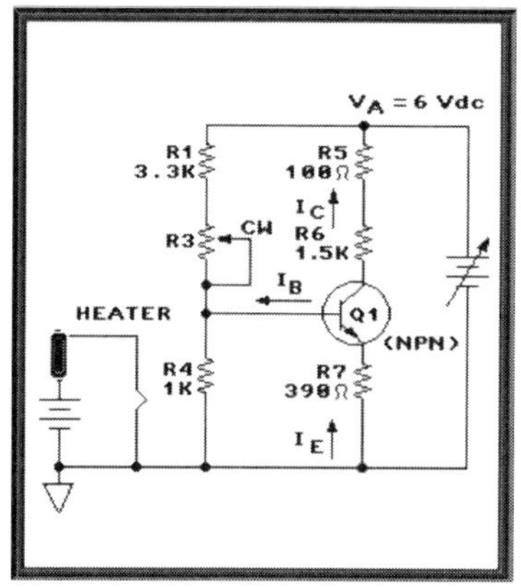

3. (+)가변 DC 전원을 6.0 Vdc로 조절하자.

4. 콜렉터 회로에서 R5저항 양단에 걸리는 전압($V_{R5(cold)}$)을 측정하라.
   VR5(cold) = Vdc

5. R5에 연결된 멀티미터는 그대로 둔다.
   $V_{R5(cold)}$ = #VC1,,5,3# Vdc

6. 콜렉터 전류($I_{C(cold)}$)를 계산하라.
   $I_{C(cold)}$ = mA

   앞으로 계속될 실험에서, 트랜지스터 Q1의 온도가 2분간 증가된 후, 이에 따른 콜렉터 전류의 변화를 측정할 것이다.

7. 트랜지스터 가열기(HEAT-ER)를 회로에 연결하고, 시간을 기록하라.

   가열기(HEATER)를 연결한 후 2분이 지났으면, R5양단의 전압($V_{R5(hot)}$)을 측정하라.
   $V_{R5(hot)}$ = Vdc

8. 가열기(HEATER)의 연결을 끊으라.
   $V_{R5(hot)}$ = #VC2,,5,3# Vdc

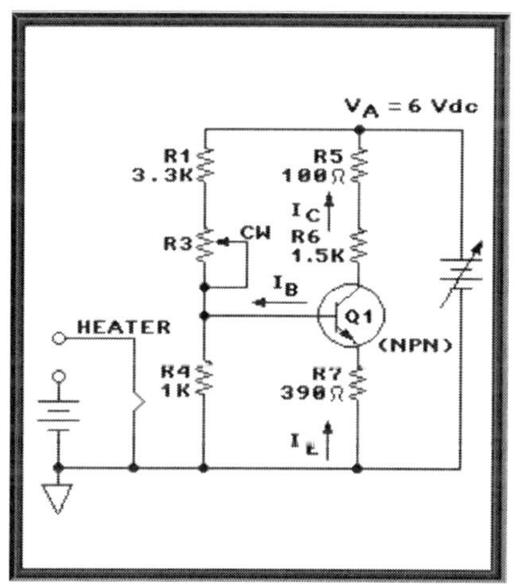

9. 2분이 지난후의 콜렉터 전류($I_{C(hot)}$)는?
   $I_{C(hot)}$ = mA

   IC(cold) = #IC1,,4,2# mA
   IC(hot) = #IC2,,4,2# mA

10. Q1트랜지스터의 온도가 증가하면, I_C는 증가하는가, 감소하는가?
    a. 증가한다. b. 감소한다.

    $I_{C(hot)}$ = #IC2,,4,2# mA

11. 전압분배 바이어스 회로에서, Q1트랜지스터가 2분간 가열된 후 콜렉터 전류가 몇 퍼센트(%)나 변했는가?
    % 변화율=

12. 전압분배 바이어스 회로의 콜렉터 전류 퍼센트 증가율은, 앞에서 계산한 고정 바이어스 회로의 콜렉터 전류 퍼센트 증가율에 비해 어떠한가?

% 변화율(전압분배 바이어스 회로) = #P1,,5,2#%
% 변화율(고정 바이어스 회로) = 12.0%

a. 작다. b. 같다. c. 크다.

결 론

p 전압 분배회로(voltage divider)를 가지고 있는 회로는, 베타 값에 콜렉터 전류가 영향을 받지 않으므로, 온도 변화에 따라 콜렉터 전류가 변하지 않는다.

p 이미터 피드백 저항을 가진, 전압분배회로(voltage divider)는 베이스 전압(V_B)을 거의 일정하게 유지시킨다.

p 전압분배회로의 안정성 계수(S)는 베이스 저항과 이미터 저항의 비와 거의 같다.

p 안정성 계수값이 10보다 작으면 매우 안정한 회로이다.

p 안정성 계수값이 10보다 작으면 매우 안정한 회로이다.

unit 12

트랜지스터 명세서

단원목표

이 단원을 마치면, 여러분은 트랜지스터 명세서를 이용하여 트랜지스터 파라미터를 설명할 수 있다.

단원기본지식

트랜지스터 파라미터는 트랜지스터의 특성 또는 동작을 결정하는 물리적, 전기적 성질을 표현한다. 트랜지스터 명세서(또는 데이터쉬트)는 모든 트랜지스터 파라미터와, 제조회사에서 사용자에게 꼭 필요하다고 생각되는 기술적인 정보를 요약해 놓은 것이다.

사용자는 특정 회로에 트랜지스터를 선택할 때 이러한 명세서를 꼭 참조해야한다.

트랜지스터 명세서에 들어있는 내용:

1. 제조회사의 트랜지스터 구분(품목) 번호와 외형이 나열되어 있는 목록
2. 파라미터 최대정격(maximum ratings)
3. 전기적인 특성(electrical characteristics)
4. 특성 곡선(charateristic curve)
5. 기계적인 특성(mechanical characteristics)

몇 가지 중요한 트랜지스터 파라미터:

1. 전류이득(h_{FE})
2. 최대 소비전력(P_D).
3. 포화전압($V_{CE(sat)}$ 과 $V_{BE(sat)}$)
4. 콜렉터 누설(차단)전류(I_{CBO})
5. 항복전압($V_{(BR)CEO}$, $V_{(BR)CBO}$, $V_{(BR)EBO}$).
6. 스위칭 특성
7. 잡음 (NF)

✓ 트랜지스터의 중요한 파라미터 중 $V_{(BR)CEO}$, $V_{(BR)CBO}$, $V_{(BR)EBO}$는 어떤 것을 가리키는가?
a. 항복전압 b. 스위칭 특성 c. 잡음(NF)

트랜지스터 명세서는 제조회사의 기술정보 책자에 수록되어 있다. 그러한 책들에는 트랜지스터를 포함한 여러 소자들이 수록되어 있다.

필요한 실험도구

다음의 실험에 필요한 실험도구:

- F.A.C.E.T. 베이스 유닛
- 파워 서플라이, 15 Vdc (2개)
- TRANSISTOR AMPLIFIER CIRCUITS 회로보드

실험 1

실험목표

이 실험에서는 트랜지스터 파라미터 기호들에 익숙해지도록 하고, 여러분이 알고있는 내용과 트랜지스터 파라미터 기호와 뜻이 수록된 목록과 맞는지 확인한다.

기본내용

기호	뜻
h_{fe}	소신호 전류이득
$V_{(BR)CEO}$	콜렉터-이미터(CE)간의 항복(BR)전압, 베이스 개방(open)
P_D	최대 소비 전력(Power Dissipation)
N_F	잡음정도(Noise Figure)
$V_{CE(sat)}$	콜렉터-이미터(CE)간의 포화(SAT) 전압
I_{BEO}	이미터 차단전류(DC), 콜렉터 개방

몇 가지 자주 나오는 트랜지스터 파라미터의 기호와 뜻을 표에 나열했다.

트랜지스터 파라미터 기호는 다른 약어들과 서로 비슷하다. 기호의 약어는 파라미터의 이름 또는 정의에 나타나는 하나이상의 글자로 이루어져 있다. 첨자가 대문자인 경우 대게 직류(dc)나 최대값을 의미한다. 첨자가 소문자인 경우는 보통 교류값(ac) (변화되거나 rms값이거나 순시값)을 의미한다.

✔ 교류(ac) 파라미터는 대게 어떤 표현방법을 쓰는가?
  a. 대문자 첨자
  b. 소문자 첨자
  c. 소문자 또는 대문자 첨자

또 첨자는 보통 파라미터가 사용되는 접합단자를 표시한다. 예를 들면 $V_{CE(sat)}$는 콜렉터-이미터 포화 전압을 나타낸다. 앞 실험에서 베타(b)로 표현되는 전류 이득은 직류의 경우 h_{FE}로, 소신호(교류)의 경우 h_{fe}를 사용한다.

✔ h_{FE} (표에는 표시안됨)가 전류이득 중 직류임을 표현한 것은?
  a. h가 소문자 b. fe가 소문자 c. FE가 대문자

✔ $V_{(BR)CEO}$ 에서 V가 뜻하는 것은?
  a. PNP형 트랜지스터
  b. NPN형 트랜지스터
  c. 전압(voltage)
  d. 부피(volume)

실험과정

1. 다음 화면에서는 도움말 창의 표를 이용하여, 질문에 표현된 파라미터 기호들의 정확한 뜻을 찾고, 이해할 수 있도록 하자.

2. h_{fe} 는 무엇인가?
  a. 소신호 전류이득(small-signal current gain)
  b. 직류 전류이득(dc current gain)
  c. 직류 전압이득(dc voltage gain)
  d. 소신호 입력임피던스(small-signal input impedance)

3. $V_{(BR)CEO}$ 는 무엇인가?
  a. 콜렉터-이미터 항복전류, 베이스 개방
  b. 콜렉터-베이스 항복전압, 이미터 개방
  c. 콜렉터-이미터 항복전압, 베이스 개방
  d. 베이스-이미터 항복전압, 콜렉터 개방

4. P_D 가 뜻하는 것은?
    a. 전력 감소 (power down)
    b. 최소 소비 전력(minimum power dissipation)
    c. 최대 소비 전력(maximum power dissipation)
    d. 예고된 사고 (predetermined disaster)

5. NF가 뜻하는 것은?
    a. 잡음정도(noise figure)
    b. 잡음주파수(noise frequency)
    c. 새 주파수(new frequency)
    d. 찾지못함(not found)

6. $V_{CE(sat)}$ 이 정확하게 뜻하는 것은 ?
    a. 콜렉터 포화전압
    b. 콜렉터-베이스 포화전압
    c. 콜렉터-이미터 전압
    d. 콜렉터-이미터 포화전압

7. I_{BEO}는 이미터 차단전류다. 다음 중 값의 정확한 의미는 어떤 것인가?
    a. 직류성분(dc)
    b. 직류성분(dc), 콜렉터 개방
    c. 직류성분(dc), 베이스 개방
    d. 교류성분(ac), 콜렉터 개방

8. 다음 화면부터 도움말창의 표를 이용하여 정확한 트랜지스터 파라미터의 의미에 맞는 기호를 찾고, 이해하도록 하자.

9. 상승시간에 해당하는 기호는?
    a. tR b. Tr c. tr d. rt

10. 베이스 전류(dc)의 기호는 ?
    a. IC b. IB c. IE d. VB

11. 베이스-이미터 전압(dc) 의 기호는 ?
    a. Vbeo b. VBEO c. Vbe d. VBE

12. 이미터 전류의 순시값(instantaneous value)의 기호는 ?
    a. ie b. Ie c. IE d. iE

13. 소신호 전류이득(small-signal current gain)의 기호는?
    a. hFE b. hfe c. Hfe d. HFE

결 론

p 트랜지스터 파라미터 기호들은 대게 약자로 표현한다.

p 대문자는 직류성분(dc)나 최대값을 의미한다.

p 소문자는 교류성분(ac)나 순시값을 의미한다.

p 첨자는 보통 파라미터가 사용된 접합단자(B,C,E)를 표현한다.

실험 2

실험목표

이 실험을 마치게 되면, 전형적인 트랜지스터 명세서를 이용하여 최대정격, 직류특성, 동작파라미터 등을 찾을 수 있어야 한다. 그리고 모든 단계를 완전히 끝내어 그 결과를 확인한다.

기본내용

트랜지스터 명세서(또는 데이터 쉬트)는 트랜지스터 제조회사가 출판한 기술 정보서에 수록되 있다.

Part no	Data Sheet Page no
2N657	4-2
2N697	4-3
2N699	4-4
2N706,A,B	4-5
2N708	4-7
2N718,A	4-8
N720A	4-11
2N834	4-12

Part no	Data Sheet Page no
2N2905,A	4-53
2N2906,A	4-53
2N2907,A	4-53
2N2913	5-15
2N2914	5-15
2N2915	5-15
2N2916	5-15
2N2917	5-15

트랜지스터 기술정보서에는 특정 트랜지스터에 대한 페이지를 기록한 색인이 보통 a,b,c순으로 되어있다.

Package	Device Type	$V_{(BR)CEO}$ Volts Min	f_T MHz Min	@ I_C mA	I_C mA Max	h_{FE} Min	@ Max	I_C mA
NPN								
TO-39	2N697	40	50	50		40	120	150
	2N2218A##	40	250	20	800	40	120	150
	2N2219A##	40	300	20	800	100	300	150
	2N3053	40	100	50	700	50	250	150
	2N2218##	30	250	20	800	40	120	150
	2N2219##	30	250	20	800	100	300	150
	2N3300	30	250	50	500	100	300	150

트랜지스터 기술정보서에는 트랜지스터를 선택에 필요한 안내표가 들어있다.

초기의 선택에 필요한 유익한 내용이 있는 이러한 안내서에는 설계와 응용하는 분야에 따라 서로 구분되어 트랜지스터들의 성능을 비교해놓았다.

✔ 트랜지스터 선택 안내표를 사용하는 곳은?
a. 특별한 트랜지스터의 최종선택
b. 일반분야의 트랜지스터의 초기선택
c. 트랜지스터 명세가 수록된 페이지를 알고자 할 때

명세서에는 최대정격(maximum ratings), 전기적인 특성(electrical characteristics), 특성곡선을 포함하고 있다. 또 트랜지스터의 구분번호(품목)와 외형번호, 응용, 구성, 재료 등이 포함되어 있다.

다음 표에는 트랜지스터 2N2219A와 유사품목의 명세서를 보였다. 이것은 TRANSISTOR AMPLIFIER CIRCUITS 회로보드에서 사용되는 것이다.

Rating	Symbol	2N2218 2N2219 2N2221 2N2222	2N2218A 2N2219A 2N2221A 2N2222A	2N5581 2N5582	Unit
Collector-Emitter Voltage	V_{CEO}	30	40	40	Vdc
Collector-Base Voltage	V_{CBO}	60	75	75	Vdc
Emitter-Base Voltage	V_{EBO}	5.0	6.0	6.0	Vdc
Collector Current-Continuous	I_C	800	800	800	mAdc

✔ 베이스-콜렉터 전압의 최대 허용치가 수록되어 있는 곳은 어디인가?
 a. a,b,c순의 색인
 b. 최대정격(maximum ratings)표
 c. 전기적 특성표

ELECTRICAL CHARACTERISTICS (TA = 25ºC unless otherwise noted)				
Characteristic	Symbol	Min	Max	Unit
Off Characteristics				
Collector-Emitter Breakdown Voltage Non-A Suffix (I_C = 10 mAdc, I_B = 0) A-, 2N5581, 2N5582	$V_{(BR)CEO}$	30 40	- -	Vdc
Collector-Base Breakdown Voltage Non-A Suffix (I_C = 10 mAdc, I_E = 0) A-, 2N5581, 2N5582	$V_{(BR)CBO}$	60 75	- -	Vdc

✔ 트랜지스터의 소신호 특성을 알 수 있는 표는?
 a. 색인
 b. 최대 정격표
 c. 전기적 특성표

전형적인 특성곡선(characteristic curves)은 자주 사용되는 전기적인 파라미터들의 그래프이다. 트랜지스터 외형 및 규격과 핀 구성등은 기술정보서에 다른 표들과 별도로 수록되어 있다.

✔ 자주 사용되는 전기적인 파라미터들의 특성곡선과 트랜지스터 외형 및 규격, 핀 구성 등이 제조회사의 기술정보서에 있는가?
 a. 그렇다. b. 아니다.

실험과정

1. 다음 화면에서는 도움말 창의 표를 이용하여 질문에 있는 파라미터 기호들의 정확한 뜻을 찾고 이해하자.

2. 트랜지스터의 구분(품목) 번호가 도움말 창에 표시되어 있는 것으로 맞게 나열된 것은?
 a. 2N2218, 2N2219, 2N3436
 b. 2N2218A, 2N2219A, 2N3436A
 c. 2N2218A, 2N2219A, 2N3053

3. 2N2218A, 2N2219A, 2N3053의 트랜지스터 형은?
   a. NPN　　b. PNP

4. NPN 트랜지스터중에서 항복전압($V_{(BR)CEO}$)의 최소값이 40이고, 전류이득(h_{FE})의 최소값이 100으로 되어 있는 트랜지스터로 표에서 가장 먼저 나와있는 것은?
   a. 2N2218A　　b. 2N2219A　　c. 2N2219

5. 표에 의하면(〈?〉를 누른다), 2N2219A의 동작할 수 있는 베이스-이미터전압(V_{BEO})의 최대값은?
   a. 5.0 Vdc　　b. 6.0 Vdc　　c. 40 Vdc

6. 2N2219A 트랜지스터의 베이스-콜렉터 항복전압의 최소값은 얼마인가?
   a. 40 Vdc　　b. 60 Vdc　　c. 75 Vdc

7. V_{BC}가 50 Vdc이고 I_E 가 0일때, 2N2222 트랜지스터의 최대 콜렉터 차단전류(I_{BCO})는 얼마인가?
   a. 0.01 mAdc　　b. 10 mAdc　　c. 10 nAdc

8. 트랜지스터 2N2218의 콜렉터-이미터 전압(V_{CEO}) 의 최대값은 얼마인가?
   a. 30 Vdc　　b. 40 Vdc　　c. 60 Vdc

9. 2N2222A 트랜지스터의 베이스-콜렉터 전압의 최대값은 얼마인가?
   a. 40 Vdc　　b. 60 Vdc　　c. 75 Vdc

10. 2N5582의 베이스-이미터 전압의 최대값은 얼마인가?
    a. 5.0 Vdc　　b. 6.0 Vdc　　c. 30 Vdc

11. 케이스 온도(case temperature, T_C)가 25으C일때, 2N2222A 소자의 최대 소비전력은 얼마인가?
    a. 1.2W　　b. 2.0W　　c. 3.0W

12. T_A가 25으C일때, 2N5582의 최대 P_D 값은 얼마인가?
    a. 0.5W　　b. 0.6W　　c. 0.8W

결 론

p 트랜지스터 명세서는 트랜지스터 제조회사에서 작성하여 출판된다.

p 제조회사에서는 사용자에게 꼭 필요한 트랜지스터 파라미터 및 기술적 자료 등을 명세서에 같이 수록한다.

p 명세서에는 보통 최대 정격, 전기적인 특성, 특성 곡선 등을 구분하여 기록되어 있다.

p 트랜지스터의 모양에 따라 외형 및 규격, 핀 구성 등도 명세서에 기록되어있다.

unit 13

RC 결합 증폭기

단원목표

이 단원에서는 RC 결합된 2단 증폭기의 동작을 측정한 회로상태를 이용하여 증명할 수 있다.

단원기본지식

2개의 증폭기에서 만약 첫번째 증폭기의 출력이 두번째 증폭기의 입력으로 연결되어 있는 경우 두 개의 증폭기가 ***종속(cascade)*** 되어있다고 한다.

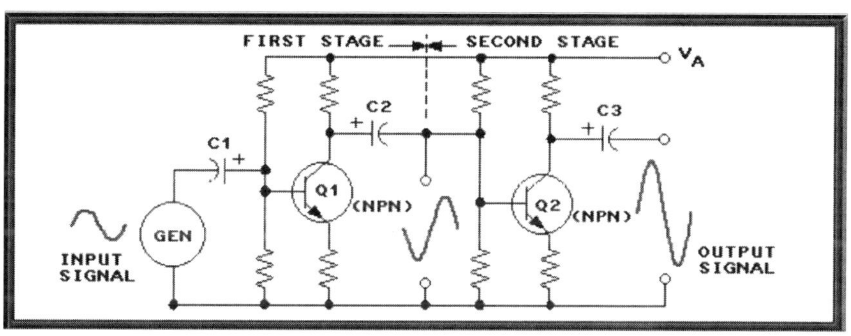

종속된 회로의 경우 첫번째 증폭기를 첫단(first stage)이라고 한다. 그리고 2번째 증폭기를 둘째단(second stage)이라고 한다. 종속 증폭기는 하나의 증폭기를 쓰는 경우보다 더 높은 이득을 얻을 수 있다.

✓ 첫번째 증폭기의 출력이 어디에 연결되어 있는 경우 2개의 증폭기가 종속되어 있다고 하는가?
  a. 두번째 증폭기의 출력
  b. 두번째 증폭기의 입력
  c. 첫번째 증폭기의 입력

커페시터와 하나 이상의 저항이 첫단의 출력과 둘째단의 입력을 연결할 때 증폭기가 RC(저항-커패시터) 결합(coupling)되어 있다고 한다. 이미터접지 회로에서 각 증폭기는 입력신호를 반전시킨다. 그래서 둘째단의 출력은 첫단의 입력과 위상이 같게 된다.

입력신호의 주파수에 따라 이득이 변화하는 결과를 ***주파수 응답(frequency response)*** 이라고 한다.

✓ 종속 이미터접지 회로에서 둘째단의 출력 신호 위상은 어떠한가?
a. 첫단의 입력과 위상이 다르다.
b. 첫단의 입력과 동상이다.
c. 첫단의 출력과 동상이다.

필요한 실험도구

다음 실험에 필요한 실험도구:

- F.A.C.E.T. 베이스 유닛
- 파워 서플라이(15 Vdc 2개)
- 멀티미터
- 오실로스코프(dual trace)
- 사인파 발생기
- TRANSISTOR AMPLIFIER CIRCUITS 회로보드

실험 1

실험목표

이 실험을 마치면, RC 결합된 증폭기의 동작조건을 측정값을 이용하여 결정할 수 있고, 멀티미터로 이를 확인할 수 있다.

기본내용

그림은 RC결합 회로 보드의 직류동작 회로다. 이 RC 결합 회로는 두 개의 종속 이미터접지 NPN 증폭기(Q1과 Q2)로 되어있다. 결합 커패시터 C2가 첫단 증폭기(Q1)의 콜렉터 출력과 둘째단 증폭기(Q2)의 베이스 입력을 연결한다. C2는 Q2의 베이스전류로 부터 Q1의 직류 콜렉터전류를 막는다. 또 각 증폭기의 동작점 (Q-point)을 옮기고, 직류 간섭을 막는다.

✓ RC 결합 증폭기에서 C2는?
a. Q1(콜렉터)에서 Q2(베이스)로의 직류성분을 막는다.
b. Q1(콜렉터)와 Q2(베이스)의 교류 간섭을 막는다.
c. 위에 답이 없다.

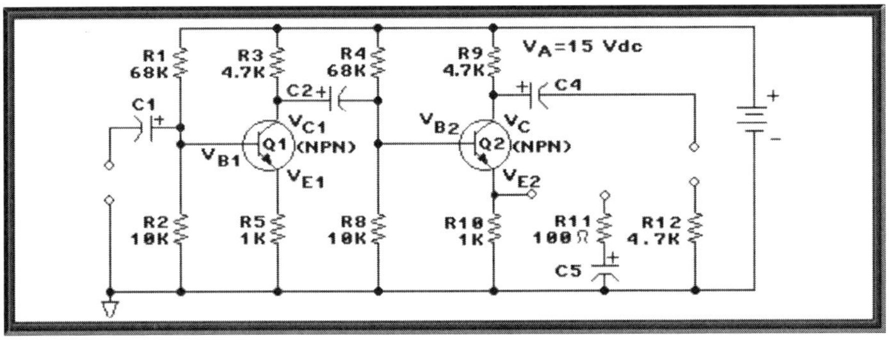

RC (저항-커패시턴스)는 커패시터 C2와 둘째단(Q2)의 전압분배회로 저항 R4와 R8를 가리킨다. 두 증폭기(Q1과 Q2)는 동일한 전압분배회로, 콜렉터저항, 이미터저항, 직류 바이어스를 사용한다. 각 증폭기는 본래 똑같기 때문이다.

✔ 도움말 창에 있는 RC 결합 증폭기에서 RC는?
  a. 커패시터 C1과 전압분배회로 저항 R1과 R2
  b. 커패시터 C1과 둘째단(Q2) 전압분배회로 저항 R4와 R8
  c. 커패시터 C2와 둘째단(Q2) 전압분배회로 저항 R4와 R8

실험과정

1. RC COUPLING/TRAN- SFORMER COUPLING 회로블럭을 찾아 그림과 같이 회로를 연결시킨다.

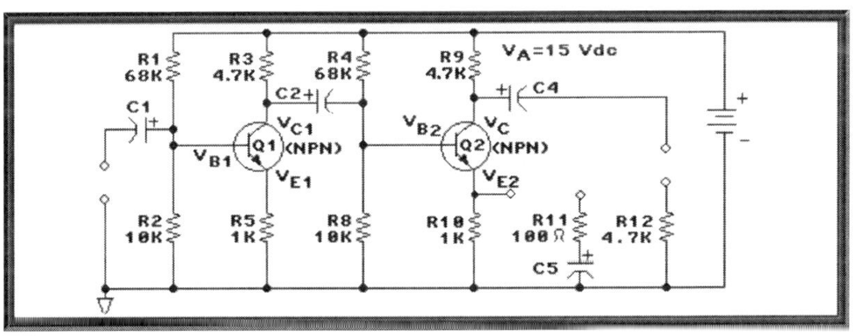

2. 방금 연결한 회로가 RC 결합됨을 의미하는 소자는?
  a. C1, R1, R2
  b. C2, R4, R8
  c. C4, R9

3. 접지를 기준으로 공급전압(V_A)를 측정하자.
   VA = Vdc

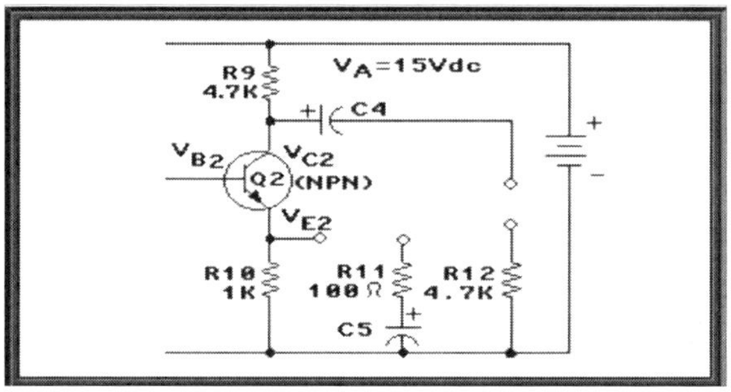

4. 접지를 기준으로 첫단 증폭기(Q1) 의 콜렉터 전압을 측정하자.
   VC1 = Vdc

5. 접지를 기준으로 첫단 증폭기(Q1) 의 베이스 전압을 측정하자.
   V_{B1} = Vdc

6. 접지를 기준으로 첫단 증폭기(Q1)의 이미터 전압을 측정하자.
   VE1 = Vdc

   VA = #v1,,5,2# Vdc
   VC1 = #v2,,5,2# Vdc
   VB1 = #v3,,4,2# Vdc
   VE1 = #v4,,4,2# Vdc

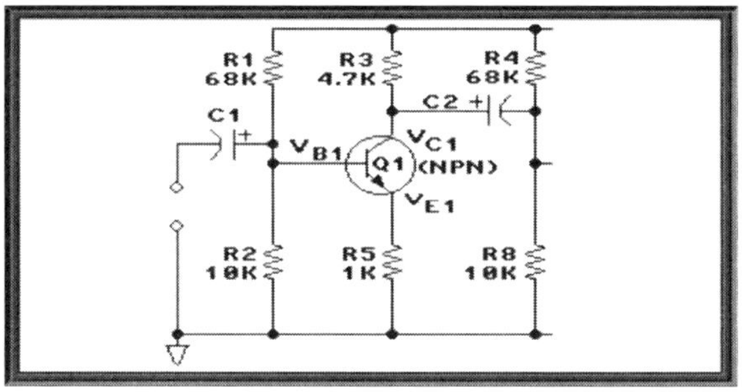

7. 베이스-이미터 접합이 순방향 바이어스인가?
   a. 그렇다 b. 아니다

8. 베이스-콜렉터 접합은 역방향바이어스인가?
   a. 그렇다 b. 아니다

9. NPN Q1 증폭기의 바이어스가 옳게 되어있는가?
   a. 그렇다 b. 아니다

10. 증폭기가 활성영역 (active region)에서 동작하고 있는가?
    a. 그렇다 b. 아니다

11. 접지를 기준으로 두번째단 증폭기 (Q2)의 콜렉터 전압을 측정하자.
    VC2 = Vdc

12. 접지를 기준으로 두번째단 증폭기 (Q2)의 베이스 전압을 측정하자.
    VB2 = Vdc

13. 접지를 기준으로 두번째단 증폭기 (Q2)의 이미터 전압을 측정하자.
    VE2 = Vdc

    VC2 = #v5,,5,2# Vdc
    VB2 = #v6,,4,2# Vdc
    VE2 = #v7,,4,2# Vdc

14. Q2의 베이스-이미터가 순방향 바이어스인가?
    a. 그렇다 b. 아니다

    VB2 = #v6,,4,2# Vdc
    VE2 = #v7,,4,2# Vdc

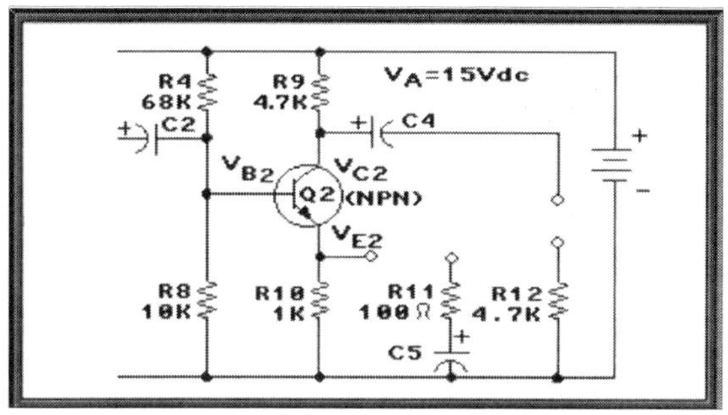

15. Q2의 베이스-콜렉터 접합은 역방향으로 바이어스 되어 있나?
    a. 그렇다 b. 아니다

16. NPN Q2 증폭기가 옳게 바이어스 되어 있나?
    a. 그렇다 b. 아니다

17. 증폭기가 활성영역(active region) 에서 동작하는가?
    a. 그렇다 b. 아니다

    VC1 = #v2,,5,2# Vdc
    VB1 = #v3,,4,2# Vdc
    VE1 = #v4,,4,2# Vdc

    VC2 = #v5,,5,2# Vdc
    VB2 = #v6,,4,2# Vdc
    VE2 = #v7,,4,2# Vdc

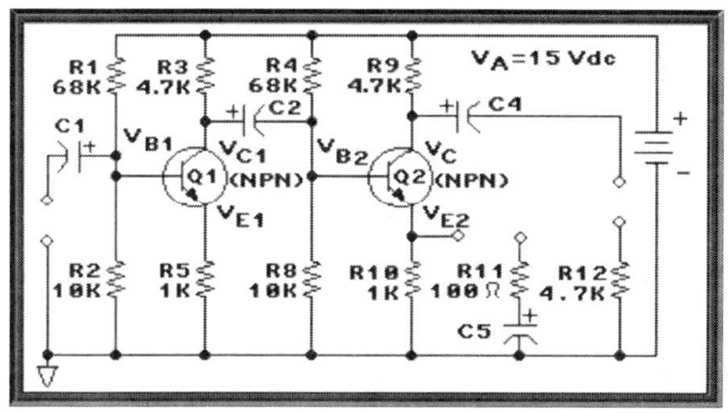

18. Q1의 콜렉터전압과 Q2의 베이스전압이 같은가?
    a. 그렇다 b. 아니다

결 론

p 커피시터와 하나이상의 저항으로 첫단의 출력과 둘째단의 입력이 연결되었을때 두 증폭기가 RC 결합(coupling) 되었다고 한다.

p RC는 연결회로의 저항과 커패시터를 포함한, 저항성분(resistance)과 커패시턴스 (capacitance)를 뜻한다.

p 두 단을 연결해주는 커패시터는 직류 바이어스 안정성을 위해 사용되며, 두 증폭기간의 직류 간섭을 막는다.

실험 2

실험목표

이 실험을 마치면 여러분은 실험값과 계산값을 이용하여 RC 결합된 증폭기에서 교류 전압이득과 입/출력 위상관계를 알게된다. 그리고 멀티미터와 오실로스코프를 이용하여 그 결과를 확인한다.

기본내용

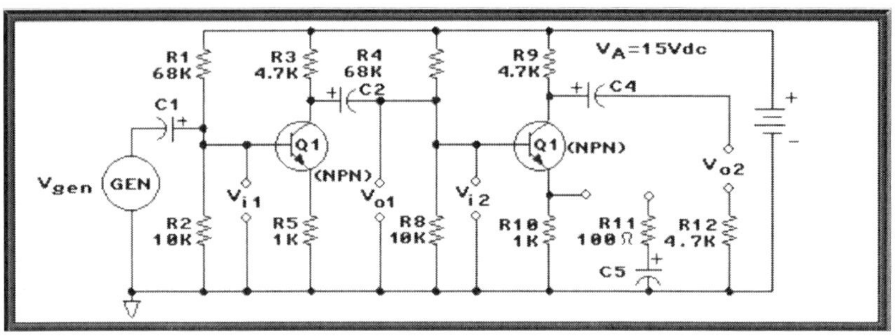

종속된 두 단의, RC 결합된 NPN 이미터 접지 증폭회로에서 교류동작 그림을 위에 보였다.

사인파 발생기(GEN)에서 첫단(Q1)의 베이스에 교류입력신호(V_{i1})를 공급한다.
첫째단 증폭기(Q1)의 교류 첨두-첨두(peak-to- peak) 출력 전압 (V_{o1})은 Q1의 교류 출력부하 저항 (R_{L1})에 달려있다.
커패시터 C2가 교류신호를 통과시키므로, 첫단(Q1)의 교류 부하(R_{L1})는 단지 콜렉터 저항(R3)만이 아니고, R3의 병렬저항도 있다. 즉 R3외에 그림에서 보면 R4, R8과 Q2의 b x (r_e' + R10)가 포함되는 것이다.

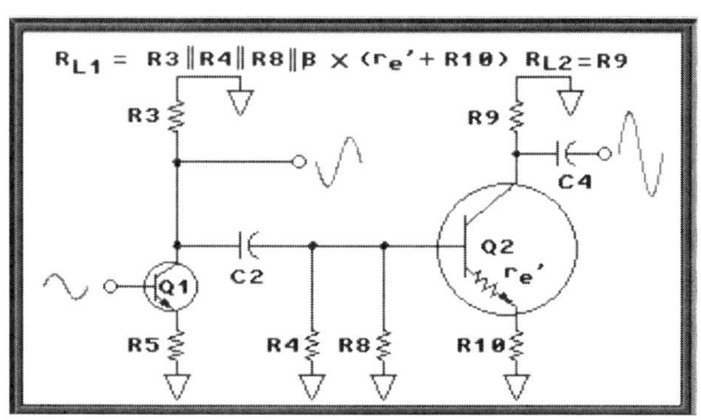

Q2 b x (r_e' + R10) 값은 굉장히 크기 때문에 R_{L1}을 계산할 때 이 값은 무시한다.

✔ R_{L1} 은 ?

a. 콜렉터 저항(R3)
b. R3, R4, R8와 Q2의 b x (re' + R10)의 병렬 저항값
c. 위에 답이 없다

첫단(Q1)의 전압 이득(Av1)은 출력과 입력신호의 전압비율과 같다.

Av1 = -Vo1 /Vi1

참고: 음의 부호(-)는 이득이 위상 반전됨을 의미한다.

전압이득은 또 교류 부하 저항(R_{L1})과 이미터 저항(R5)의 저항비율과도 비슷 하다.

Av1 = -RL1 /R5

참고: 음의 부호(-)는 이득이 위상반전됨을 의미한다.

✔ 첫단의 전압이득(Q1)은 어떻게 표현되는가?

a. Av1 = -Vo1 /Vi1
b. Av1 = -RL1 /R5
c. 위 식 모두 가능하다.

Q2의 교류 출력 부하저항(R_{L2})은 콜렉터저항(R9)과 같다.

Q2의 전압이득 (Av2)는 다음식과 같이 표현된다.

Av2 = -Vo2 /Vi2
= -RL2 /R10
= -R9/R10

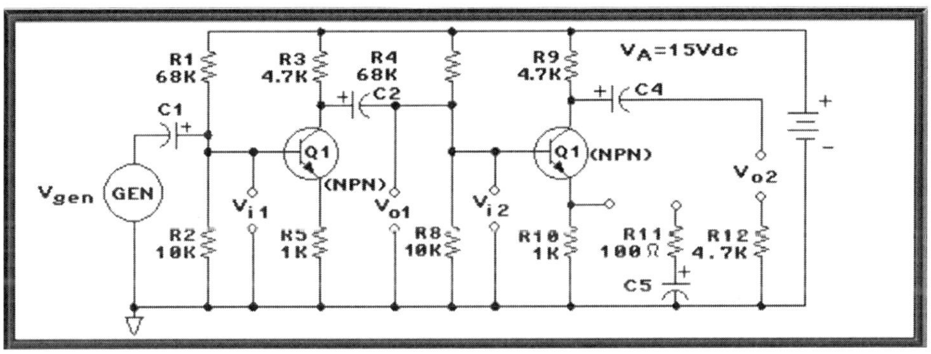

2단 RC 결합 증폭회로의 전체 전압이득(Avc)은 둘째단의 출력 신호(V_{o2})와 첫단의 입력신호(V_{i1})의 비에 의해 결정된다.

Avc = Vo2 /Vi1

V_{o1}과 V_{i2}가 같기 때문에 전체 회로의 이득은 각 단의 이득의 곱과 같다.

Avc = (-Vo1 /Vi1) x (-Vo2 /Vi2)
= Av1 x Av2

✔ 2단 RC 결합 증폭기의 전체 회로이득은 무엇과 같은가?

a. 각단의 이득의 합
b. 각단의 이득의 곱
c. 각단의 이득의 차

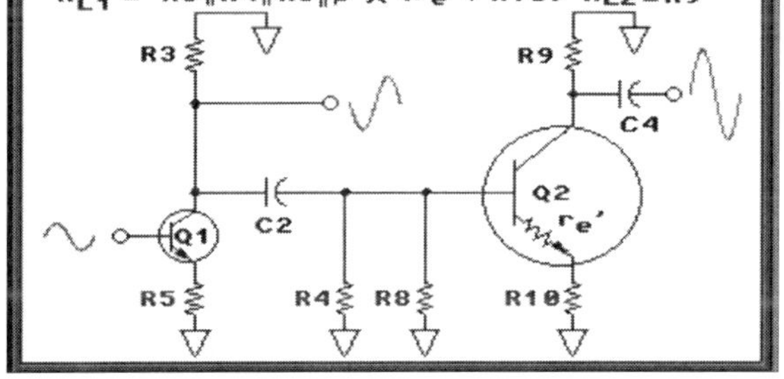

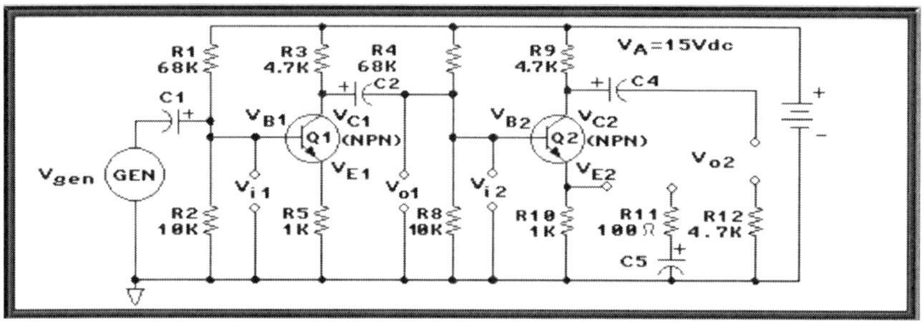

2단 RC 결합 증폭기는 두 개의 NPN 이미 터접지 증폭기로 구성한다. 여기서 각 단에 서 위상이 반전되기 때문에 Vo2의 위상은 Vi1의 위상과 같다.

2단 RC 결합 증폭기의 전체 전압이득은 부하저 항 R12가 둘째단(Q2)의 콜렉터 단의 커패시터 C 4에 연결되면 변화된다.

출력 부하 저항(R_{L2})은 이제 R9와 R12의 병렬 저항값으로 된다. 따라서 부하 저항값이 작아지므로, 이득은 작아진다.

✔ R12가 둘째단의 출력에 연결되면, Q2의 부하저항(R_{L2})의 값은 ?
a. R9 b. R12 c. R9와 R12의 병렬 저항값

바이패스 커패시터를 연결하면 둘째단(Q2)의 이미터 저항(R10)이 변화된다.

둘째단의 이미터저항(R10, 1 kW)이 둘째단의 출력신호와 이득에 끼치는 영향을 C5와 R11(100W)로 바이패스시켜 크게 감소시킬 수 있다. 이미터 저항을 바이패스시키면 둘째 단의 전압이득(Av2)과 전체 회로이득(Avc)이 커진다.

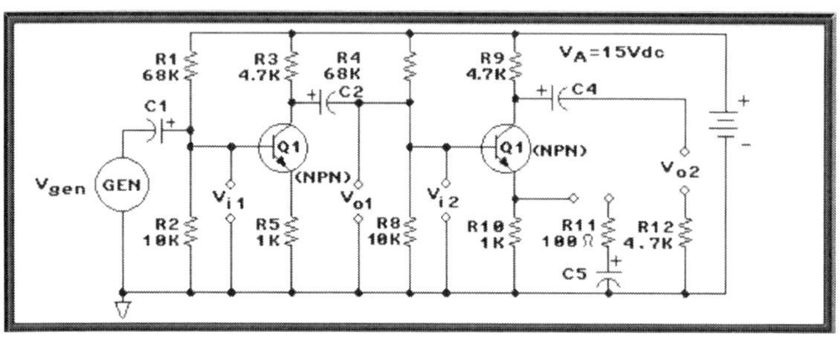

그러나, 이미터 저항 R10의 바이패스에 의해 첫단의 출력 부하저항 (R_{L1})이 약간 감소해서 그 결과 첫단의 이득(Av1)도 감소한다.

C5와 R11이 Q2의 이미터단에 연결 되면, 이미터 저항이 1 kW 로부터 91W 으로 감소한다. 이 값은 R11과 R10의 병렬 저항값이다.

R10이 바이패스된 경우 전압이득을 계산할때 꼭 저항 r_e' (약 21W)을 고려해야 한다. 따라서 전체 이미터저항값은 91W + 21W = 112W이다.

✔ C5와 R11이 Q2에 연결될 때 총 이미터 저항값은 감소한다. 그 이유는 R11이 어떤 저항과 병렬로 연결되기 때문인가?
  a. R10 b. R12 c. R8

실험과정

1. RC COUPLING/TRANSFORMER COUPLING 회로블럭을 찾아, 그림과 같이 RC 결합 교류 동작 회로를 연결한다.

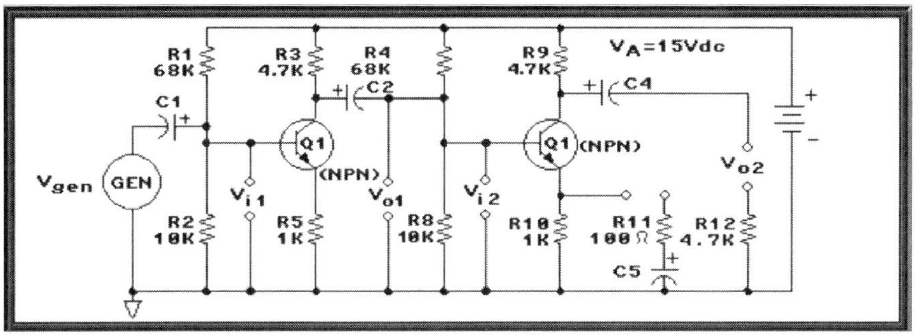

2. 접지를 기준으로 공급전압(V_A)을 측정하자.
   VA = Vdc

3. 오실로스코프의 채널 1의 신호를 관찰하면서, 트랜지스터 Q1의 베이스의 교류 입력신호(V_{i1})가 1 kHz, 100 mV_{pk-pk}가 되도록 사인파발생기를 조정한다.

4. 오실로스코프 채널 2 포로브를 Q1 출력인 콜렉터 전압 (V_{o1})에 연결하자.

5. V_{o1}값은 얼마인가?
   Vo1 = mVpk-pk

6. V_{o1}과 V_{i1}의 위상관계는 어떠한가?
   a. 위상이 같다.
   b. 180으 위상차가 있다.

7. Q1의 전압이득을 계산하자.
   Vi1 = 100 mVpk-pk
   Vo1 = #V21,,3,0# mVpk-pk
   Av1 = -Vo1 /Vi1 =

참고: 음의 부호(-)는 위상이 반전됨을 의미한다.

8. 채널 1 프로브를 Q2의 베이스단에 연결하여, 둘째단 교류 입력신호(V_{i2})를 측정하자.
   Vi2 =   mVpk-pk

9. V_{i2}와 V_{o1}이 같은가?
   Vo1 = #V21,,3,0# mVpk-pk
   Vi2 = #V23,,3,0# mVpk-pk

   a. 예   b. 아니오

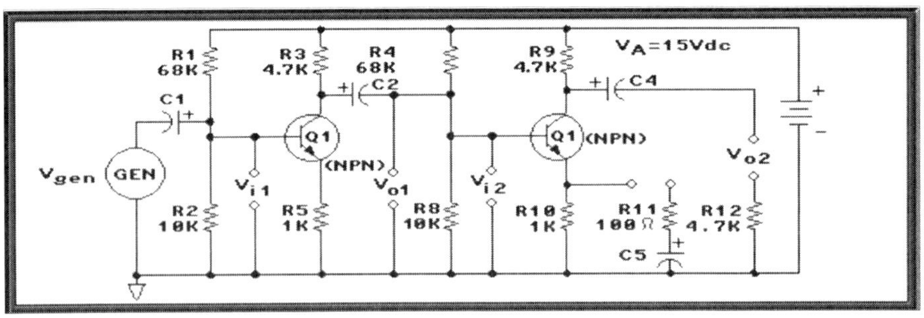

10. 채널 2 프로브를 Q2의 콜렉터단에 연결하여, 둘째단의 교류 출력신호(Vo2)를 측정하자.

   @ =   mVpk-pk

11. V_{o2}와 V_{i2}의 위상관계는 어떠한가?
   a.위상이 같다.   b. 180° 위상차가 있다.

12. Q2의 전압이득을 계산하자.
   Vi2 = #V23,,3,0# mVpk-pk
   Vo2 = #V24,,4,0# mVpk-pk

   Av2 = -Vo2 /Vi2
       =

13. 채널 1 프로브를 Q1의 베이스에 연결하여 V_{i1}를 측정하자. V_{o2}와 V_{i1}위상관계는 어떠한가?
   a. 180° 위상차가 있다.
   b. 위상이 같다.

14. 전체 회로 전압이득 Avc을 계산하자.
   Vo2 = #V24,,4,0# mVpk-pk
   Vi1 = 100 mVpk-pk

   Avc = Vo2 /Vi1
       =

15. 전체회로 전압이득(Avc)은 Av1와 Av2의 곱과 같은가?
   a. 같다 b. 아니다

Avc = #V26,,4,1#
Av1 = #V22,,5,2#
Av2 = #V25,,5,2#

참고: 다음단계의 과정부터 Q2의 출력단에 부하저항 R12가 연결한 상태로 실험한다.

16. Q2의 출력단에 2핀 커넥터를 이용하여 R12와 C4를 연결시킨다.

   교류신호일 경우, R12와 Q2 콜렉터 저항 R9는 병렬로 연결된다.

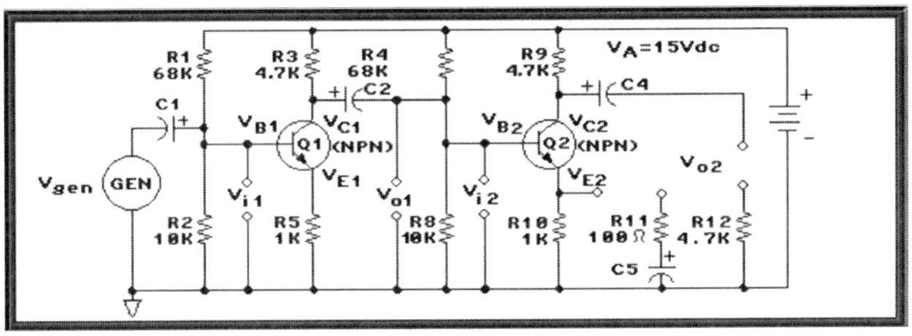

17. 입력신호(V_{i1})가 1 kHz, 100 mV_{pk-pk}일때 $V_{o2(L)}$를 측정하자.
   $V_o2(L)$ = mVpk-pk

18. 전체 회로 전압이득(Avc_L)을 계산하자.
   Vo2(L) = #V27,,3,9# Vpk-pk Vi1 = 100 mVpk-pk

   AvcL = $V_o2(L)$ /Vi1

   =

19. 부하가 있는 전체회로이득(Avc_L)이 앞에서 계산한 부하가 없는 전체회로이득(Avc)보다 작은가?

   Avc = #V26,,4,1# AvcL = #V28,,3,1#

   a. 예 b. 아니오

참고: 다음단계의 과정부터 부하를 Q2의 출력단과 연결하고, 이미터 저항 R10을 바이패스시킨 상태로 실험한다.

20. 2핀 커넥터를 이용하여 Q2의 이미터단에 저항 R11과 C5를 연결시켜 이미터 저항 R10를 바이패스 시킨다.
   부하저항 R12는 C4에 연결된 상태로 둬야한다.

21. 입력 신호(V_{i1})이100 mV_{pk-pk} 일때, $V_{o2(L/B)}$를 측정하자.
$V_o2(L/B)$ = mVpk-pk

22. 전체 회로 전압이득($Av_{C(L/B)}$)을 계산하자.
Vi1 = 100 mVpk-pk
$V_o2(L/B)$ = #V29,,4,0# mVpk-pk

Avc(L/B) = Vo2(L/B) /Vi1

=

AvcL = #V28,,3,1#
Avc(L/B) = #V30,,4,1#

23. 이미터 저항을 바이패스시켰을 때, 전체 회로이득(Avc)이 크게 증가하였는가?
a. 그렇다 b. 아니다

결 론

p RC 결합 2단 증폭기의 전압이득은 각 단의 전압이득의 곱과 같다.

p RC 결합 NPN 이미터접지 증폭기의 출력 신호는 입력신호와 위상이 같다.

p RC 결합 증폭기의 출력단에 외부 저항을 연결하면 전압이득이 감소한다.

p 커패시터를 사용해 둘째단의 이미터저항을 바이패스 시키면 전압이득이 커진다.

실험 3

실험목표

이 실험에서는 RC 결합 증폭기의 주파수 특성을 측정값을 이용하여 이해하자. 그리고 멀티미터와 오실로스코프로 그 결과를 확인하자.

기본내용

증폭기의 이득은 모든 주파수의 입력신호에 대해서 같은 것이 아니다.

입력신호의 주파수에 따라 이득이 변화하는 결과를 주파수 응답 이라고 앞에서 언급했다.

이 실험에서 사용된 RC 결합 증폭기의 이득은 그래프에서 보인 것과 같이 20 Hz 이하와 100 kHz 이상에서 서서히 감소한다.

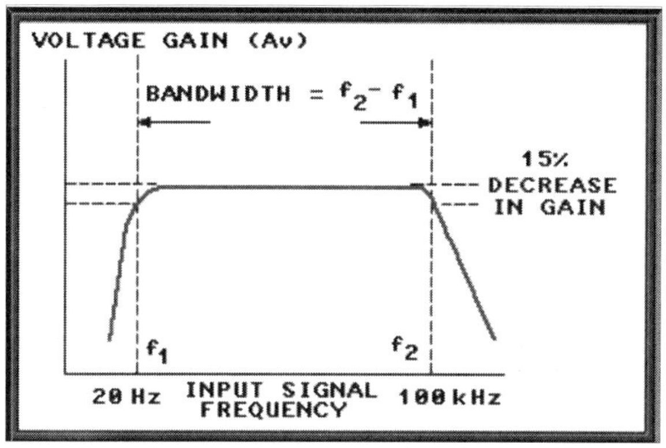

여기서 증폭기의 이득이 비교적 거의 일정한 신호의 주파수 영역을 그 증폭기의 *대역폭(bandwidth)* 이라고 한다.

✔ 증폭기에서 주파수에 따라 이득이 변화하는 것을 무엇이라고 하는가?
   a. 주파수응답
   b. 대역폭
   c. 이득

일반적으로, 음성 증폭기(audio amplifier)의 이득이 15%이상 떨어질때의 주파수가 대역폭 주파수 영역의 한쪽 끝이다. 음성 증폭기의 주파수 응답곡선은, 우리들이 들을 수 있는 약 20 Hz에서 20 kHz까지의 주파수 구간에서 이득이 거의 일정한 곡선이어야 한다.

✔ 여기서 표현한 RC결합 증폭기의 대역폭은 대충 어느 정도인가?
   a. 20 Hz ~ 100 Hz　　　　b. 20 Hz ~ 100 kHz
   c. 20 kHz ~ 100 kHz　　　d. 위에 답이 없다.

결합 커패시터(C2)가 낮은 주파수에 대해 주파수 응답에 영향을 줄 수 있다.

1.0 mF 커패시터의 용량성 리액턴스(X_C) 는, 50 Hz의 주파수에서 둘째단의 교류 입력신호(V_{i2})의 진폭에 큰 영향을 주지 않는다.

둘째단 입력신호(V_{i2})는 첫단 출력신호(V_{o1})와 같다. 그러나, 커패시터의 커패시턴스가 1.0 mF 의 1/100인 0.01 mF 으로 감소되면, 용량성 리액턴스 (X_C)는 그에 따라 100배 증가한다.

C2가 0.01 mF으로 바뀌면, X_C 와 Q2의 입력 임피던스가 마치 전압분배 회로처럼 동작 하여, 5 kHz 이하의 주파수에서 V_{i2}가 V_{o1}보다 굉장히 작게 된다.

✔ C2와 Q2의 입력임피던스가 전압분배 회로로 동작한 결과, 5 kHz 이하의 신호에서 전체 회로 이득 (Avc)의 변화는?
   a. 감소한다.
   b. 증가한다.
   c. 그대로 유지한다.

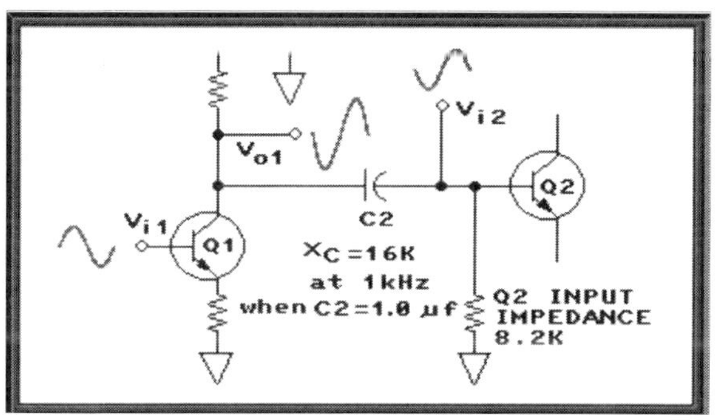

주파수 의존적인 증폭회로 파라미터와, 회로 소자 또는 부품에 분포하는 여러 커패시턴스의 영향을 받아 대역폭의 높은 쪽 끝이 변화된다.

✔ 대역폭의 높은쪽 끝을 변화시키는 요인은 무엇인가?
  a. 주파수 의존적인 증폭기 파라미터
  b. 회로부품들 사이에 산재하는 여러 커패시턴스
  c. 위 모두 답이다.
  d. 위에 답이 없다.

실험과정

1. RC COUPLING/TRANSFORMER COUPLING 회로블럭을 찾아, 그림과 같이 주파수 응답을 측정하기 위한 RC결합 증폭기를 구성하자.

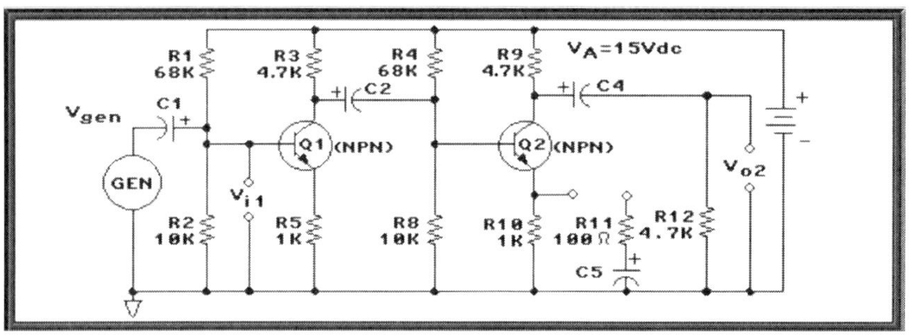

R12는 C4에 연결하지만, R11은 R10에 연결하지 않는다.

2. 접지를 기준으로 공급전압(V_A)을 측정하자.
   VA = Vdc

3. 트랜지스터 Q1의 베이스단의 교류 입력신호(V_{i1}) 가 1 kHz, 100 mV_{pk-pk}이 되도록 오실로스코프 채널 1로 신호를 관찰하면서 사인파 발생기를 조정하자.

4. 오실로스코프 채널 2의 프로브를 둘째단 교류 출력신호(V_{o2})를 측정할 수 있도록 C4에 연결하자.

신호의 주파수 Hz	V_{o2} mV_{pk-pk}	Avc_L (V_{o2} /V_{i1})
20		
50		
1k		
50k		
100k		

5. 1 kHz일 때 V_{o2}를 측정하자.

6. 사인파 발생기를 20 Hz로 조정하고, 필요하다면 입력신호(V_{i1})를 100 mV_{pk-pk}로 재조정한다.
20 Hz 일때 V_{o2}를 측정하자.

7. 사인파 발생기를 50 Hz로 조정하고, 필요하다면 입력신호(V_{i1})를 100 mV_{pk-pk}로 재조정한다.
50 Hz 일때 V_{o2}를 측정하자.

8. 사인파 발생기를 50 kHz로 조정하고, 필요하다면 입력신호(V_{i1})를 100 mV_{pk-pk}로 재조정한다.
50 kHz 일때 V_{o2}를 측정하자.

9. 사인파 발생기를 100 kHz로 조정하고, 필요하다면 입력신호(V_{i1})를 100 mV_{pk-pk}로 재조정한다.
100 kHz 일 때 V_{o2}를 측정하자.

신호의 주파수 Hz	V_{o2} mV_{pk-pk}	Avc_L (V_{o2} /V_{i1})
20	#V32,,3,0#	
50	#V33,,3,0#	
1k	#V31,,3,0#	
50k	#V34,,3,0#	
100k	#V35,,3,0#	

10. 입력신호가 100 mV_{pk-pk}, 20 Hz일때 부하있는 회로의 전체 이득(Avc_L)을 계산하자.
AvcL = Vo2 /Vi1

11. 입력신호가 100 mV_{pk-pk}, 50 Hz일때 부하있는 회로의 전체 이득(Avc_L)을 계산하자.
AvcL = Vo2 /Vi1

12. 입력신호가 100 mV_{pk-pk}, 1 kHz일때 부하있는 회로의 전체 이득(Avc_L)을 계산하자.
AvcL = Vo2 /Vi1

13. 입력신호가 100 mV_{pk-pk}, 5 kHz일때 부하있는 회로의 전체 이득(Avc_L)을 계산하자.
AvcL = Vo2 /Vi1

14. 입력신호가 100 mV_{pk-pk}, 100 kHz일때 부하있는 회로의 전체 이득(Avc_L)을 계산하자.
AvcL = Vo2 /Vi1

15. RC 결합 2단 증폭기 회로의 대표적인 주파수 응답곡선이다.

증폭기 이득($Avc_{(L)}$)을 계산한 주파수들에 해당하는 점을 응답 곡선위에 표시하였다. 주파수 응답곡선의 X 축은 입력신호의 주파수 10 Hz부터 1 MHz까지의 대수 (log)단위로 표현되어 있다.

16. 응답곡선에서 전체회로 이득이 20 Hz 이하에서 급격히 증가하고, 100 kHz 이상에서 급격히 감소하는가?
  a. 예　　　　b. 아니오

17. 20 Hz부터 20 kHz까지의 가청(음성)주파수 구간 에서의 이득이 일반적으로 RC 결합 증폭기 대역폭 내에 있는가?
  a. 예　　　　b. 아니오

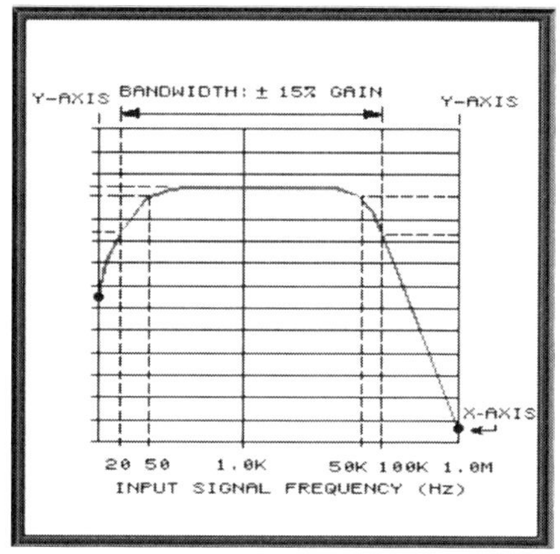

결 론

- 이득이 주파수에 따라 변화하는 방식을 주파수 응답이라고 한다.
- 대역폭은 이득이 비교적 일정한 신호의 주파수 구간이다.
- 결합 커패시터의 크기는 저주파 신호에서 주파수응답에 영향을 끼친다.
- 대역폭의 높은쪽 주파수 끝은 주파수 의존적인 증폭기 파라미터와, 회로부품 또는 소자에 존재하는 여러 커패시턴스에 영향을 받는다.

unit 14

변압기 결합 증폭기

단원목표

이 단원에서는 변압기 결합 2단 증폭기의 동작을 측정한 회로 상태를 이용하여 설명할 수 있다.

단원 기본지식

만약 첫단 증폭기의 출력과 둘째단 증폭기의 입력을 변압기(transformer)로 연결할 경우, 이러한 증폭기는 변압기 결합(또는 변성기결합)되었다고 한다.

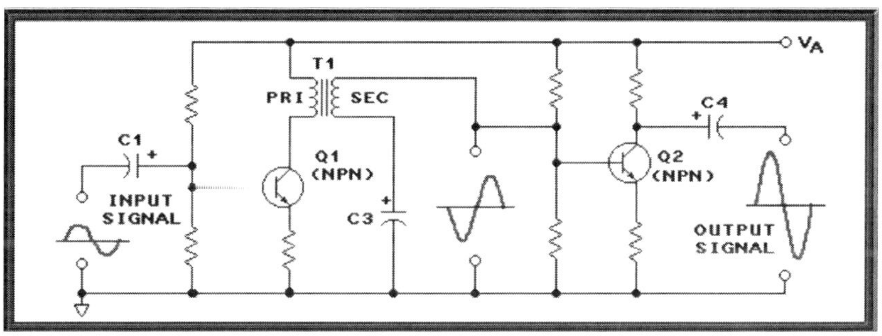

변압기(transformer)는 첫단 증폭기(Q1)의 큰 출력임피던스와 둘째단 증폭기(Q2)의 작은 입력임피던스를 정합(matching)시킨다. 변압기 결합 증폭기는 RC 결합 증폭기보다 더 작은 전력을 소비한다. 왜냐하면 변압기의 코일에서 생기는 전압강하는 콜렉터저항을 썼을 때보다 작아서 더 작은 직류 공급전압을 허용하기 때문이다. 변압기 결합 증폭기의 주파수응답은 정상적인 경우 RC 결합 증폭기보다 좋지 않다.

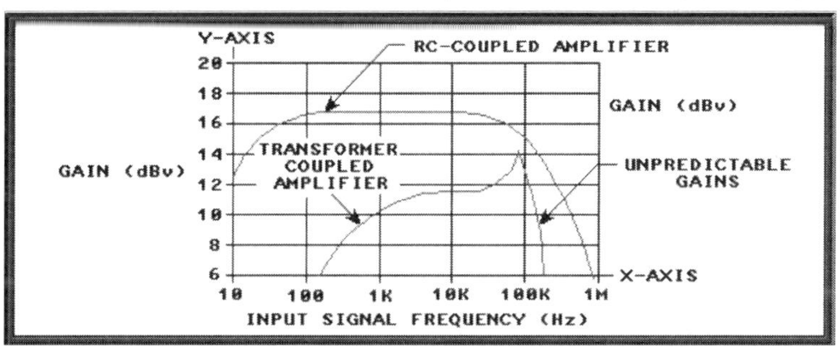

✓ 변압기 결합의 설명으로 맞는 것은?
a. 2단 증폭기의 높은 출력임피던스와 작은 입력임피던스를 정합시킨다.
b. RC 결합된 것보다 더 작은 전력을 소비한다.
c. 주파수 응답은 보통 RC 결합보다 좋지 않다.
d. 위의 답이 모두 맞다.

필요한 실험도구

다음 실험을 위해서 필요한 실험도구들:

- F.A.C.E.T. 베이스 유닛
- 파워 서플라이(15 Vdc 2개)
- 멀티미터
- 오실로스코프(dual trace)
- 사인파 발생기
- TRANSISTOR AMPLIFIER CIRCUITS 회로보드

실험 1

실험목표

이 실험을 마치면, 측정값을 이용하여 변압기 결합 2단 증폭기의 직류 동작 조건을 결정할 수 있다. 그리고 이 결과를 멀티미터로 확인할 수 있다.

기본내용

아래 그림은 변압기 결합 증폭기의 직류 동작 회로를 표현한 것이다.

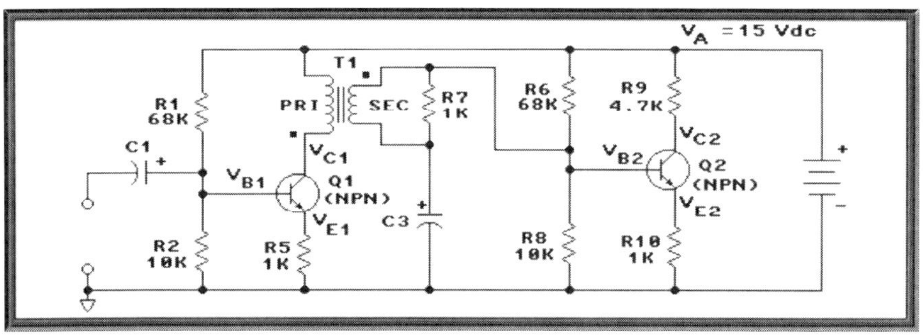

이 회로에는 두 개의 NPN 이미터접지 증폭기(Q1과 Q2)를 포함하고 있다.

변압기 T1의 1차코일은 첫단 증폭기(Q1)의 콜렉터단과 직류 공급전압사이에 연결되어 있다. 그리고 변압기의 2차 코일은 둘째단 증폭기(Q2)의 베이스단과, 직류전류를 막는 커패시터(C3)를 통해있는 접지사이를 연결하고 있다.

✔ 변압기 T1의 1차 코일은 직류 공급전압과 어디사이를 연결하는가?
a. Q1 콜렉터　　b. Q2 콜렉터　　c. Q2 베이스

변압기 T1은 전기적으로 첫단과 둘째단의 교류신호만 연결시킨다.

두 단사이에서 직류 전류의 흐름은 변압기에 의해 막아지고, 각 단의 직류 바이어스를 분리시킨다. 변압기는 전기적으로 교류신호에 대해 능동 소자이다.

✔ 변압기 T1은 ?
a. 첫단과 둘째단을 교류 결합시킨다.
b. 단 사이의 직류바이어스 전류를막는다.
c. 위 답이 모두 맞다.
d. 위에 답이 없다.

저항 R7 (1 kΩ) 은 변압기의 2차 코일과 병렬로 연결되어있다. 이것은 2차코일의 임피던스를 T1의 특성값보다 작게 유지시키기 위해 필요하다.

두 증폭기(Q1과 Q2)는 동일한 전압분배 회로와 이미터저항을 가지고 있다. 즉 각 트랜지스터의 직류 베이스,이미터 전압(V_B 와 V_E)은 같게 된다. 그러나, 각 단의 콜렉터 회로는 서로 다르다. 첫단 콜렉터 회로에는 변압기 T1의 1차 코일이 있고, 콜렉터 저항은 연결되어 있지 않다. 1차 코일의 저항성분은 약 290Ω 정도로 작다. 1차 코일의 저항성분이 작기 때문에 콜렉터 전압(V_{C1})이 직류 공급전압(V_A)보다 약간 작게 된다.

✔ 콜렉터 전압(V_{C1})은 직류 공급전압(V_A)보다 약간 작은 이유는 무엇인가?
a. 1차 코일의 저항성분이 작기 때문
b. 1차 코일의 저항성분이 크기 때문
c. 변압기를 통해 1차 코일과 2차 코일이 직류 결합되기 때문

둘째 단은 콜렉터 저항 R9(4.7 kΩ)를 가지고 있다.

이 콜렉터 저항은 둘째단의 콜렉터 전압(V_{C2})이 콜렉터 전류조건에 의해 약 9.0 Vdc의 전압강하가 생기게 한다.

✔ 둘째단 콜렉터 전압(V_{C2})은 ?
a. 콜렉터 전류조건으로 약 9.0 Vdc이다.
b. 1차코일의 저항성분이 작아 VA보다 약간 작다.

실험과정

1. RC COUPLING/TRANSFORMER 회로 블럭을 찾아, 직류동작을 알아보기 위한 변압기 결합 회로를 그림과 같이 구성한다.

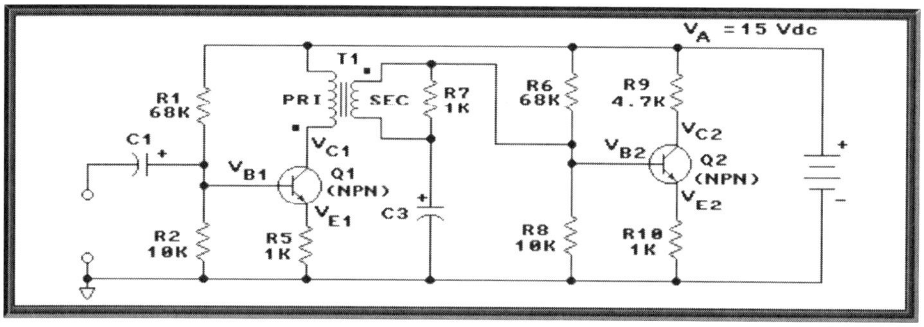

2. 금방 연결한 증폭 회로가 변압기 결합회로임을 나타내는 소자는 어떤 것인가?
   a. Q1
   b. T1
   c. C1

3. 접지를 기준으로 공급전압(V_A)을 측정하자.
   VA = Vdc
   VC1 = Vdc
   VB1 = Vdc
   VE1 = Vdc

4. 첫단 증폭기(Q1)의 콜렉터 전압(V_{C1})을 접지를 기준으로 측정하자.

5. 첫단 증폭기(Q1)의 베이스 전압(V_{B1})을 접지를 기준으로 측정하자.

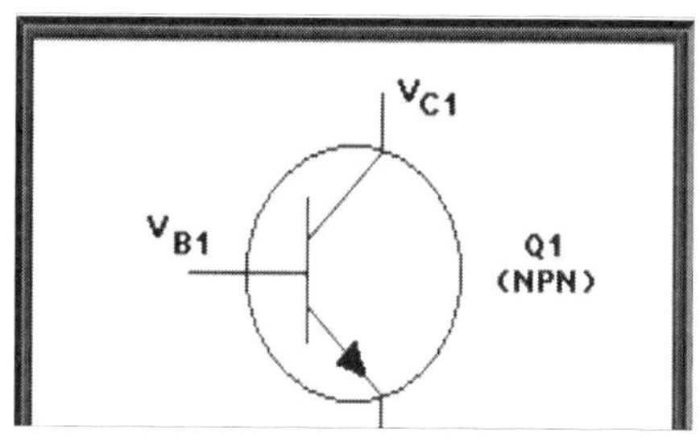

6. 첫단 증폭기(Q1)의 이미터 전압(V_{E1})을 접지를 기준으로 측정하자.

7. 앞에서 측정한 값을 볼 때,
   V_{C1} = #v1,,5,2# Vdc
   변압기 1차 코일의 저항성분이 작은가?

   VB1 = #v2,,4,2# Vdc
   VE1 = #v3,,4,2# Vdc
   VA = #va,,5,2# Vdc

   a. 그렇다　　b. 아니다

8. 그리고 또 측정한 값을 볼 때, Q1의 베이스-이미터 접합이 순방향 바이어스 되어있나?
   a. 그렇다　　b. 아니다

9. 측정한 값을 볼 때,
Q1의 베이스-콜렉터 접합이
역방향 바이어스 되어있나?
a. 그렇다 b. 아니다

V_{C1} = #v1,,5,2# Vdc
V_{B1} = #v2,,4,2# Vdc
V_{E1} = #v3,,4,2# Vdc

10. 그러면 NPN 증폭기 Q1의 바이어스가 잘못되어있나?
a. 그렇다 b. 아니다

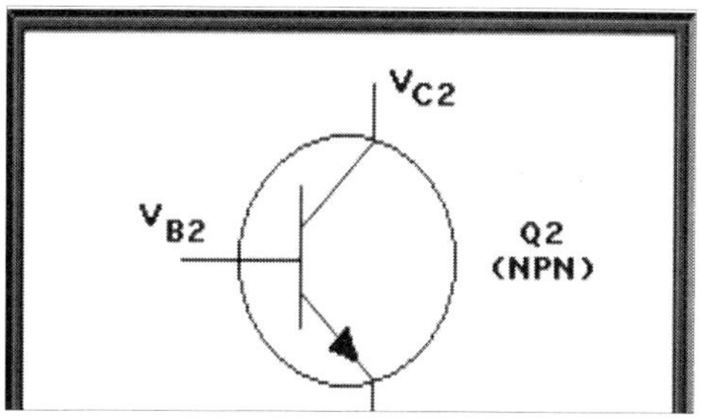

11. 둘째단 증폭기(Q2)의 콜렉터 전압(V_{C2})을 접지를 기준으로 측정하자.
V_{C2} = Vdc

12. 둘째단 증폭기(Q2)의 베이스 전압(V_{B2})을 접지를 기준으로 측정하자.
V_{B2} = Vdc

13. 둘째단 증폭기(Q2)의 이미터 전압(V_{E2})을 접지를 기준으로 측정하자.
V_{E2} = Vdc

14. 측정한 값을 볼때, Q2의 베이스-이미터 접합이
순방향 바이어스되있나?
a. 그렇다 b. 아니다

V_{C2} = #v5,,5,2# Vdc
V_{B2} = #v6,,4,2# Vdc
V_{E2} = #v7,,4,2# Vdc

15. 측정한 값을 볼때, Q2의 베이스-콜렉터 접합이 역방향 바이어스되있나?
a. 그렇다 b. 아니다

16. 그러면 NPN 증폭기 Q2의 바이어스가 잘못되어있나?
a. 그렇다 b. 아니다

	Q1	Q2
V_C	#v1,,5,2# Vdc	#v5,,5,2# Vdc
V_B	#v2,,4,2# Vdc	#v6,,4,2# Vdc
V_E	#v3,,4,2# Vdc	#v7,,4,2# Vdc

17. 첫단과 둘째단 증폭기의 직류 바이어스는 서로 같은가?
a. 그렇다 b. 아니다

18. Q1 콜렉터 전압과 Q2 베이스 전압이 같은가?
a. 그렇다 b. 아니다

결 론

- p 첫단 증폭기의 출력과 둘째단 증폭기의 입력을 변압기(transformer)가 연결할 경우, 증폭 회로가 변압기 결합되었다고 한다.
- p 첫단 이미터 접지 증폭기의 콜렉터 회로에 있는 변압기 1차 코일은 직류 저항성분이 작다.
- p 변압기는 첫단과 둘째단 증폭기사이의 직류 전류를 막아 각각의 직류 바이어스를 유지시킨다.
- p 둘째단 트랜지스터의 직류 바이어스를 유지시키기 위해 회로상의 변압기 2차코일은 커패시터를 통해 접지를 시켜야만 한다.

실험 2

실험목표

이 실험을 마치면, 변압기 결합된 2단 증폭기의 교류 전압이득, 임피던스정합, 입력과 출력 위상관계를 측정값과 계산값을 이용하여 판단할 수 있다. 그 결과를 멀티미터와 오실로스코프로 확인한다.

기본내용

변합기 결합 2단 증폭기의 교류 동작을 알아보기 위한 회로를 그림에 보였다.

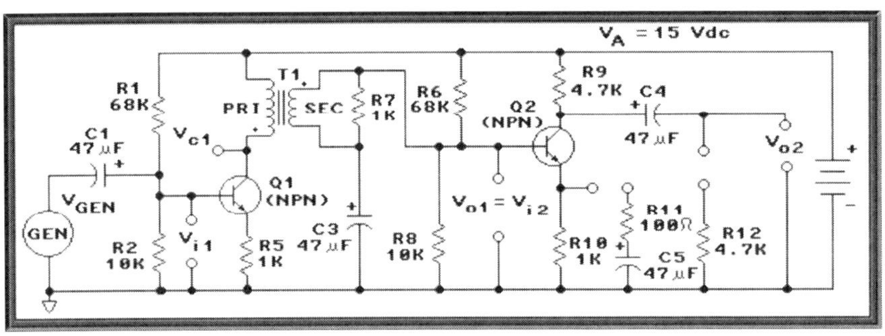

사인파 발생기(GEN)에서 교류 입력신호(V_{i1})를 첫단 증폭기(Q1)의 베이스단에 넣어준다.
T1의 1차 코일은 첫단 증폭기 Q1의 콜렉터 회로에 있다. 그리고 T1의 2차 코일은 둘째단 증폭기 Q2의 베이스단과 연결되어 있다.

이 회로에서 변압기의 기능은 둘째단의 작은 입력임피던스와 첫단의 높은 출력임피던스를 정합(matching) 시킨다.

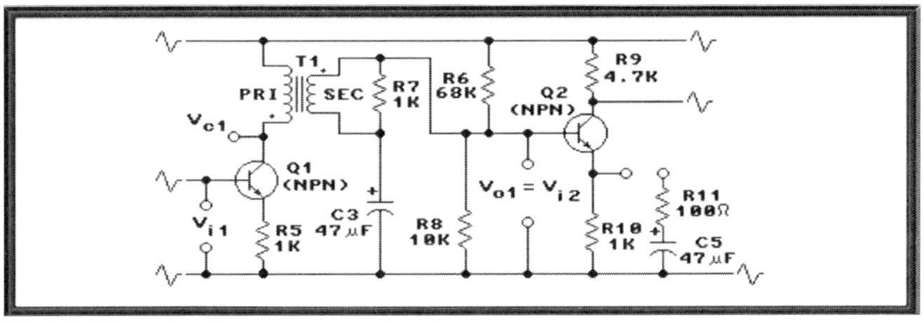

✔ T1은 첫단 출력의 높은 임피던스와 무엇을 정합(matching)시키는가?
a. 둘째단의 높은 입력임피던스
b. 첫단의 작은 입력임피던스
c. 둘째단의 작은 입력임피던스

콜렉터 회로의 변압기의 1차 코일의 임피던스(Z_P)는 권선비(N_P /N_S)의 제곱과 2차 코일의 임피던스 (Z_S)를 곱한 것과 같게 된다.

ZP = ZS x (NP /NS)2

권선비(turn ratio): N_P /N_S = 1.96

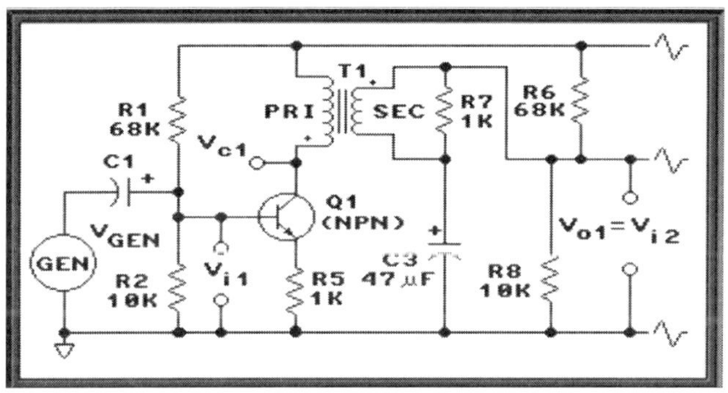

2차 코일에 연결되어 있는 둘째단 베이스 회로의 임피던스는 0.89 kΩ 이다.

이 값은 R7, R6, R8, β (h_{fe}) x (r_e' + R10)과의 병렬 저항값이다.

변압기 T1의 권선비(N_P /N_S)는 1.96이다.

ZP = ZS x (NP /NS)2

Z_S가 0.89 kΩ 일때
1차 코일의 임피던스 (Z_P)는 얼마인가?

ZP =   kΩ

변압기는 1차 코일과 2차 코일의 교류 첨두-첨두 전압을 권선비에 비례하게 감소시킨다(강압 변압기라는 말을 씀).

첫단 이미터접지 증폭기의 콜렉터 신호(V_{c1})의 위상은 입력신호(V_{i1})와 정확하게 180° 위상차가 생기지 않는다. 그 이유는 변압기 1차 코일의 유도성 리액턴스 때문이다.

변압기의 2차 코일의 신호(V_{o1})의 위상은 2차 코일이 연결된 단자에 따라 1차 코일 신호(V_{c1})의 위상과 같거나, 180° 위상차가 생긴다.

1차 코일의 아랫부분의 점과 2차 코일의 윗부분의 점은 두 점에서의 신호가 서로 위상이 같다는 것을 말해준다.

첫단(Q1)의 전압이득(Av1)은 입력신호와 출력신호의 전압비율이다.

$$Av1 = -V_{o1} / V_{i1}$$

참고: 음의 부호(-)는 위상반전을 의미한다.

첫단의 교류 입력신호(V_{i1})는 Q1의 베이스단에서 측정할 수 있고, 출력신호(V_{o1})는 Q2의 베이스단자에서 측정할 수 있다.

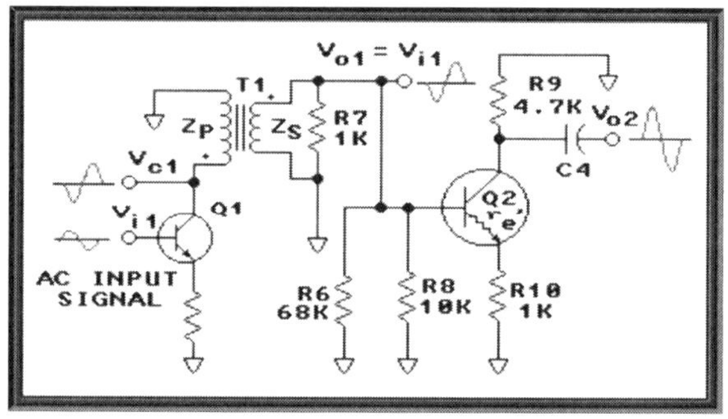

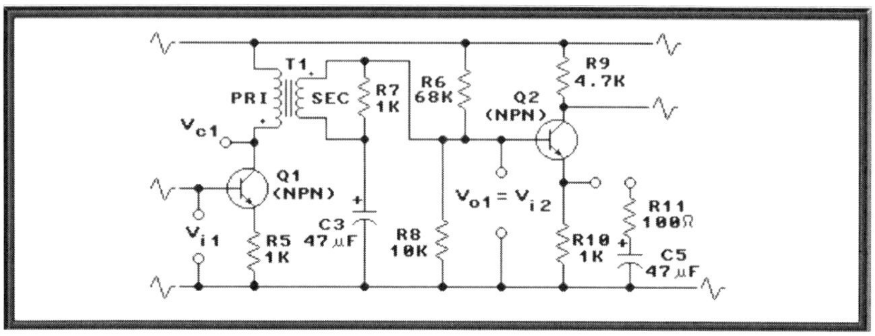

첫단의 출력신호(V_{o1})는 첫단 콜렉터 신호(V_{c1})보다 작은데 이것은 변압기에서 신호를 감소시키기 때문이다.

변압기에 의해서 첫단의 출력신호(V_{o1})는 어떻게 되는가?

a. 첫단 콜렉터 신호 Vc1과 같다.
b. Vc1보다 작다.
c. Vc1보다 크다.

Q2의 전압이득(Av2)은 다음과 같은 식으로 표현된다.

$$Av2 = -Vo2 / Vi2$$
$$Av2 = -RL2 / R10$$
$$Av2 = -R9/R10$$

변압기 결합 2단 증폭기에서 전체회로 전압이득(Avc)은 둘째단 출력신호와 첫단 입력신호의 비와 같다.

$$Avc = V_{o2} / V_{i1}$$

전체회로이득(Avc)은 또 각 단의 이득의 곱과 같다.

$$Avc = V_{o2} / V_{i1}$$

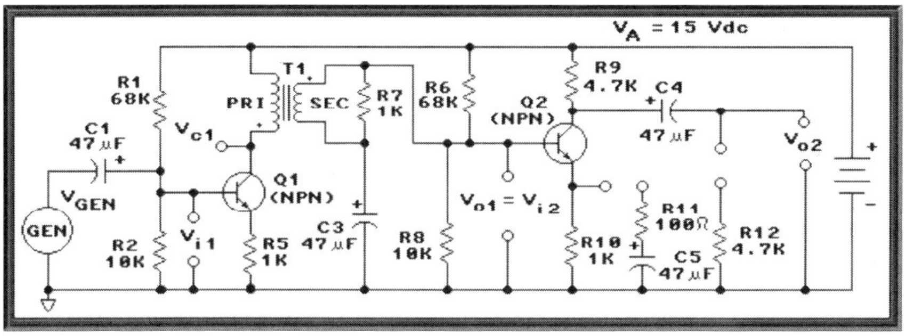

즉,

$$Avc = (-V_{o1} / V_{i1}) \times V_{o2} / V_{i2})$$

즉,

$$Avc = Av1 \times Av2$$

변압기의 유도성 리액턴스에 의해 출력 신호(V_{o2})의 위상은 입력신호(V_{i1})의 위상과 전혀 다르다.

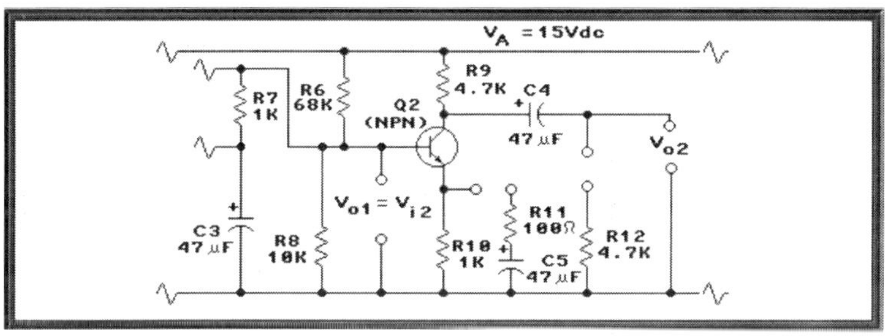

변압기의 동작에 의해, 교류 차단점은 직류 공급전압 (V_A)보다 높은 콜렉터-이미터 전압($V_{CE(cutoff)}$)에 있게 된다.

여기서 $V_{CE(cutoff)}$는 V_A.전압 2배보다 클 수 있다.

✔ 출력 신호(V_{o2})가 입력신호(V_{i1})의 위상과 전혀 다른 이유는?
  a. Q1과 Q2 트랜지스터에서 위상이 바뀌므로
  b. 변압기의 유도성 리액턴스 때문
  c. RC결합에 의해 위상이 바뀌므로

실험과정

1. RC COUPLING/ TRANSFORMER COUPLING 회로 블럭을 찾아, 그림과 같은 교류동작 회로를 연결한다.

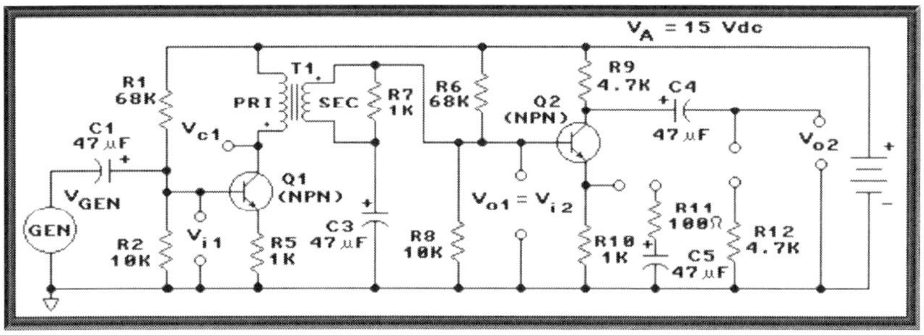

2. 접지를 기준으로 V_A를 측정한다.
   VA = Vdc

3. 오실로스코프 채널 1로 신호를 관찰하면서 트랜지스터 Q1의 베이스 단의 교류입력 신호(V_{i1})가 1kHz, 100 mV_{pk-pk}가 되도록 사인파 발생기를 조정한다.

4. 오실로스코프의 채널 2 프로브를 변압기 T1의 1차코일과 Q1 콜렉터 사이에 연결하 여 교류 콜렉터신호(V_{c1})를 측정한다.

   V_{o1}은 얼마인가?
   V_{o1} = mV_{pk-pk}

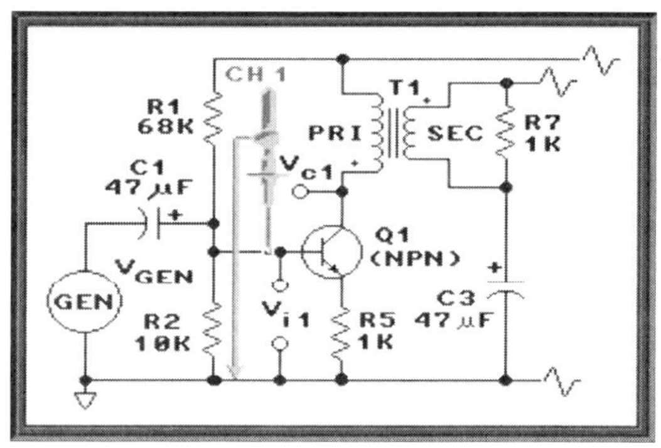

5. 오실로스코프의 채널 2 프로브를 Q1의 콜렉터에 연결한 채, 채널 1의 프로브를 Q1 이미터단(V_{e1})에 연결하자.

6. 채널 1과 2의 교류 신호의 직류전압을 측정하기 위해 오실로 스코프를 조정하자.

7. 콜렉터와 이미터 교류 신호가 차단점 즉, 왜곡이 생기기 시작하기 전까지 사인파 발생기를 조정하여 교류입력 신호를 증가시킨다.

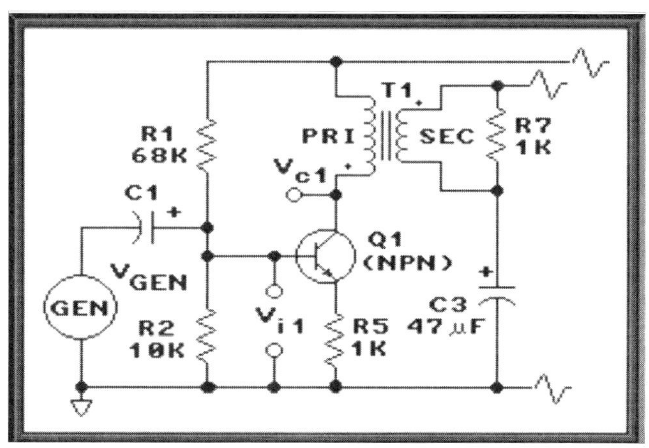

8. 채널 2의 콜렉터신호의 첨두값 (최대값)과 채널 1의 이미터 신호의 최소값과의 전압차($V_{CE(cutoff)}$)를 측정하자.
   VCE(cutoff) = Vdc

9. $V_{CE(cutoff)}$ 값이 직류공급 전압 (V_A)보다 큰가?
   VCE(cutoff) = #v21a,,5,2# Vdc
   VA = #va2,,5,2# Vdc
   a. 크다 b. 작다

10. 채널 1 프로브를 Q1의 베이스단에 연결하자.

입력신호(V_{i1})가 1 kHz, 100 mV_{pk-pk}가 되도록 사인파 발생기를 조정하자.

11. 첫단의 출력신호(V_{o1})가 이고 둘째단의 입력 신호(V_{i2})인 Q2의 베이스단에 채널 1 프로브를 연결하자.

V_{o1} (V_{i2})값을 측정해 기록하자.

V_{o1} (V_{i2}) = mV_{pk-pk}

12. V_{o1}(V_{i2})이 V_{c1}과 같은가?

a. 같다 b. 다르다

Vo1 (Vi2) = #v22,,3,0# mVpk-pk

Vc1 = #v21,,3,0# mVpk-pk

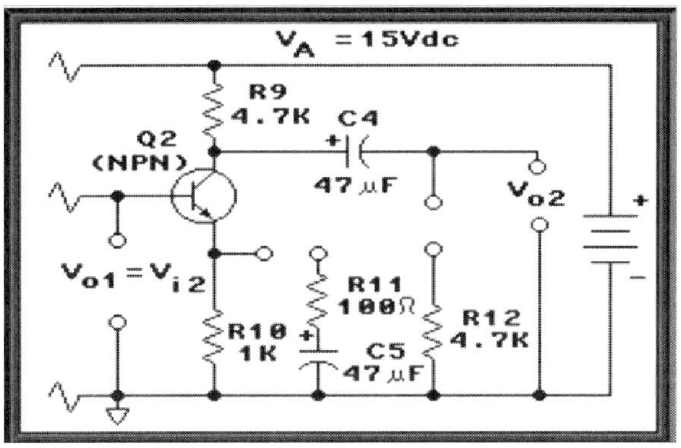

13. 전압을 측정한 결과 T1이 강압 변압기(step-down transformer)인가?

a. 그렇다 b. 아니다

14. Av1을 계산하자.

Av1 = -Vo1 /Vi1

=

Vo1 (Vi2) = #v22,,3,0# mVpk-pk

Vi1 = 100 mVpk-pk

15. 오실로스코프 채널 2 프로브를 V_{o2}에 연결하여 측정하자.

V_{o2}는 얼마인가?

V_{o2} = mV_{pk-pk}

V_{o2} = #v24,,3,0# mV_{pk-pk}

16. Av2를 계산하자.

Av2 = -Vo2 /Vi2

=

Vi2 = #v22,,3,0# mVpk-pk

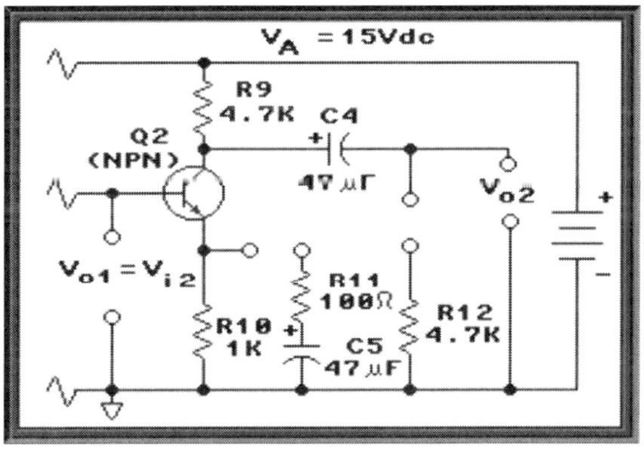

17. 채널 1 프로브를 Q1의 베이스(V_{i1})에 연결 해놓자.

V_{i1} = 100 mV_{pk-pk}

18. 전체 회로이득을 계산하자.

Avc = Vo2 /Vi1
=

Av1 = #v23,,5,2#
Av2 = #v25,,5,2#
Avc = #v26,,4,2#

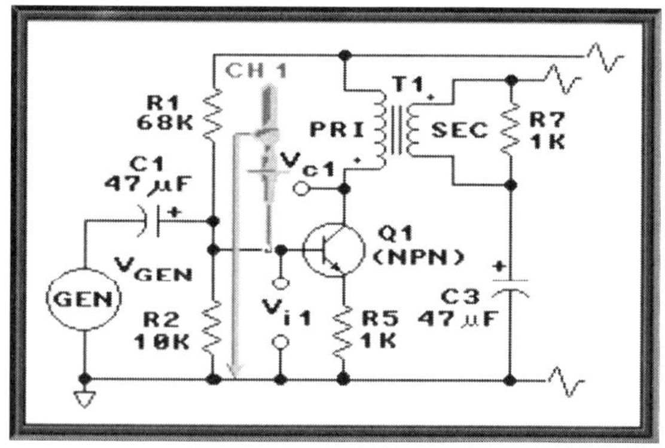

19. Avc값이 Av1와 Av2와의 곱과 같은가?
a. 예 b. 아니오

V_{o2}.를 계속 관찰하자.

R9와 저항값(4.7 kΩ)이 같은 부하저항(R12)를 연결하면 실제로 출력전압이 반으로 줄어든다.

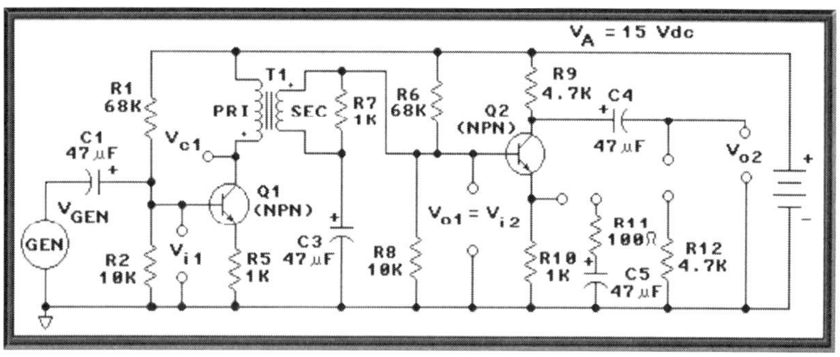

그리고 바이패스 커패시터(C5)를 Q2에 연결하면 교류신호의 이미터 임피던스가 작아져 전압이득이 아주 크게 증가한다.

결 론

p 변압기 결합 2단 증폭기에서, 변압기는 둘째단의 작은 입력임피던스와 첫단의 큰 출력임피던스를 정합시킨다.

p 첫단 증폭기의 교류 콜렉터-이미터 차단 전압 ($V_{CE(cutoff)}$)은 공급전압의 두배가 될 수 있다.

p 변압기 결합 2단 증폭기의 전압 이득은 각 단의 이득의 곱과 같다.

p 변압기 결합 증폭기 출력에 외부부하를 연결하면 전압이득이 감소된다.

p 커패시터를 이용하여 둘째단의 이미터 저항을 바이패스 시키면 전압이득이 크게 증가한다.

실험 3

실험목표

이 실험에서는 변합기결합 증폭기의 주파수응답 특성을 측정값을 이용하여 이해하고, 멀티미터와 오실로스코프를 이용하여 검사한다.

기본내용

전압 이득(Av), 즉 입력신호와 출력신호의 전압비는 수식적으로도, 대수(log)적으로도 표현된다.

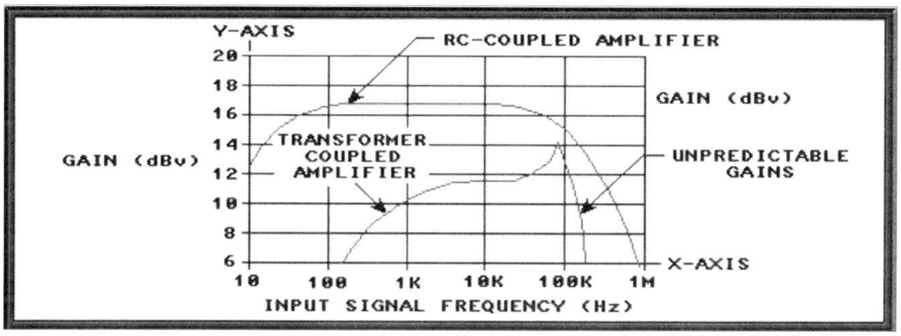

대수이득(logarithmic gain)의 단위는 데시벨(dB)을 사용한다.
데시벨로 표현한 대수 전압이득은 입력신호의 주파수 (X축)과 주파수응답 곡선(Y축)의 그래프로 나타낸다. 변압기결합 2단 증폭기의 주파수응답과 대역폭을 표현할 때도 데시벨(dB)을 사용한다.

✔ 대수 이득(logarithmic gain)의 단위는?
a. 데시벨 b. log

대수 전압이득(데시벨)은 다음과 같은 수식적인 전압이득으로부터 구할 수 있다.

전압이득[dB] = 20 $\log_{10}$ (V_o /V_i) 또는 20 $\log_{10}$ (Av)

이득을 표현할 때 데시벨을 쓰는 한가지 이유는 인간이 소리를 들을 때 대수적인 응답특성 (logarithmic response)을 나타내기 때문이다. 스피커 출력의 데시벨 값이 두배가 되면, 우리들에게 두 배 크기의 소리로 들린다. 데시벨 값으로 두배가 되는 것은 회로이득이 10배 증가하는 것과 똑같다.

✔ 스피커 출력의 데시벨 값이 두배 증가하면, 사람의 귀에 들리는 소리는 어떤가?
a. 똑같다
b. 2배의 소리로 들린다
c. 10배의 소리로 들린다

그림과 같이, 변압기결합 증폭기는 RC 결합 증폭기보다 주파수 응답특성이 좋지 않다. 그 이유는 회로상에 있는 변압기의 주파수 특성이 좋지 않기 때문이다.

T1은 200 Hz와 10 kHz 사이에 ñ2 dB의 주파수 응답특성을 가진다.

이 대역 밖에서 T1의 주파수 응답 특성을 예측하기가 힘들다.

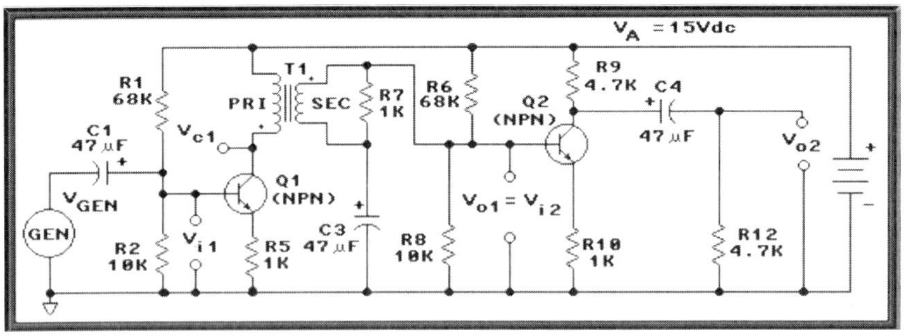

✔ 약 200 Hz부터 10 kHz까지의 대역 밖에서 이 증폭기의 주파수 특성을 신뢰할 수 없게 하는 소자는 ?

a. RC
b. 변압기
c. NPN 트랜지스터

실험과정

1. RC COUPLING/TRANS- FORMER COUPLING 회로 블럭을 찾아, 그림과 같이 주파수응답 측정 회로를 연결한다.

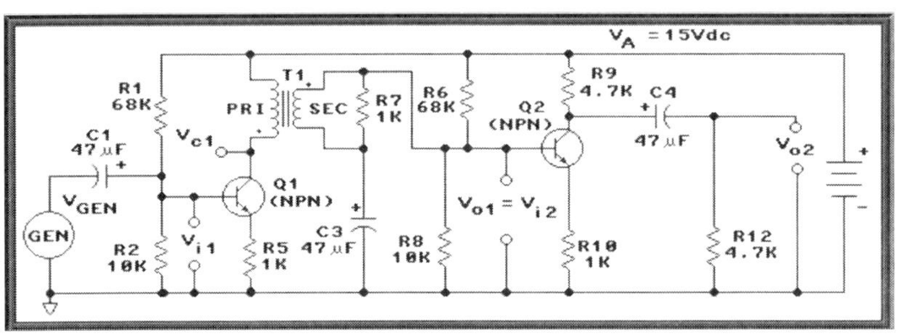

2. 접지 기준의 V_A를 측정하자.

V_A = Vdc

3. Q1의 베이스단의 교류 입력신호(V_{i1})가
1 kHz, 100 mV_{pk-pk}이 되도록, 오실로스코프 채널 1로 관찰하면서 사인파 발생기의 출력을 조정하자.

4. 오실로스코프 채널 2 프로브를 둘째단 Q2의 콜렉터 단에 연결하여 교류 출력신호(V_{o2})를 관찰하자.

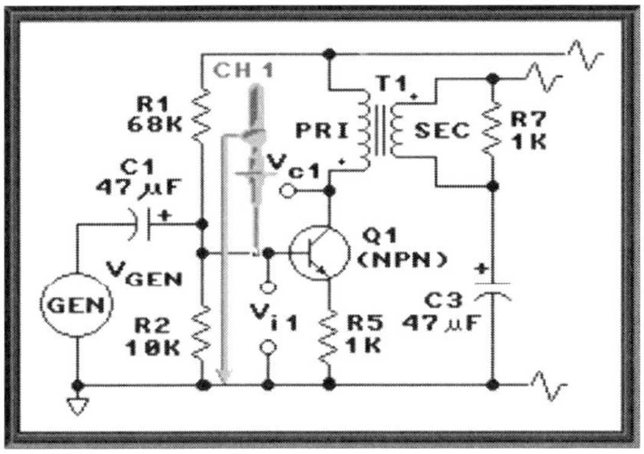

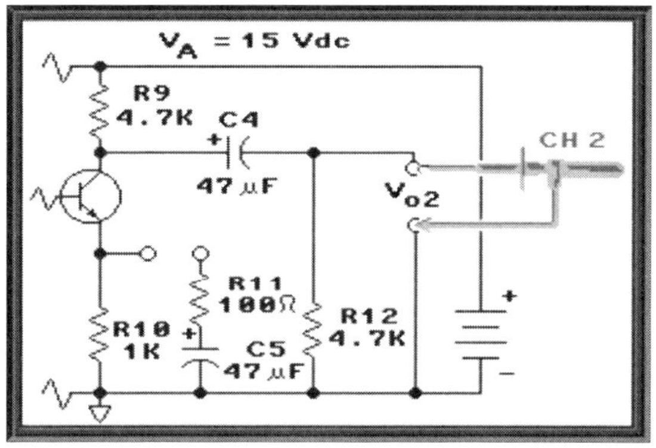

신호의 주파수 Hz	V_{o2} mV_{pk-pk}	$Avc_{(L)}$ (V_{o2} / V_{i1})
200		
1k		
3k		
10k		

신호의 주파수 Hz	V_{o2} mV_{pk-pk}	$Avc_{(L)}$ (V_{o2} / V_{i1})
200	#v32,,3,0#	
1k	#v31,,3,0#	
3k	#v34,,3,0#	
10k	#v35,,3,0#	

5. 주파수가 1 kHz일 때 V_{o2}를 측정하여 표에 기록하자.

6. 사인파 발생기를 200 Hz로 조정하고, 필요하다면 입력전압(V_{i1})을 100 mV_{pk-pk}로 재조정한다.

   200 Hz일때 V_{o2}를 측정하자.

   측정한 값을 표에 기록하자.

7. 3 kHz로 사인파 발생기를 조정하고, 필요하다면 입력전압(V_{i1})을 100 mV_{pk-pk}로 재조정한다.

   입력이 3 kHz일 때 V_{o2}를 측정하자.

   측정한 값을 표에 기록하자.

8. 10 kHz 로 사인파 발생기를 조정하고, 필요하다면 입력전압(V_{i1})을 100 mV_{pk-pk}로 재조정한다.

   10 kHz일 때 V_{o2}를 측정하자.

   측정한 값을 위의 표에 기록하자.

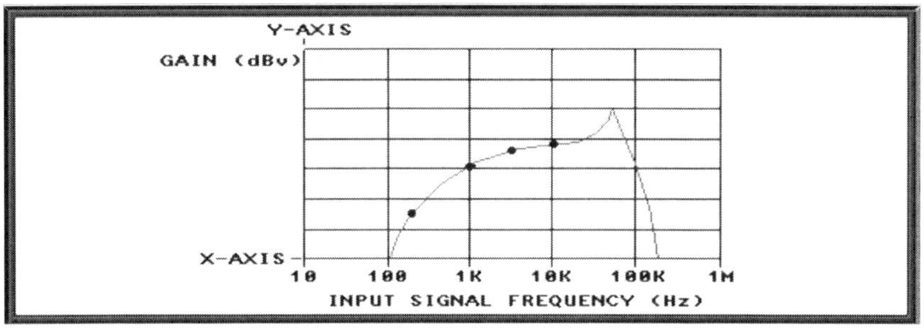

14. 곡선위의 점은, 앞에서 증폭기 이득($Av_{C(L)}$)을 계산한 주파수에 대응한다.

15. Y축은 앞에서 계산한 이득의 근사값을 보여준다.

    그리고 주파수 응답곡선의 X축은 입력신호의 주파수 구간(10 Hz ~ 1 MHz)을 대수단위(log scale)로 표현했다.

16. 주파수 응답곡선에서 이득이 1 kHz 이하에서 급격히 증가하고, 100 kHz 이상에서 급격히 감소하는가?
    a. 예　　　　　　b. 아니오

17. 1 kHz와 20 kHz사이의 주파수에 대한 이득들이 변압기결합 2단증폭기의 대역폭 안쪽에 있는가?
    a. 예　　　　　　b. 아니오

결 론

- 전압이득은 데시벨이라는 대수단위로 표현할 수 있다. 주파수 응답곡선 그래프를 그릴 때 입력신호 주파수에 대한 데시벨을 사용한다.

- 변압기결합 증폭기의 주파수 응답은 RC결합 증폭기보다 좋지않다.

unit 15

연산증폭기

단원목표

연산 증폭기(operational amplifiers)의 기본 특성에 관한 고찰

단원기본지식

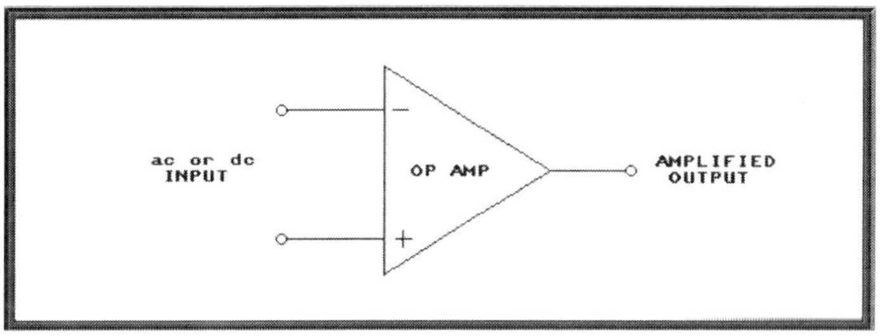

*연산 증폭기 (op amp)*는 교류(ac) 또는 직류(dc) 전압을 증폭시키는데 사용하는 *집적회로 (IC)* 이다.
연산 증폭기는 입력 단자간의 전압차에 비례하는 선형 출력 전압을 만들어 낼 수 있다.

✔ 연산 증폭기의 출력 전압은 다음 중 무엇에 비례하는가?
  a. 입력 전압의 총합.
  b. 입력 전압간의 전압차.

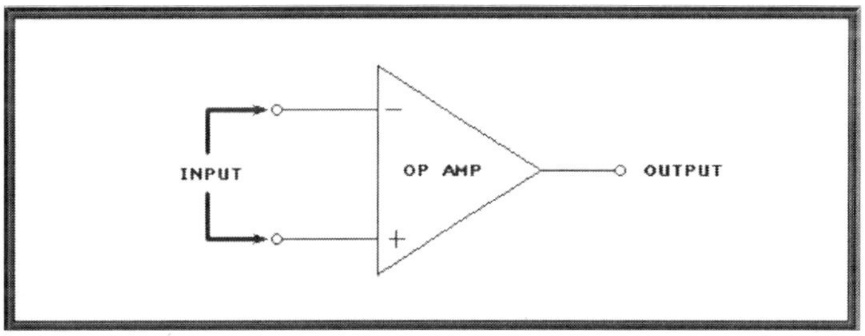

1. 고 입력 임피던스 버퍼의 차동 증폭기로서, 입력 신호가 들어오는 것을 막는다.

2. 고이득 증폭기는 차등 증폭기로 부터 출력 신호를 증가시킨다.

3. 저임피던스(출력) 버퍼는 외부 회로에 의해 이득단(gain stage)에 변화가 생기는 것을 막는다.
   내부적으로, 일반적인 연산 증폭기는 세 개의 기본 블록 구조로 나눌 수 있다.

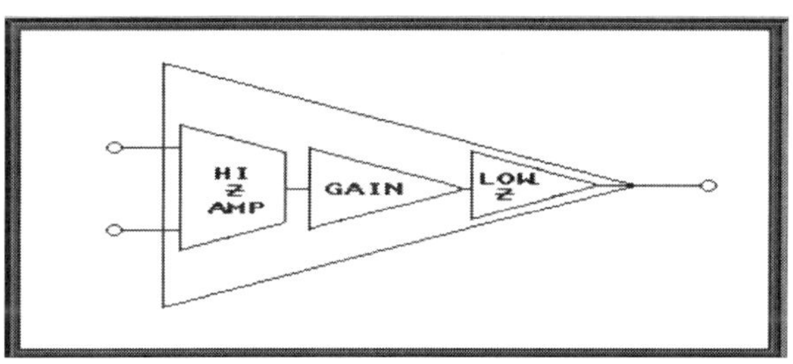

널(null) 단자는 외부 전압과 연결되어 연산 증폭기의 옵셋전압 조정을 위해 쓰인다.

반전 (-) 과 *비반전 (+)* 단자는 회로의 입력 전압과 연결된다.

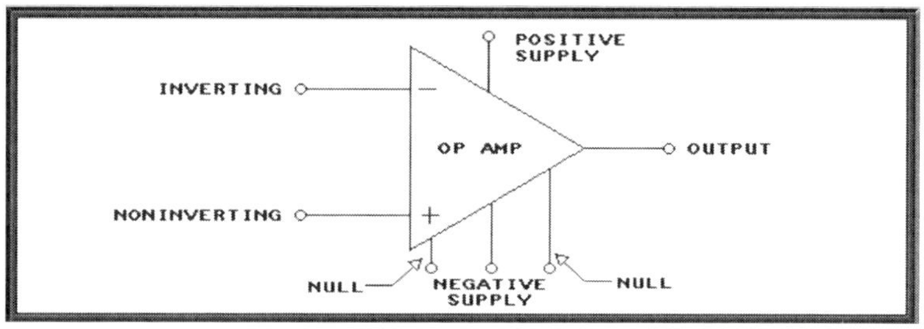

출력 단자는 외부 회로 부하(load)와 연결된다. 일반적인 연산 증폭기(op amp)는 몇 가지 종류의 신호 기능(signal functions)을 사용한다.

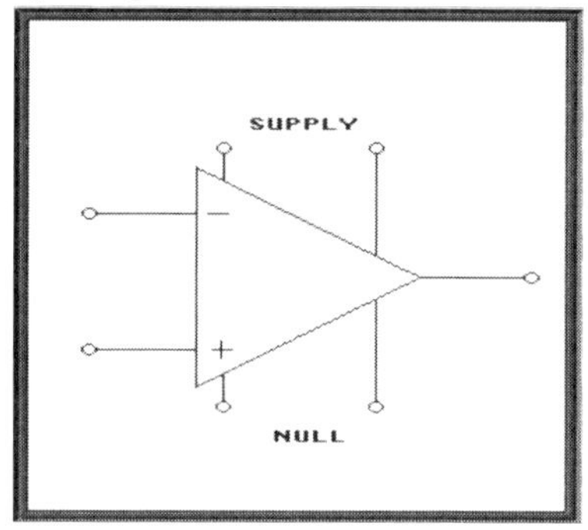

✓ 연산 증폭기의 (+)단자를 무엇이라 부르는가?
   a. 반전 입력.
   b. 비반전 입력.
   c. 널(null) 입력.
   d. 레일(rail) 입력.

많은 회로 그림에서, 공급 전압 단자와 널링(nulling) 단자는 표시되지 않는다.

개방 회로(open loop) 모드 의 연산 증폭기는 입력과 출력 사이의 피드백 회로를 가지지 않는다.

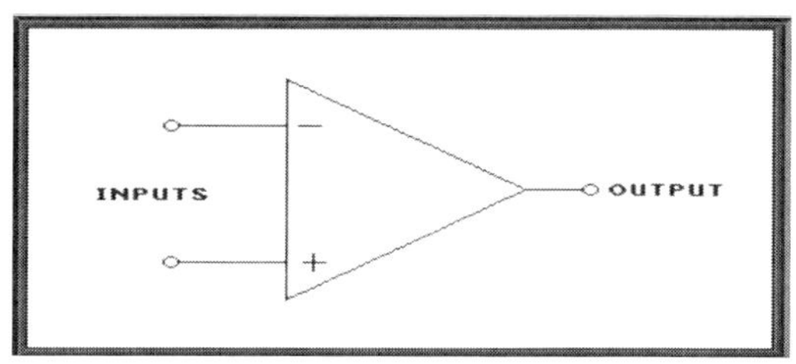

이상적 연산 증폭기에서 개방 회로 이득(open-loop gain)은 무한대이다.

비반전 입력과 반전 입력의 전압값이 같을 경우, 연산 증폭기의 출력은 포화 상태가 된다.

매우 높은 개방 회로 이득(open-loop gain)으로 인해, 작은 전압차에 의해서도 공급 전원 레벨까지 출력이 나올 수 있다.

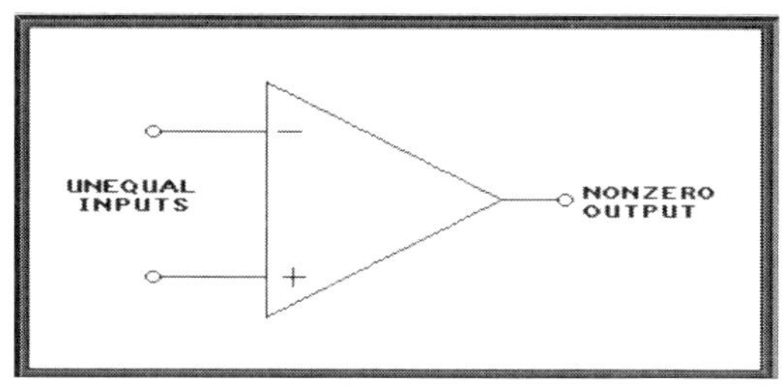

연산 증폭기에서 출력 전압의 극성은 비반전 출력 단자의 입력 전압 극성에 의해 알 수 있다.

주의: 보통, 전압의 극성은 회로의 접지를 기준으로 하나, 연산 증폭기에서는 상대 입력 단자에 의해 정의된다.

✓ 비반전 입력 단자의 입력이 반전 입력 단자의 입력보다 (+)쪽에 가깝다. 그럼, 출력 전압의 극성은 어떻게 되는가?
   a. (-) 공급 전원에 가까워진다.
   b. (+) 공급 전원에 가까워진다.

✓ 반전 입력 단자의 입력이 비반전 입력 단자의 입력 레벨 보다 (-)에 가까울 경우, 출력 전압은 어떻게 되는가?
  a. (-) 공급 전원 레벨에 가까워진다.
  b. (+)공급 전원 레벨에 가까워진다.

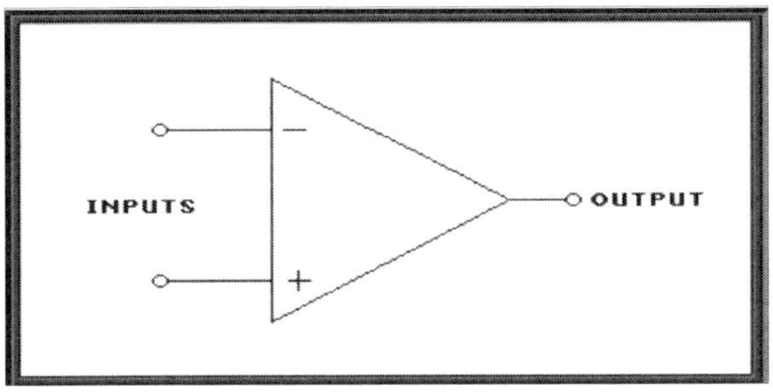

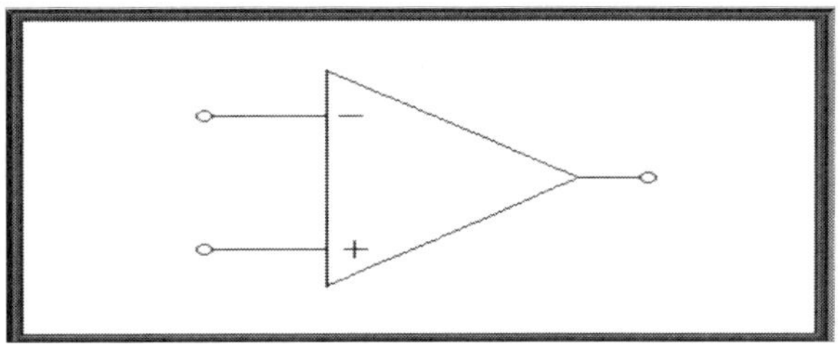

폐쇄 회로(Closed-loop) 모드 동작은 출력 단자와 반전 입력 단자를 연결함으로써 구성된다.
옆 그림에서 저항은 출력의 일부분을 반전 입력 단자로 들어가게 함으로써 (-) 피드백을 이루게 한다.

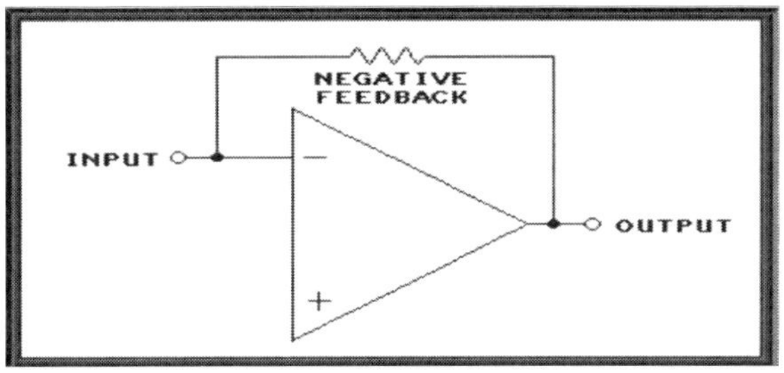

(-) 또는 감쇄(degenerative) 피드백은 연산 증폭기의 이득(개방 회로 이득으로부터)을 감소시킨다. 회로의 이득은 감소하지만, (-) 피드백은 원하지 않는 진동과 왜곡을 막아 회로가 안정적으로 동작 할 수 있다.

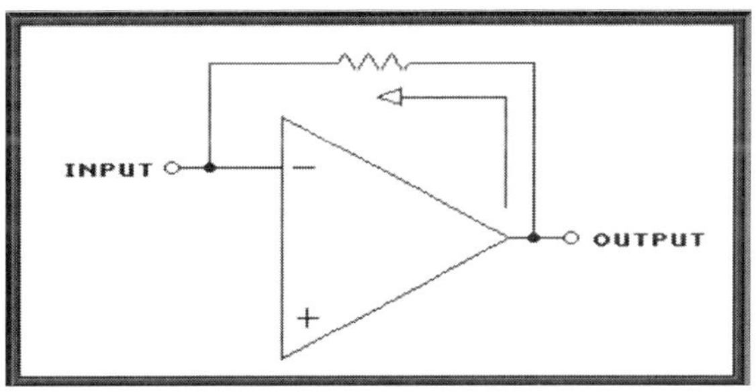

필요한 실험도구

앞으로의 실험을 위해서 아래의 실험 기기가 필요하다:

- F.A.C.E.T. 베이스 유닛
- OPERATIONAL AMPLIFIER FUNDAMENTALS 회로 보드
- 파워 서플라이, 15 Vdc (2대)
- 멀티미터(multimeter)
- 오실로스코프(oscilloscope - dual trace)
- 파형 발생기(generator - 사인파)

실험 1

실험목표

여러 종류의 연산 증폭기(op amp) 칩에 대한 이해와, 실험을 통한 동작 특성에 대한 관찰.

기본내용

"비 연결(No Connection)" 핀은 칩의 안정적인 동작을 위해 필요한 핀이다

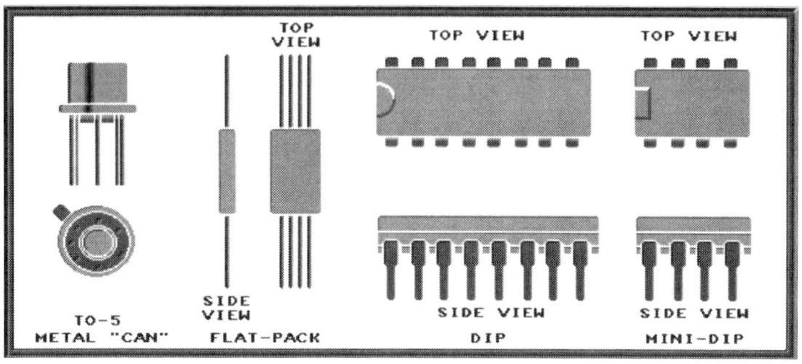

TO-5 (top hat) 칩에서, 1번 핀은 칩의 탭(tab) 근접에 위치되어 있다.

밑에서 봤을 때, 핀은 시계방향(CW)으로 나열되어있으며, 위에서 봤을 때는 반시계 방향(CCW)으로
나열되어 있는 형태이다.

DIP에서, 1번 핀은 칩 위부분의 점 표시 또는 반원 홈 옆에 있다.

아래에서 봤을 때, 핀은 시계 방향(CW)으로 배열되어 있으며, 위에서 봤을 때는 그 반대(CCW)이다.

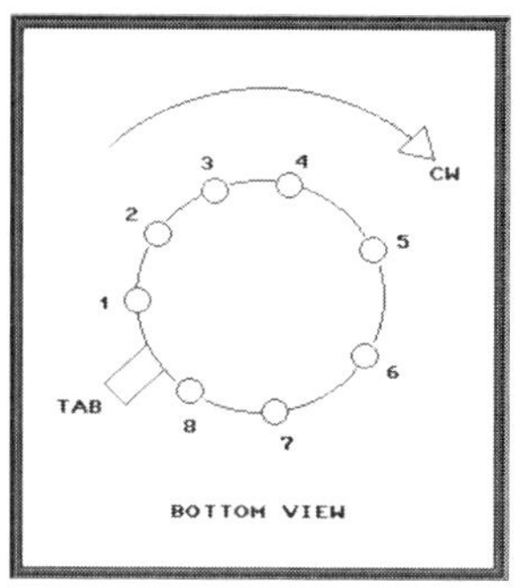

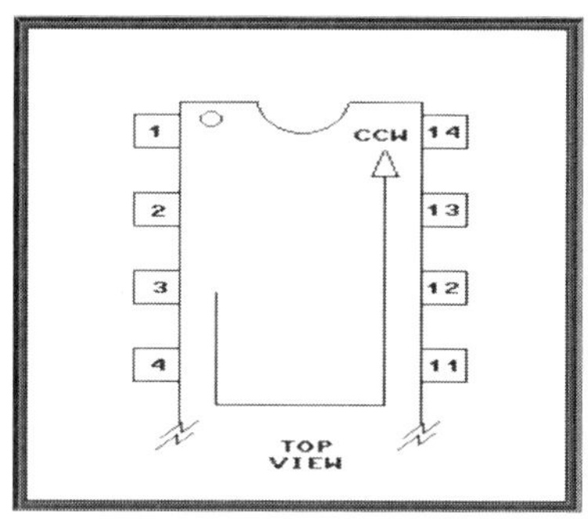

✔ TO-5 칩에서 1번 핀이 위치한 곳은?
  a. 칩의 금속 탭과 같은 선상에 위치해 있다.
  b. 칩의 금속 탭의 옆에 있다.

✔ 평면 칩을 위에서 봤을 때, 핀의 배열은 어떻게 되는가?
  a. 반시계(CCW) 방향.
  b. 시계(CW) 방향.

여기의 회로 보드에서는 DIP IC를 사용한다.

✔ 실험에 쓰이는 회로 보드의 칩에서, IC 핀의 배열 방향은 ?
  a. 반시계(CCW) 방향.
  b. 시계(CW) 방향.

IC를 사용함으로써 단일 또는 다중 연산 증폭기 회로 구성이 가능하다 : 보통, 한 개의 칩에 1, 2(dual) 또는 4(quad) 개가 포함되어 있다.

실험에 쓰이는 회로 보드에 있는 LF441은 1개의 연산 증폭기이다.

각 연산 증폭기(op amp)의 특정 구조를 가지고 있기 때문에, 칩 제작 시에 IC의 표면 위에 칩 번호를 표시하게 되어 있다.

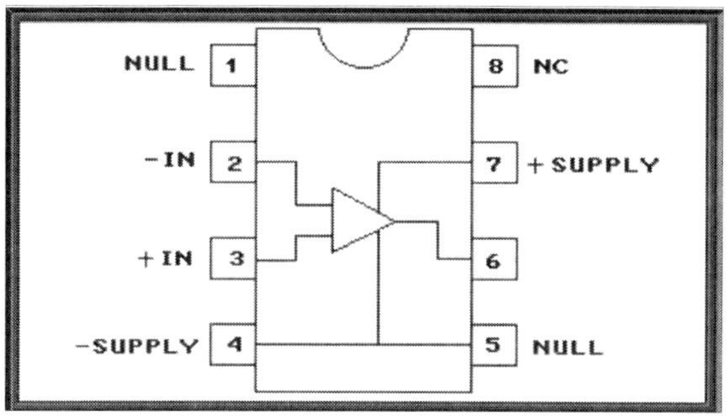

TO-5 LF441 연산 증폭기의 구조도는 원형이라는 차이점 외에는 DIP 칩과 동일하다.

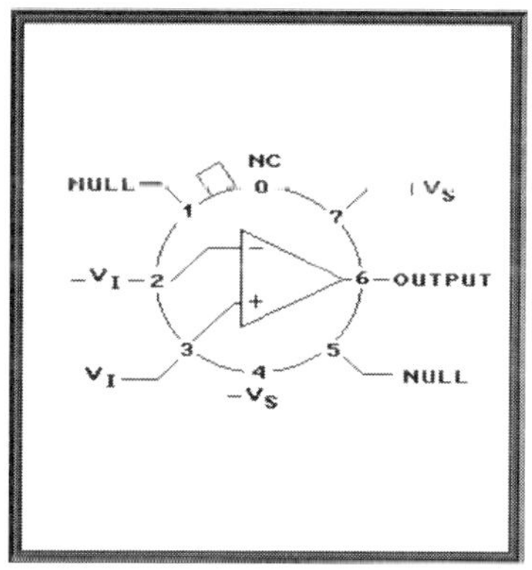

2(Dual) , 4(quad) 스타일 LF441 연산 증폭기는 다른 구조로 되어 있다. 여기서 널(null) 입력이 없음에 유의해야 한다.

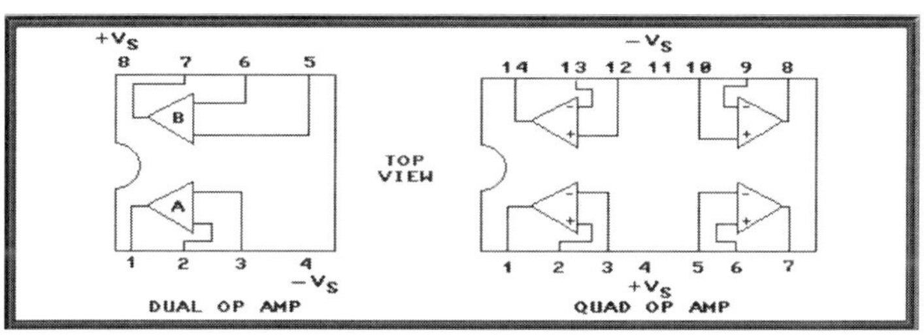

실험과정

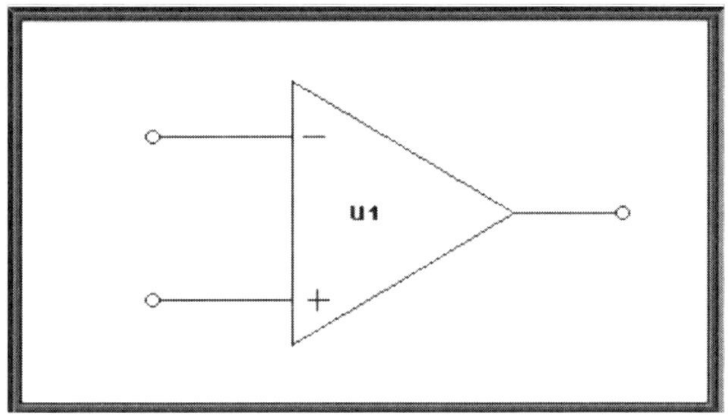

1. 회로 보드에서 INVERTING AMPLIFIER 회로 블록을 찾는다. 연산 증폭기 U1의 (-) 입력단자에 대한 설명으로 옳은 것은?
   a. 반전 입력이다.
   b. 비반전 입력이다.
   c. 트림(trim) 입력 전압의 (-) 부분.
   d. 해당 사항이 없다.

2. (+) 입력 단자에 대한 설명으로 옳은 것은?
   a. 반전 입력.
   b. 비반전 입력.
   c. 트림(trim) 입력 전압의 (-) 부분.
   d. 해당 사항이 없다.

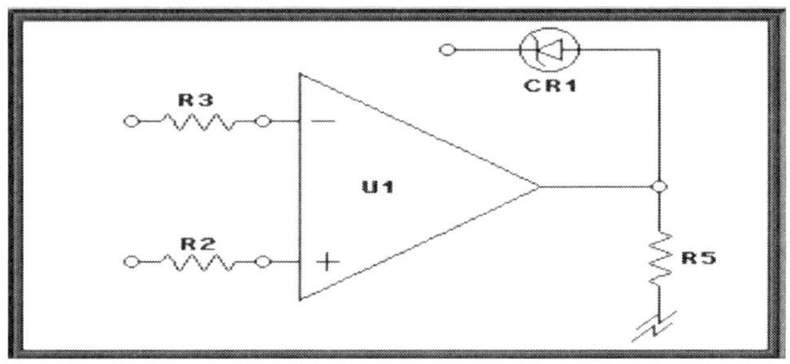

3. OPEN LOOP COMPARATOR 회로 블록에서, U1의 출력 단자는 어디로 연결되는가?
   a. R3.
   b. R2.
   c. CR1의 음극(cathode).
   d. CR1의 양극(anode).

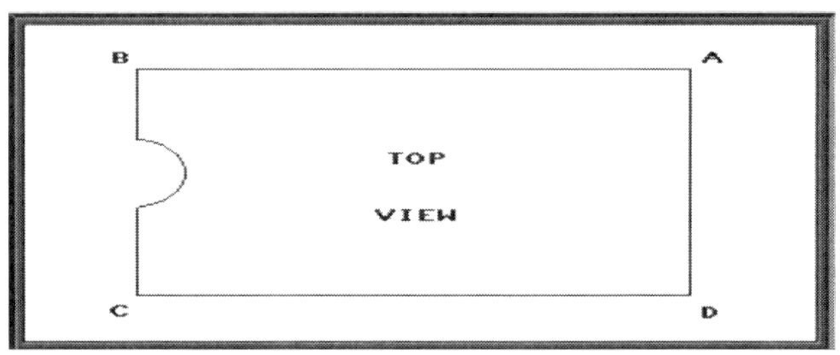

4. 위의 소형-DIP IC 그림에서 1번 핀의 위치로 바른 것은?
   a. A
   b. B
   c. C
   d. D

5. 회로 보드에서, 각 연산 증폭기의 부품 번호는 무엇을 뜻하는가?
   a. IC는 모두 다른 타입이다.
   b. 각 칩의 제조날짜가 동일하다는 것을 나타낸다.
   c. 회로 보드의 모든 IC가 같은 칩임을 나타낸다.

결 론

- p 연산 증폭기의 입출력 단자는 쉽게 구별할 수 있다 .
- p DIP 칩에서, 1번 핀은 표면에 표시된 홈이나 점 표시 근처에 위치해 있다.
- p OPERATIONAL AMPLIFIER FUNDAMENTALS 회로 보드에서는 LF441 연산 증폭기가 사용된다.
- p LF441는 소형(mini)-DIP에 내장되어 있다.

실험 2

실험목표

OPERATIONAL AMPLIFIER FUNDAMENTALS 회로 보드의 동작 특성에 관한 고찰과 실험을 통한 결과 분석.

기본내용

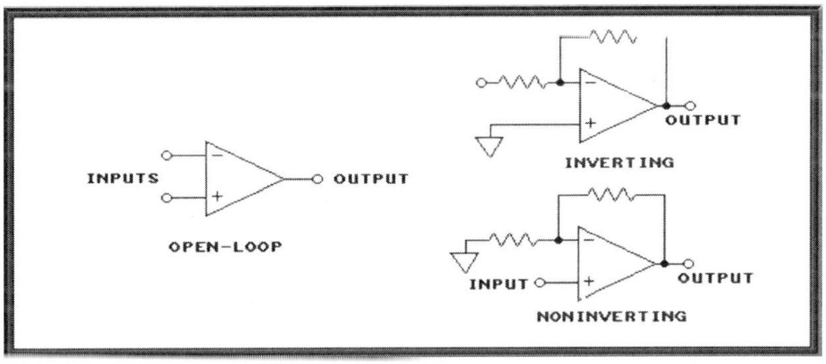

이 회로 보드에서, 연산 증폭기의 기본 구성은 세 가지가 있으며, 개방 회로(open-loop) 구성만이 피드백(feedback) 회로(저항)를 필요로 하지 않는다.

반전(inverting), 비반전(non-inverting) 회로 구성은(-) 피드백 (negative feedback)을 구현하기 위하여 피드백 저항을 필요로 한다.

연산 증폭기 보드(op amp board)에는 여덟개의 회로 블록이 있다. 다른 세개의 일반 블록 또한 실험을 위해서 필요하다.

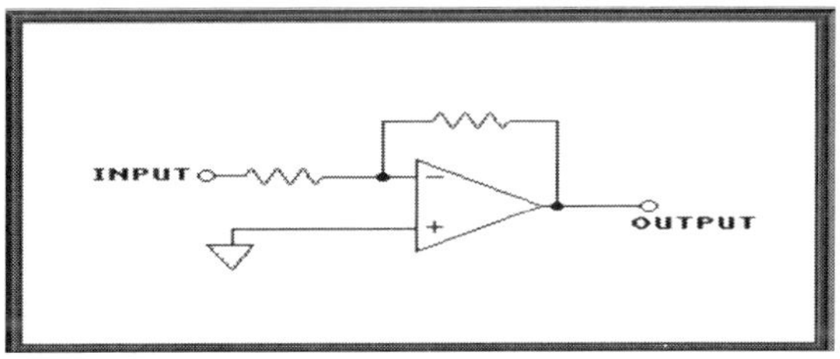

세 가지 일반 블록의 이름은 다음과 같다.
FOR GENERATOR BUFFER
ATTENUATOR
VOLTAGE DIVIDER.

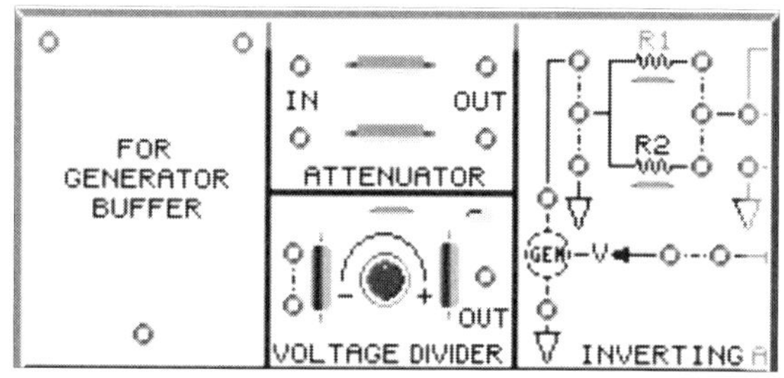

ATTENUATOR 회로 블록은 입력 전압 또는 입력 신호를 감소시키며, 감소 지수는 10이다. [출력(OUT)= 입력(IN)/10]

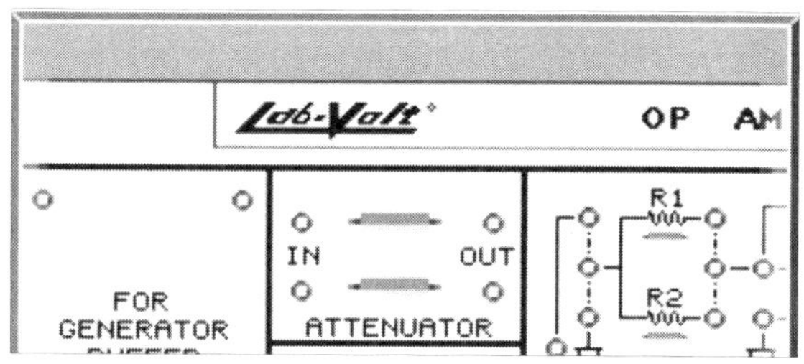

실험 과정에 따라 소신호 입력이 필요할 때가 있다. 이 때, ATTENUATOR를 이용하여 파형 발생기의 출력 신호 크기를 원하는 대로 정확하게 조정할 수가 있다.

VOLTAGE DIVIDER 회로 블록은 +2.5 Vdc와 -2.5 Vdc 사이의 범위에서 조절 가능한 저전압 출력을 만들어 낸다.

회로 블록에 2핀 커넥터가 연결되어 있을 경우, 출력 전압의 범위는 +0.5 Vdc ~ -0.5 Vdc로 줄어들게 된다.

FOR GENERATOR BUFFER 회로 블록은 부가적인 generator-buffer-plug-in 모듈과 함께 쓰인다. 이 모듈은 실험에 쓰이는 회로 보드에 50Ω 의 출력 임피던스가 없이 소자와 연결된다.

실험과정

1. 옆 그림은 세가지 기본 연산 증폭기 구성이다. 이 세 가지 구성이 모두 OP-AMP 기본회로 보드 에 포함되어 있는가?
   a. 그렇다.
   b. 아니다.

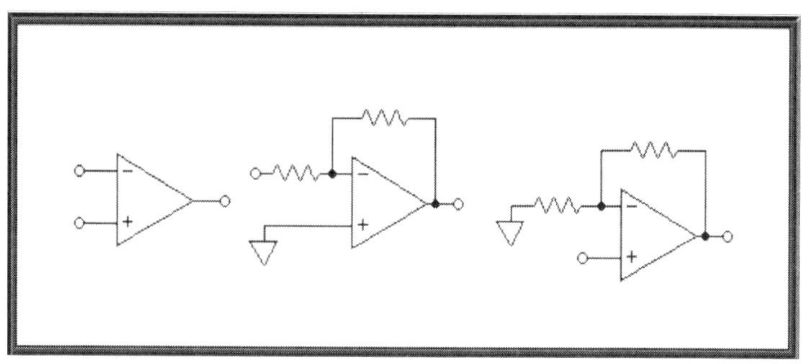

2. ATTENUATOR 회로 블록을 찾아 IN 단자와 파형 발생기를 연결한다.

   오실로스코프의 채널 1을 사용하여 입력되는 사인파를 10 kHz, 10 V_{pk-pk} 파형으로 맞추도록 한다.

3. 오실로스코프의 채널 2를 사용하여 ATTENUATOR의 OUT 단자의 출력 전압파형을 측정한다.
   V_o = V_{pk-pk}

4. 회로의 입력과 출력 전압 사이의 관계를 볼 때, 파형 발생기에서 나온 파형의 크기는 어떻게 되는가?
   a. 계수 10만큼 증가한다.
   b. ATTENUATOR 회로 블록에 의해 영향을 받지 않는다.
   c. 계수 10만큼 감소한다.
   d. 계수 1만큼 감소한다.

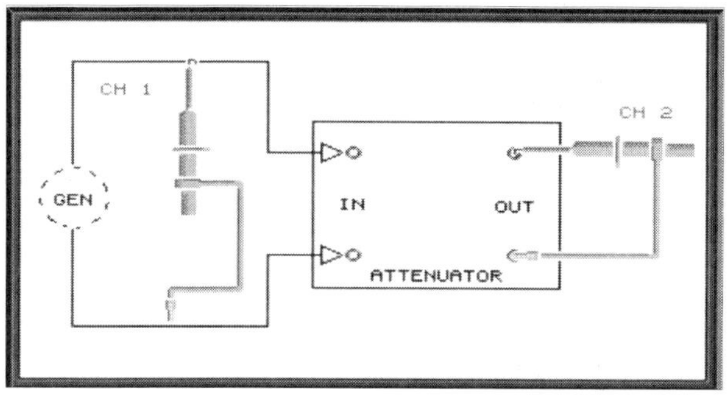

5. 회로 보드에서 파형 발생기와 오실로스코프와의 연결을 제거한다.

주의: 실험실에 F.A.C.E.T. GENERATOR BUFFER 기기가 있다면, 〈?〉 버튼을 눌러 참조하도록 한다.

6. 전압계를 VOLTAGE DIVIDER 회로 블록의 출력단자에 연결한다. 이 때, 회로 블록에 2핀 커넥터를 연결하지 않는다.

주의: 전압계의 접지(검은색) 리드는 트레이너의 아무 회로 블록의 접지에 연결한다.

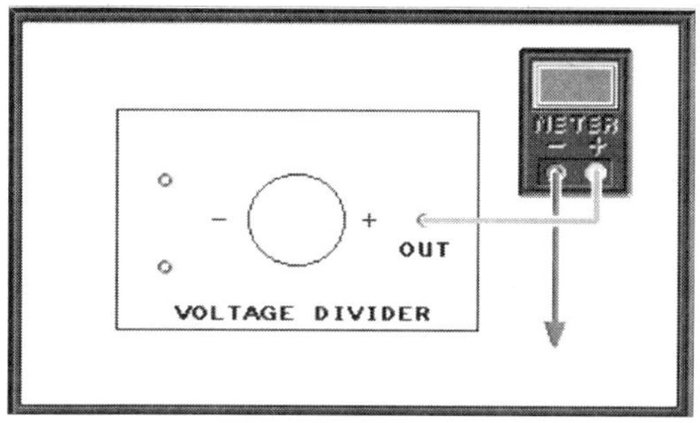

7. VOLTAGE DIVIDER 의 출력 전압 조절기를 끝에서 끝으로 돌리면서 전압계의 측정값을 관찰한다. 출력 전압의 근사치 범위는 얼마인가?
   a. 0.5 Vdc b. 2.5 Vdc c. 5 Vdc

8. VOLTAGE DIVIDER 회로 블록에 2핀 커넥터를 연결한다. 출력 조절기를 끝에서 끝으로 재 조절한다. 출력 전압 범위가 어떻게 변하였는가?
   a. 증가하였다.
   b. 감소하였다.

결론

p 이 실험에서 쓰이는 회로보드에는 세 가지 기본 연산 증폭기 구성이 포함되어 있다.
[개방 회로(open-loop), 반전(inverting), 비반전(noninverting)]

p ATTENUATOR회로 블록의 OUT 단자 출력 신호는 IN 단자 입력 신호의 약 10분의 1이다 :
$V_o = V_i \times 0.1$.

p VOLTAGE DIVIDER 회로 블록의 OUT 단자 출력 전압의 일반 범위는 -2.5 Vdc ~ +2.5 Vdc 이다.

p 2핀 커넥터 연결시의 VOLTAGE DIVIDER 회로 블록 OUT 단자의 확장 출력 전압 범위는 -0.5 Vdc +0.5.Vdc 이다.

실험 3

실험목표

연산 증폭기의 기본 특성에 대한 관찰과 옵셋(offset) 널(null) 조절을 통해 얻은 결과에 대한 분석.

기본내용

연산 증폭기의 세 가지 기본 특징은 고입력 임피던스 (impedence), 고전압이득 그리고 저출력 임피던스이다.

- 이상적인 연산 증폭기는 입력 임피던스가 무한대이지만, 실제 연산 증폭기는 보통 1 MΩ 정도의 값을 가진다.
- 이상적인 연산 증폭기는 개방 회로(open-loop) 이득이 무한대이나, 실제 연산증폭기는 보통 200,000 정도의 값을 가진다.
- 이상적인 연산 증폭기는 출력 임피던스 값이 0이지만 실제 연산 증폭기는 약 10Ω 정도의 값을 가진다.

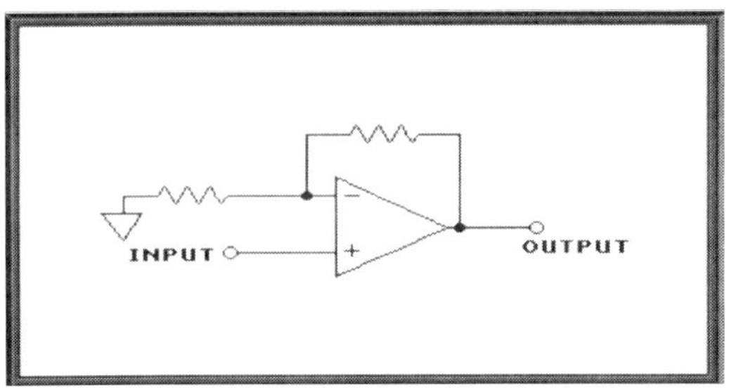

실제 연산 증폭기는 ***입력 바이어스(bias)전류*** 라 불리리는 작은 전류 성준을 가진다.

입력 바이어스 전류에 의해 ***출력 옵셋(offset)전압*** 이라 불리는 출력 에러(error) 전압이 발생한다.

온도의 변화는 옵셋(offset)전류를 변화시키며, 이로 인해 옵셋(offset)전압 또한 변하게 된다. 이러한 일련의 변화를 가리켜 ***드리프트(drift)*** 라고 한다.

✔ 연산 증폭기에서, 입력 바이어스 전류가 낮을 경우 옵셋 전압은 어떻게 되는가?
a. 작아진다.
b. 커진다.

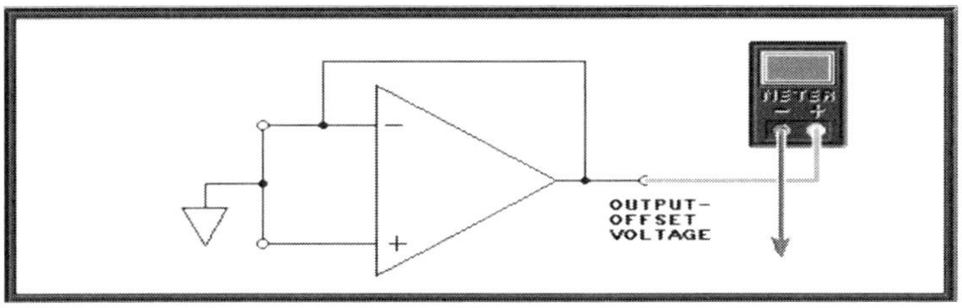

입력 바이어스(bias) 전류의 영향은 ***입력 옵셋(offset) 전류*** 또는 ***입력 옵셋(offset) 전압*** 으로 감소시킬 수 있다. 이 과정을 ***옵셋 널링(offset nulling)*** 이라고 한다.

옵셋 널링(offset nulling) 또는 연산 증폭기 트림(trim)조정은 조절 가능한 외부 전압을 사용하여 출력을 0V 근처로 맞추는 과정이다.

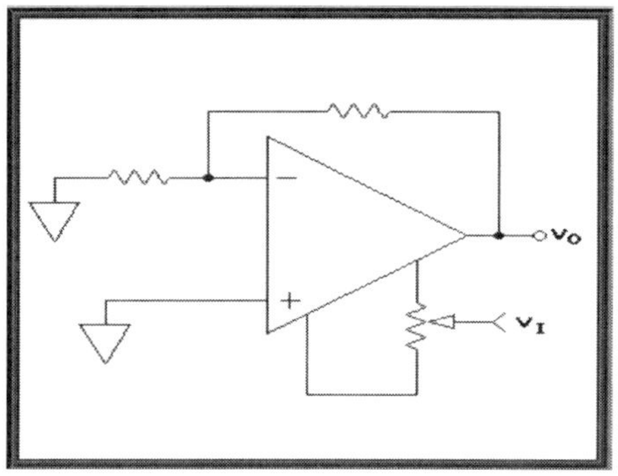

연산 증폭기의 안정적인 동작을 위해 바이패스(bypass) 또는 분리(decoupling) 커패시터가 쓰인다. 회로보드에서 이 커패시터들은 표시가 되어 있지 않을 뿐 각 연산 증폭기 바로 아래에 위치해 있다.

고이득 연산 증폭기에서 완벽하게 바이패스(bypass)되지 않았을 경우, 신호상에 진동이 발생할 수 있다. 이런 바람직하지 못한 현상을 막기 위해서 파워서플라이를 연결할 때 저임피던스 특성을 가지고 있어야 한다.

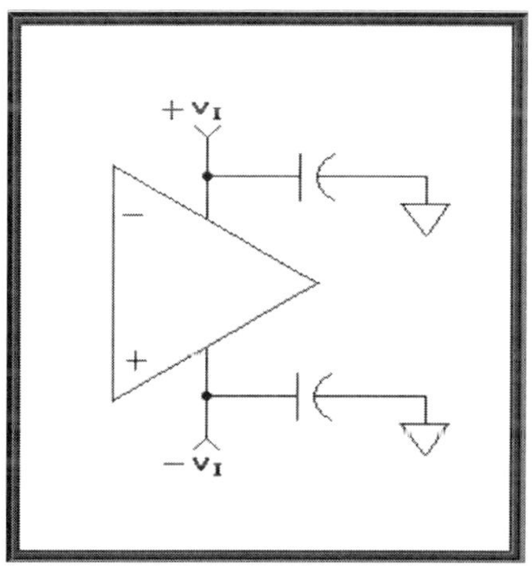

실험과정

1. 실험에 쓰이는 회로 보드에는 옵셋 널링(offset nulling)을 위한 회로 블록이 몇 개 포함 되어 있는가?
   a. 4 b. 3 c. 2 d. 1

2. 회로 보드에서, 널링(nulling) 회로에는 어떤 파워 서플라이가 사용되는가?
   a. (+)파워 서플라이.
   b. (-) 파워 서플라이.

3. 널링(nulling)회로에 쓰이는 소자는 무엇인가?
   a. TRIM 조절기.
   b. R4 와 R3.
   c. 둘 다 해당된다.

4. 트림(trim) 회로가 없는 연산 증폭기 회로 블록에서, 예상되는 옵셋(offset) 전압은 큰가 작은가?
   a. 크다.
   b. 작다.

결론

p 입력 바이어스 전류의 영향은 연산 증폭기의 옵셋 트리밍 (offset trimming)에 의해 감소 시킬 수 있다.

p LF441 연산 증폭기에서, (-) 전압 트림(trim) 또는 밸런스 (balance)는 연산 증폭기 옵셋(offset)전압을 거의 0V로 만들어준다.

unit 16

반전증폭기

단원목표

실험을 통한 반전 연산 증폭기(inverting operational amplifier)의 직류, 교류에서의 동작 특성에 대한 고찰.

단원 기본지식

회로의 입력은 입력저항(R_{IN})을 거쳐 연산 증폭기의 반전 단자로 입력된다.

회로의 출력은 R_L에 의해 입력과 반대로 반전되어 증폭된다.

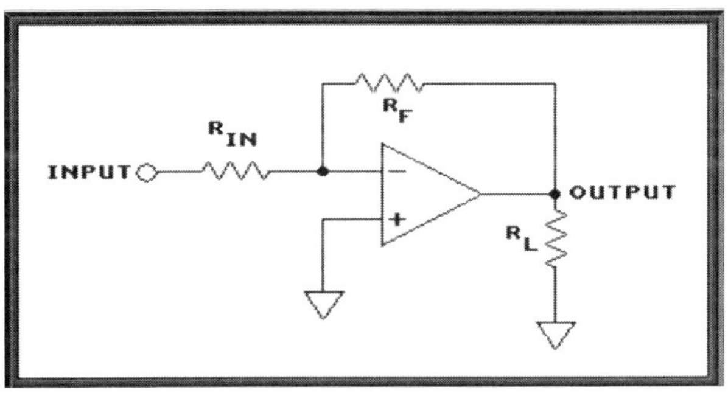

*반전증폭기(inverting amplifier)*는 피드백(feedback) 저항(R_F)을 통해 반전(inverting) 입력단으로 피드백 회로가 연결되어 있는 폐회로-연산 증폭기(closed- loop op amp) 회로이다.

✓ 입력 전압의 극성이 (-)일 경우, 출력 전압의 극성은 어떻게 되는가?
a. (+). c. 0.
b. 알수 없다. d. (-).

회로 이득(Av)은 R_F 와 R_{IN}의 비율함수이다.

$$Av = R_F / R_{IN}$$

출력 전압은 입력 전압에 회로 이득을 곱함으로써 계산할 수 있다. (-) 기호는 반전을 의미하며, 출력 전압이 (-)가 되어야 한다는 의미가 아니다.

$V_O = -(V_I \times Av)$

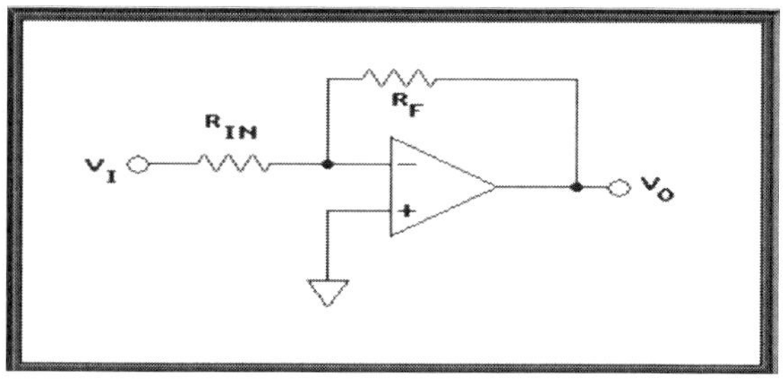

연산 증폭기는 높은 이득을 가지고 있고, 피드백이 가능하기 때문에 반전 입력 단자는 *가상 접지(virtual ground)* 역할을 한다.

옆의 회로 구성에서, 반전 입력 단자는 회로의 *합산점(summing point)* 역할을 한다.

✓ 옆 회로에서, 입력 전압은 어디로 입력되는가?

a. RIN 과 RF` 의 접점.
b. RF 와 RL 의 접점.
c. RIN 을 교차하여.
d. RIN 과 회로의 접지 사이로.

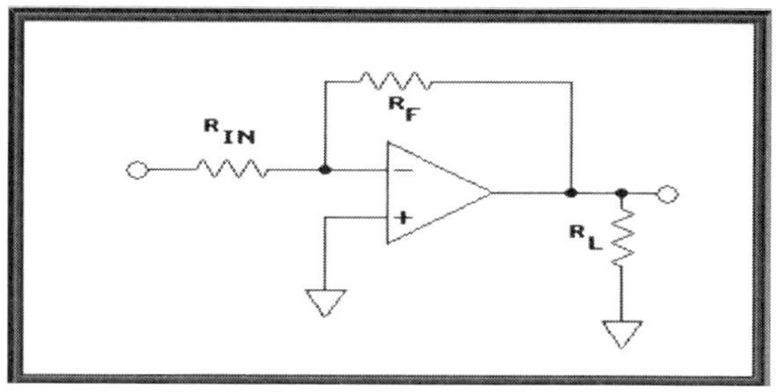

옆 회로에서, V_O 는 연산 증폭기의 동작을 나타낸다. V_J가 변함에 따라 V_O가 변하므로, V_J는 가상 접지(0V) 역할을 한다.

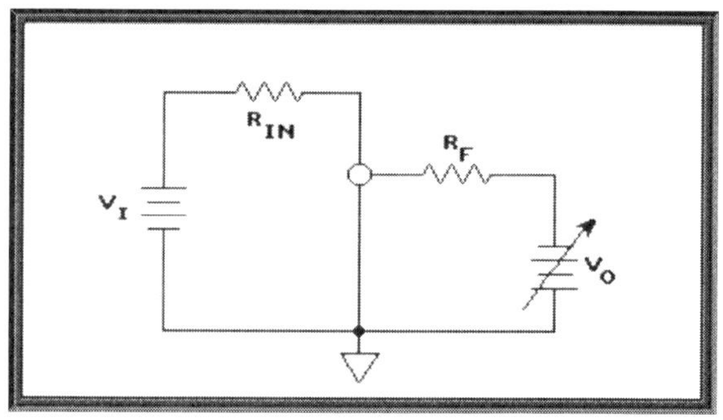

V_J은 가상 접지로 유지되므로, 회로의 합산점도 된다

$VJ = VI - VO.$

참고: 가상접지와 합산점개념은 다른 단원에서도 광범위하게 쓰일 것이다.

필요한 실험도구

앞으로의 실험을 위해 다음의 실험 기기가 필요하다:

- F.A.C.E.T. 베이스 유닛
- OPERATIONAL AMPLIFIER FUNDAMENTALS 회로 보드
- 파워 서플라이, 15 Vdc (2개)
- 멀티미터
- 오실로스코프, 듀얼 트레이스(dual trace)
- 파형 발생기, 사인파(sine wave)

실험 1

실험목표

반전 증폭기의 동작 테스트와 전압 계측기(voltmeter)를 이용한 회로의 동작에 대한 고찰.

기본내용

반전 증폭기로 구성되어진 연산 증폭기는 입력 전압의 극성을 반전시켜 증폭시킨다. 회로의 출력 전압은 다음 식에 의해서 계산된다.

$V_O = -[V_I \times (R_F / R_{IN})]$

✔ 다음 중 어느 것이 반전 연산 증폭기 회로의 '이득비'인가?

a. RIN/RF
b. RF/RIN

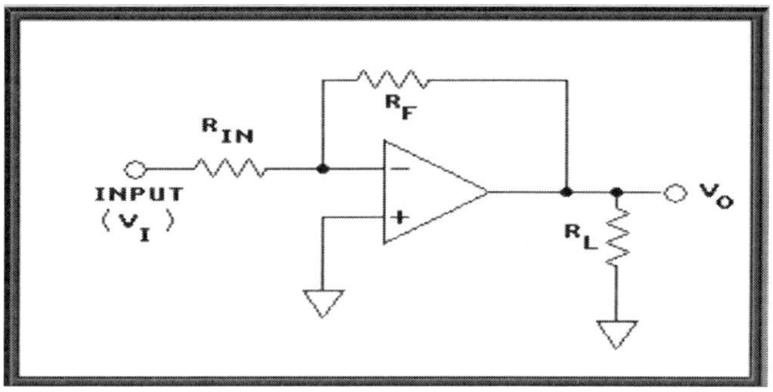

R_{IN} ,R_F의 접점과 연산 증폭기의 반전 단자는 회로의 합산점 (summing point)이다.

합산점이 가상접지(virtual ground)이므로, 회로의 입력 저항 (input resistance)은 R_{IN}의 저항값과 같다.

✔ 반전 증폭기에서, 합산점은 어떤 역할을 하는가?

a. 가상 접지(virtual ground).
b. 출력 전압의 전압값.
c. 입력 저항의 저항값.
d. 해당 사항이 없다.

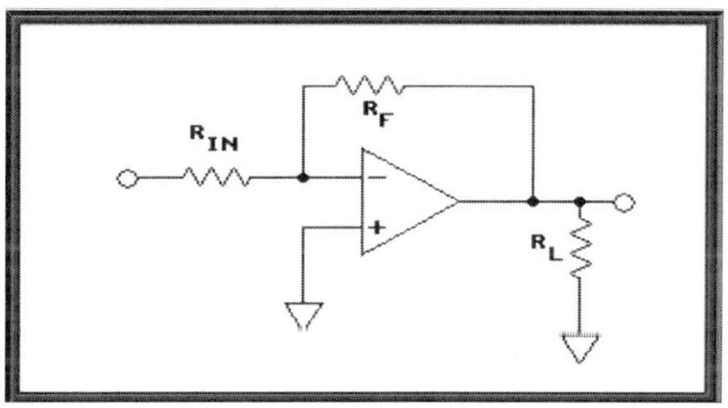

✔ 위 회로의 입력 저항은 다음 중 어느 것의 저항값과 같은가?

a. RL /RF.
b. RIN.
c. RF /RIN.
d. RL.

연산 증폭기의 비반전 단자는 회로의 접지로 연결되어 있기 때문에, 회로는 0V 기준이다.

0V 기준(zero-base referenced) 회로에서, 출력 전압의 극성은 입력 전압의 크기가 0V(회로 접지)를 통함에 따라 (+)에서 (-) 로 또는 (-)에서 (+)로 변하게 된다. 피드백 전류(I_{RF})는 V_{RF} / R_F 또는 V_O / R_F 이다.

그리고, 부하 전류(I_{RL})는 V_O /R_L 이다.

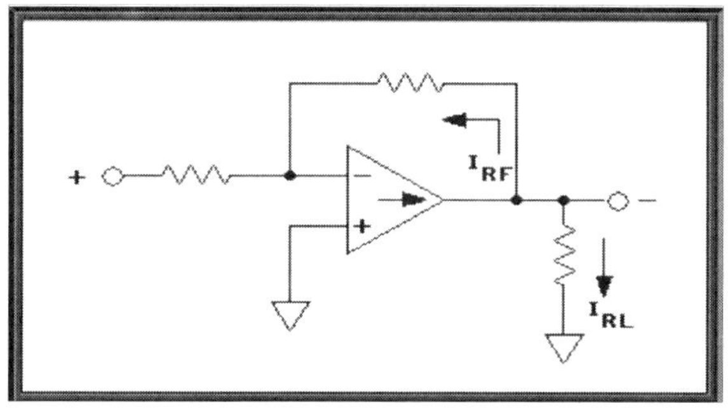

연산 증폭기의 동작으로 인해 회로의 소자를 통해 전류(전자)가 흐르게 된다. 이 회로 전류의 저류값은 옴의 법칙(전압/저항)을 이용하여 구할 수 있다.

합산점이 가상 접지이므로, I_{RIN} = V_I /R_{IN}.

옆 회로에서 전압 극성을 보면, 전류(전자)는 연산 증폭기의 출력 단자로부터 흘러나오며 전류값은 I_{RF} + I_{RL}이다.

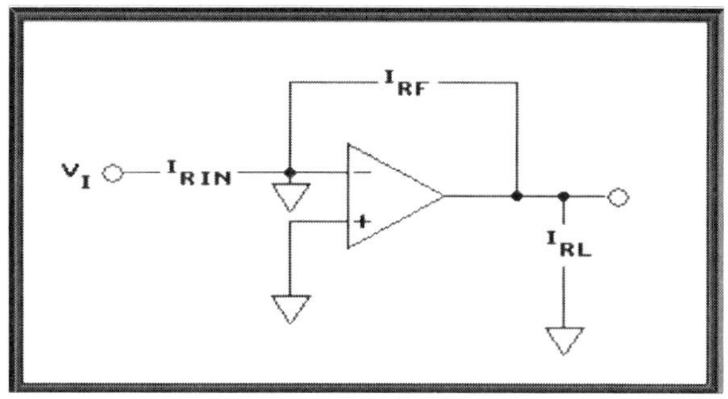

옆 회로에서 전압 극성을 보면, 전류(전자)는 연산 증폭기의 단자로 흘러들어가며, 전류값은 -(I_{RF} + I_{RL})와 같다 이때 (-) 부호는 방향을 의미하며, 전류값이 음이라는 뜻이 아니다.

실험과정

1. INVERTING AMPLIFIER 회로 블록을 찾아 옆 그림과 같이 연결한다.

2. 전압 계측기로, TRIM 조절기를 움직이면서 V_O를 관찰한다. (-) 트림 전압에 의해 V_O가 영향을 받는가?
   a. 그렇다, TRIM 가변 저항에 의해 U1의 옵셋(offset) 전압이 조절된다.
   b. 아니다, VO 는 TRIM 가변 저항 조절과 관계없다.

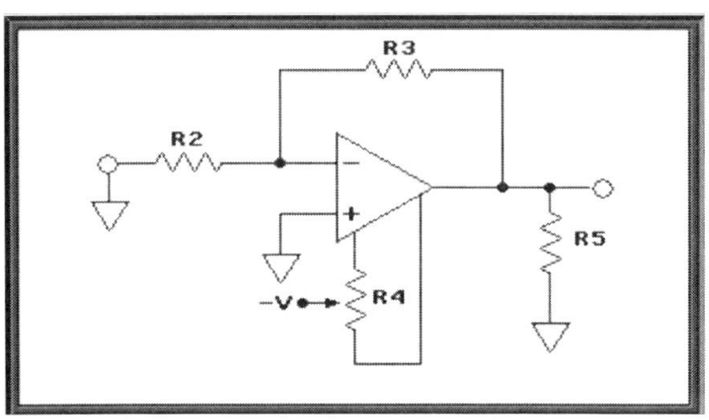

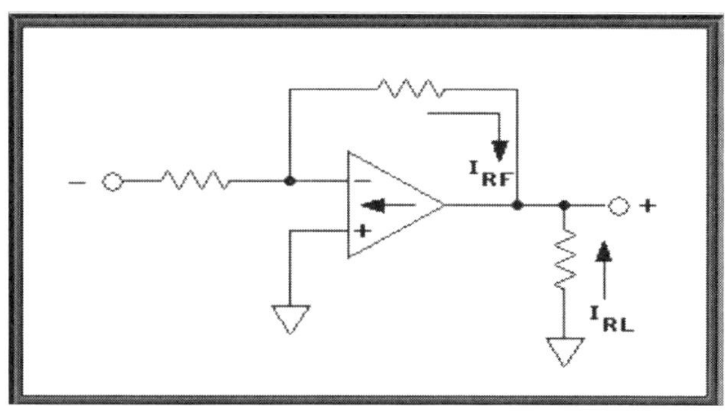

3. 출력 옵셋(offset) 전압을 0V로 맞춘다.

주의: 전압 조절 후에, 아무 지시가 없는 한 TRIM 가변 저항을 건드리지 않는다.

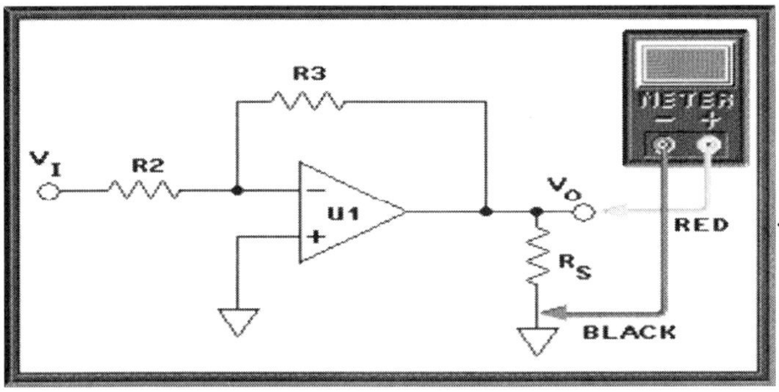

4. 전압 계측기로, 회로의 차동 입력전압(V_D)을 측정한다. V_D 에 대한 설명으로 옳은 것은?
   a. U1이 조절(balanced)되어 있으면 바른 값이다.
   b. 피드백 전압이 평형 상태가 아니면 바른 값이다.
   c. 둘다 해당된다.
   d. 해당 사항이 없다.

5. 회로를 위 그림과 같이 변형시킨다. 연결 리드(interconnecting lead)를 사용하여 전압 분배출력 (OUT)을 INVERTING AMPLIFIER 회로블록의 R2 입력에 연결한다.

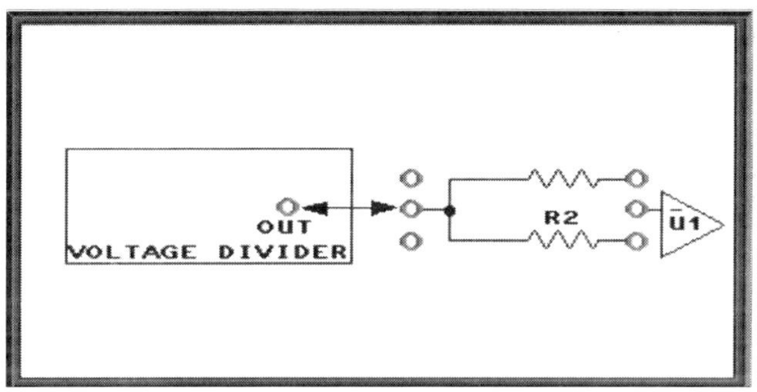

6. VOLTAGE DIVIDER 조절기를 조절하여 입력 전압(V_I)이 +1.0 Vdc가 되게 하라. 정확하게 해야 한다.
   전압 계측기로 V_O를 측정한다.
   VO = Vdc

7. 입력 전압이 1.0 Vdc이고, 출력 전압이 #vo,,6,2# Vdc일 때, 회로의 전압 이득(Av)은 얼마인가?

   Av = VO /VI
   Av =

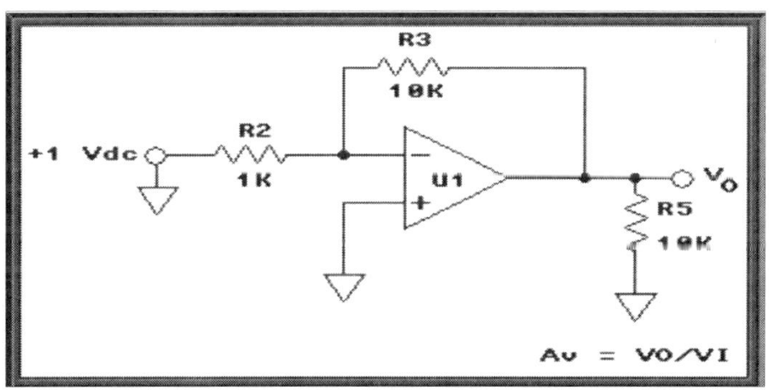

8. R2, R3의 저항값을 볼 때, 회로의 전압 이득 #vg,,4,1# 은 옳은 값인가?
   a. 그렇다.
   b. 아니다.

전압 계측기로 V_O를 측정한다. 단, 측정 전압의 극성을 알고 있어야 한다.

VO = Vdc

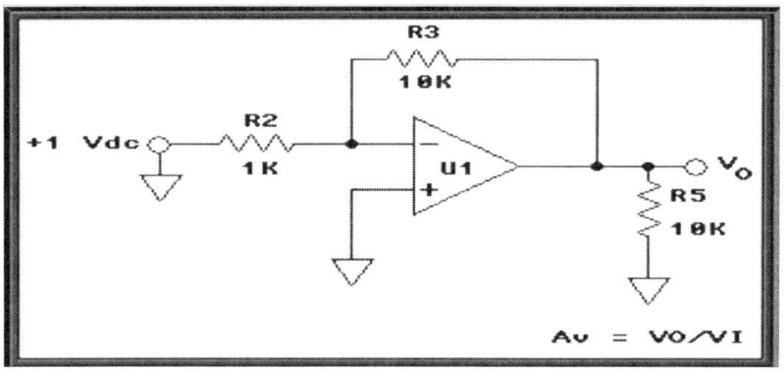

9. 전압 분배 출력 또는 회로 입력 전압을 -1.0 Vdc로 조절 하도록 한다.

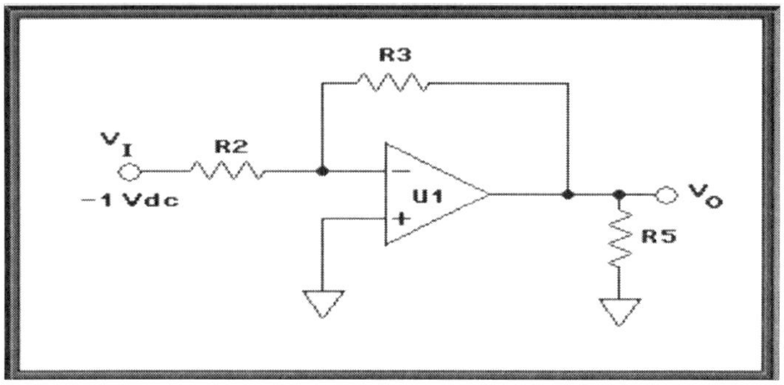

10. 회로의 동작을 볼 때, 전압 이득은 입력 전압의 극성에 의해 영향을 받는가?
    a. 그렇다, 이득은 (+)입력 전압에 대해 (-)이다.
    b. 아니다, 이득은 입력 전압의 극성과 무관하다.
    c. 그렇다, 이득은 (-)입력 전압에 대해 (+)이다.

11. CM 9 는 R3의 전압 값을 바꾸는 역할을 한다. 출력 전압을 측정하여 회로의 이득을 산하도록 한다.

주의 : V_I 은 −1.0 Vdc이어야 한다.

Gain (Av) = V_O /V_I.

Av =

주의 : R2 = 1 kΩ 일 때,

R3 = (VO /VI) x R2.

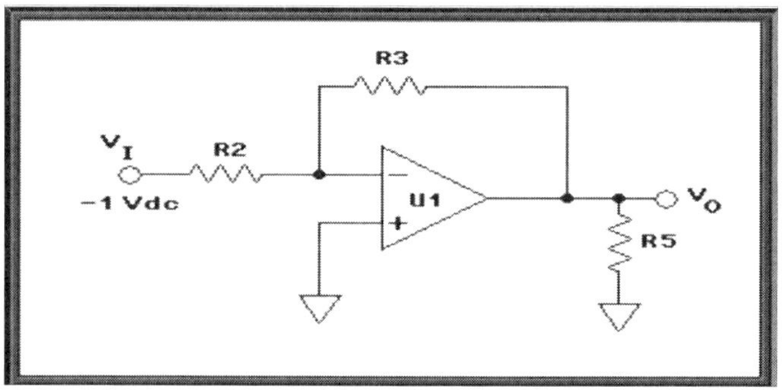

12. 측정 전압값 #g9,,4,1# ,입력 전압 -1 Vdc를 볼 때, R3의 저항값은 얼마인가?

R3 = kΩ

13. CM 9 이 동작하지 않을 때, V_{R2}를 측정하고 I_{R2}를 계산하라.

참고 : (-) 전압 표시 는 전자들이 R2를 통해서 U1의 (-) 입력 단자로 들어감을 의미한다.

IR2 = VR2 /R2
IR2 = mA

VI = - 0.5 Vdc

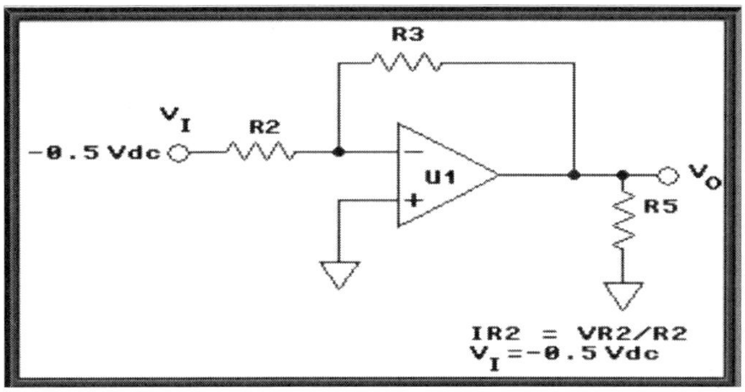

14. V_{R3} 를 측정하고 I_{R3}를 계산한다. V_I는 -0.5 Vdc 이어야 한다. R3에서의 전압 강하를 측정하여 피드백 전류를 계산하도록 한다.

참고 : (+) 전압 부호는 전자들이 R3를 통하여 U1의 출력단자로 움직인다는 것을 의미한다.

IR3 = VR3 /R3
IR3 = mA

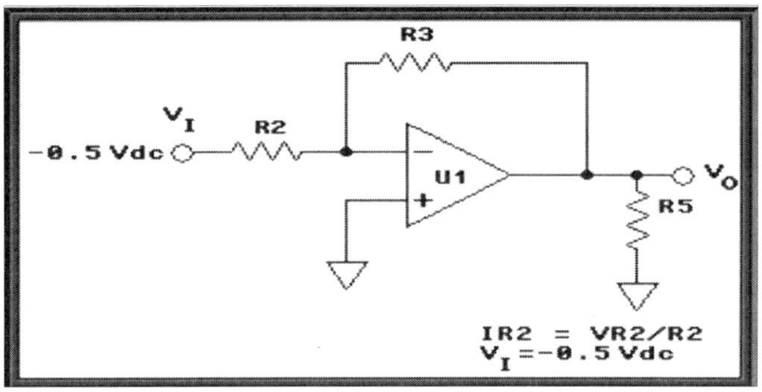

15. 입력 전류 #iR2 * 1,,6,1 # mA 와 피드백 전류 #iR3,,3,1# mA를 비교해 봤을 때, 다음 중 옳은 것은?
   a. 연산 증폭기의 반전 입력 단자로 최대 전류가 흐른다.
   b. 연산 증폭기의 반전 입력 단자로 거의 0에 가까운 전류가 흐른다.
   c. 연산 증폭기의 반전 입력 단자에서 최대 전류가 흘러나온다.
   d. 연산 증폭기의 반전 입력 단자에서 2 mA 의 전류가 흘러나온다.

16. 출력(부하) 전압을 측정하여, 부하 전류를 계산한다.

IRL = VRL /RL
 = mA

IR2 = #ir2,,6,1# mA
IR3 = #ir3,,3,1# mA
IRL = #irl,,3,1# mA

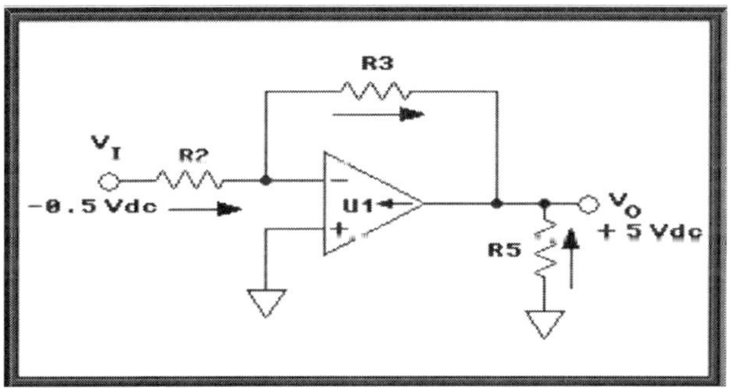

17. 회로 상에서의 전류분배를 볼 때, U1에 대해 옳은 것은?
   a. 합산 점은 가상접지가 아니다.
   b. 전류 분배가 잘못되었다.
   c. 차동 전압은 0V이다.

18. 입력 전압의 극성이 바뀔 경우(양으로), 옳은 설명은?

   a. R2와 R3에 흐르는 전류가 같은 필요는 없다.
   b. 부하, 피드백 전류는 출력단자로부터 나온다.
   c. 합산점은 가상접지의 역할을 하지 않는다.
   d. 이득이 -10으로 줄어든다.

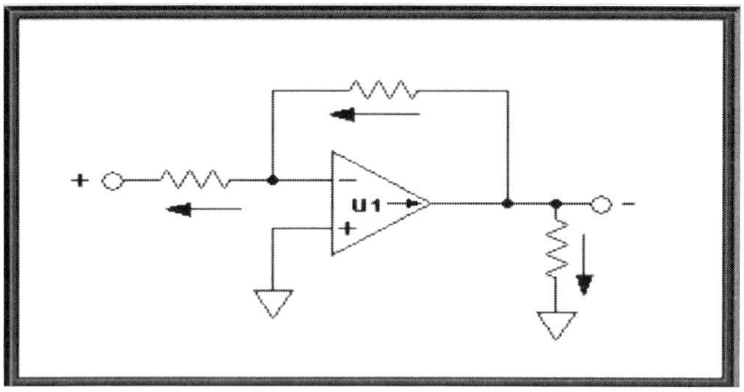

결 론

p 반전 연산 증폭기는 입력 전압의 극성을 반전시킨다.

p 반전 증폭기의 이득은 피드백 저항과 입력 저항의 비과 같다.

p 트림(trim) 전압은 연산 증폭기 옵셋 전압을 0V로 만든다.

p 옴의 법칙(ohm's law)을 이용하여 연산 증폭기의 전류 배분을 계산할 수 있다.

p 연산 증폭기의 차등 입력 전압은 거의 0V이다.

p 높은 입력 임피던스에 의해, 연산 증폭기의 입력 전류는 매우 작은 값을 가진다.

실험 2

실험목표

교류 입력을 이용한 연산 증폭기의 동작과 오실로스코프를 이용한 회로 동작에 대한 관찰.

기본내용

일반적으로, 출력 파형은 180도 만큼 반전 또는 ***위상 이동(phase shifted)*** 된다.

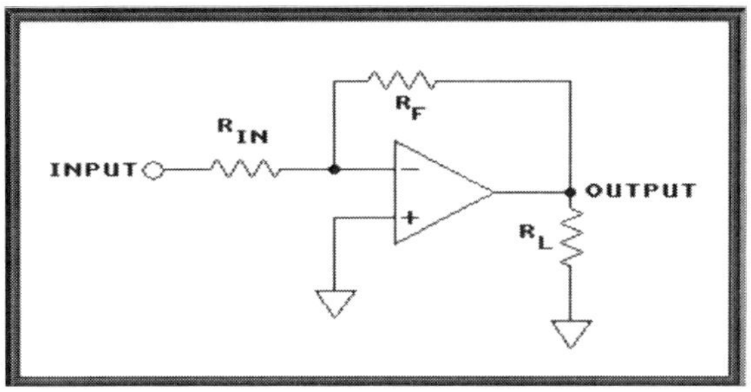

출력 신호는 R_{IN} 에 대한 R_F 의 비에 의해 결정된다.

$$V_{o(pk-pk)} = V_{i(pk-pk)} \times (R_F / R_{IN})$$

반전 증폭기는 교류 입력 신호를 증폭시킬 수 있다. 단, 가상접지(virtual ground), 합산점(summing point), 폐회로 동작(closed-loop operation) 개념은 변함없다.

왜곡되지 않은(nondistorted) 첨두-첨두(peak-to-peak) 출력 전압은 IC 공급 전압의 전압 값에 의해 제한된다.

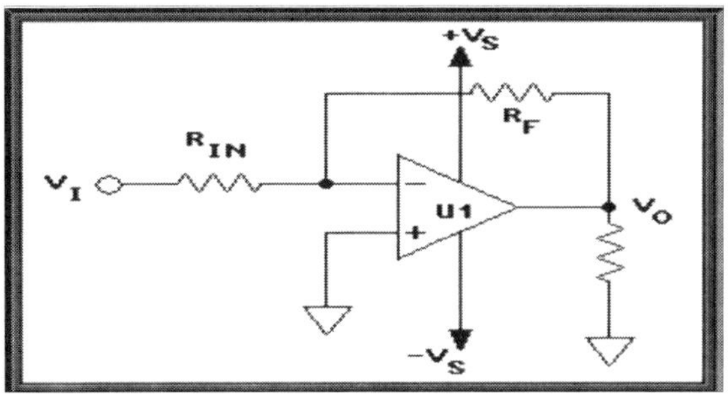

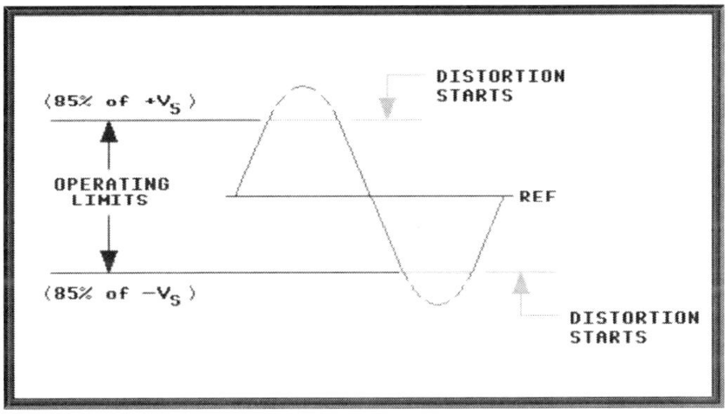

LF441 연산 증폭기에서, 출력 전압의 제한치는 직류 공급전원의 85% 이다. 즉, 15 Vdc x 0.85 또는 12.75V가 된다. 입력 신호의 첨두치와 회로 이득과의 곱이 너무 클 경우에는, 출력 파형이 왜곡된다(distort). 이 왜곡(distortion)을 포화(saturation)라 한다.

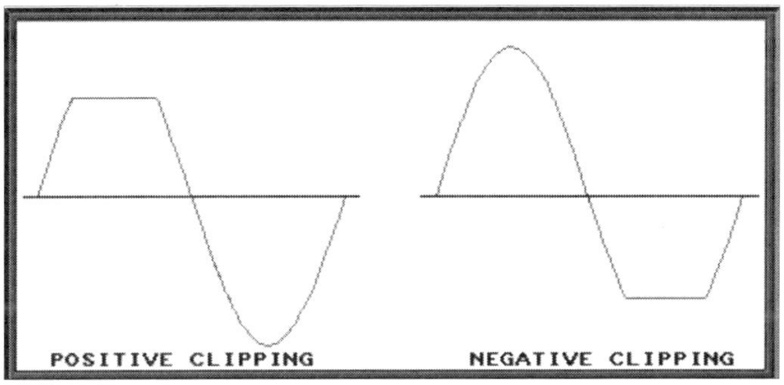

보통, 크기 왜곡(amplitude distortion)은 대칭적이다. 그러나, 연산 증폭기가 트림(trim) 조절이 되어 있지 않을 경우(not balanced), 왜곡은 비대칭이 된다. 즉, 한 쪽 첨두(peak)가 먼저 왜곡 될 수 있다.

✔ 이전 회로에서, 출력 파형은 왜곡되는가?
a. 그렇다.
b. 아니다.

IR2 = #ir2,,6,1# mA
IR3 = #ir3,,3,1# mA
IRL = #irl,,3,1# mA

실험과정

1. INVERTING AMPLIFIER 회로 블럭을 찾아 옆 그림과 같이 연결 한다. R1(회로 입력)을 접지(common)에 연결한다.

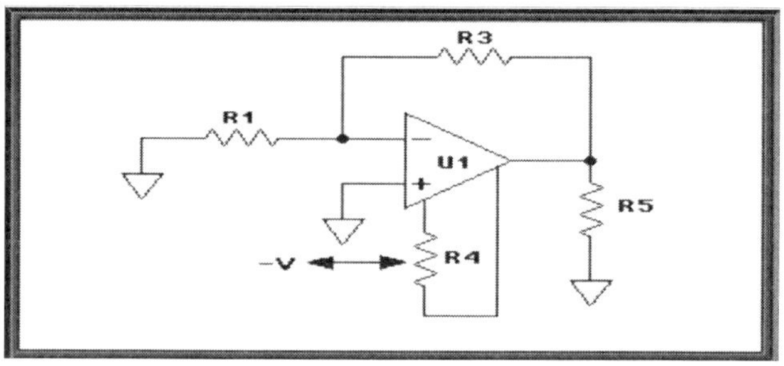

2. TRIM 가변 저항을 이용하여 출력 전압을 0V로 맞춘다.

주의 : 회로 조절 후에, TRIM 조절기를 건드리지 않도록 주의한다.

3. R1과 접지와의 연결을 제거한다. 사인파 발생기를 회로 입력(R1)에 연결한다.

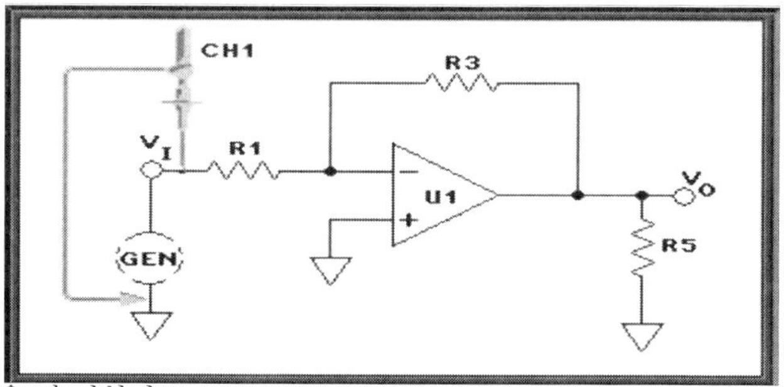

오실로스코프의 채널 1을 회로 입력에 연결한다. 파형 발생기의 출력 파형을 0.1 V_{pk-pk}, 1000 Hz (1 ms)의 사인파로 맞춘다.

4. 오실로스코프의 채널 2를 이용하여 출력 전압을 측정한다.

V_o = V_{pk-pk}

5. 측정 출력 전압 #voac,,4,1# V_{pk-pk} 와 0.1 V_{pk-pk} 입력 전압을 때, 회로 이득은 약 얼마인가?
a. 1000.
b. 100.
c. 10.
d. 1.

6. 회로의 출력 파형과 입력 파형을 비교해 볼 때, 파형에 대한 설명으로 옳은 것은?
   a. 동상이다(in phase).
   b. 90° 위상차를 보인다(out of phase).
   c. 180° 위상차를 보인다(outof phase).
   d. 270° 위상차를 보인다(out of phase).

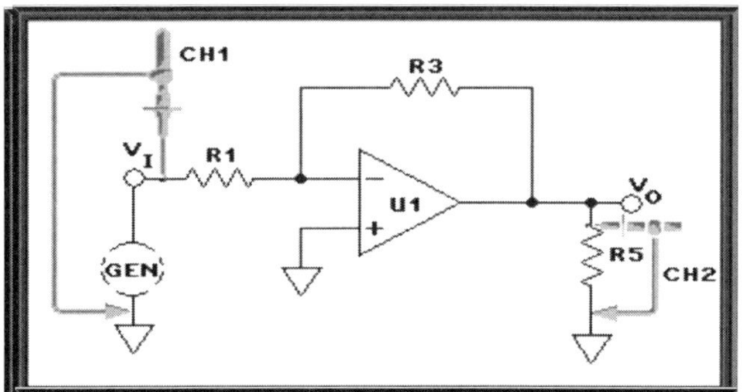

7. 입력 신호의 크기를 최대값까지 천천히 증가시키면서 회로의 출력 파형을 관찰 한다.

   관찰 결과를 볼 때, 다음 중 옳은 것은?
   a. 증폭기는 입력 신호의 모든 범 위에서 왜곡되지 않는 출력 파형을 만들어낸다.
   b. 낮은 입력 전압에서 입력 전압의 부분적인 왜곡이 발생한다.
   c. 클리핑(clipping)에 의한 어느 정도의 왜곡이 발생하여 직각파와 비슷한 모양으로 변한다.
   d. 증폭기는 사인파 입력을 직각파로 정확하게 바꾸어준다.

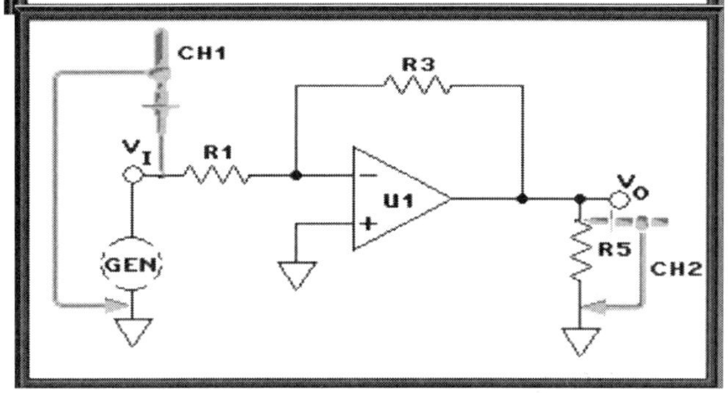

8. 회로 입력을 0.1 V_{pk-pk}로 맞춘다.

CM 10은 회로 이득을 변화시킨다. 회로의 출력 전압을 측정한다.

V_o = V_{pk-pk}

9. 회로 출력 전압 #vocm10,,3,1# V_{pk-pk}을 볼 때, CM 은 회로 이득에 어떤 영향을 미치는가?

참고 : 원래의 회로 이득은 100이다.

$Av = V_{o(pk-pk)} / V_{i(pk-pk)}$
   a. 증가한다.
   b. 아무 영향이 없다.
   c. 감소한다.

10. R3는 R1이 곱해져서 변한 회로 이득과 같다. 값이 변한 회로 이득은 $V_{i(pk-pk)} / V_{o(pk-pk)}$이다.

   출력 전압 #vocm10,,3,1# V_{pk-pk}와 R1값 100Ω을 봤을 때, R3의 변한 값은 약 얼마인가?
   a. 20 kΩ.
   b. 2 k.Ω.
   c. 200Ω..
   d. 20.Ω.

결 론

p 반전 증폭기의 출력 파형은 입력 파형과 거의 180° 의 위상차를 이룬다.

p 입력 전압과 회로 이득의 곱이 파워 서플라이 레벨 근처까지 다다르게 되면 연산 증폭기는 포화상태가 된다.

p 연산 증폭기의 포화(Saturation)는 출력 파형을 왜곡시킨다.

p 저주파(low frequency)에서는, 교류 이득이나 직류이득이나 거의 같은 값이다.

실험 3

실험목표

반전 연산 증폭기에서의 이득(gain)과 대역폭(bandwidth)의 관계에 대한 고찰과 오실로스코프를 이용한 대역폭 측정.

기본내용

이득-대역폭 곱(gain-bandwidth product) 과 *슬루레이트(slew rate)* 는 제조 시에 정해지는 반전 연산 증폭기의 동작과 관련이 있는 파라미터(parameter)이다.

일반적으로 두 파라미터는 상호작용 관계이다. 그러나, 이 단원에서는 입력 파형에 의해 연산 증폭기가 슬루레이트(slew rate) 한계치까지 가지는 않을 것이다. 슬루레이트는 다음 단원에서 실험하게 된다. 이득-대역폭(gain-bandwidth :GB)은 연산 증폭기의 일정 파라미터이며 회로 구성에 의해 영향받지 않는다. *대역폭(bandwidth)* 이 곱해진 반전 회로의 이득은 연산 증폭기 회로의 GB 곱과 같다. GB 는 이득값 1(unity)에 의해 특정지어지므로 ,GB 곱을 *단일-이득 대역폭(unity-gain bandwidth)*이라 부르기도 한다.

일반 그래프는 대역폭(band-width : B)과 이득(gain)이 서로 반비례 관계임을 보여준다: 즉, 이득이 증가할수록 B는 감소한다. B와 이득은 곱의 관계이므로, 회로의 대역폭(B)은 다음 계산법에 의해 구할 수 있다.

B(대역폭) = (연산 증폭기 특정GB 곱)/(회로 이득)

✔ LF441 연산 증폭기는 1MHz의 GB (단위 이득(unity)에서)를 가지고 있다. 연산 증폭기의 이득이 50이라면 회로의 대역폭 (bandwidth)은 얼마인가?
  a. 1 MHz
  b. 50 kHz
  c. 20 kHz
  d. 1 Hz

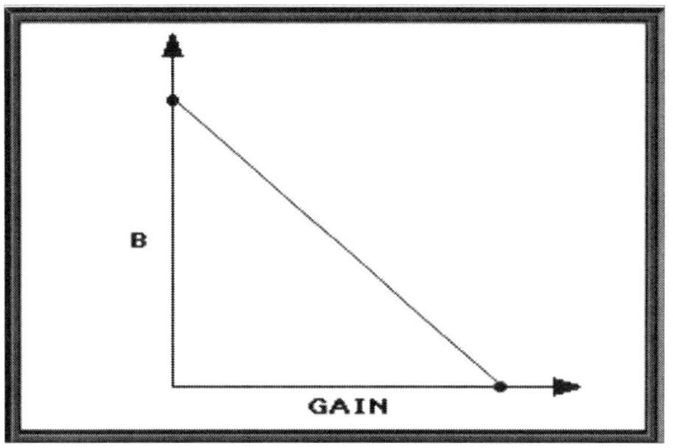

반전 증폭기의 대역폭(bandwidth)은 커패시터를 피드백 저항에 병렬로 연결하여 감소시킬 수 있다. 입력신호의 주파수가 증가할수록 커패시터-리액턴스(capacitive reactance : X_C)는 감소한다. 특정 주파수에서, X_C는 R_F의 값과 같다.

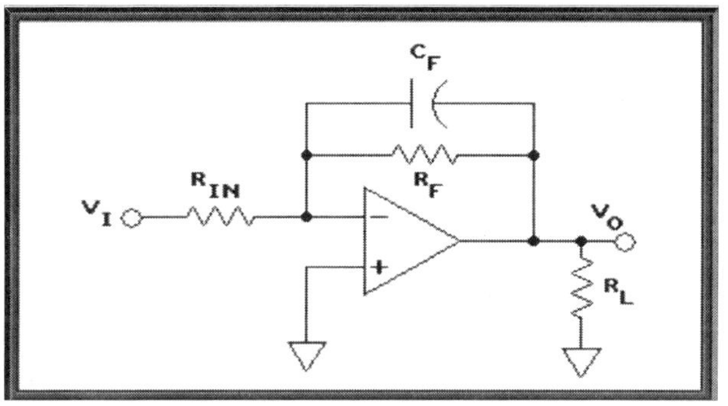

이 주파수(차단점 주파수 : breakpoint frequency)에서, 출력신호는 원래 값에서 -3 dB 만큼 감소한다.

원래 출력 값(V_o)에 계수 0.707을 곱하여 -3 dB인 지점에서의 예성 출력 전압을 계산한다.
V_o 는 첨두(peak) 또는 첨두-첨두(peak-to-peak) 단위(unit)이다.

✔ 회로의 원래 출력 전압이 V_{pk-pk}일 경우, 회로의 차단점(breakpoint)에서의 예상 출력 전압은 얼마인가?
  a. 0.707 Vpk
  b. 0.707 Vpk-pk
  c. 1.414 Vpk
  d. 1.414 Vpk-pk

✔ 입력 신호의 주파수가 바뀔 때의 회로 이득에 관한 설명으로 옳은 것은?
  a. 주파수가 감소하면 증가한다.
  b. 주파수가 증가하면 감소한다.
  c. 둘다 해당된다.
  d. 해당사항이 없다.

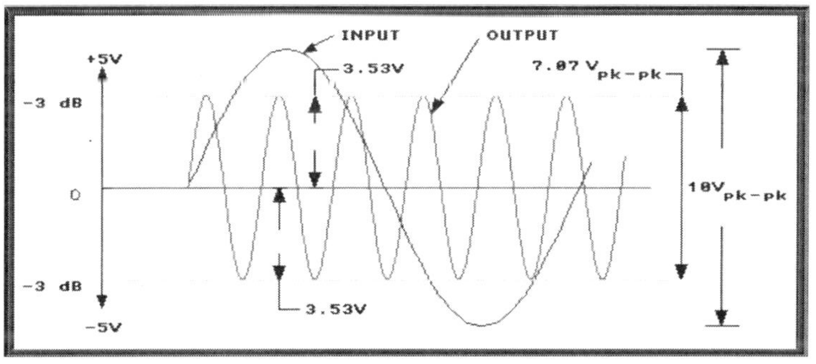

INVERTING AMPLIFIER 회로 블럭을 찾아 옆 그림과 같이 연결한다. 출력 전압 조절을 위해 R4를 사용한다.

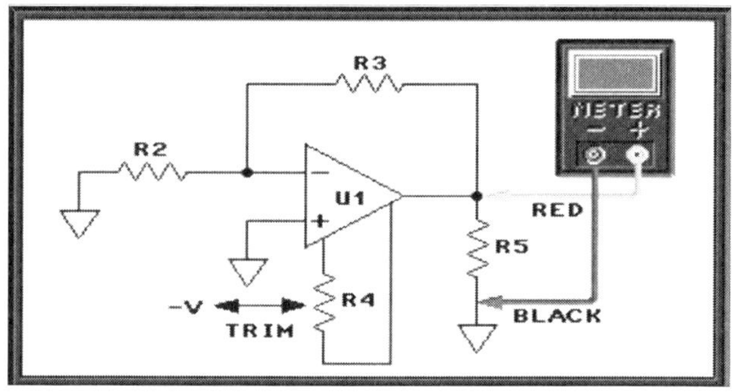

주의 : 널링(nulling) 끝난 후에는 R4 TRIM 조절기를 건드리지 않도록 주의한다.

회로의 입력에 사인파 발생기를 연결한다. R1이 회로로 연결되어 있는지 확인한다.

오실로스코프의 채널 1을 회로의 입력단에 연결하고, 채널 2는 회로의 출력단에 연결한다.

사인파 발생기를 조절하여 회로의 출력 전압이 10 $V_{pk\text{-}pk}$, 1000 Hz이 되도록 한다.

실험과정

회로의 대역폭(bandwidth : 주파수 단위)은 얼마인가?

대역폭(B)= kHz

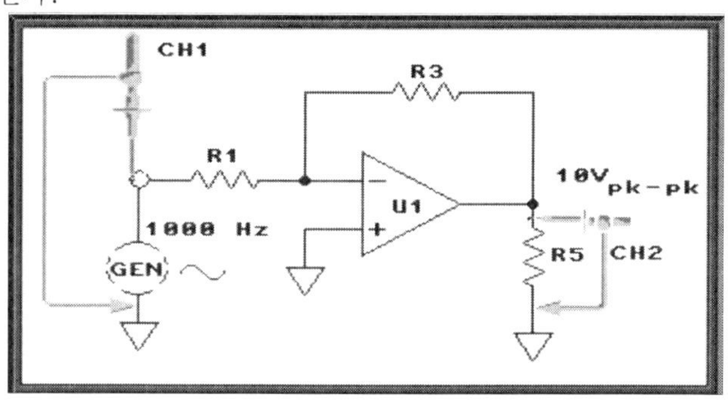

주의 : 파형 발생기의 입력 주파수는 계속 같은 값으로 유지한다.

1. 첨두-첨두(peak-to-peak) 출력치가 처음 레벨(10 $V_{pk\text{-}pk}$)보다 3dB 낮은 값(7.07 $V_{pk\text{-}pk}$)이 될때까지 파형발생기의 주파수를 천천히 증가시킨다.

주의 : 파형 발생기의 입력 주파수는 계속 같은 값으로 유지한다.

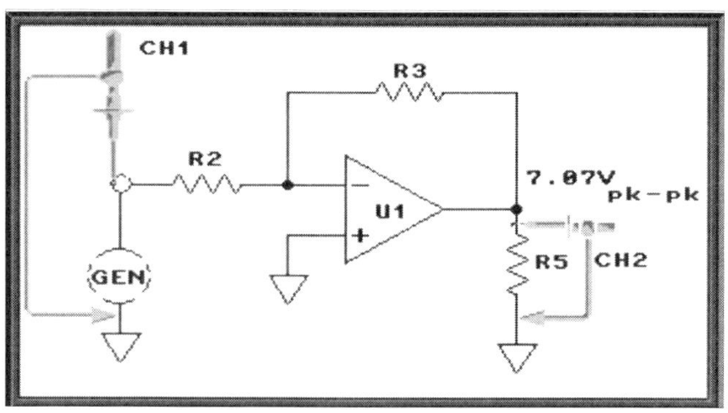

2. R1의 2핀 커넥터를 R2 쪽으로 옮긴다. 회로의 출력 전압이 10 $V_{pk\text{-}pk}$,1000 Hz되도록 조절한다.

주의 : 회로 이득이 100에서 10으로 감소한다.

3. 회로의 새로운 대역폭-주파수(bandwidth frequency)를 측정한다. 입력 전압 크기는 그대로 유지하면서 입력 주파수를 천천히 증가시킨다.
   대역폭(B)= kHz

주의 : V_o 가 7.07 V_{pk-pk}일 때의 주파수를 찾아서 대역폭을 계산한다.

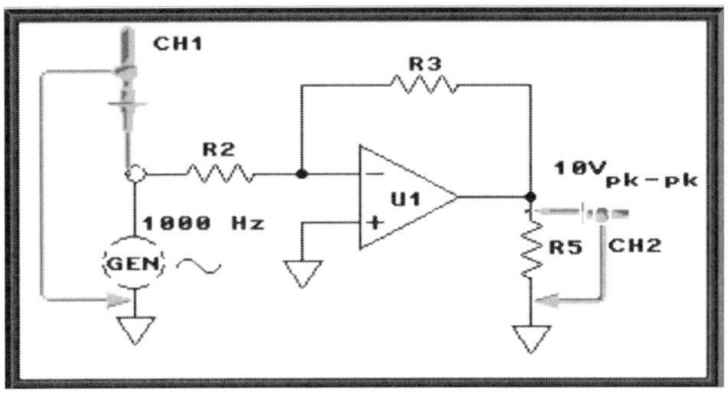

4. 출력 주파수 #bw2,,5,1# kHz 와 주파수 #bw1,,4,1# kHz (이득값 100 일때의 대역폭)를 비교해 볼 때, 회로의 대역폭 (bandwidth)에 관한 설명으로 옳은 것은?
   a. 회로 이득이 감소하면 증가한다.
   b. 회로 이득에 영향을 받지 않는다.
   c. 회로 이득이 감소하면 감소한다.
   d. 해당 사항이 없다.

5. 회로 출력을 다시 10 V_{pk-pk},1000Hz로 맞춘다.

주의 : R3 (10 kΩ) 와 R2 (1 kΩ) 를 볼 때, 회로의 이득은 10이다.

6. CM 12는 피드백 저항에 병렬 연결된 0.01μF 커패시터 역할을 한다. 차단점(breakpoint)을 볼 때, 이 변화에 의해 대역폭(badnwidth)은 증가되는가? 감소되는가?
   a. 증가된다.
   b. 감소된다.

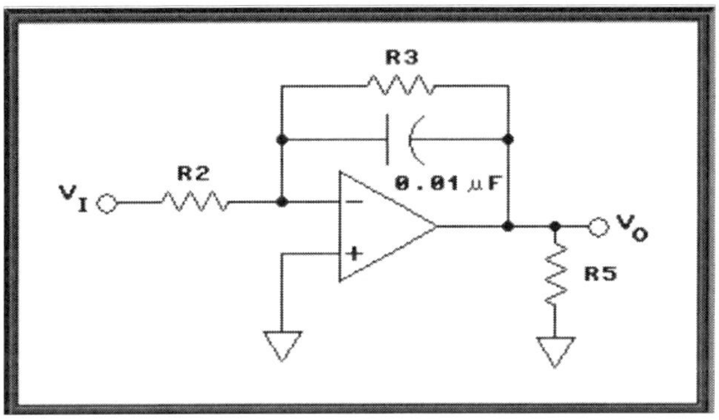

이득-100에서의 대역폭 = #bw1,,4,1# kHz
이득-10에서의 대역폭 = #bw2,,5,1# kHz

결 론

p 반전 증폭기(inverting amplifter)의 대역폭(bandwidth)은 회로의 이득(gain)과 반비례 관계이다.

p 회로 이득(gain)이 증가하면 대역폭(bandwidth)은 감소한다.

p 회로 이득(gain)이 감소하면 대역폭(bandwidth)은 증가한다.

p 피드백 저항에 커패시터를 병렬로 연결할 경우, 회로의 대역폭(bandwidth)은 감소한다.

unit 17

비반전 증폭기

단원목표

비반전 연산 증폭기(noninverting operational amplifier)의 직류 및 교류 동작 특성에 관한 고찰.

단원기본지식

*비반전 증폭기(noninverting amplifier)*는 폐회로(closed loop) 연산 증폭기의 한 구성이다. R2를 통한 피드백 작용은 연산 증폭기의 반전 입력 단자로 연결된다.

비반전 회로의 입력 신호는 연산 증폭기의 비반전 입력 단자로 입력된다.

저항 R1은 연산 증폭기의 입력 단자와 회로 접지 사이에 연결된다. 회로 이득(Av)은 1 + (R2/R1)이다. R1과 R2가 같을 경우, 회로 이득은 2가 된다.

✓ R1이 R2보다 매우 클 클 경우, 회로 이득(Av)은 얼마인가?
   a. 1보다 작다.
   b. 1.
   c. 1보다 크다.
   d. 2.

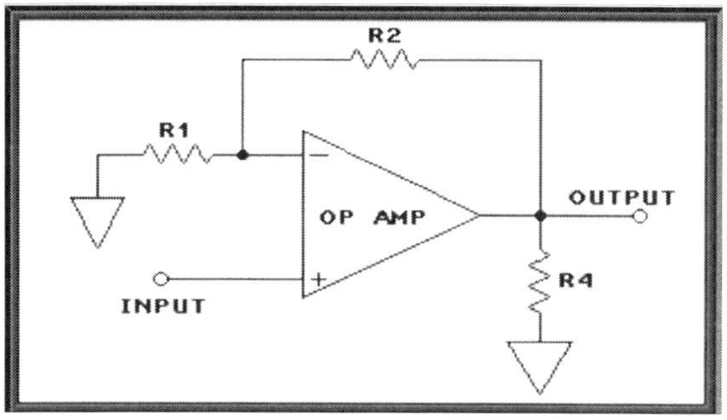

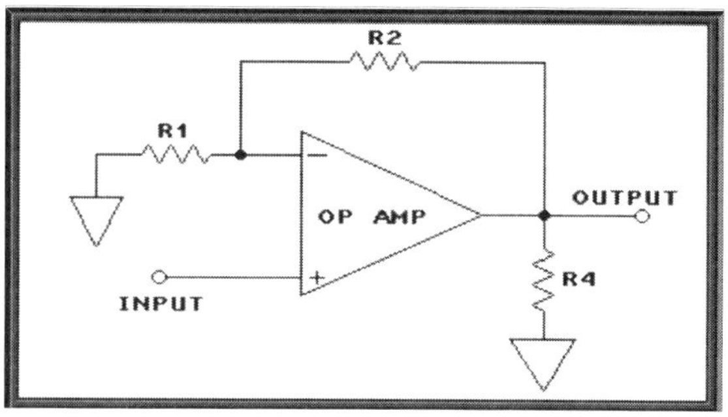

비반전 회로 구성에서, 출력 전압과 입력 전압의 극성은 같다. 동작이 정상 즉 포화상태(saturation)가 아닐 경우, 연산 증폭기의 차동 입력 전압(V_D)은 0V의 값을 유지한다.
그러나 연산 증폭기가 포화 상태가 되면, V_D는 0V를 유지하지 못한다.

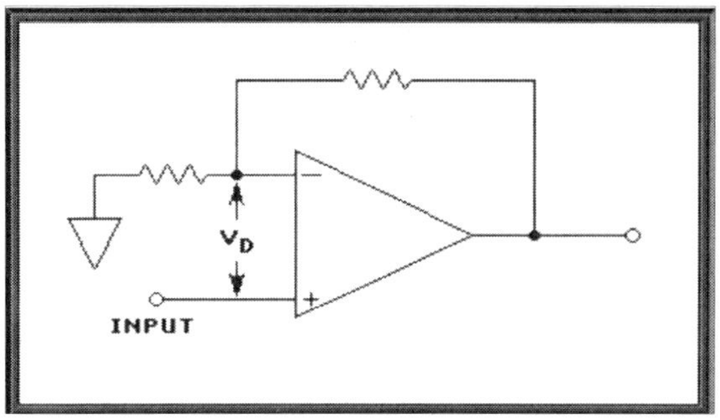

이 회로의 입력 임피던스는 R_{IN}의 저항값과 같다. 연산 증폭기에서, 매우 높은 입력 임피던스로 인해 보통 저항 R_{IN}은 (+) 입력단자와 회로 접지 사이에 연결된다.

R_{IN}는 연산 증폭기의 포화로 인해 입력 전압(V_I)이 끊어지는 것을 막아준다. (부동(floating) 입력으로 간주한다)

비반전 연산 증폭기는 연산 증폭기의 일반적인 특성을 모두 다 보여준다: 고입력 임피던스(hign input impedence), 저출력 임피던스(low output impedence), 고이득(high gain)

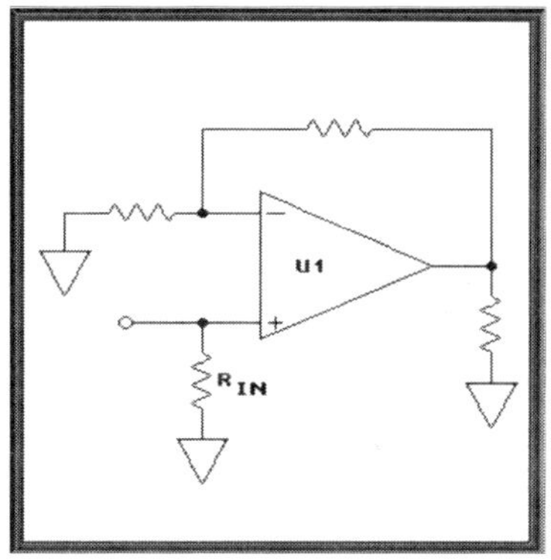

회로의 입력 전압은 연산증폭기의 (+) 입력으로 입력된다. 이것은 합산점(summing junction)이 가상접지가 아니라 차동 입력전압(V_D)이 0V가 되는 전압을 가진다는 것을 의미한다.

옴의 법칙(ohm's law)를 이용하여 회로의 각 전류를 계산하라.

주의 사항: V_{RIN} = V_I, V_{R4} = V_O,
R1과 R2에 의해 전압분배가
이루어진다.

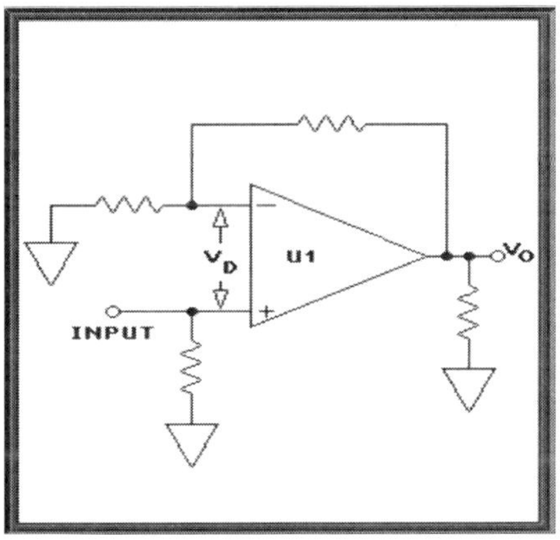

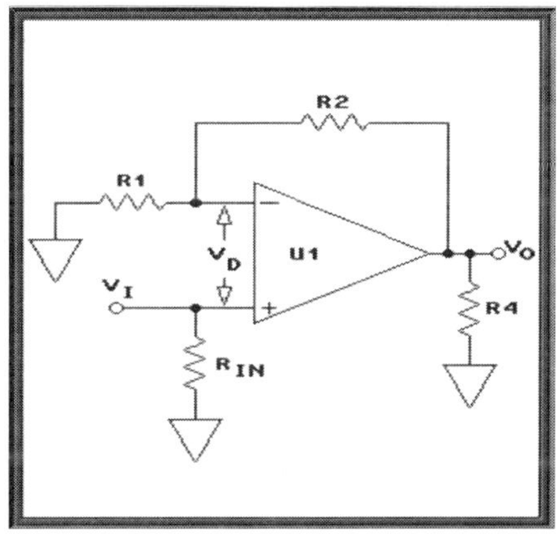

필요한 실험도구

앞으로의 실험을 위해서 다음의 실험 기기가 필요하다:

- F.A.C.E.T. 베이스 유닛
- 파워 서플라이, 15 Vdc (2개)
- 멀티미터
- 오실로스코프, 듀얼 트레이스(dual trace)
- 파형 발생기, 사인파(sine wave)
- OPERATIONAL AMPLIFIER FUNDAMENTALS
- 회로 보드

실험 1

실험목표

직류(dc) 입력을 이용한 비반전 연산 증폭기(noninverting operational amplifier)의 동작과 멀티미터를 이용한 회로의 동작에 고찰.

기본내용

비반전 동작에 의해, 출력 전압과 입력 전압은 같은 극성을 가진다.

비반전 증폭기는 폐회로(closed-loop) 연산 증폭기 회로 구성으로 되어 있다.

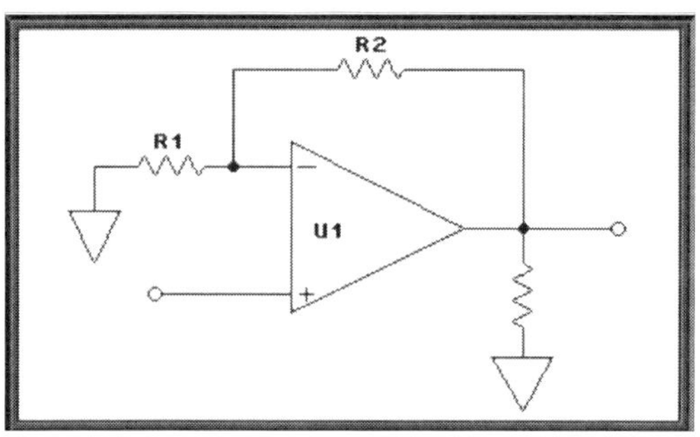

R3은 평형 조절(null)을 위해 쓰여서 회로의 출력(V_O)을 0V로 만들어준다. 평형 조절시에 회로의 입력은 접지로 연결되어 있어야 한다.

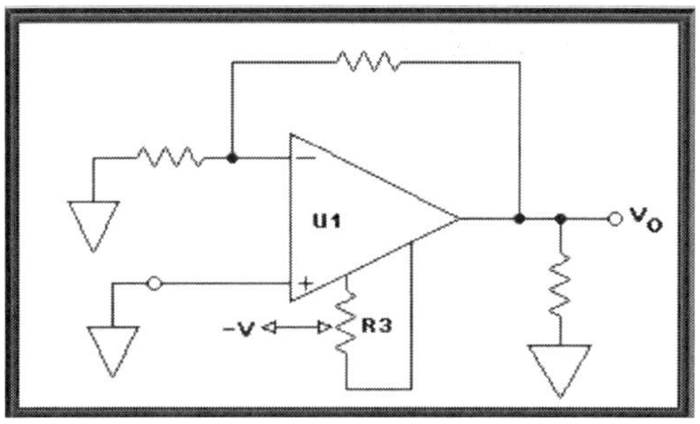

✔ 비반전 증폭기는 입력 전압을 증폭시킨다. 또 다른 한 특징으로 알맞은 것은?
  a. 입력 전압의 극성을 반전시킨다.
  b. 입력 전압의 극성을 반전시키지 않는다.

✔ 피드백 저항을 이용하여 회로의 이득을 1로 만들 수 있는가?
  a. 그렇다, R3를 최대한 작게 한다.
  b. 그렇다, R3를 약 4500Ω 으로 한다.
  c. 아니다.

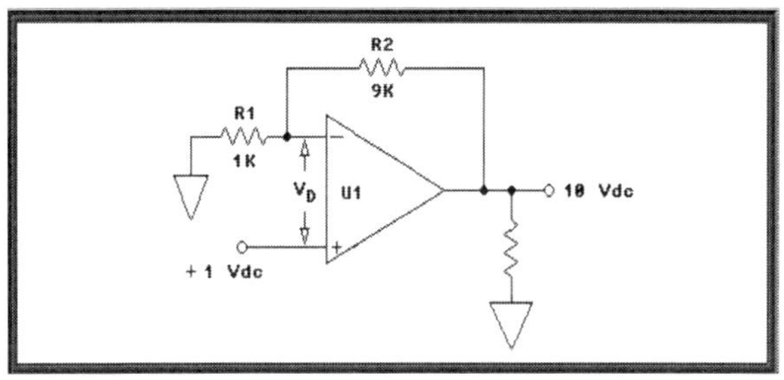

연산 증폭기의 (+) 입력이 +1 Vdc이므로, V_D을 0V로 유지하므로 피드백(R2)회로에 충분한 전압이 걸린다.

회로 접지 기준으로 볼 때, (+), (-) 입력 모두다 +1 Vdc이다. 회로 이득(Av)이 10이므로, 출력 전압은 +10 Vdc이다.

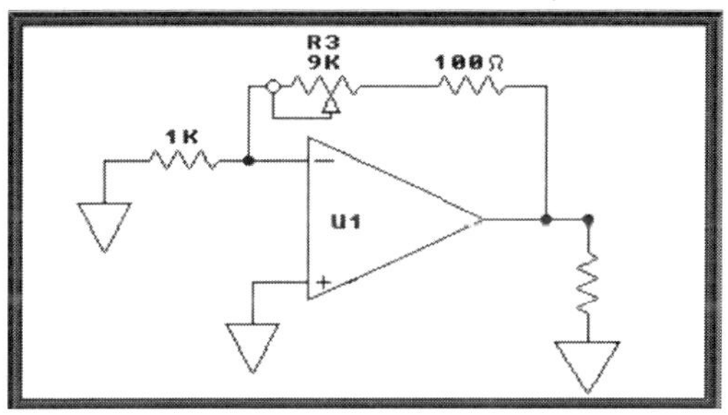

포화 상태가 아닌 경우, 차등 입력 전압(V_D)은 0V이어야 한다.

✔ 비반전 연산 증폭기에서, 반전 입력 전압은 항상 0V 이다.
  a. 사실이다.
  b. 거짓이다.

옴의 법칙(ohm's law)를 이용하여 회로의 각 전류를 구하라.

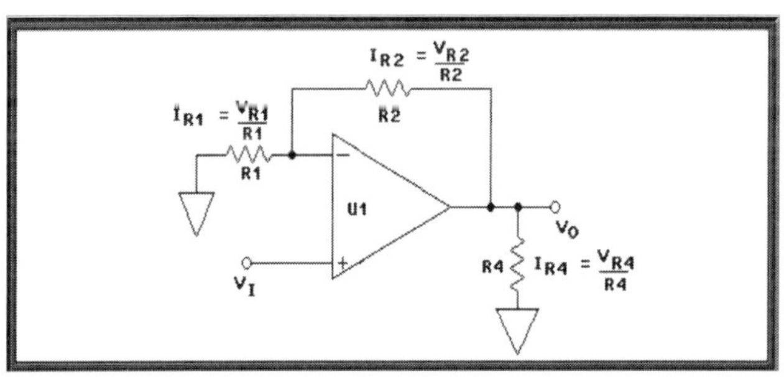

회로의 입력 전압(V_I)이 양의 값일 때, 전자는 연산 증폭기의 출력 단자로 흐른다.

V_I가 음일 경우, 전자의 흐름은 연산 증폭기의 출력 단자에서 나오는 방향이다.

실험과정

1. NONINVERTING AMPLIFIER 회로 보드를 찾아, 위와 같이 연결하라. 단, 회로의 입력 단자는 회로 접지와 연결되어야 한다.
TRIM 조절기로 회로 출력(V_O)이 약 0V가 되게 조절한다.

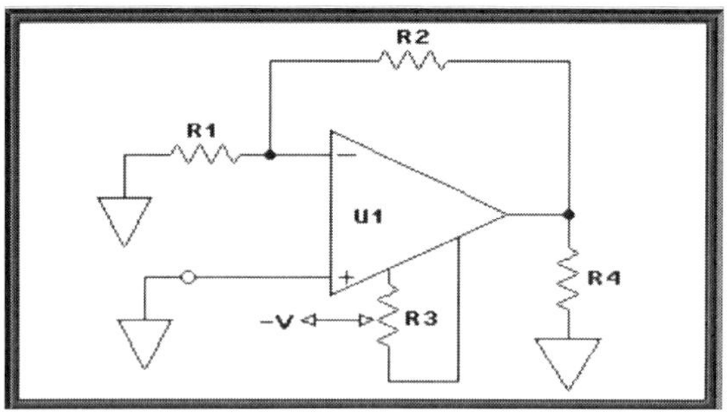

2. 회로 입력과 접지와의 연결을 제거하면서 출력을 관찰한다. 이 과정에서, 입력은 "부동(floating)"상태로 한다.

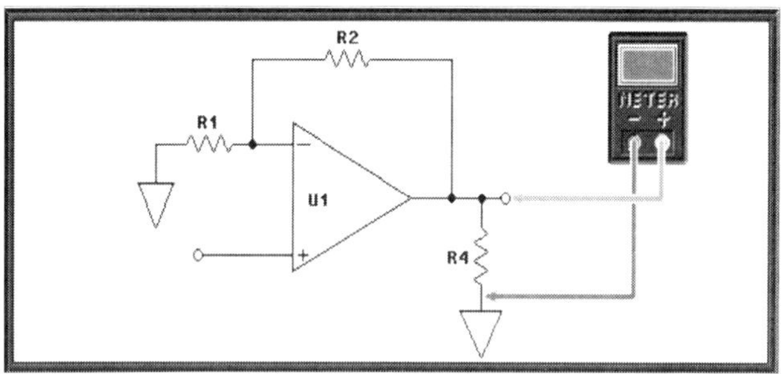

관찰 결과로 볼 때, 연산 증폭기는 어떤 상태인가?
a. 포화 상태(saturation).
b. 포화 상태가 아니다.

3. 옆 그림과 같이 회로를 변형한다. 실험 중에 TRIM 조절기를 건드리지 않도록 한다.

4. 회로의 입력 전압(V_I)을 +1 Vdc로 정확하게 맞춘다. 입력과 출력을 관찰했을 때, 회로의 이득은 얼마인가?
Av =

5. 전압 계측기의 결과로 봤을 때, 입력 전압과 출력 전압은 극성이 같은가?
a. 그렇다.
b. 아니다.

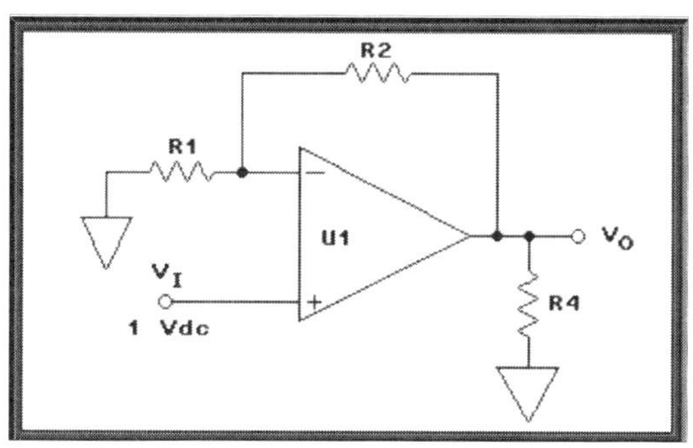

6. 전압 계측기로 (+) 입력 단자와 (-) 입력 단자 사이의 차동 입력 전압(V_D)을 측정하도록 한다. 측정 결과를 볼 때, 다음 중 옳은 것은?
   a. U1은 포화 상태(saturation)이다.
   b. U1은 정상 동작 중이다.
   c. 회로의 전류는 0이다.
   d. 회로가 반전 증폭기로써 동작하고 있다.

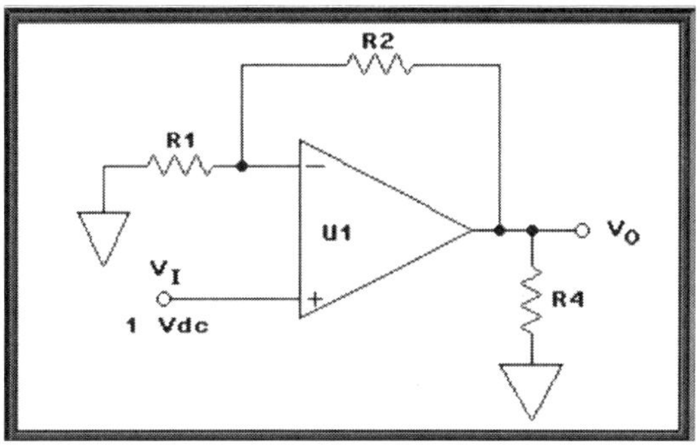

7. 전압 이득이 약 10 으로 계산되었다. 회로 구성과 주어진 값으로 볼 때, 옳은 것은?
   a. Av = (R2 + R4)/R1
   b. Av = 1 + (R2/R1)
   c. Av = 1 - (R2/R1)
   d. Av = 1 + (R1/R2)

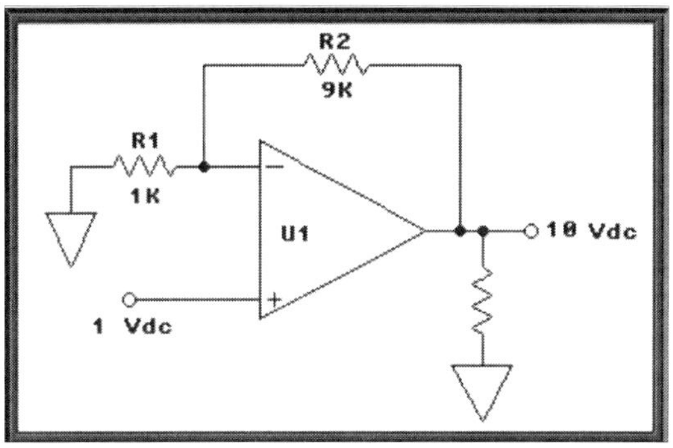

8. 연산 증폭기의 각 입력 단자의 전압을 측정한다. 측정 결과를 볼 때, 다음 중 옳은 것은?
   a. 차동 입력전압(VD)은 0V가 될 수 없다.
   b. VD는 +2 Vdc이어야 한다.
   c. 합산점(summing junction)은 없다.
   d. 피드백 전압은 입력 전압(VI)과 정확하게 평형을 이룬다.

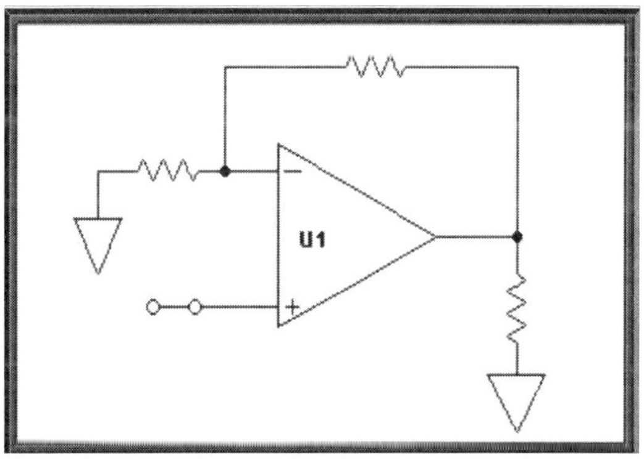

9. 회로의 입력 전압을 +1 Vdc에서 -1 Vdc로 재조정한다.

10. 회로의 출력 전압(V_O)을 측정하여 회로 이득을 계산한다. 회로 이득($Av = V_O / V_I$)은 입력 전압의 극 성에 의해 영향을 받는가?
   a. 그렇다.
   b. 아니다.

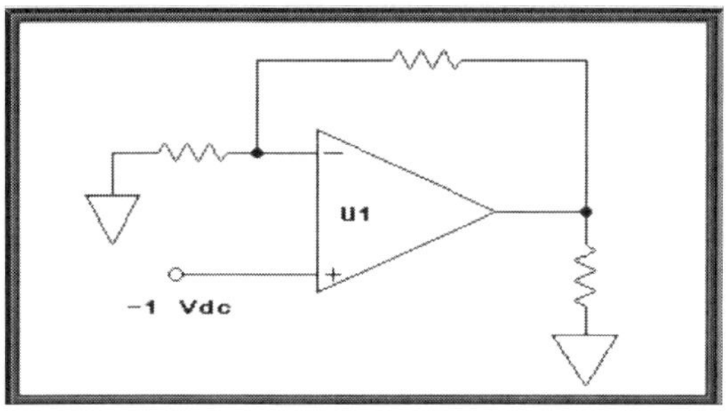

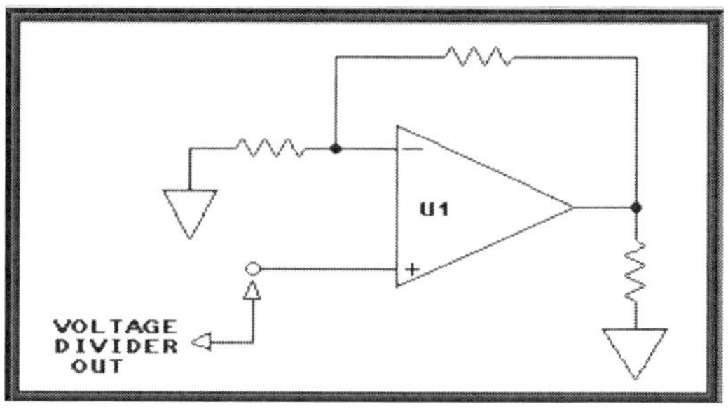

11. VOLTAGE DIVIDER 조절기를 끝에서 끝으로 천천히 돌리면서 차등입력 전압 (V_D)을 관찰하도록 한다. 관찰 결과를 보았을 때, 다음 중 옳은 것은?
    a. U1은 포화 상태(saturation)가 아니다.
    b. 연산 증폭기는 모든 범위에서의 입력이 가능하다.
    c. U1은 모든 입력 전압 범위에서 포화 상태이다.
    d. U1은 일부 입력 전압에서는 포화 상태가 된다.

12. 회로 입력 전압(V_I)을 -1.0 Vdc로 정확하게 맞춘다. R1, R2, R4에서의 전압 강하를 봤을 때, 다음 설명 중 옳은 것은?
    a. 피드백, 부하 전류는 U1의 출력 단자에서 나오는 방향으로 흐른다.
    b. R2을 통해 흐르는 전류와 R1를 통해 흐르는 전류는 같다.
    c. R2에 걸리는 전압은 R1에 걸리는 전압의 9배이다.
    d. 모두 다 해당된다.

13. V_I을 +1.0 Vdc로 정확하게 맞춘다. R1, R2, R4에서의 전압 강하를 봤을 때, 다음 설명 중 옳은 것은?
    a. 피드백, 부하 전류는 U1의 출력 단자로 들어가는 방향으로 흐른다.
    b. R2을 통해 흐르는 전류와 R1를 통해 흐르는 전류는 같다.
    c. R2에 걸리는 전압은 R1에 걸리는 전압의 9배이다.
    d. 모두 다 해당된다.

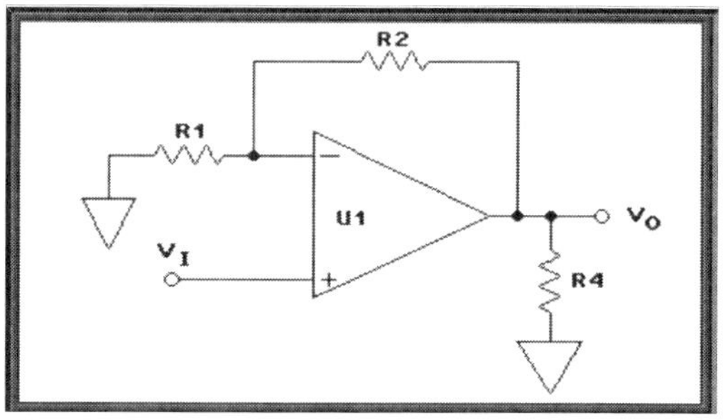

14. CM 15는 R2의 저항 값을 바꾸는 역할을 한다. 포화 상태가 안되는 범위에서 VI을 적절히 조절하도록 한다.

15. 입력, 출력 전압을 관찰했을 때, 다음 설명 중 옳은 것은?
    a. 이득은 증가, R2는 감소하였다.
    b. 이득은 감소, R2는 감소하였다.

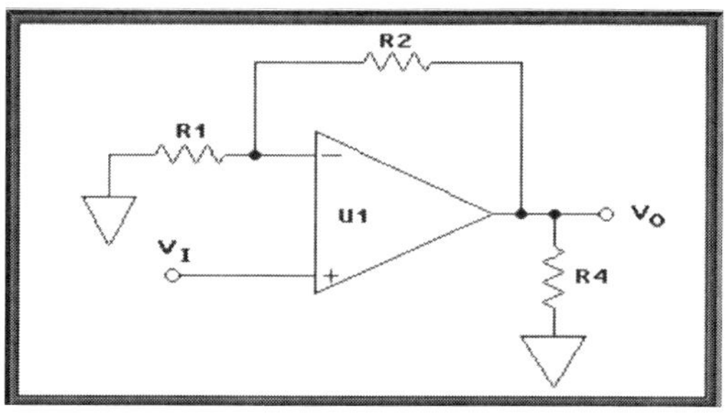

16. 회로의 동작을 관찰했을 때, V_I으로 인한 V_O의 변화에 대한 다음 설명 중 옳은 것은?
    a. 피드백 전압에 의해 VD는 0V를 유지한다.
    b. 입력 전압은 평형 조절된 연산 증폭기의 차등 입력 전압을 바꾼다.
    c. 연산 증폭기에서 VO 의 변화에 의해 (+), (-) 단자의 전압차가 0V로 유지된다.
    d. 모두 다 해당된다.

결 론

p 비반전 연산 증폭기 회로는 옵셋(offset) 전압 에러(error)가 최소화 될 수 있도록 트림(trim)조절할 수 있다.

p 비반전 연산 증폭기에서, 입력 전압과 출력 전압은 같은 극성을 가진다.

p 회로가 포화상태(saturation)가 아닐 경우, 연산 증폭기의 차등 입력 전압(V_D)은 0V이다.

p 차등 입력 전압(V_D)이 0V보다 클 경우 그것은 연산 증폭기가 포화상태(saturation)라는 것을 의미한다.

p (+) 단자와 (-)단자의 전압은 반드시 0V일 필요는 없으나 같은 전압 값이어야 한다.

p Av = 1 + (R2/R1)

실험 2

실험목표

교류(ac)입력을 이용한 비반전 증폭기(noninverting amplifier)의 동작과 오실로스코프(oscilloscope)를 이용한 회로의 동작에 대한 고찰.

기본내용

비반전 증폭기는 교류 입력신호를 증폭시킨다.

비반전 동작에 의해, 출력 신호와 입력 신호 사이에는 반전(inverting)이나 위상 이동(phase shift)이 없다.

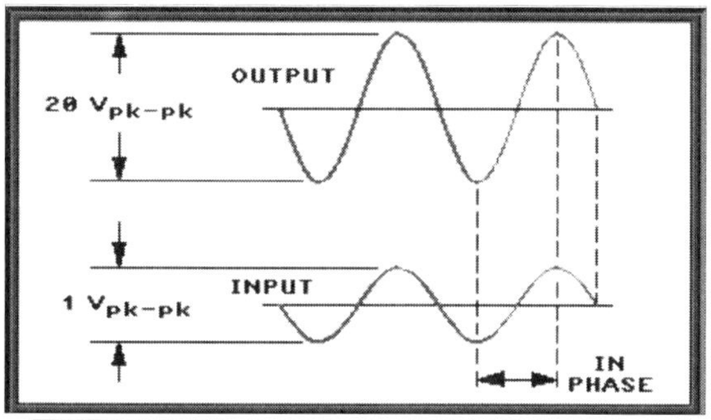

실험에 쓰이는 회로 보드에서는, 출력 전압은 아래의 식에 의해 정의된다.

$V_o = V_i \times [1 + (R2/R1)]$

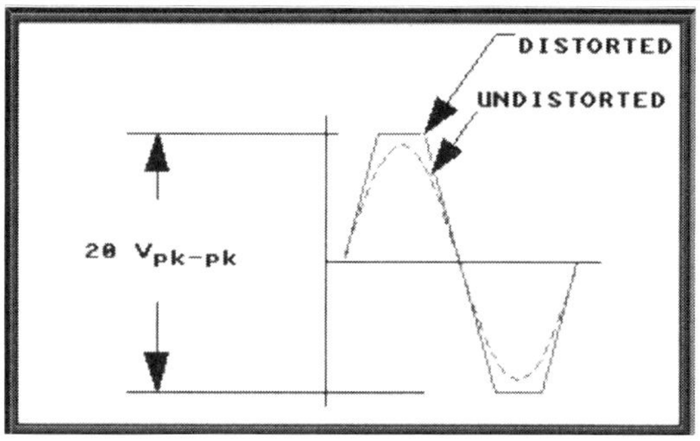

입력 신호의 크기가 너무 클 경우, 연산 증폭기는 포화상태 (saturation)가 되며 출력 파형에 왜곡(distortion)이 발생한다.

실제로 왜곡되지 않은 출력 신호의 첨두-첨두 (peak-to-peak) 전압크기는 공급전압 크기에 의해 제한된다. 이 실험에 쓰이는 회로 보드의 최대 출력 전압 크기는 20 V_{pk-pk}이다

입력 신호(V_i)의 크기가1 V_{pk-pk}일 경우, 출력 신호(V_o)크기는 얼마인가?

a. 10 Vpk-pk. b. 10 Vpk.
c. +10 Vdc. d. -10 Vdc.

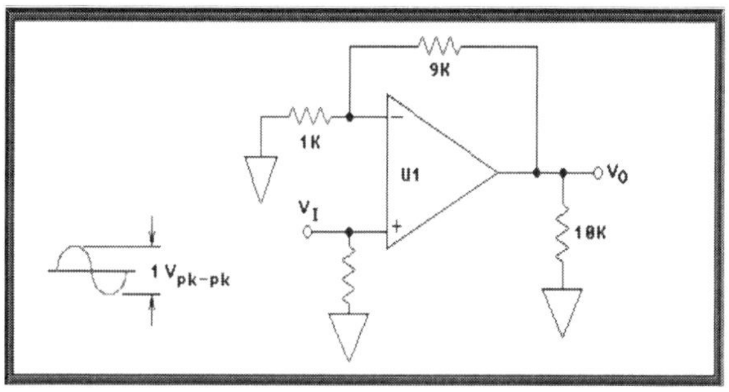

실험과정

1. NONINVERTING AMPLIFIER 회로 블럭을 찾아 옆 그림과 같이 연결한다. 이때, 회로의 입력은 접지에 연결되어 있어야 한다.

   TRIM 조절기로 회로 출력 전압이 0V가 되게 한다.

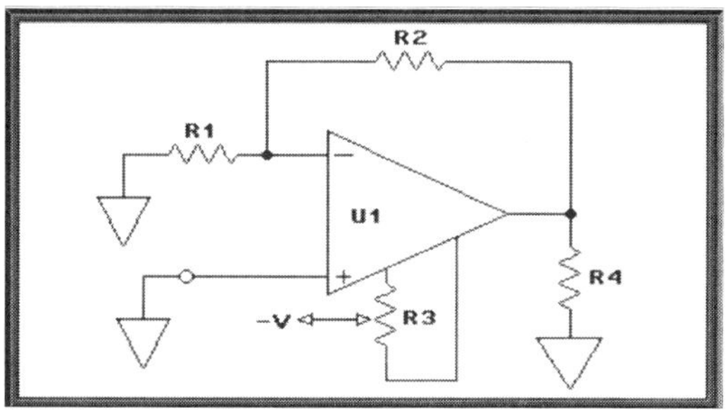

2. 사인파 발생기를 연결하고 회로 입력에 오실로스코프의 채널 1을 연결한다. 입력 임피던스가 높기 때문에 파형 발생기에는 부하가 거의 걸리지 않는다. 파형 발생기의 출력 파형을 1 $V_{pk\text{-}pk}$, 1000 Hz 사인파로 맞춘다.

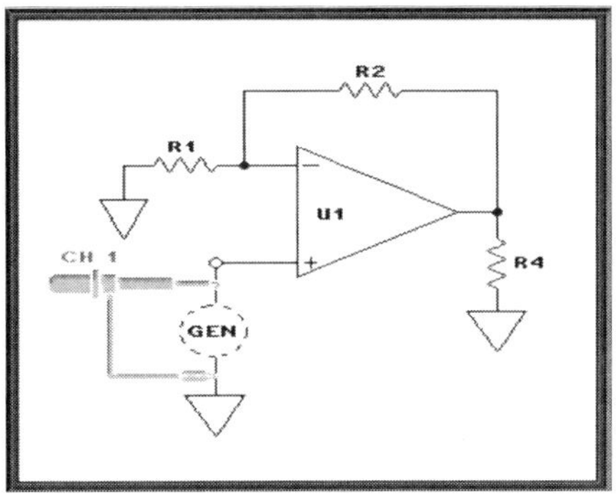

3. 출력 전압과 입력 전압 사이의 관계를 봤을 때, 회로 이득 ($Av = V_o / V_i$)은 얼마인가?
   Av =

4. 오실로스코프 화면에 나타난 결과를 봤을 때, 다음 중 입력 파형과 출력 파형 사이의 위상(phase) 관계로 옳은 것은?
   a. 동상이 아니다
   b. 동상이다.

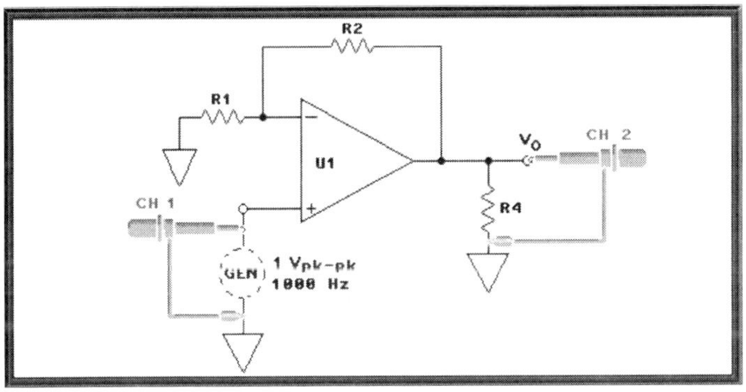

5. 출력 파형이 왜곡(distortion)될 때까지 파형 발생기의 출력파형 크기를 증가시킨다. 신호의 왜곡 발생지점은 10 V_{pk} 기준으로 봤을 때 위쪽인가 아래쪽인가?
   a. 위쪽.　　　　　　　b. 아래쪽.

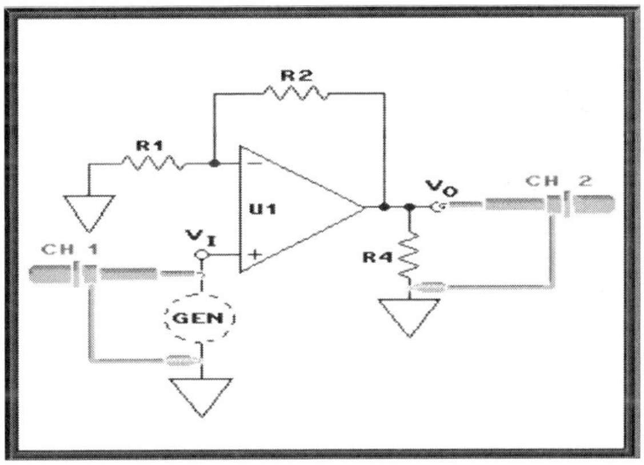

6. 입력 신호(Vi)를 1Vpk-pk로 맞춘다. CM 16 은 R2의 값을 바꾸는 역할을 한다. 회로 이득은 얼마인가?

   Av =

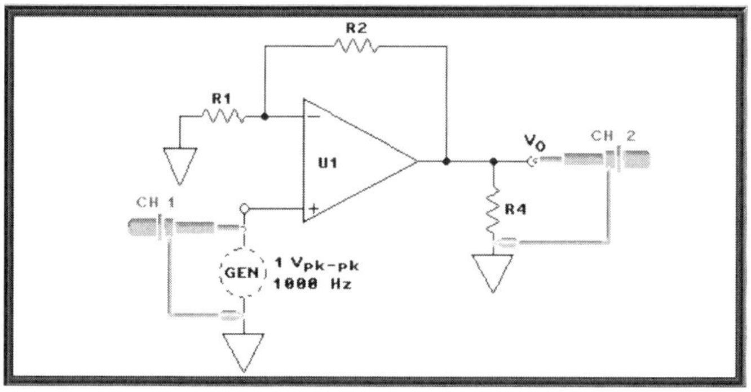

7. 처음 이득은#AVI,s,5,2# (이)였다. 변한 이득은#AV2,s,3,1#이다.

   이득의 변화를 봤을 때 다음 중 옳은 설명은?

   a. R2가 증가하였다.
   b. R2는 변하지 않고,R1이 감소하였다.
   c. R2가 감소하였다.
   d. R2와 R1의 비율은 변하지 않았다.

결 론

p 저주파(low frequency)의 측정 이득은 다음 식을 이용한 계산 이득과 일치한다 :
Av = 1 + (R2/R1).

p 비반전 증폭기의 출력 파형은 회로의 입력 파형과 동상 (in phase)이다.

p 비반전 연산 증폭기의 최대 출력 신호 크기는 공급 전원 전압에 의해 결정된다.

p 비반전 연산 증폭기에서, 피드백 저항값의 변화에 의해 회로 이득이 변한다.

실험 3

실험목표

비반전 연산 증폭기(noninverting operational amplifier)의 이득/대역폭(gain/bandwidth) 특성과 오실로스코프를 이용한 결과에 대한 고찰.

기본내용

이득-대역폭(gain-bandwidth : GBW) 곱과 슬루레이트(slew rate : SR)는 비반전 증폭기의 동작에 영향을 미치는 두 가지 특성이다.

슬루레이트는(slew rate)는 다른 단원에서 다루도록 한다.

비반전 증폭기에서, 회로 이득과 대역폭의 곱은 연산 증폭기 회로의 GB 곱을 초과할 수 없다.

증폭기의 이득이 증가할수록, 회로 대역폭은 감소한다.

증폭기의 이득이 감소할수록, 회로 대역폭은 증가한다.

증폭기의 대역폭이 제한될 경우, 출력 전압은 떨어지며 (감소 또는 가늘어짐(attenuation)), 파형이 왜곡될 수도 있다.

✔ LF441 연산 증폭기는 GB 곱이 1 MHz이다. 이 특성값은 회로 이득과 대역폭과의 곱이 얼마임을 나타내는가?

a. 1 MHz보다 클 수 있다.
b. 항상 1 MHz이어야 한다.
c. 직류(dc)와 1 MHz범위 사이이다.
d. 해당사항이 없다.

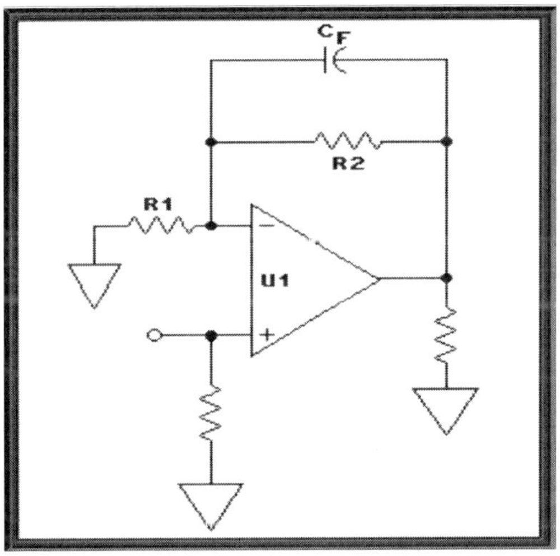

피드백 저항에 병렬로 연결된 커패시터는 대역폭 범위 내에서 연산 증폭기의 교류 이득을 감소시키며, 교류 이득은 주파수에 의해 그 값이 변한다.

이 회로의 차단점(breakpoint) 주파수는 X_C(단위 : 옴(ohms))가 R2와 같아지는 주파수에서 발생한다.

차단점은 회로의 -3 dB지점이며 회로의 대역폭 주파수를 결정한다.
-3 dB 지점은 $1/(2p \times R2 \times C_F)$
이다(p = 3.14).

회로의 -3 dB 지점에서, 출력 전압은 계수 0.707 (0.707 x V_o)에 의해 감소된다.

다음 식은 출력 전압의 변화를 나타내는 식이다.

$$dB = 20 \log (V_{NEW} / V_{INITIAL})$$

V_{NEW} 는 동작 주파수에서의 최종 출력 전압이다.
예 : 100 kHz에서 출력 전압은 0.707배로 감소한다.

$V_{INITIAL}$ 은 기준 주파수(보통 1kHz)에서의 처음 출력 전압이다.

실험과정

1. NONINVERTING AMPLIFIER 회로 블럭을 찾아 다음 그림과 같이 연결한다. 이 때, 회로의 입력 단자는 회로 접지와 연결되어야 한다.

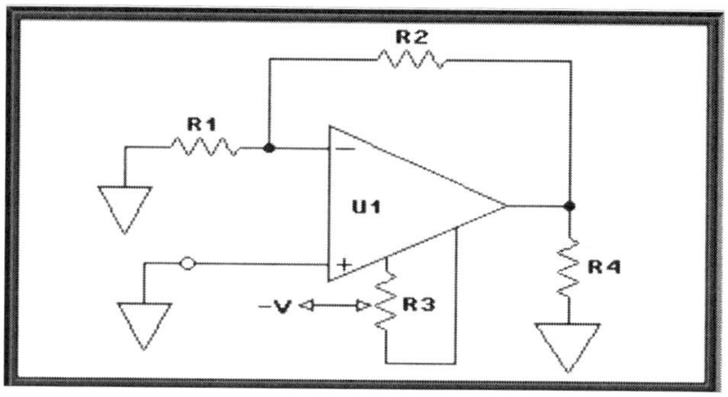

TRIM 조절기로 출력 전압이 0V가 되게 한다.

2. 파형 발생기의 출력 신호를 1V_{pk-pk}, 1000 Hz 사인파로 맞춘다. 오실로스코프의 채널 2를 회로 출력에 연결한다.

사인파 발생기와 오실로스코프의 채널 1을 회로 입력에 연결한다. 연산 증폭기의 높은 임피던스에 의해 파형 발생기에는 부하가 걸리지 않는다.

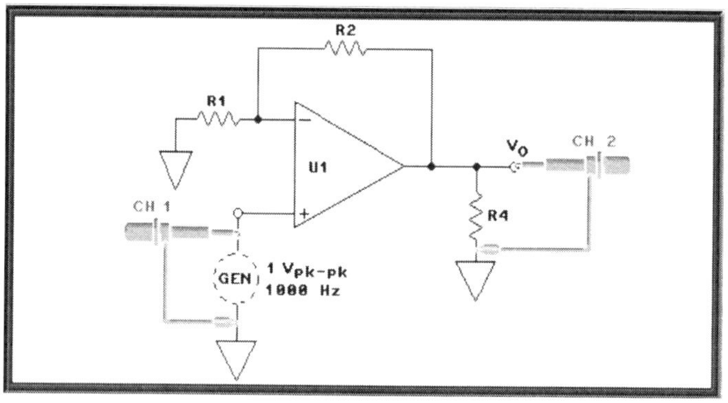

3. 출력 전압과 입력 전압의 관계를 봤을 때, 회로 이득
(Av = V_o/V_i)은 얼마인가?
Av =

4. 회로의 대역폭은 얼마인가?
대역폭(bandwidth) = kHz

5. 파형 발생기 주파수를 다시 1 kHz로 맞춘다. 입력 파형의 크기는 1 V_{pk-pk}이어야 한다.

6. CM 15은 R2의 값을 바꾸는 역할을 한다. 회로의 전압 이득
(V_o/V_i)은 얼마인가?
Av =

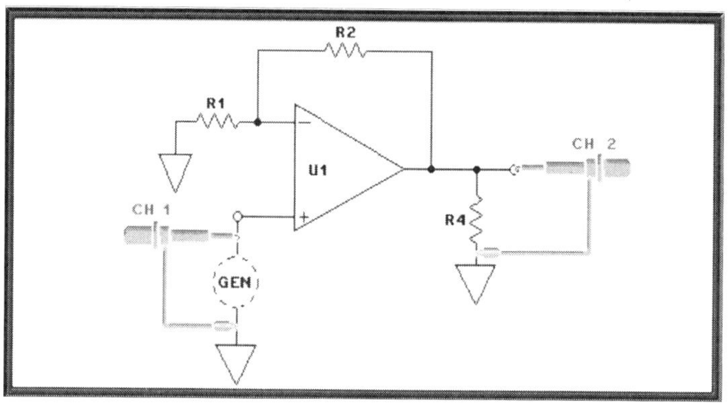

7. 처음 회로 이득은 #AV10,s,4,1#이었으며, 변형된 회로 이득은 #AV5,s,3,1#이다. CM에 의해 회로 이득이 어떻게 변하였는가?
a. 증가. b. 감소.

8. 회로 이득이 증가하면 대역폭은 어떻게 변하는가?
a. 증가. b. 감소.

변형된 회로에서 -3 dB 지점을 구한다. 이 때, 입력 신호의 크기는 그대로 유지되어야 한다.

9. 관찰 결과를 볼 때, 비반전 증폭기에서 이득과 대역폭은 어떤 관계인가?
   a. 비례 관계.
   b. 반비례 관계.

10. 파형 발생기의 주파수를 1 kHz로 맞춘다. 신호의 크기는 1 $V_{pk\text{-}pk}$로 맞춘다.

11. 아래의 〈CM〉 항목을 누르면서 회로의 출력 전압을 관찰한다. 관찰 결과를 볼 때, 커패시터의 역할로 옳은 것은?
    a. 대역폭을 감소시킨다.
    b. 대역폭을 증가시킨다.

결 론

p 비반전 증폭기에서, 이득(gain)과 대역폭(bandwidth은 반비례 관계(inversely related)이다.

p 비반전 증폭기에서, 피드백 저항에 커패시터를 병렬로 연결시키면 회로의 대역폭(bandwidth)은 감소한다.

unit 18

전압 폴로워

단원목표

이 단원을 마칠 때면, 전압 폴로워나, 반전 단위 이득 증폭기 등의 연산 증폭기의 회로를 동작시킬 수 있을 것이다.

단원 기본지식

이득을 측정하면, *전압 폴로워(voltage follower)* 회로는 단위 이득을 가진다.

이러한 회로를 *전압 폴로워(voltage follower)* 라고 한다.

전압 폴로워의 장점으로, 높은 입력 임피던스, 낮은 출력 임피던스, 임피던스 매칭(impedance matching) 특성이 좋음), 넓은 대역폭(bandwidth), 빠른 응답이 있다. 전압 폴로워에서는 OP앰프의 출력단자를 직접 OP앰프의 반전 입력 단자에 연결한다. 결과적으로, 출력이 입력으로 되돌아간다(피드백, feedback).

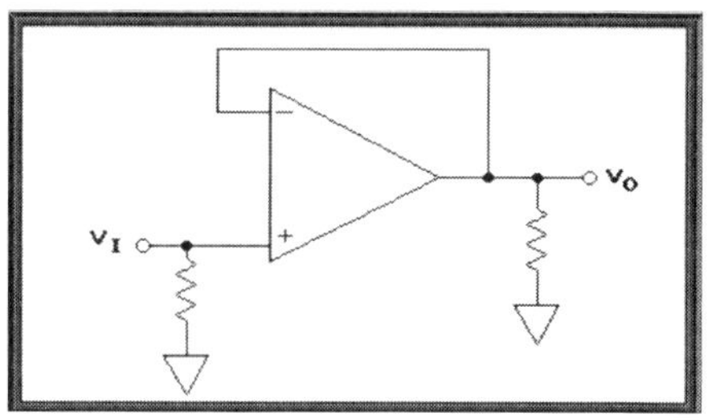

이러한 입렵/출력의 연결 때문에, 출력전압(V_O)의 크기와 극이 입력전압(V_I)과 같다.

✓ 이 회로에서,

a. 최소 피드백 전압이 발생한다.
b. 최대 피드백 전압이 발생한다.
c. 피드백 전압의 크기는 회로 이득에 따라 다르다.
d. 피드백 특성에 의해서 회로 이득이 매우 크다.

OP앰프의 반전 단자의 전압은 출력 전압과 같다(V_O).
V_O 는 회로의 입력전압 (V_I)와 같다.

V_D, OP앰프의 차동(differential input voltage) 입력 전압은 0V이다.

OP앰프는 GB곱(Gain Bandwidth product)이 단위 이득인 특성이 있다.

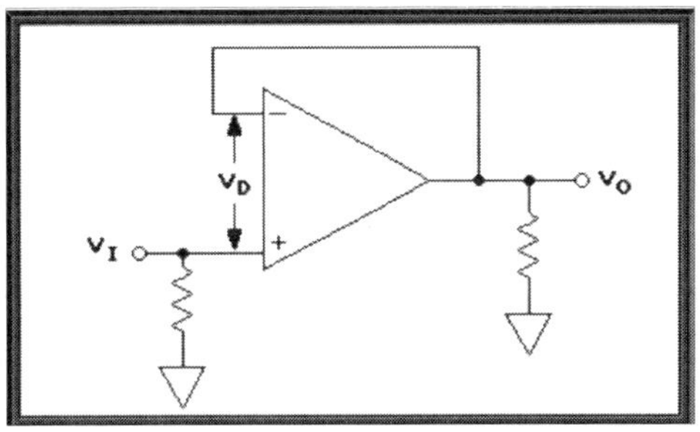

전압 폴로워는 단위 이득을 가진다. 그러므로, 회로의 대역폭(bandwidth)은 필연적으로 특정 OP앰프의 GB곱(OP앰프 LF441인 경우 1 MHz)과 같다.

입력전압을 정확하게 출력하는 기능은 ***미소 신호*** 와 ***큰 신호 (large-signal)*** 라고 하는 동작 수준(level)에 따라 다르다. 일반적으로, **미소 신호**의 전압 크기는 1 $V_{pk\text{-}pk}$ 보다 작거나 같다. 또, 일반적으로, **큰 신호**의 전압 크기는 10 $V_{pk\text{-}pk}$ 와 20 $V_{pk\text{-}pk}$ 의 사이의 값이다. 미소 신호의 동작은 기본적으로 OP앰프의 GB곱에 연관 되어 있다. 큰 신호의 동작은 기본적으로 OP앰프의 슬루율(slew rate)와 ***최대 출력 대역***에 연관되어 있다.

이 전압 폴로워 회로는 입력 신호에서 OP앰프의 슬루율 (slew rate)와 최대 전력 대역폭(full-power bandwidth)의 효과 를 측정하는데 쓰여진다.

✍ OP앰프의 스루율(slew rate)는 일반적으로 미소 신호 입력 전압의 회로 응답에 영향을 미친다는 것은 사실인가?
   a. 사실
   b. 거짓

이 전압 폴로워 회로는 회로의 입력 신호(V_I)와 같으며 동상인 출력 신호(V_O)를 만든다. 그러나, 어떤 응용 회로에서는 이득이 1이고, 위상이 반전되는 특성을 필요로 한다. 단위 이득 반전증폭기(unity gain inverting amplifier)로서 구성된 OP AMP는 이러한 요구를 만족시켜준다.

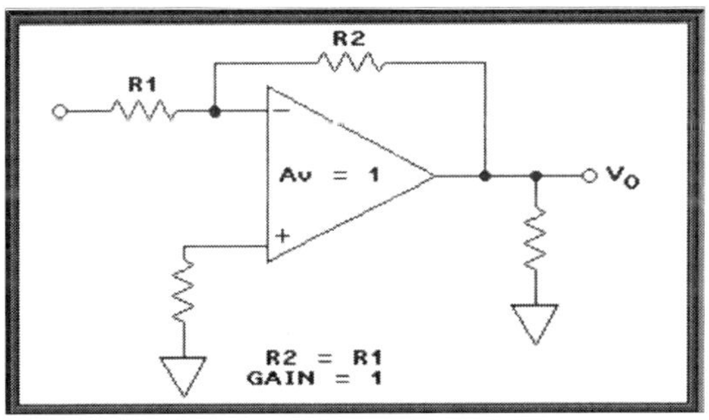

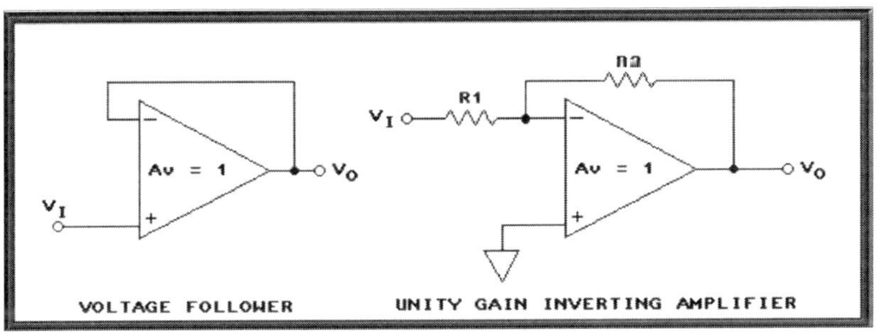

✔ 이 두 회로구성을 비교하라. 다음 중 어떤 것이 사실인가?
a. 전압 폴로워의 입력 임피던스는 더 크다.
b. 이득이 1인 반전 증폭기의 입력 임피던스는 더 작다.
c. 두 회로는 모두 이득이 1이다. 그러나, 하나만이 비반전 동작을 한다.
d. 모두 사실이다.

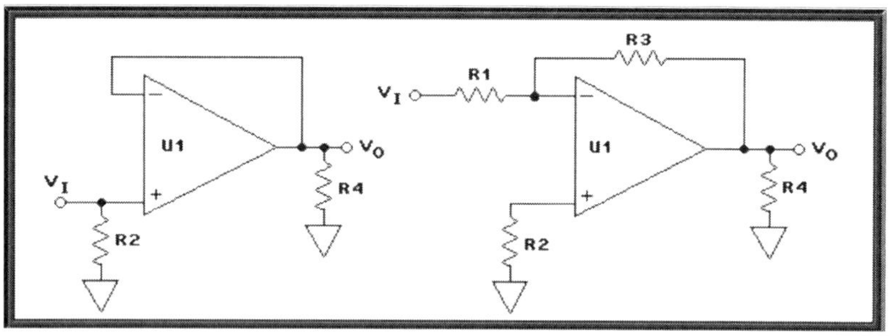

회로에서, VOLTAGE FOLLOWER 회로 블럭은 비반전 동작이나, 또는 반전 동작 어느 것으로도 구성될 수 있다. LF441 OP 앰프는 낮은 출력 오프셋 전압값을 가지고 있기 때문에, 전압 폴로워 회로에는 널링 회로(nulling circuit)가 필요가 없다.

필요한 실험도구

다음 실험을 완성하기 위해서 필요한 것들 :

- F.A.C.E.T. 베이스 유닛
- 파워 서플라이, 15 Vdc (2 개)
- 멀티미터
- 오실로스코프, dual trace
- 사인파/직각파 발생기
- OPERATIONAL AMPLIFIER FUNDAMENTALS
- 회로 보드

실험 1

실험목표

이 실험을 끝마쳤을 때, dc 전압을 사용한 전압 폴로워를 만들 수 있을 것이다. 멀티미터로 실험 결과를 확인할 수 있다.

기본내용

전압 폴로워는 회로의 입력 전압(V_I)과 같은 출력 전압 (V_O) 을 만든다.

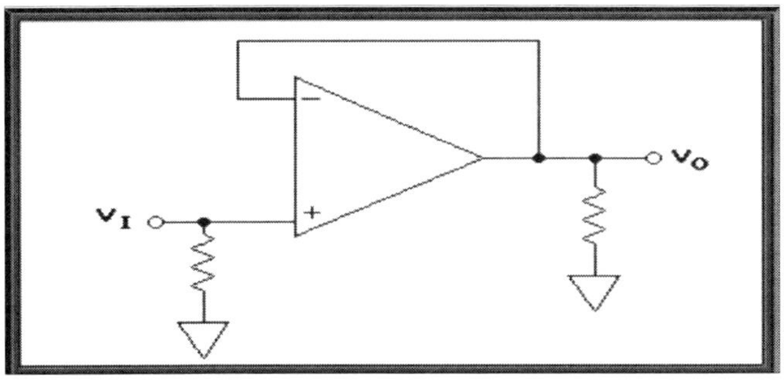

V_O 의 극성은 V_I의 극성과 일치한다.

회로의 큰 입력 임피던스는 입력 전압원에 부하를 인가하지 않도록 하여 준다. 입력저항은 OP앰프의 큰 입력 임피던스의 의해서 발생한 스트레이 픽업(stray pickup)과 잡음을 줄여 준다.

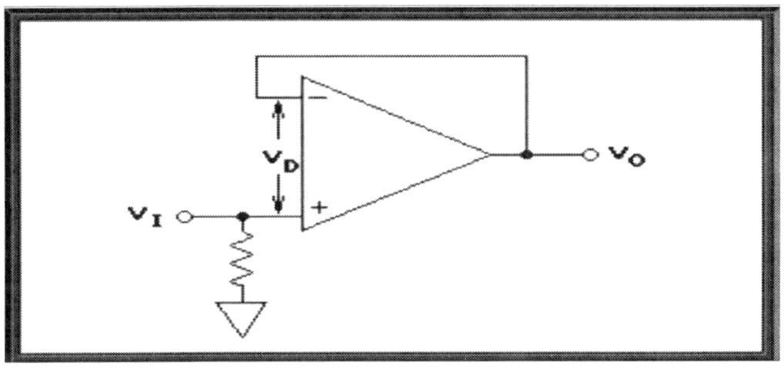

회로의 출력 전압(VO)이 안정적이고, OP AMP가 포화 영역에 있지 않은 때, 차동 입력전압 (differential input volt -age)(VD)은 필연적으로 0이다.

V_D 가 0보다 크면, OP앰프는 포화되고, 회로의 입력 전압(V_i)은 정확하게 출력으로 나타날 수 없다.

V_D가 0과 차이가 크면, OP 앰프의 출력 전압은 입력과 다르다. V_O 가 피드백 되기 때문에, V_D 가 0이 될 때까지 출력 전압은 계속 변한다.

V_D 가 0V가 될 때, 피드백되는 전압 변화는 필요하지 않다. 출력 전압은 고정된다.

✔ V_I 가 2 Vdc에서 6 Vdc까지 증가될 때, V_O는 어떻게 변하는가?
  a. 8 Vdc.
  b. 6 Vdc.
  c. 4 Vdc.
  d. 2 Vdc.

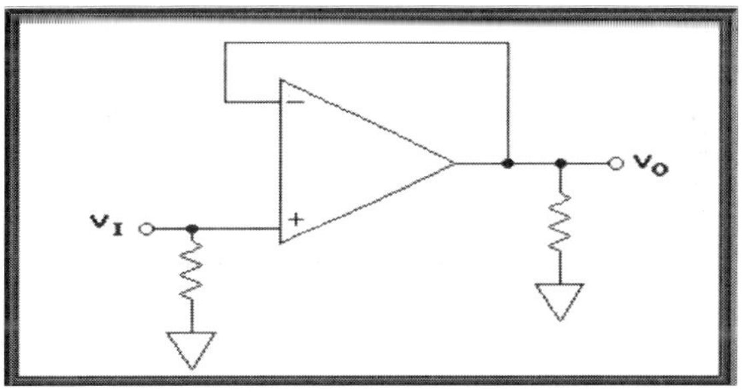

✔ V_I 가 -2 Vdc에서 -6 Vdc까지 증가될 때, V_O 는 어떻게 변하는가?
a. -8 Vdc.
b. -6 Vdc.
c. -4 Vdc.
d. -2 Vdc.

실험과정

1. VOLTAGE FOLLOWER 회로 보드를 준비하고, 다음 회로를 연결하자.

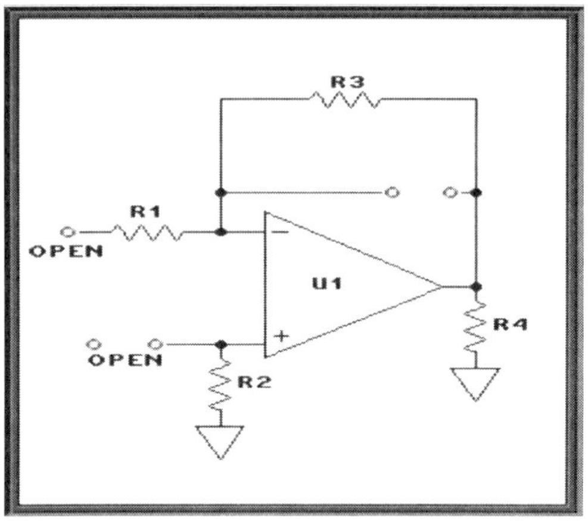

주의: R3를 통해서 이루어지는 피드백 경로를 만들기 위해서 2포트 커넥터(two-post connector)를 사용하자.

주의: 당신의 회로에서 0점 조절이나 세부 조정을 하지마시오.

2. 전압계를 사용하여 회로의 dc 출력 오프셋 전압을 측정 하자.
   V_O = mVdc

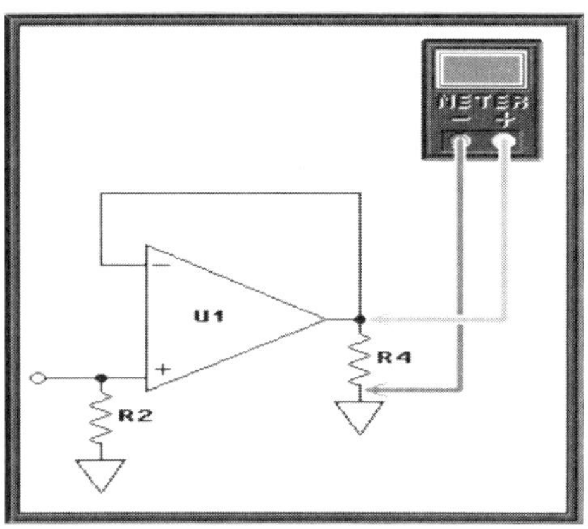

3. 그림과 같이 회로를 구성하자.VOLTAGE DIVIDER 회로 부분의 출력(OUT)은 VOLTAGE FOLLOWER 회로 부분의 입력으로 제공된다.

참고: VOLTAGE DIVIDER 회로 부분에 삽입된 2-포트 커넥터 는 전압을 더욱 정밀하게 조정시킬 수 있도록 해 준다.

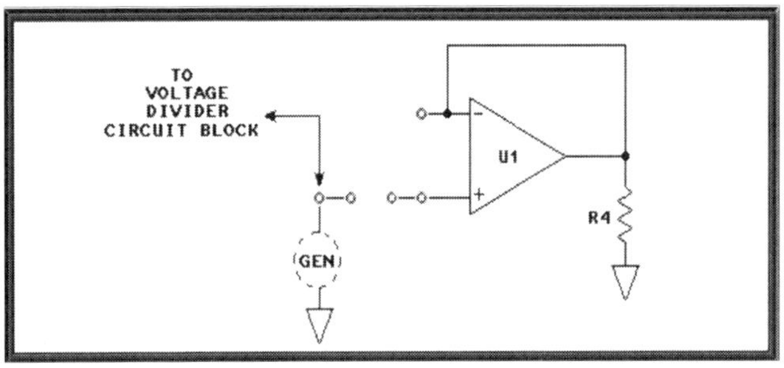

4. 볼트미터로 아래와 같이 회로의 입력 전압을 관찰하고, 정확하게 V_I을 + 100 mV 로 만들자.

5. 회로의 출력 전압 (V_O)을 조정하자. 100mV로 고정시킨 V_I 과 V_O 의 차이를 계산한다. 다음 중 올바른 것은 ?
   a. 차이가 있다면, OP앰프의 오프셋 오차전압 (offset error voltage)과 같다.
   b. 세부 조정를 하지 않으면, 회로는 동작 하지 않는다.

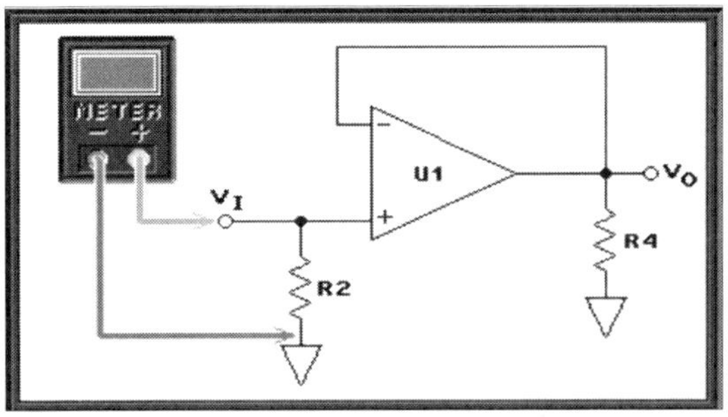

6. V_I 을 -100 mVdc로 한다. 회로의 출력 전압을 측정한다. 입력 전압과 출력전압을 비교하고, 전압 폴로워의 특성을 고려하여 다음 중 올바른 것을 고르자.
   a. VI 을 증폭하고, 극성을 반전시킨다.
   b. VI 을 증폭하지만, 극성을 반전시키지 않는다.
   c. 실제로 이득이 1이고, VI 극성을 반전시키지 않는다.
   d. VI 의 극성을 반전시킨다.

7. U1의 차동 입력전압(differential input voltage(V_D))을 관찰하자. 관찰을 통하여 다음 중 올바른 것은?
   a. U1은 포화되지 않는다.
   b. VD는 올바르고, 거의 0V이다.
   c. VD가 0V이기 때문에 , VI과 VO는 필연적으로 같다.
   d. 모두 올바르다.

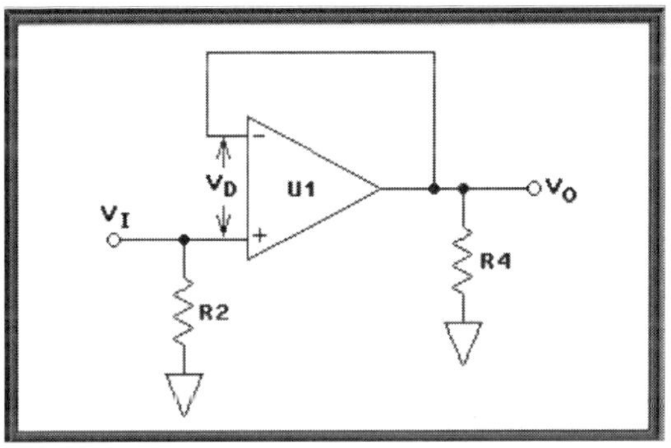

8. VOLTAGE DIVIDER 회로 블럭에서, 처음부터 끝까지 서서히 회전시켜서 전압을 조절하며 V_D를 관찰한다. V_D를 고려하면, 다음 중에서 옳은 것은?
   a. U1 은 포화 된다.
   b. U1 은 포화되지 않는다.
   c. U1은 포화되기 때문에, VI과 VO는 같을 수 없다.
   d. 모두 틀리다.

9. VOLTAGE DIVIDER 회로 블럭에서, 조절기를 처음부터 끝까지 서서히 회전시켜서 전압을 조절하며 VO를 관찰한다.
   a. 회로의 출력은 정확하게 입력과 같다.
   b. VI 과 VO 극성은 동일하다.
   c. 모두 올바르다.
   d. 모두 틀리다.

10. U1 피드백 루프에서 2핀 커넥터 (two-port connector)를 제거하고, 회로의 출력을 관찰한다. 관찰에 의하여 다음 중 올바른 것은?
   a. 개방된 피드백 경로는 U1의 동작에 영향을 주지 않는다.
   b. 회로의 출력전압은 입력전압과 같지 않다 .
   c. 더 이상 회로에는 출력 전압이 없다.
   d. U1은 지금 증폭기로 동작한다.

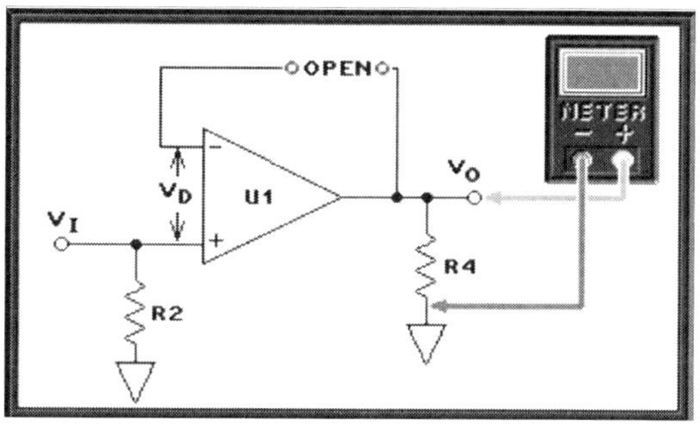

결론

p LF441 OP앰프 고유의 출력 오프셋 전압은 작다.

p 전압 폴로워의 출력 전압의 크기와 극성은 입력 전압과 동일하다.

p OP앰프의 출력 전압은 입력 차동 전압을 거의 0V로 유지한다. 개방된 피드백 경로는 OP앰프가 포화되도록 한다.

실험 2

실험목표

이 실험을 끝마쳤을 때, dc 전압을 사용한 이득이 1인 반전 증폭기를 만들 수 있을 것이다. 전압계로 실험 결과를 확인 할 수 있다.

기본내용

반전 증폭기의 이득은 1로 만들 수 있다.
회로의 이득은 R3/R1와 같다. R3와 R1을 같게 하면, 회로의 이득은 1이다.

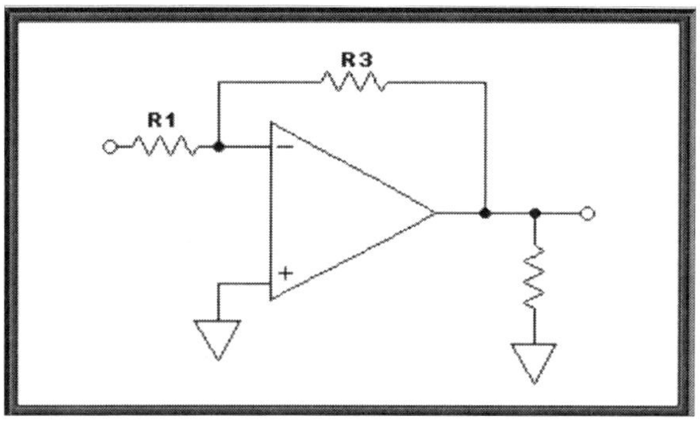

✔ 이 회로에서, 출력과 입력에서의 전압은?

a. 출력은 입력과 같다.
b. 극성이 반대이다.
c. 서로 같지 않다.
d. 극성이 같다.

일반적으로, R2를 회로에 연결하는데, 이것은 입력 바이어스 전류(input bias current)의 효과를 감소시킨다.

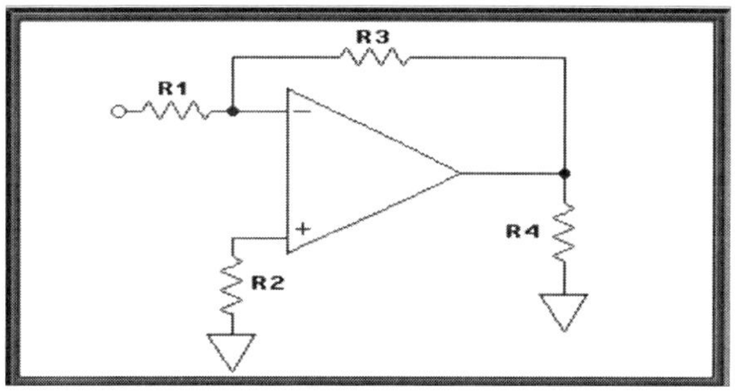

참고: 입력 바이어스 전류는 R1을 통해서 흐르고, 전압(V_{R1})이 생성된다. 그리고, V_{R1}은 회로의 출력에 나타난다.

R2의 저항값은 R3와 R1의 병렬 연결한 값과 같다.:
(R3 x R1)/(R3 + R1).

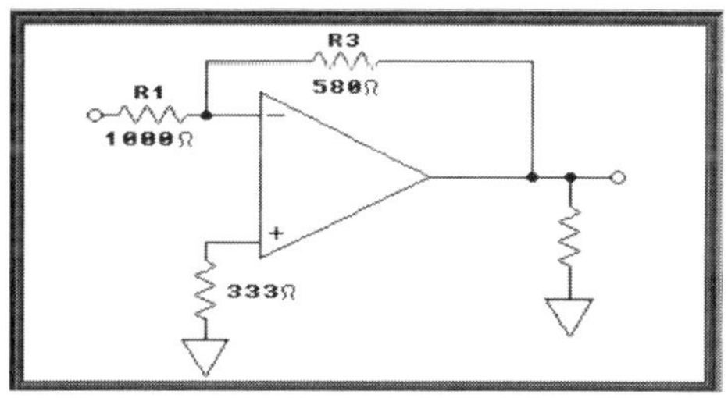

회로의 출력 전압은 회로의 입력 전압보다 작기 때문에, 이 회로는 감쇠기(attenuator)로서 동작한다. R3의 값이 R1의 값보다 작으면, ***프랙션 이득 (Fractional gain)***, 즉 1보다 작은 이득이 발생한다. 이 회로에서, 이득은 0.5(500Ω /1000Ω) 이다.

이득이 1인 증폭기의 전류 값을 결정하기 위해서, 옴의 법칙 Ohm's law (I = V/R))을 회로에 적용하자. 예를 들면,

$$I_{R3} = V_{R3} /R3.$$

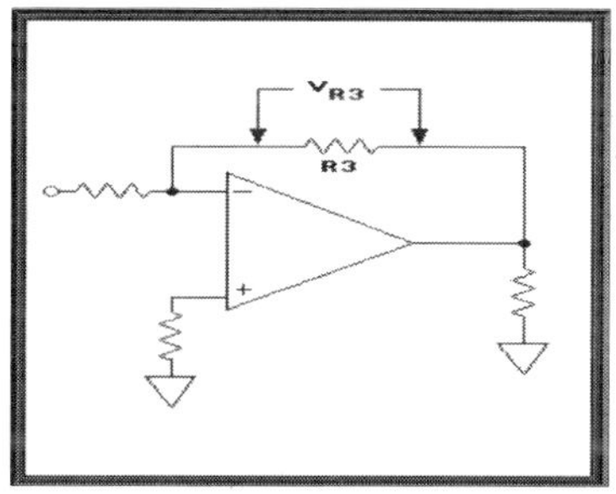

정(+)의 입력전압은 부(-)의 출력전압과 전자의 흐름에 의한 전류를 만든다. 전류는 OP앰프의 출력단자에서부터 흐른다는 것을 유의해야 한다.

✔ 이 회로에서 (전자에 의한) 전류는 ?
  a. U1의 출력 단자로 흐른다.
  b. U1에서 흘러나오지도, 흘러 들어가지도 않는다.
  c. U1의 출력 단자로 부터 흘러나온다.
  d. U1으로 흘러들어가고, 동시에 흘러나온다.

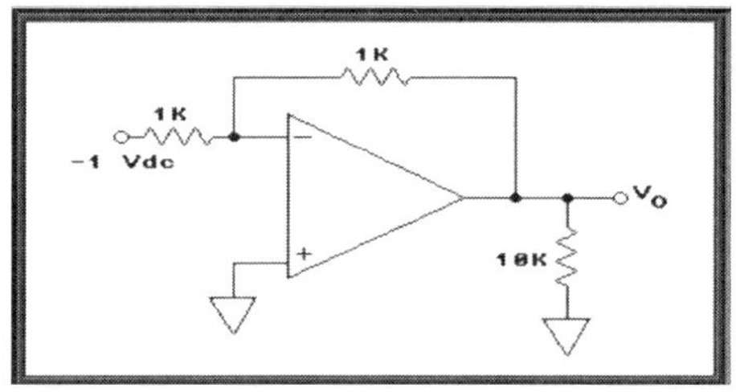

U1이 포화되지 않고, V_O가 V_I과 같을 때, V_D는 0V이다. R2가 공통 단자에 연결되어있기 때문에 U1의 (+)단자의전압은 0V이다. 그러므로, U1의 (-)단자는 가상접지(virtual ground)되어 있고, 회로에서 매우 중요한 접합점이다.
U1이 포화되면(V_O가 ±10 Vdc 보다 클 때), V_O는 V_I과 같지 않고, V_D 는 0V보다 크다.

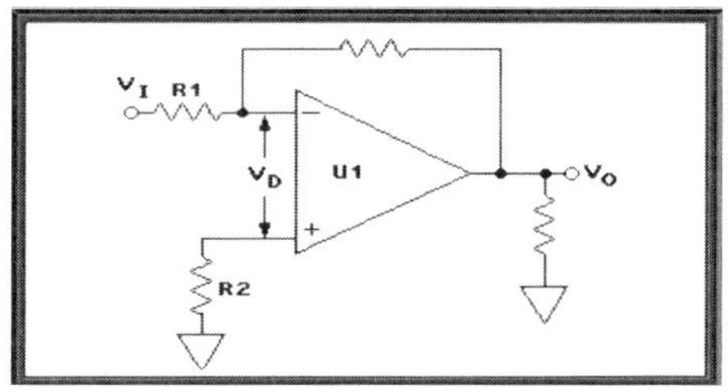

실험과정

참고: R3는 U1의 피드백 루프를 만든다.

1. 전압 폴로워 회로 블럭을 준비하고, 옆의 회로를 연결하자. 내부 연결 리드(interconnecting lead)을 사용하여 R1을 공통단자에 연결하자.

2. 전압계를 사용하여 회로의 출력 오프셋 전압, V_O를 측정한다. 측정 전압을 고려하면, 옳은 것은?
   a. OP앰프의 오프셋 전압이 너무 커서, 널 회로(null circuit)가 필요하다.
   b. U1의 입력 오프셋 전압이 작아서, 0점 조절 필요하지 않다.

참고: 회로의 입력 전압(V_I)을 VOLTAGE DIVIDER 포텐쇼미터 (potentiometer)로 조정한다.

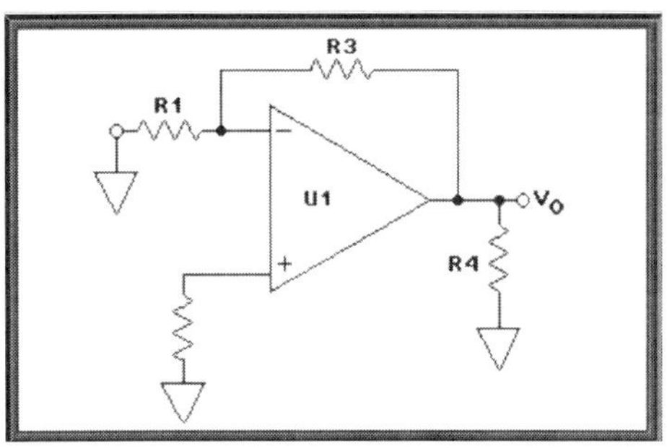

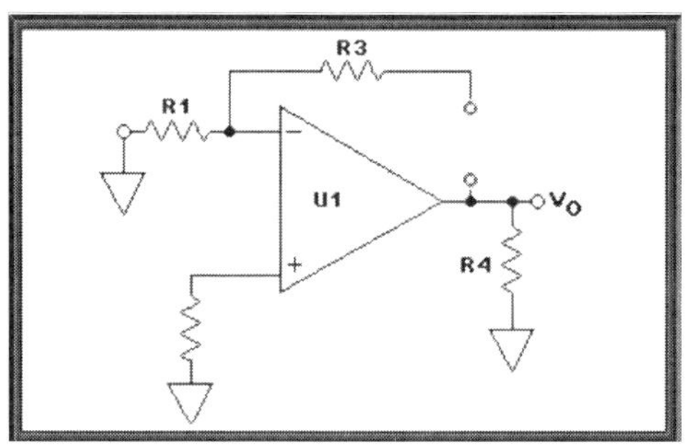

3. VOLTAGE DIVIDER의 출력(OUT)을 R1의 입력에 연결하여 회로를 바꾸자.

4. 멀티미터를 사용하여 V_I을 관찰하고, 회로의 입력을 약 +1.0 Vdc로 만들자.

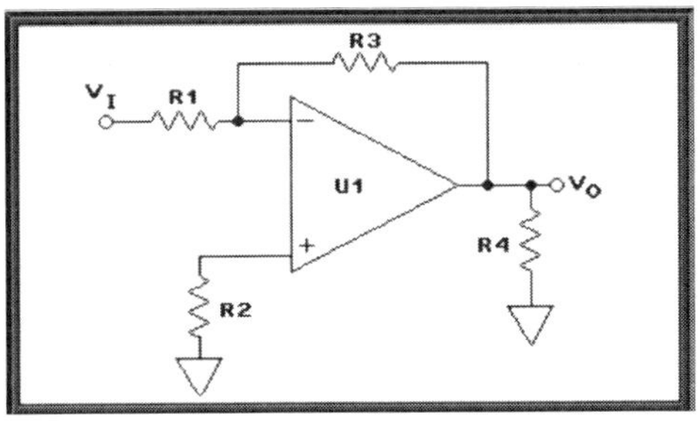

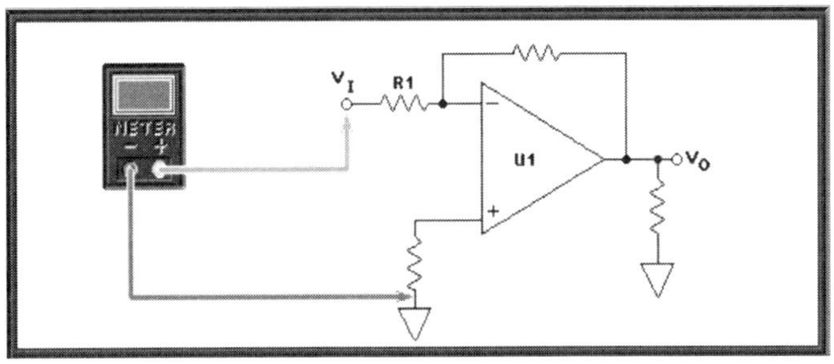

5. 회로의 출력 전압을 측정하고, V_O와 V_I을 비교하자. 회로에 대한 다음 내용 중 옳은 것은?
   a. 이득은 1이고, 입력 전압의 극성을 반전시킨다.
   b. 이득은 1이고, 입력 전압의 극성을 반전시키지 않는다.
   c. VO와 VI이 정확히 같기 때문에, 이득이 아주 작다.
   d. 전압 폴로워 회로이다.

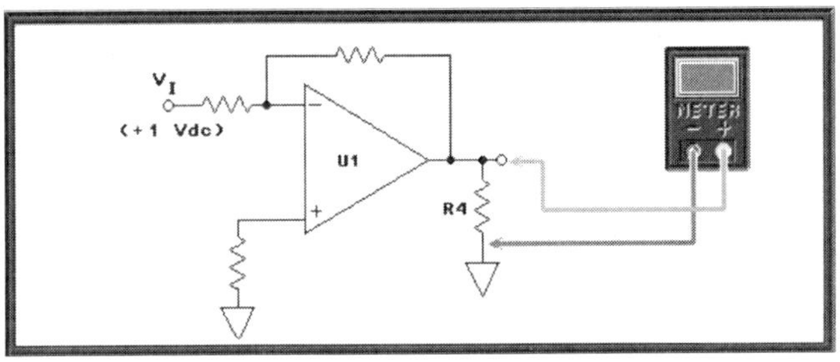

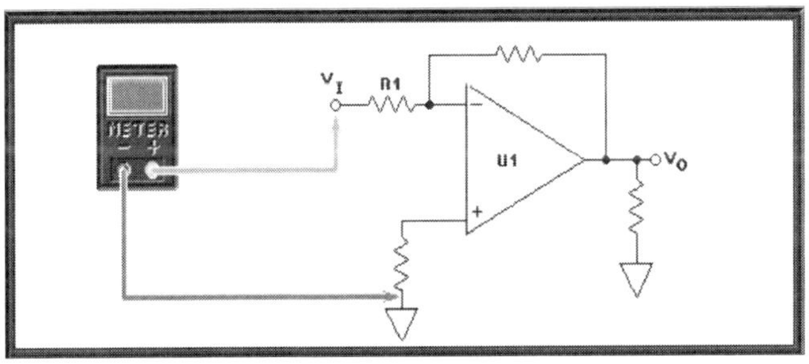

6. 멀티미터로 V_I을 관찰하고, 회로의 입력 전압을 약 -1.0 Vdc로 한다. V_O를 측정하고, V_O와 V_I을 비교하자 회로에 대한 옳은 설명을 어느 것인가?
   a. 이득은 1이고, 입력 전압의 극성은 반전 된다.
   b. 이득은 1이고, 입력 전압의 극성은 반전되지 않는다.
   c. VO 와 VI가 정확하게 같기 때문에 아주 작은 이득이 있다.
   d. 전압 폴로워 회로이다.

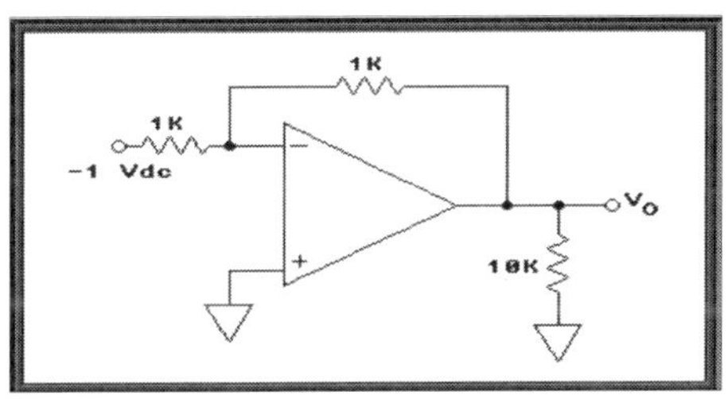

7. 관찰을 하여 보면, 입력 전압의 극성은 회로의 동작에 영향을 미치는가?
   a. 예.
   b. 아니오.

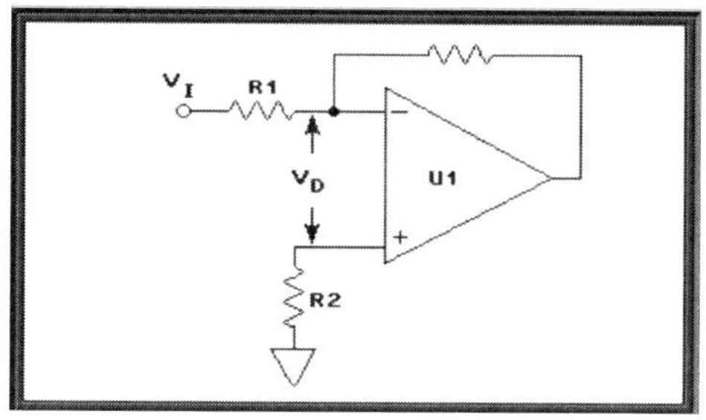

8. VOLTAGE DIVIDER 로 전압을 변화시키면서, U1의 차동 입력전압(V_D)을 관찰하자.
   다음 중 올바른 것은?
   a. U1은 포화되지 않는다.
   b. VD 는 거의 0V이다.
   c. VI 과 VO 는 VI의 범위 안에서 필연적으로 같다.
   d. 모두 옳다.

9. CM 1으로 R1의 값을 바꿀 수 있다. 전압계로 V_I을 관찰하고, 정확하게 V_I을 1.00 Vdc로 맞추자.

10. V_I와 V_O의 비율로 회로의 이득을 구해보자.
   a. 2.
   b. 1.
   c. 0.5.
   d. 0.25.

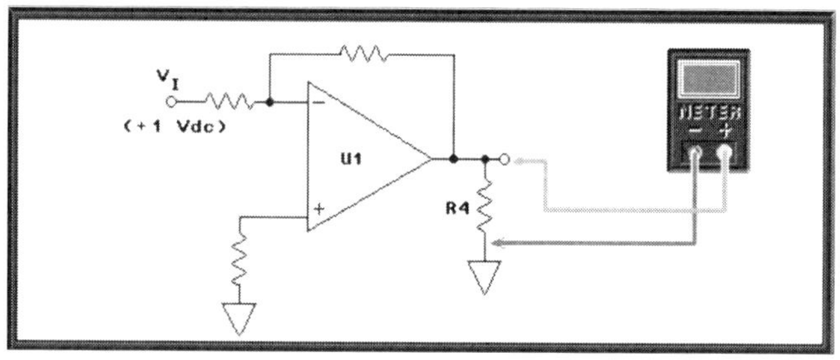

11. CM 1으로 R1의 저항치를 작게 하자. 아래의 〈CM〉을 선택하여 CM을 켰다 껐다 하면서, 1.00 Vdc로 맞추어진 회로의 입력전압을 관찰하자. CM은 어떤 작용을 하는가?
   a. VI에 영향을 주지 않는다.
   b. VI은 조금 올라가기 때문에 R1의 값이 증가한다.
   c. VI이 감소하기 때문에 R1의 값이 증가한다.
   d. 모두 옳지 않다.

결론

p 단위이득 반전 증폭기는 1인 이득을 가지며, 입력 전압의 극성을 반전시킨다.

p 이득이 1인 증폭기의 오프셋 에러 전압은 OP앰프의 고유의 오프셋 에러 이다.

p 이득이 매우 작은 증폭기는 입력 전압을 감소시킨다.

p 반전 증폭기의 입력 저항은 VOLTAGE DIVIDER 회로 블럭의 부하로 작용한다.

p 분압기의 출력 전압은 부하저항이 증가하면 증가하고, 감소하면 감소한다.

실험 3

실험목표

이 실험을 마치면, 전압 폴로워에서 슬루율의 효과와 최대 전력 대역폭을 결정할 수 있을 것이다. 그리고, 오실로스코프로 결과를 관찰할 것이다.

기본내용

이 실험을 마치면, 전압 폴로워에서 슬루율의 효과와 최대 전력 대역폭을 결정할 수 있을 것이다. 그리고, 오실로스코프로 결과를 관찰할 것이다.

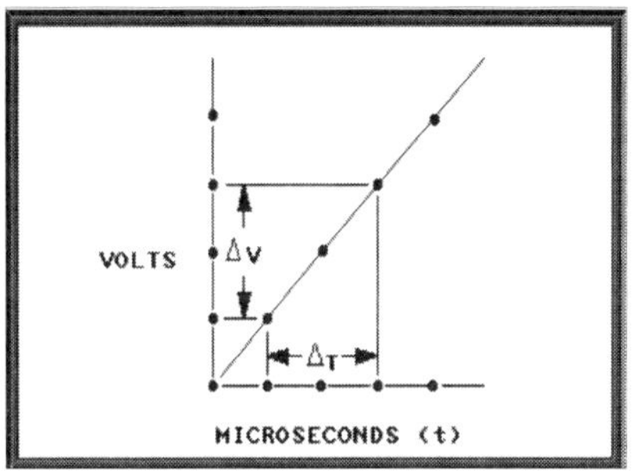

슬루율(SR)은 출력 전압의 변화량 대 전압이 변하는 시간 간격의 비로 정의된다. 따라서, SR의 단위는 volts/time 이다.

참고: △ 기호는 변화량을 의미한다.

그래프는 측정된 파형의 슬루율을 보여준다.
전압과 시간의 비율은 직선의 기울기를 결정한다. SR의 단위는 volts/microsecond (V/μs) 이다.

✔ 회로의 출력전압이 10μs 동안 10V 변한다면, 회로의 슬루율(slew rate)은 얼마인가?
   a. 100 V/μs
   b. 10 V/μs
   c. 1 V/μs
   d. SR은 알 수 없다.

이상적인 OP AMP는 무한대의 슬루율을 가진다. 출력은 입력의 변화에 따라 즉각적으로 나타난다. 회로 보드에서 사용하는 LF441 OP 앰프는 1 V/μs의 슬루율을 가진다. 따라서, 일반적으로 OP앰프의 출력전압은 1 μs 안에 1V보다 더 많이 변할 수 없다.

이상적인 직각파의 상승시간과 하강시간은 순간적이다. 기본적인 직각(구형)파의 진폭은 10 V_{pk-pk} 이다.

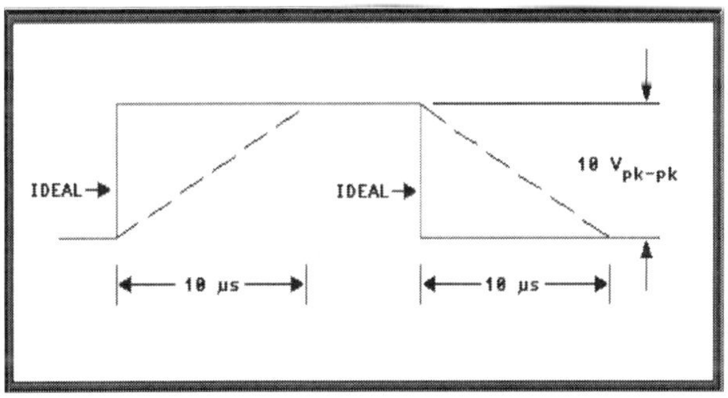

1 V/μs 의 슬루율 때문에 상승시간과 하강 시간이 감소한다. 그래서, 10V 변하는데 10 μ s가 걸린다.

✔ OP AMP 회로의 SR이 5 V/μ s이고, 입력 직각파의 상승시간과 하강시간이 10 V/μ s 이라면, 회로는 왜곡 없이 입력을 그대로 출력할 것인가?
a. 그렇다.
b. 아니다.

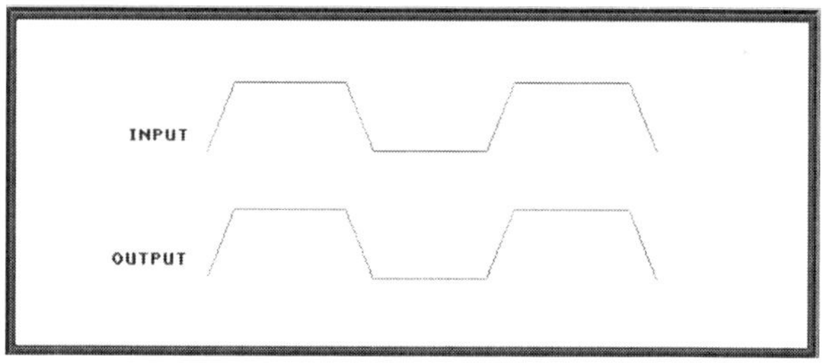

SR이 입력 파형의 변화율보다 크거나 같으면, 회로의 출력에는 입력 파형이 왜곡없이 나타난다.

입력 파형을 왜곡 없이 출력하려면, 입력신호의 상승에지(rising edge)와 하강에지(falling edge)를 그대로 출력할 수 있는 충분한 시간이 있어야 하는데, 실제로 회로는 그렇지 못하다. 주어진 슬루율을 가진 회로에서, 출력 파형은 삼각파이고, 입력파의 주파수가 증가함에 따라서 출력파의 진폭이 감소한다.

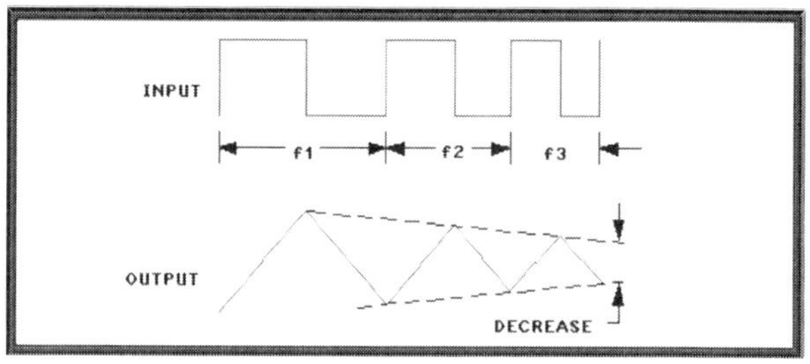

사인파에서, 0점에서 기울기가 최대이고, 최고점에서 기울기는 0이다.

슬루율의 한계도 사인파에 영향을 미친다. 사인파의 기울기는 항상 변하고, 그 값은 그래프의 위치에 따라 다르다. 기울기는 단위 시간당 전압의 변화율로 정의된다. 따라서, 기울기는 주파수에 따라서도 결정된다.

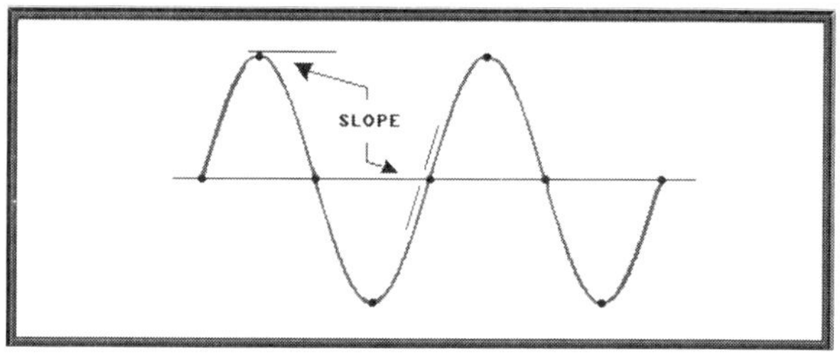

✔ 만약에 진폭이 일정한 사인파의 주파수가 증가한다면, 파형의 기울기는 어떻게 되는가?
a. 증가한다.
b. 감소한다.

OP AMP의 ***정격 출력***은 ***최대 출력 대역***에 의해서 영향을 받는다.

최대 출력 대역폭은 OP AMP가 큰 왜곡 없이 큰신호(10 V_{pk})를 출력할 수 있는 최대 주파수이다.
사인파의 진폭이 증가하면, 파형의 변화율을 증가시킨다. 이러한 증가와 슬루율(slew rate)의 한계로 인해서 증폭기는 파형을 왜곡시킨다. 최대 전력 대역폭의 주파수에서, OP AMP의 출력 파형은 입력 파형의 위상과 달라지기 시작한다. 그러나, 출력의 진폭에는 거의 영향이 없다.

✔ OP앰프가 최대 전력 대역폭에서 동작할 때, V_o는 얼마인가?
a. Vi와 같은 위상을 갖지만, 진폭은 왜곡된다.
b. Vi와 같은 위상을 갖고, 왜곡되지 않는다.
c. Vi와 위상이 다르고, 왜곡된다.
d. Vi 와 위상이 다르고, 왜곡되지 않는다.

입력 파형의 주파수가 회로의 최대 전력 대역폭과 같을 때, 출력 파형은 삼각 모양으로 한정되고, 진폭은 감소한다.

실험과정

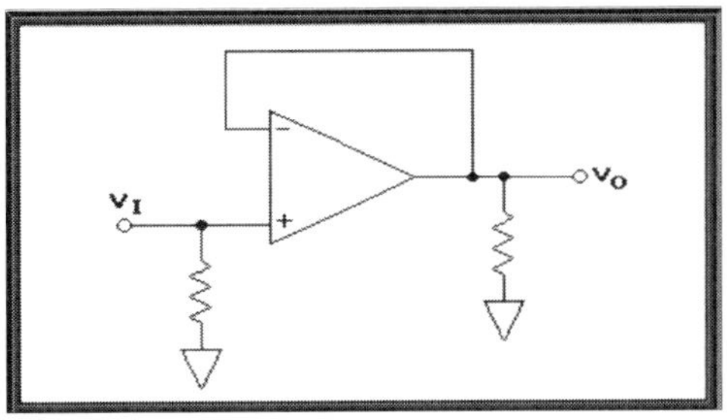

1. VOLTAGE FOLLOWER 회로 블럭을 준비하고, 그림과 같이 회로를 연결하자.

참고: 2핀 커넥터를 사용하여 회로를 구성한다.

2. 사인파 발생기를 회로의 입력에 연결하자. 사인파 발생기를 10 kHz, 1 $V_{pk\text{-}pk}$ 의 사인파로 조정하여, 오실로스코프의 채널 1으로 V_i를 관찰하자.

   오실로스코프의 채널 2를 V_o에 연결하자.

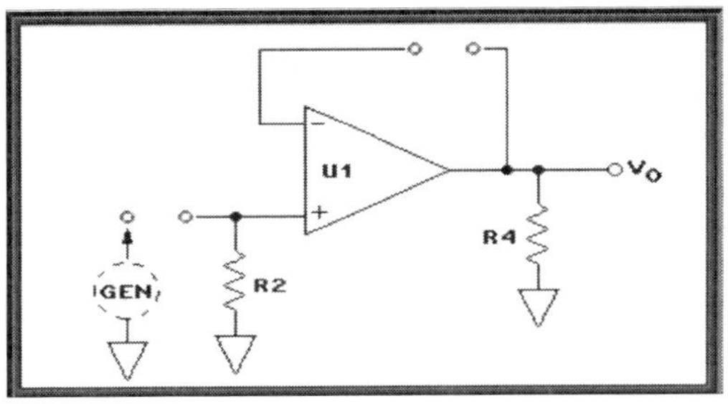

3. V_o와 V_i의 관계에서 회로의 이득이 1인 것을 알 수 있다. 또, 어떤 특성을 알 수 있는가?
   a. 왜곡이 없다.
   b. 슬루율의 한계
   c. 대역폭의 한계
   d. 위의 모두

4. 파형 발생기의 주파수를 100kHz까지 증가시키면서, 회로의 파형을 관찰하자. 입력 신호의 진폭을 일정하게 유지한다. V_o의 진폭은 감소하는가?
   a. 그렇다.
   b. 아니다.

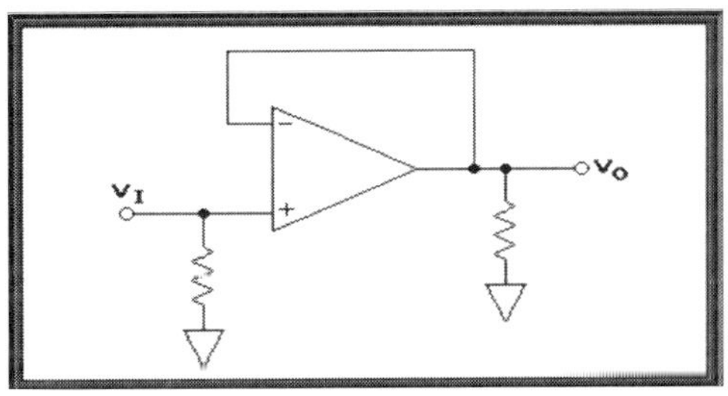

5. 파형 발생기로 10kHz, 20 $V_{pk\text{-}pk}$의 직각(구형)파를 만들자.

   회로의 출력 파형으로 슬루율을 결정하자

   SR = V/ms

6. 오실로스코프의 시간조절기를 10 ms/cm로 조절하자.

   출력파형과 입력파형을 비교하면, 슬루율은 얼마인가?
   a. 입력 파형이 증가하는 부분과 감소하는 부분의 기울기와 같다.
   b. 입력 파형이 증가하는 부분과 감소하는 부분의 기울기와 같지 않다.

7. 측정된 #SR1,,3,1# V/μs의 슬루율을 이용하여, 회로의 최대 전력 대역폭 주파수(f_p)를 계산하자.

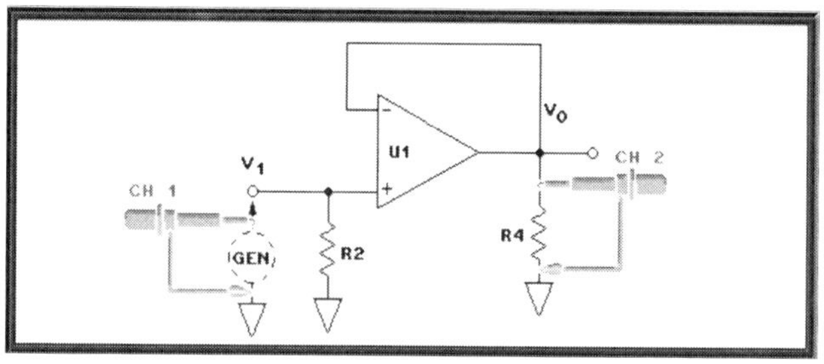

참고: $f_p = SR/(2\pi V_{pk})$, $V_{pk} = 10V$

f_p = kHz

8. 파형 발생기를 1 kHz, $20V_{pk-pk}$의 사인파로 해 놓고, V_i와 V_o를 동시에 관찰하자.

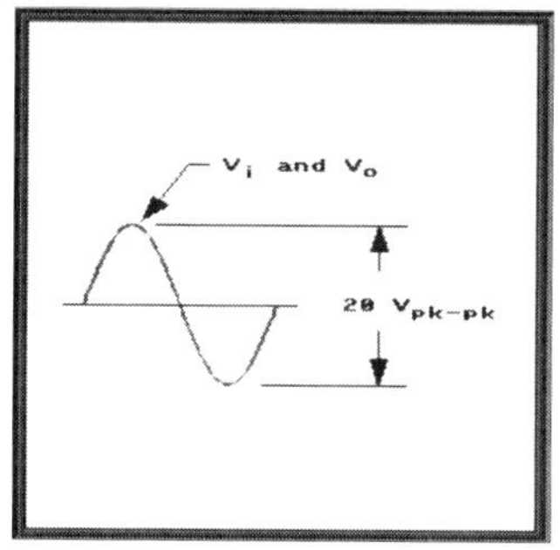

9. 두개의 파형을 오실로스코프에 포개어 놓는다. 두 채널 모두 5V/cm로 하고,시간조절기는 0.1 ms/cm로 하자. 그리고, 오실로스코프를 채널1 파형의 양(+)의 기울기(positive slope)에 아래 그림과 같이 동기시킨다.

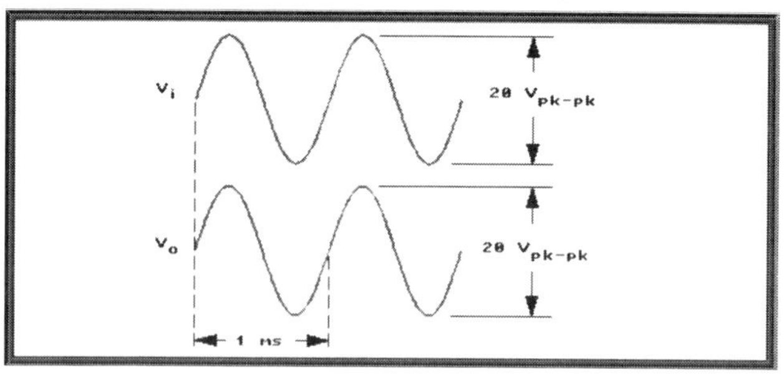

10. 오실로스코프의 시간조절기를 20 ms/cm로 맞춘다. 겹쳐진 입력파형과 출력파형 사이에 약간의 간격이 있을 것이다.

11. 시간 조절기를 1 ms/cm로 하자. 계산된 f_P #FP,,4,1# kHz로 파형 발생기의 주파수를 천천히 증가시키면서, 파형을 관찰 하자. 두 파형이 갈라지기 시작하는 주파수를 결정하자.

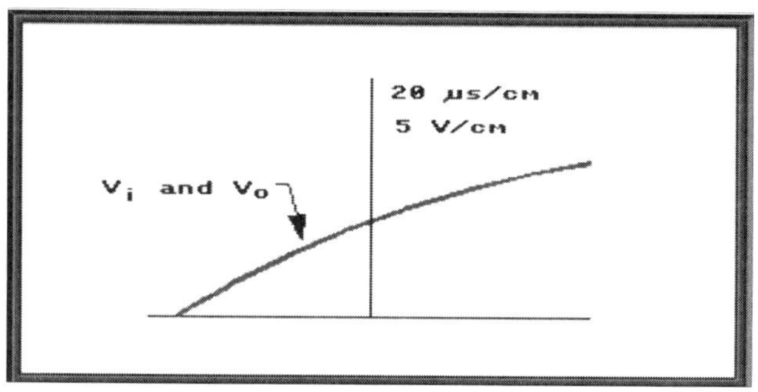

주의: V_i가 20 V_{pk-pk}로 고정되어 있는지 확인해야 한다.

fP = kHz

12. 회로의 동작에 관해서, f_p 주파수는 다음 중에서 어떤 것을 보여주는가?
    a. 미소신호 실험(small-signal test).
    b. 큰신호 실험(large-signal test).

13. 파형 발생기의 주파수는 100kHz까지 천천히 증가시키면서, 파형을 관찰하자.

참고 : 몇 개의 파형의 주기가 보이도록 시간 조절기를 조정하자.V_i는 $20V_{pk-pk}$로 고정 한다.

다음 중에서 회로에 대한 설명 중 옳은 것은?
a. 회로의 전력 대역폭이 제한된다.
b. 슬루율이 제한된다.
c. 입력 파형이 왜곡된다.
d. 모두 옳다.

14. 회로가 신호를 왜곡시키지 않는 동작을 하기위해서, 입력신호의 무엇을 줄여야 하는가?
    a. 주파수.
    b. 진폭.
    c. 위의 둘 중 하나.
    d. 위의 둘 다 아니다.

결론

p OP앰프의 슬루율(slew rate) 과 최대 전력 대역폭의 한계 안에서는 폴로워의 출력전압의 크기와 위상은 입력 전압의 크기의 위상과 같다.

p 만약 OP앰프의 슬루율과 최대 전력 대역폭의 한계를 초과하면, 전압 폴로워의 출력 신호는 왜곡된다.

p 슬루율과 최대 전력 대역폭은 OP 앰프의 큰신호 동작 특성과 관계있다.

unit 19

비반전 합 증폭기

단원목표

이 단원을 마치면, 비반전 합 증폭기의 동작을 알 수 있게 된다.

단원기본지식

비반전 합 증폭기(에서, (-) 단자는 OP AMP의 가산 접합점 이다. (+) 단자는 입력 전압이 합해지는 점 (V_A) 이다.

V_A에 회로의 이득 요소, [1 + (R_F/R1)]을 곱하여 v_O가 출력된다.

(+) 입력 단자가 접지되어 있지 않기 때문에, U1은 가상 접지될 수 없다. V_A 는 0V보다 클 수도 작을 수도 있다.

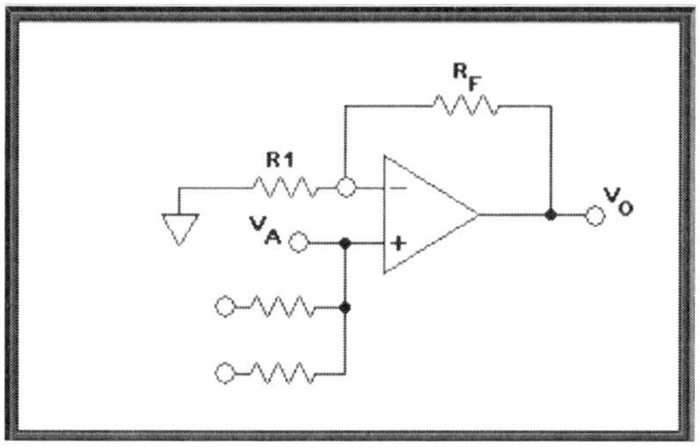

✓ 이 회로에서 OP AMP의 가산 접합점은 U1의 어느 단자인가?
  a. (-) 입력 단자
  b. (+) 입력 단자

이 회로에서, 이득은 1 + (R4/R3) 와 같고, 1보다 작거나 같을 수 없다.

출력 전압(V_O)는 V_A x [1 + (R4/R3)]와 같다.

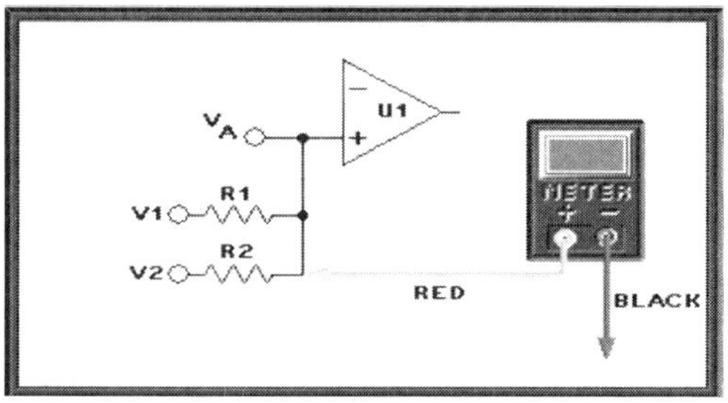

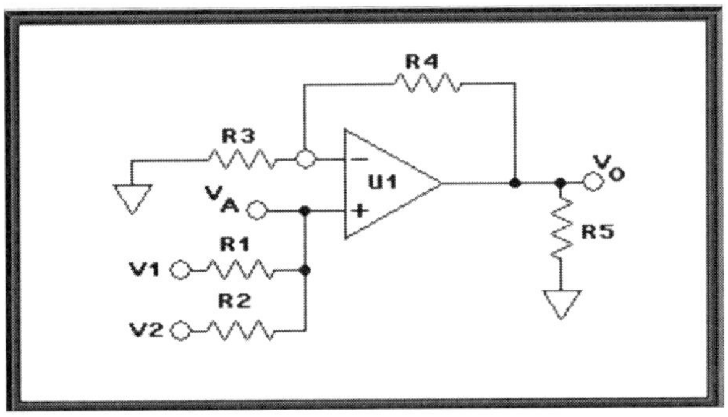

만약 R1과 R2가 같으면, VA는 (V1 + V2)/2 과 같다. 그리고, 이 회로에서는 입력 전압의 합에 이득 요소, [1 + (R4/R3)] 를 곱한다.

$$VO = (V1 + V2)/2 \times [1 + (R4/R3)]$$
$$= V_A \times [1 + (R4/R3)]$$

비반전 증폭기에서 U1이 포화되지 않을 때, V_D는 0V이다. V_D가 0V보다 클 때, U1은 포화된다. V_A는 회로의 이득 요소를 곱했을 때, U1이 포화되지 않는 범위의 값을 가질 수 있다.

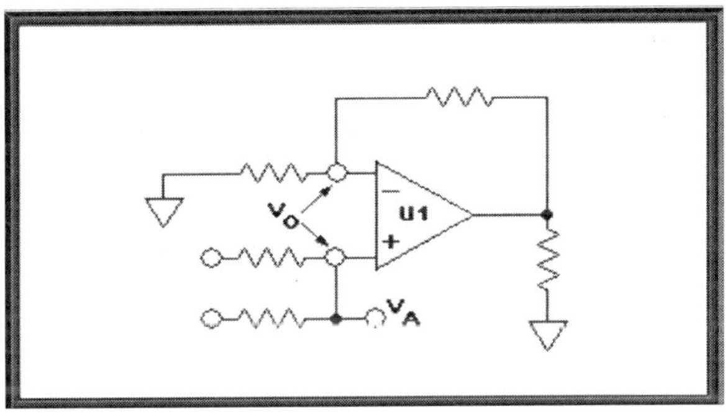

✓ 만약 U1이 포화되지 않으면, 각 입력 전압은 0V보다 크거나 작을 수 있는가?
   a. 그렇다.
   b. 아니다.

필요한 실험 도구

다음 실험을 하기 위해서 필요한 것들:

- F.A.C.E.T. 베이스 유닛
- Power supply, 15 Vdc (2 개)
- 멀티 미터
- OPERATIONAL AMPLIFIER
- FUNDAMENTALS
- 회로 블록

실험 1

실험목표

이 실험을 마치면, 비반전 합 증폭기를 동작시킬 수 있을 것이다. 멀티미터로 실험 결과를 확인하자.

기본내용

OP AMP U1 은 2입력 비반전 합 증폭기 회로로 구성되었다.
V_O = [(V1 + V2)/2] x [1 + (R4/R3)]

출력 전압의 극성은 입력 전압의 평균전압,[V_A = (V1 + V2)/2] 의 극성과 같다.

OP AMP의 피드백으로 인해서 (-) 입력단자의 전압은 V_A와 같다. 그러므로, 차동 입력 전압(V_D) 는 0V이다.
.

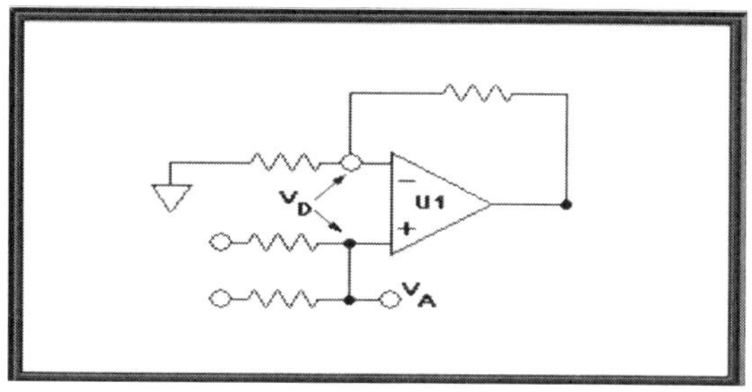

회로의 전류값을 정하기 위해서 옴의 법칙을 사용하자.

IR1 = (V1 - VA)/R1
IR2 = (V2 - VA)/R2 3 = VA/R3

IR4 = (VO - VA)/R4
IR5 = VO/R5

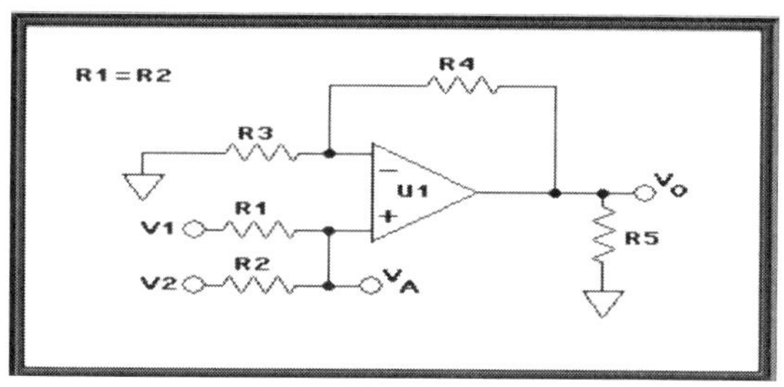

이 회로에서, V_A는 2 Vdc이고, V_O는 4 Vdc이다. 그리고 V_D 는 0V이다.

각 입력 단자의 전압은 +2 Vdc 로 측정된다.

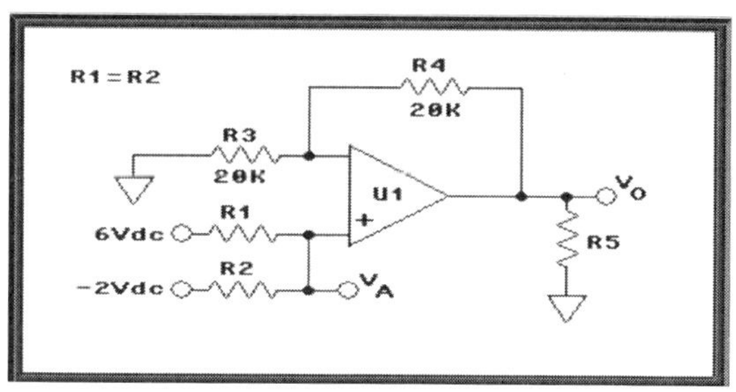

실험과정

1. NONINVERTING SUMMING AMPLIFIER 회로 블럭을 준비하고, 그림과 같이 연결하자.

참고: 2핀 커넥터를 사용해서 회로를 만들자.

2. V_O를 고려할 때, 위의 회로에서 OP AMP에 대한 옳은 설명은?
   a. 심한 오프셋 오차가 있다.
   b. 오프셋 오차는 무시할 만하다.
   c. 0점 조절을 해야 한다.
   d. 포화되어 있다.

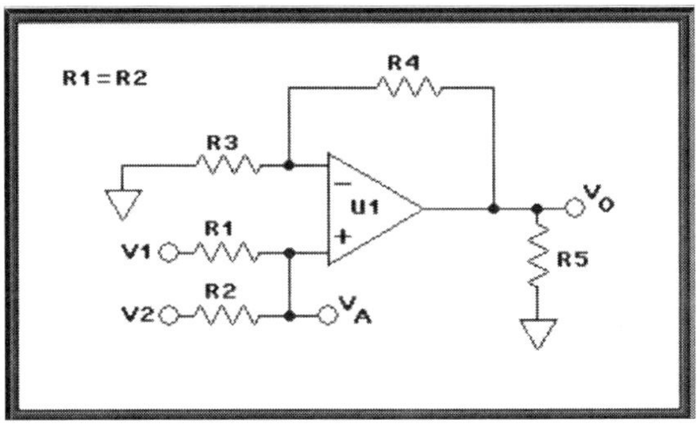

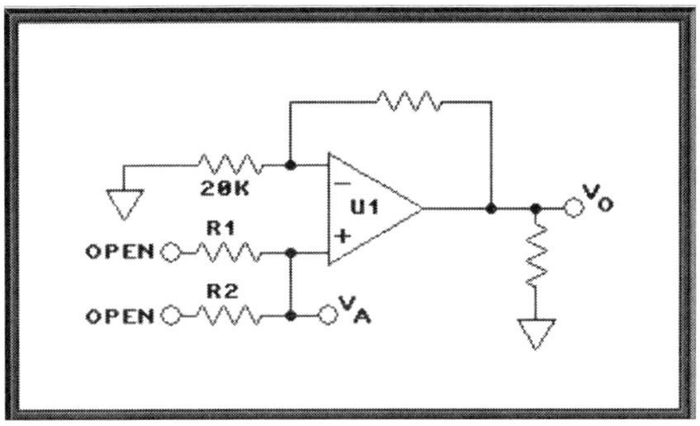

3. 2핀 커넥터를 회로에서 제거하자. V_O를 보면, OP AMP는 어떤 상태인가?
   a. 포화된다.
   b. 포화되지 않고 정상적인 동작 상태를 유지한다.

4. 그림과 같이 회로를 바꾸자. V1은 5.0 Vdc로, V2는 -5.0Vdc로 정확하게 조정한다.

   출력을 바탕으로, V_A의 전압은?
   a. VB 와 같지 않다.
   b. V1 + V2와 같다.
   c. V1 - V2 와 같다.
   d. VB 와 같다.

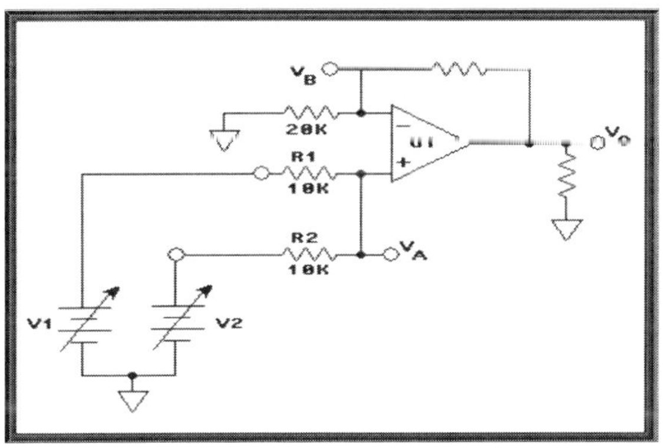

5. V1은 4.0 Vdc로, V2는 -5.0 Vdc로 조정한다. 회로의 이득은 1 + (R4/R3) 이다. VO를 관찰하고, 다음 중에서 옳은 것을 골라라.

   a. VO 의 극성은 VA의 극성과 반대이다.
   b. 회로의 이득은 1이다.
   c. VR3는 VO와 같을 수 밖에 없다.
   d. V1과 V2 의 평균이 VA이므로, U1은 포화되지 않는다.

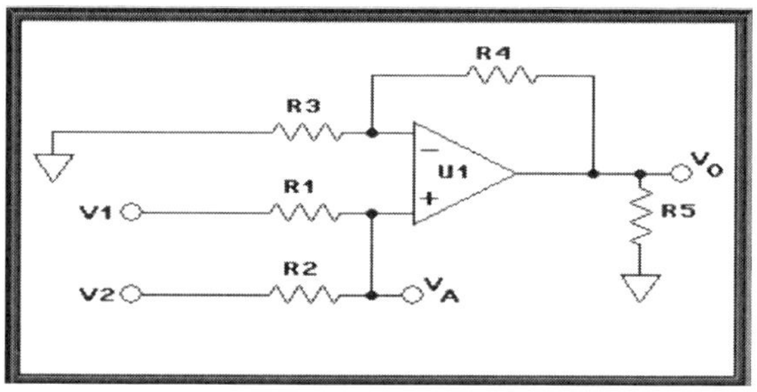

6. 회로의 동작에서, IR4는?

   a. IR3 보다 크다.
   b. IR3 와 같다.
   c. IR3 보다 작다.
   d. IR3를 상쇄시키고, 전류를 흐르지 않게 한다.

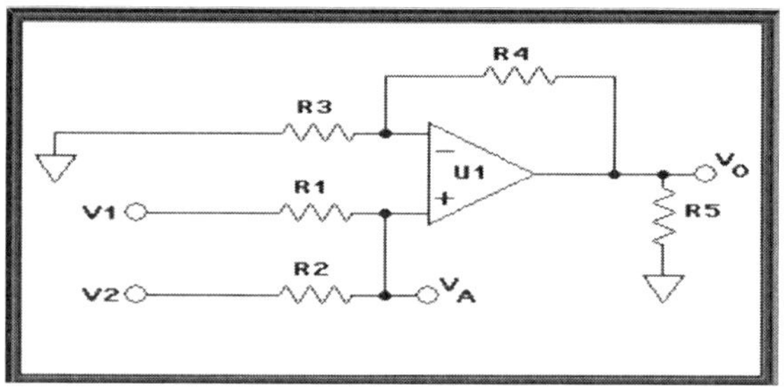

7. V1은 4.0 Vdc로, V2는 -5.0 Vdc로 정확하게 맞추었는지 확인한다. 그리고 V_O를 측정한다.
   V_O = Vdc

8. V1을 4 Vdc에서 6.0 Vdc로 바꾼다. V2는 바꾸지 않는다. V_O을 측정하자.
   V_O = Vdc

9. 회로의 측정값을 바탕으로, V_O의 극성은 어느 것과 같은가?
   a. V1.
   b. V2.
   c. VA.

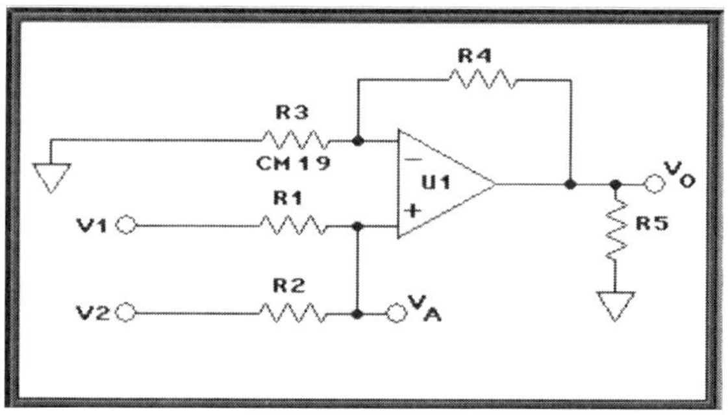

10. V1은 10.0 Vdc로, V2는 -8.0 Vdc로 정확하게 조정한다. CM 19는 회로의 이득을 바꾼다. V_O와 V_A,의 비를 통해서, 회로의 이득을 구하면?.
   a. 4.
   b. 2.
   c. 1.

11. 회로의 이득은 2이고, R4는 4 kΩ 이다. R3의 값은 얼마인가?
   a. 8 kΩ
   b. 4 kΩ
   c. 2 kΩ
   d. 1 kΩ

결 론

p 비반전 증폭기의 출력 오프셋 오차 전압은 작다.

p 비반전 증폭기의 출력 전압은 입력 전압의 합과 이득의 곱의 값과 같다.

p 비반전 증폭기의 회로에서는 입력 전압의 극성을 반전 시키지 않는다.

실험 2

실험목표

이 실험을 마치면, 비반전 증폭기를 전압을 합하고 평균를 내는 회로에 응용할 수 있을 것이다. 멀티 미터로 결과를 확인하자.

기본내용

그림과 같이 피드백 경로를 만들면, 회로의 이득은 1이 된다.
V1과 V2는 V_A 에서 합해진다. 왜냐하면, OP AMP U1의 입력 임피던스가 매우 크기 때문이다.

R1이 R2와 같으면, V_A는 (V1 + V2)/2이다.
R1과 R2가 같지 않으면, V_A를 측정하거나, 중첩의 이론(the superposition theorem)을 이용하여 구할 수 있다. 이 회로에서, 입력 저항은 모두 같다. 그러므로, V_A는 (V1 + V2 + V3)/3와 같고, V_o 는 V_A와 같다.
입력 저항이 모두 같으면, 몇 개의 입력전압의 평균도 구할 수 있다. V_O는 입력 전압의 대수적인 합을 그 개수로 나눈 값과 같다.

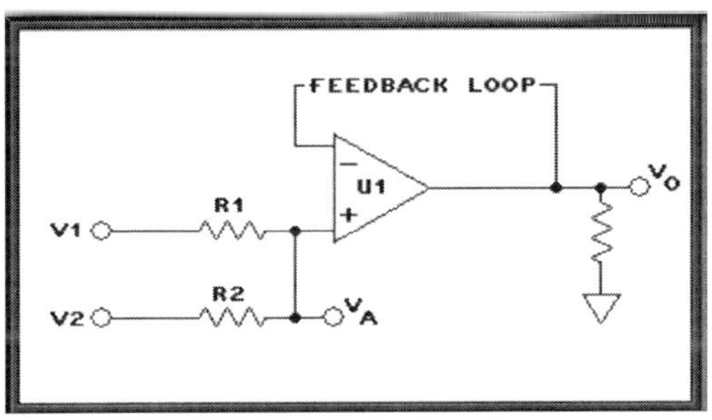

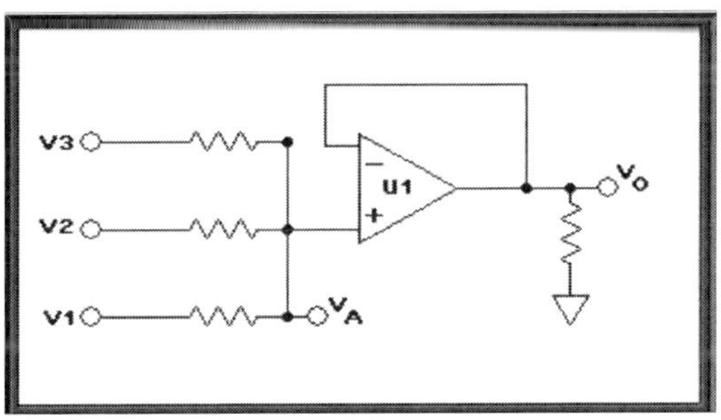

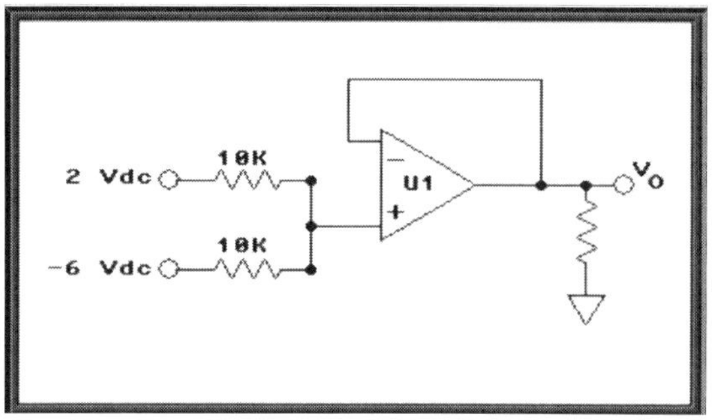

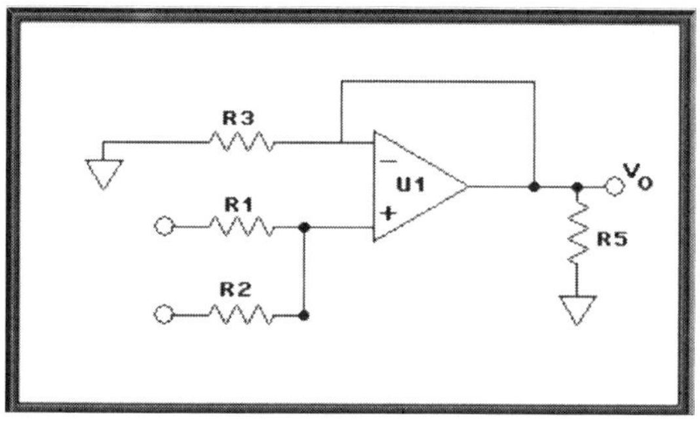

✔ 이 회로에서, V_o 는?

a. 2 Vdc.
b. 4 Vdc.
c. -2 Vdc.
d. -4 Vdc.

피드백 경로 때문에, R3와 R5와 U1의 출력 단자의 부하는 병렬 연결되어 있다.

R_L = (R3 x R5)/(R3 + R5)

U1에 과부하가 걸리면, V_O의 전압이 내려간다.

이 회로에는 2개의 입력(V1 and V2) 이 있다.

Av = 2
R1 = R2이면 VO = V1 + V2

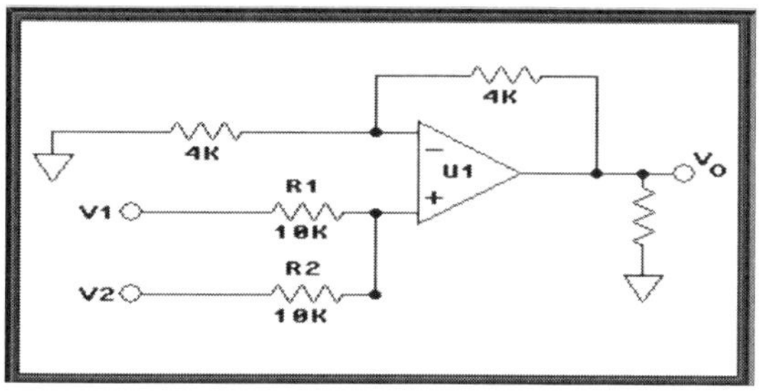

실험과정

1. NONINVERTING SUMMING 증폭기 회로 블럭을 준비하고, 그림과 같이 연결하자.

2. CM 20 은 피드백 저항(R4)을 단락시킨다. 이 회로에서, U1의 부하 저항은 얼마인가?
   a. 11 kΩ
   b. 9 kΩ
   c. 1 kΩ
   d. 909Ω

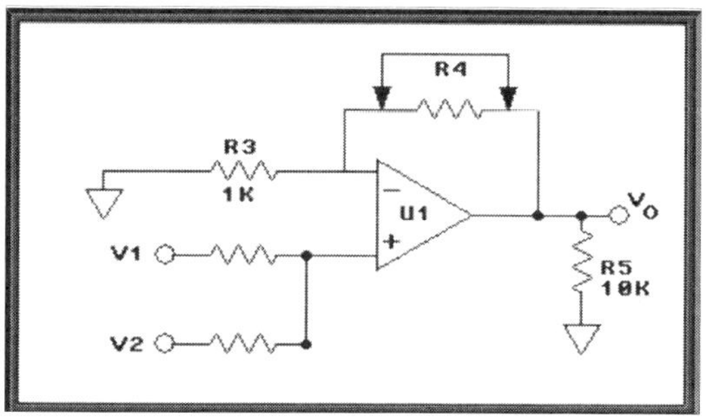

3. CM 20 을 계속 선택해 놓자. V1와 V2의 값을 마음대로 조정해보자. 입력전압을 고려할 때, 출력 전압은 ?
   a. R4가 단락되어 있기 때문에, VO는 1이다.
   b. VO 는 V1과 V2의 평균과 같다.
   c. U1은 포화 된다.
   d. U1의 부하 저항이 너무 크다.

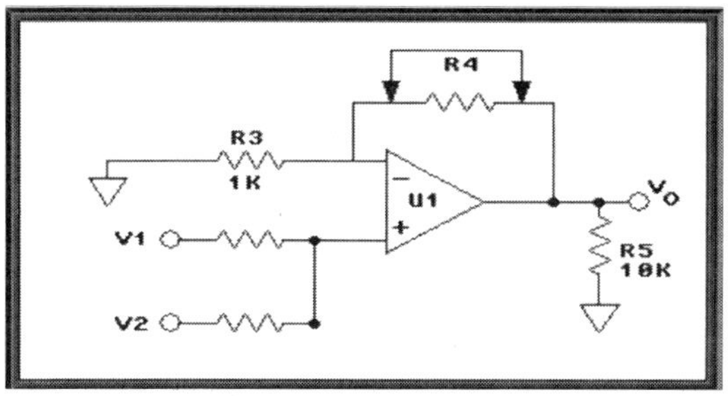

4. CM 20 계속 선택한다. 회로의 전압을 관찰할 때, 이 회로는 어떤 동작을 하는가?
   a. 입력에 가중치를 적용한다.
   b. 입력전압의 평균을 구한다.
   c. 입력 전압을 합한다.

5. CM 20은 여전히 선택되어 있다. 회로의 전압 이득 (Av)은 얼마인가?
   a. 5.
   b. -5.
   c. 1.
   d. -1.

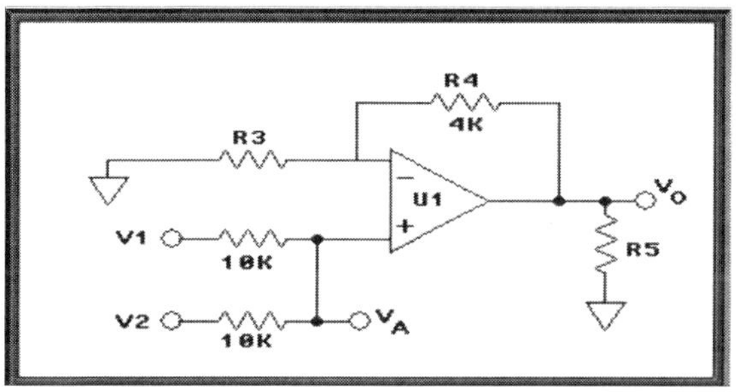

6. CM 20 을 선택하지 않는다. CM 19는 R3의 값을 바꾼다.

V1, V2, V_A, 그리고, V_O 을 이용하여 이득을 정확하게 결정하자.

Av =

7. 선택한 V1과 V2의 값과 측정한 이득값, #av2,,4,1# 을 바탕으로, 회로에 대한 설명 중 옳은 것은?
   a. V1에 가중치를 준다.
   b. V2에 가중치를 준다.
   c. V1 과 V2를 합한다.
   d. V1과 V2의 평균을 구한다.

8. 입력 전압의 개수와 회로의 이득을 같게 하는 것이 왜 중요한가?
   a. 중요하지 않다. 포화되지 않도록 이득을 결정하기만 하면 된다.
   b. 입력 전압을 합하기 위해서 꼭 필요하다.
   c. 각 입력에 가중치를 주기 위해서 필요하다.

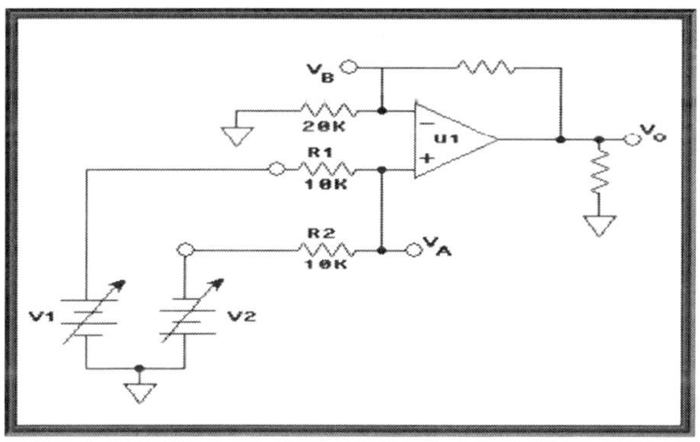

9. CM 19를 선택하지 않는다. V1을 0V 로, V2를 -10 Vdc로 조정하고, V_O를 관찰한다. V1을 10Vdc로, V2를 0V로 하여 다시 한다.

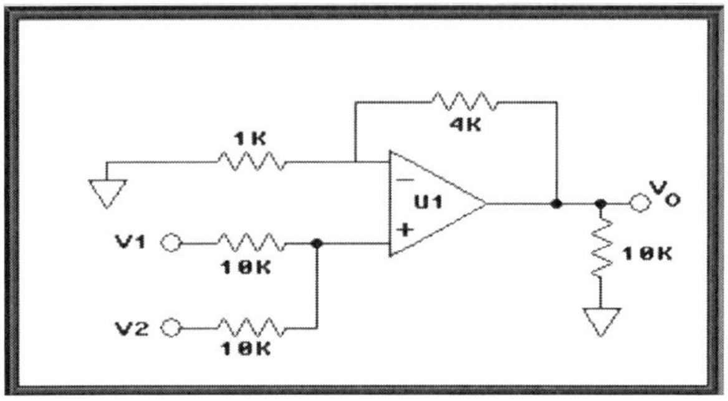

참고: V1과 V2 를 측정할 필요는 없다. 가변 조절기를 CW 와 CCW 의향으로 최대로 조정한다.

10. 회로의 출력 전압을 바탕으로, 다음 중에서 옳은 것은?
    a. U1은 포화 된다.
    b. 회로의 이득이 초과 된다.
    c. U1이 포화되지 않기 위해서, VA 는 ñ2 Vdc의 범위에 있어야 한다.
    d. 모두 옳다.

결 론

p 비반전 합 증폭기는 입력 전압의 평균을 구할 수 있다.

p 비반전 합 증폭기는 입력 전압을 합할 수 있다.

p 너무 큰 이득이나 회로의 입력 전압에 의해서, 비반전 합 증폭기는 포화 될 수 있다.

unit 20

차동 증폭기

단원목표

이 단원을 마치면, 대표적인 연산 증폭기의 회로를 사용하여 차동 증폭기의 동작을 알 수 있게 된다.

단원 기본지식

*차동 증폭기(difference amplifier)*는 두 입력 V1 과 V2의 차이를 증폭한다.

V1은 U1의 반전 단자에 연결되고, V2는 U1의 비반전 단자에 연결된다.

R1, R2, R4, 그리고, R5가 같을 때, 차동 증폭기는 V1 과 V2의 차를 출력한다.

V_O = V2 - V1

실제로, V1의 입력 임피던스는 R1의 저항 값과 같다.

V2의 입력 임피던스는 R2 + R4의 저항 값과 같다.

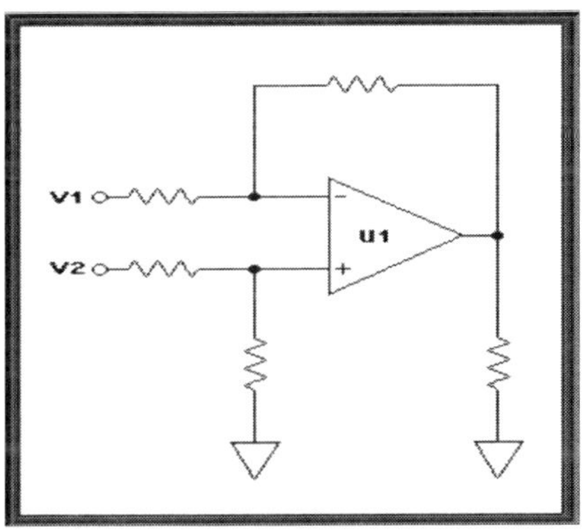

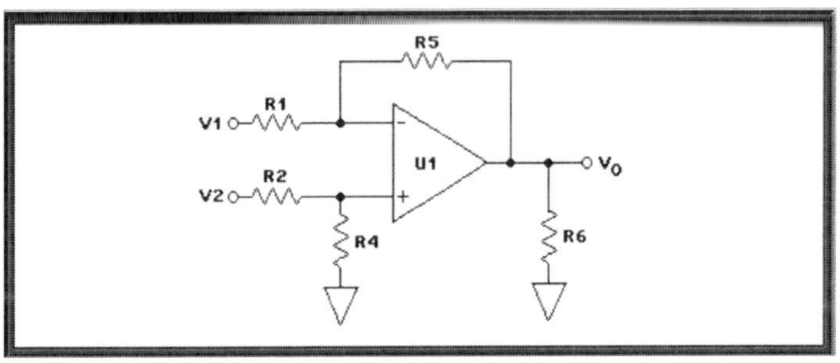

V1에 대해서, V_O 은 -[V1 x (R5/R1)]와 같다.

V2에 대해서, V_O는 {V2 x [R4/(R2 + R4)]} x [1 + (R5/R1)]와 같다.

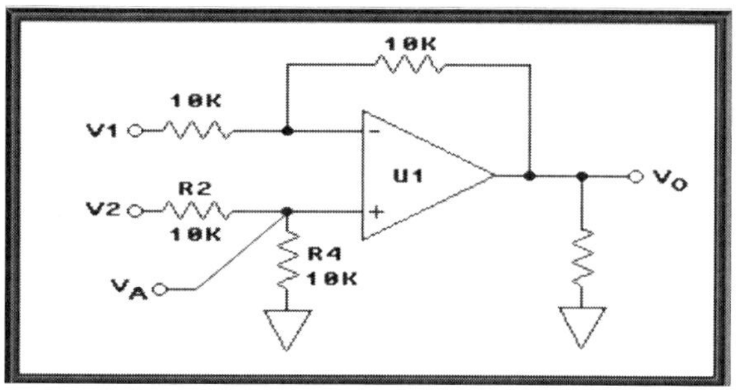

✍ V1 과 V2 가 6 Vdc이면, V_O는 ?
  a. 12 Vdc 이고,VA 는 0V이다.
  b. 0V 이고, VA 는 0V이다.
  c. 0V 이고, VA 는 3 Vdc이다.

차동 증폭기는 dc와 ac 전압을 조합해서 생각할 수 있다.

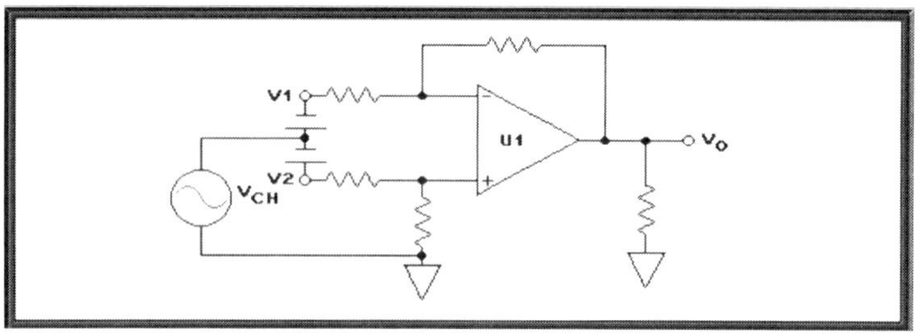

차동 증폭기는 ***동상 신호 제거력(Common-mode rejection (CMR))*** 이라는 특성을 가지고있다. CMR 은 두 입력에 동시에 나타난 한 입력 전압을 제거하는 능력이다. 이 회로에서, 사인파 발생기는 원하지 않는 ***공통모드 입력 전압(common- mode input voltage)*** (V_{CM})을 두 입력 단자에 공급한다.

U1의 동상 신호 제거력(common-mode rejection)으로 인해, V_O에 사인파가 나타나지 않는다.

✍ 공통 모드 입력 전압의 어디에 나타나는가?
  a. 차동 증폭기의 어느 한 입력 단자에.
  b. 차동 증폭기의 두 입력 단자에.

일반적으로 dB로 표시하는, ***동상 신호 제거비(Common-mode rejection ratio (CMRR))*** 는 공동 모드 전압을 감쇠시키는 능력을 표시한다.

회로의 출력에 나타나는 원하지 않는 신호(V_{OCM}) 의 양은 (Av/CMRR) x V_{CM} 과 같다: CMRR의 단위를 dB에서 일반적인 수로 고쳐서 적용해야 한다.

V_{OCM}은 증폭기의 출력에 나타나는 공통 모드 입력 신호 이다.

필요한 실험 도구

다음 실험을 위해서 필요한 것들:

- F.A.C.E.T. 베이스 유닛
- 파워 서플라이, 15 Vdc (2 개)
- 멀티 미터
- 오실로스코프, dual trace 되는것.
- 사인파 발생기
- OPERATIONAL AMPLIFIER FUNDAMENTALS
- 회로 블록

실험 1

실험목표

이 실험을 마치면, 차동 증폭기의 dc 동작을 해석할 수 있을 것이다. 결과를 멀티미터로 확인하자.

기본내용

이 차동 증폭기 회로에서, R1, R2, R4, 그리고 R5의 저항값을 같게 하자.

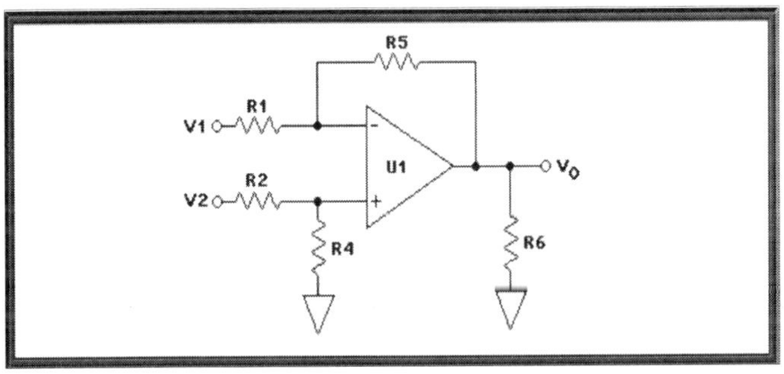

그러면, V_O는 V2 - V1 또는 입력 전압의 차와 같다.
비반전 입력 전압(V2)과 반전 입력 전압(V1)의 관계에 의해서 출력 전압의 극성이 정해진다.
V2가 V1보다 우세하면, V2가 출력 전압을 결정한다.

✔ 이 회로에서, V2 가 V1보다 더 큰 양수이다. 출력 전압의 극성은?
a. 음수 b. 양수

✔ 이 회로에서, V2 가 V1보다 작은 양수이다. 출력 전압의 극성은?
a. 음수　　　　　　b. 양수

U1이 포화되지 않을 때, 다음 관계를 회로에 적용할 수 있다.

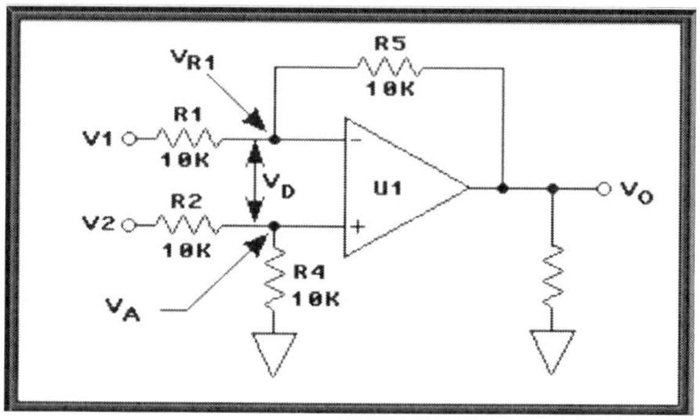

VO = V2 - V1

VA = (V2 x R4)/(R2 + R4)

VD = 0V

VA = VR4

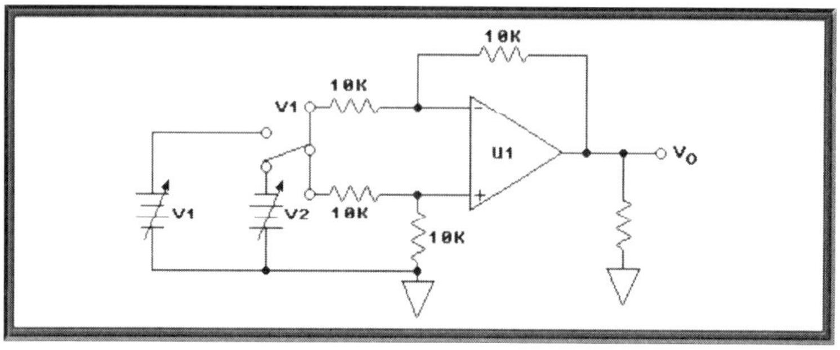

✔ 이 회로에서, S1은 회로 에 V2 나, V1을 연결한다. V_O는?
a. 0V 와 +10 Vdc에서 변한다.
b. 각 S1의 상태에서 필연적으로 0V이다.
c. 0V 와 -10 Vdc에서 변한다.
d. (a)와 (c), 모두 S1의 위치에 달려 있다.

실험과정

1. DIFFERENCE AMPLIFIER 회로 블럭을 준비하고, 2핀 커넥터를 이용하여, 다음 그림과 같이 연결하자. 그런데, 이번에 R3는 연결하지 않는다.

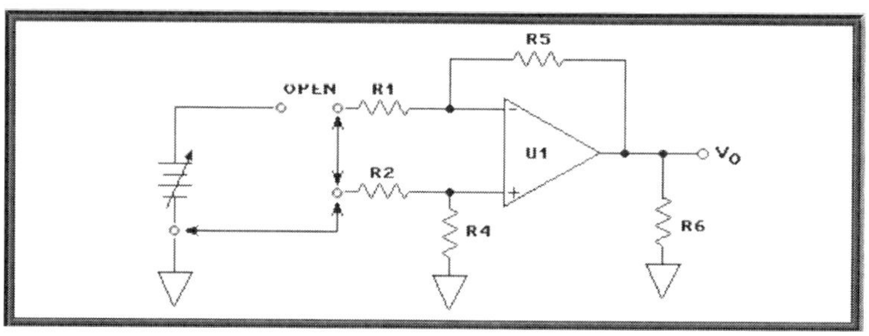

2. V_O을 고려할 때, 차동증폭기의 오프셋 전압의 특성이 다른 OP AMP의 경우와 같은가?
a. 그렇다.
b. 아니다.

3. 내부 연결 리드를 사용하여, 양의 가변 파워 서플라이를 회로의 두 입력(R1 과 R2)에 연결하자.

V1의 전압을 최소부터 최대까지 변화시키면서, V_O 멀티미터로 관찰한다. U1은 공통 입력 전압을 합하는가 아니면 빼는가?

a. 합한다.

b. 뺀다.

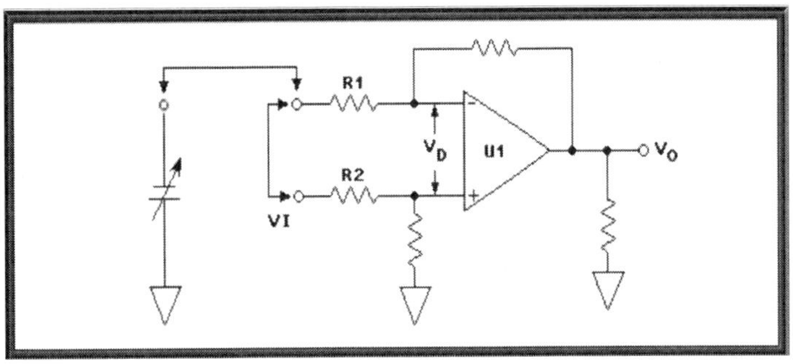

4. V1을 최대부터 최소까지 변화시키면서, U1의 차동 입력전압을 관찰하자. V_D를 바탕으로, U1에 대한 설명으로 옳은 것은?

a. 입력 전압의 최대값에서 포화된다.

b. 포화되지 않고, 피드백으로 인해서 차동 입력 전압이 0V로 유지된다.

5. 옆 그림과 같이 회로를 바꾼다. VOLTAGE DIVIDER 회로 블록을 사용하여, 차동 AMPLIFIER 회로 블럭의 입력 V2에 전압을 공급한다.

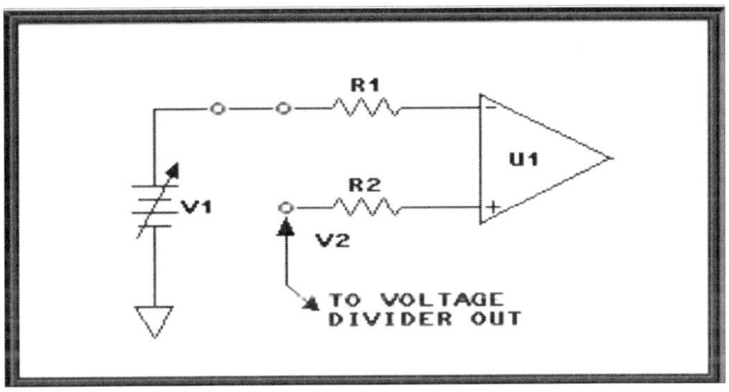

6. 정확하게 V1을 1.50 Vdc로, V2(VOLTAGE DIVIDER 회로 블록의 OUT)를 -1.50 Vdc로 조정한다.

V_O = Vdc

7. V_O의 극성이 왜 음인가?

a. V2가 V1보다 큰 전압이다.

b. V2와 V1은 극성이 같다.

c. V2는 V1보다 작은 전압이다.

8. V2를 0.0 Vdc로 조정한다. (V1 은 1.50 Vdc로 그대로 둔다).

V_O = Vdc

9. V2를 +1.50 Vdc 로 조정한다. V1은 1.50 Vdc로 그대로 둔다.

V_O = mVdc

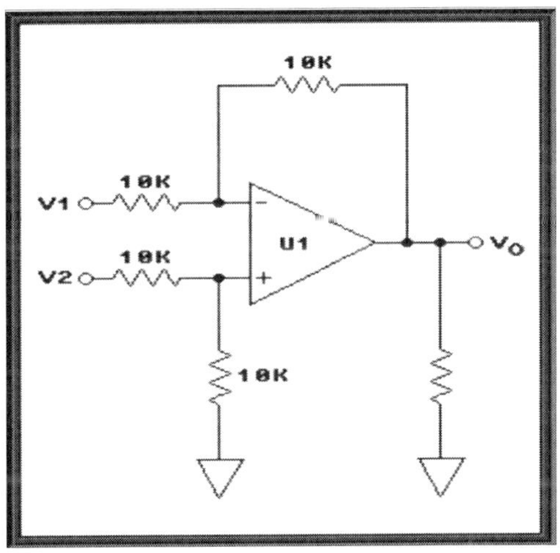

V_O = #VO1,,2,0# Vdc
#VO2,,5,0# Vdc
#VO3,,2,0# mVdc

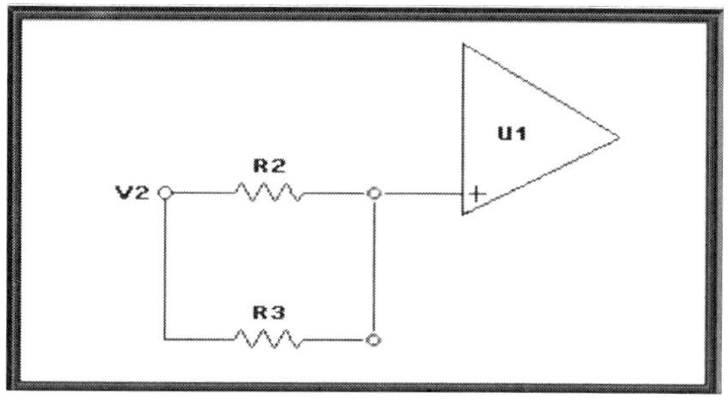

10. 회로의 동작에서, U1은?
    a. V1과 V2를 더한다.
    b. V1을 V2에서 뺀다.
    c. V2을 V1에서 뺀다.

11. 2핀 커넥터를 사용하여, 회로에 R3를 옆 그림과 같이 연결한다.

참고 : R3와 R2의 병렬 연결의 저항값은 3333Ω 이다.

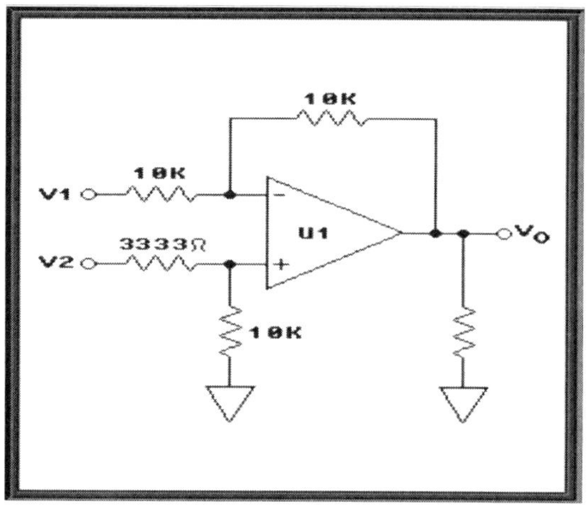

12. V1과 V2를 각각 +1.50 Vdc 와 +1.50 Vdc로 맞춘다. V_O 은 R3가 없으면, 약 #VO3,,2,0#mV이고, R3가 있을 때는, 0.7 Vdc 이다. 다음 중에서 옳은 것은?
    a. 0보다 작은 회로의 이득이 변한다.
    b. 전체 이득은 R3에 영향을 받지 않는다.
    c. 0보다 큰 회로의 이득이 바뀐다.

13. 회로에서 R3를 제거한다. CM 4 는 R5를 30 kΩ 으로 바꾼다.

    V1과 V2를 각각 +1.50 Vdc 와 -1.50 Vdc로 조정한다. V_O을 측정한다. V_O은 무엇과 같은가?
    a. V1 - V2.
    b. (VA x 4) - (V1 x 3).
    c. V1 + V2.
    d. 답이 없다.

14. CM 4을 선택하지 않는다. 어떤 경우에 차동 증폭기는 V2에서 V1을 빼는가?
    a. R1에서 R5까지 모두 같을 때.
    b. R1 = R5, R2 = R4 일 때.
    c. R1에서 R5까지 값이 같지 않을 때.
    d. 모두 옳다.

결 론

þ 차동 증폭기는 공통 모드 입력 전압을 감쇠시킨다.

þ 차동 증폭기의 저항값을 같게 하면, V_O 는 V2 - V1이다.

þ 차동 증폭기의 저항값이 다르면, V_O는 (V_A x 비반전 단자에서의 이득(noninverting gain)) - (V1 x 반전 단자에서의 이득 (inverting gain)).

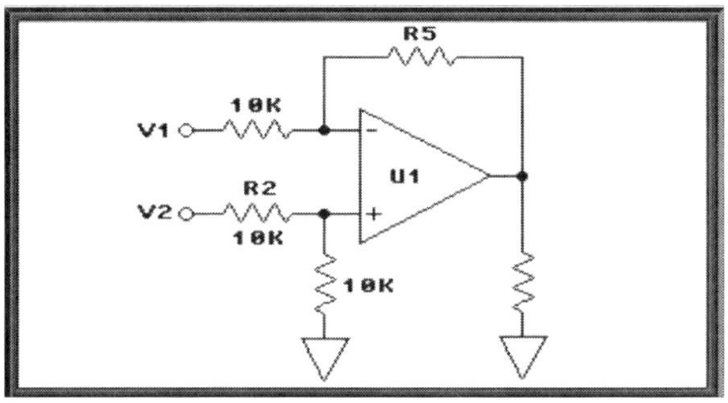

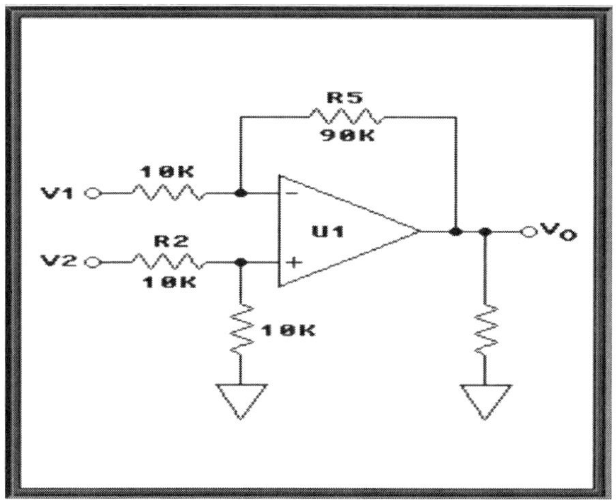

실험 2

실험목표

이 실험을 마치면, ac 전압을 사용하여 차동 증폭기를 동작 시킬 수 있을 것이다. 오실로스코프로 결과를 확인하자.

기본내용

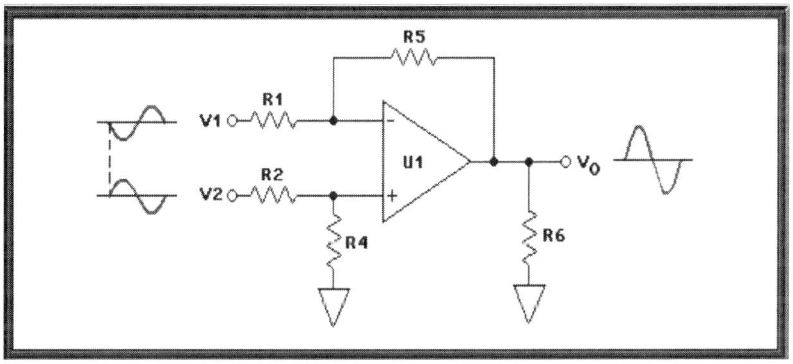

차동 증폭기는 입력신호를 합하는 데, 크기와 위상이 모두 관계된다.

R1, R2, R4, 그리고, R5 가 같으면, V_o는 V2 - V1이다.

V2 와 V1의 ac전압이 모두 같으면, V_o는 0V이다.
U1의 동상 신호 제거력 (commmon mode rejection) 때문에, V_o는 0V이다.

✔ 동상 신호 제거력(commmon mode rejection)이 왜 중요한가?
  a. 공통 입력전압이 회로의 출력에 큰 영향을 주기 때문이다.
  b. 공통 입력전압이 회로의 출력에 작은 영향을 주기 때문이다.

V2의 크기가 V1보다 크면, Vo의 위상은 V2와 같고, 크기는 V2나 V1보다 작다.

V2의 크기가 V1보다 작으면, V_o의 위상은 V1과 같고, 크기는 V2나 V1보다 작다.

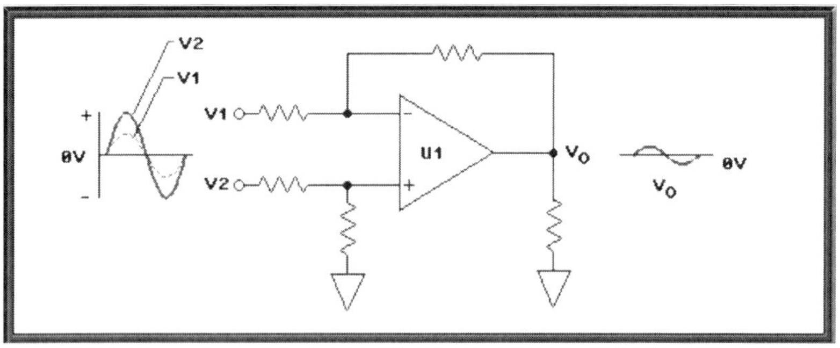

V2와 V1의 크기가 같고, 위상이 180도 차이가 나면, V_o의 위상은 V2와 같다. 그리고, V_o는 2xV1이나 2xV2 와 같다.

V2와 V1의 위상이 다를 때, V1과 V2의 전압은 합해진다. V2가 V1보다 크면, V_o의 위상은 V2와 같다.

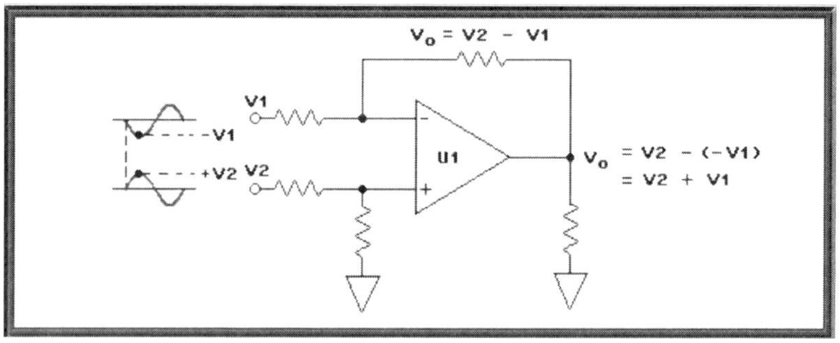

차동 증폭기의 V2 - V1 에서, (공통 모드가 아닌) 위상이 다른 입력전압은 그 크기가 합해진다.

✔ 이 회로에서, V_o는 무엇과 같은가?
  a. 2 Vpk-pk.
  b. 동상 신호 제거력(commmon mode rejection) 에 의해서, 0V이다.
  c. 4 Vpk-pk.
  d. -2 Vpk-pk.

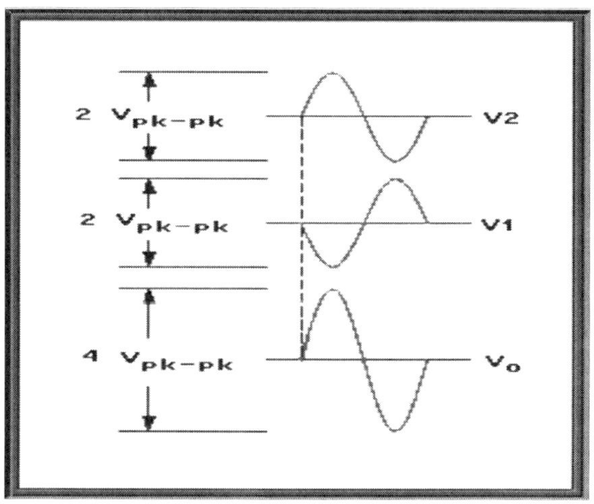

실험과정

1. DIFFERENCE AMPLIFIER 회로 블럭을 준비하고, 아래의 그림과 같이 연결하자. 회로에 R3를 연결하지 않는다.

2. 오실로스코프의 채널 1과 2를 그림과 같이 연결하자.

파형 발생기를 10 $V_{pk\text{-}pk}$, 1000 Hz의 사인파로 조정한다.

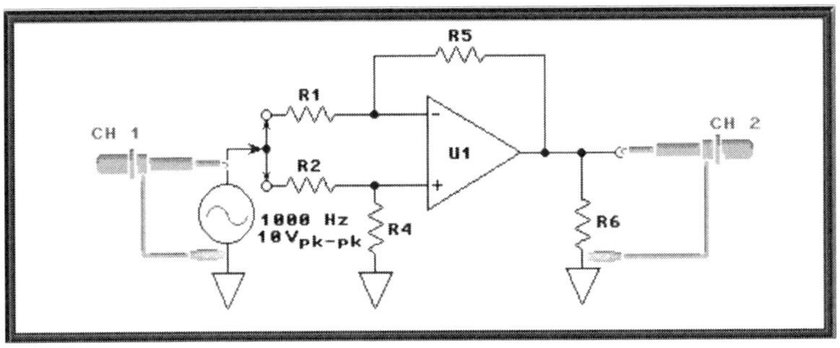

3. 공통 입력 전압에 대해서 옳은 것은?
   a. U1을 포화시킨다.
   b. U1의 CMRR에 의해서 제거된다.

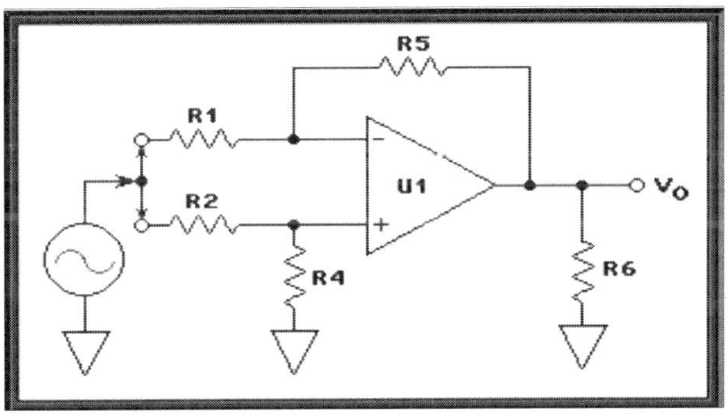

4. 옆의 회로에서, V_o는 왜 필연적으로 0V인가?
   a. Vi가 공통 모드이기 때문에.
   b. R1, R2, R4, 그리고, R5가 같기 때문에.
   c. Vo가 V2 - V1과 같기 때눈에.
   d. 모두 옳다.

5. 2핀 커넥터를 이용하여, 옆의 회로에 R3를 연결한다. 이 회로에서, V_o는?
   a. 0V.
   b. 5 Vpk-pk이고, Vi의 위상과 같다.
   c. 5 Vpk-pk이고, Vi의 위상과 다르다.

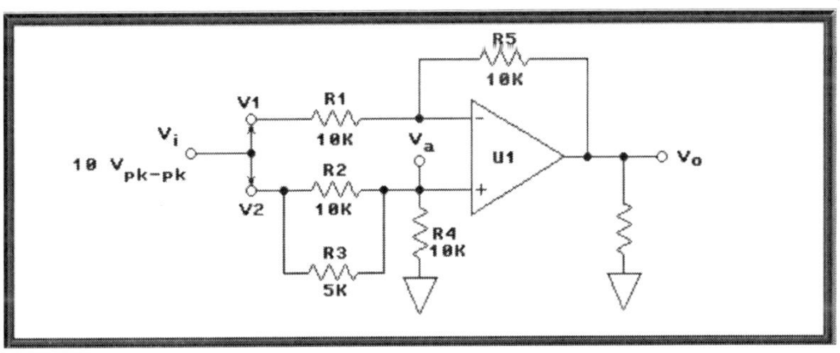

6. 옆 회로에시 R3를 제기한디.CM 3은 R4의 값을 5 kΩ으로 바꾼다. 이 회로의 파형을 보면, V_o는 약 얼마 인가?
   a. 0V.
   b. 3.4 Vpk-pk이고, Vi과 위상이 같다
   c. 3.4 Vpk-pk이고, Vi과 위상이 다르다.

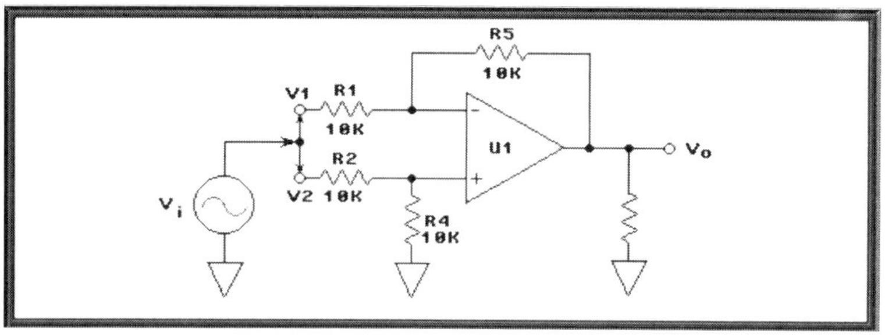

7. Vo에 R2/R4. 비가 미치는 영향을 보기위해서 〈CM〉을 마우스로 클릭한다. R2/R4의 비가 1이 아니면, Va는 Vi x 0.5와 같지 않다. 그리고, 옳은 것은?
   a. Vi 의 일부분이 출력에 나타난다.
   b. Vo는 필연적으로 0V이다.
   c. Vo와 Vi의 위상관계는 R4 가 R2보다 크거나 작은 것에 따라 결정된다.
   d. (a)와 (c)모두 옳다.

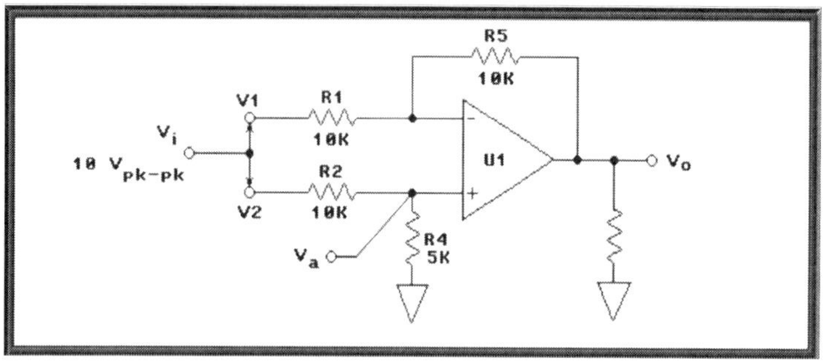

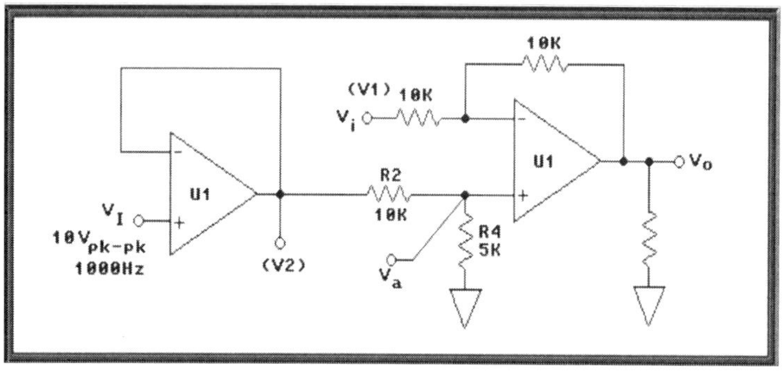

8. CM 3을 선택하지 않는다. 위 그림과 같이 파형 발생기와 VOLTAGE FOLLOWER 회로 블록을 DIFFERENTIAL AMPLIFIER 회로 블록에 연결하자.

9. 필요하면, 오실로스코프를 사용한다. 일반적으로, 채널 1에 입력을 하며, 채널1에 동기를 맞춘다. 회로의 파형으로 부터, V_o에 대해서 옳은 것은?
   a. V2와 위상이 같다.
   b. V1의 위상과 180도 차이가 난다.
   c. 거의 20 Vpk-pk 이다.
   d. 모두 옳다.

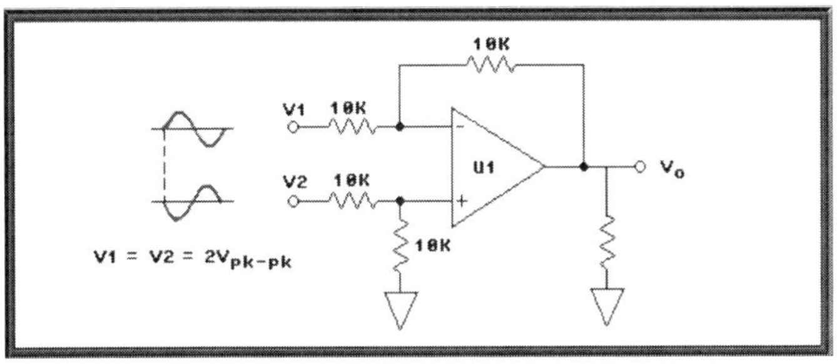

10. 회로의 파형을 볼 때, 다음 중에서 옳은 것은?
   a. DIFFERENCE AMPLIFIER 회로 블럭이 포화 된다.
   b. V2와 V1의 크기와 위상이 같다.
   c. Vo = V2 + V1.
   d. V2와 V1이 같기 때문에, Vo 거의 0V 이다.

VOLTAGE FOLLOWER 회로 블럭에서, 이득이 1인 증폭기가 전압 폴로워의 역할을 한다. 필요하면 오실로스코프를 사용하자. 일반적으로, 채널 1에 입력을 넣고, 채널 1에 동기를 시킨다.

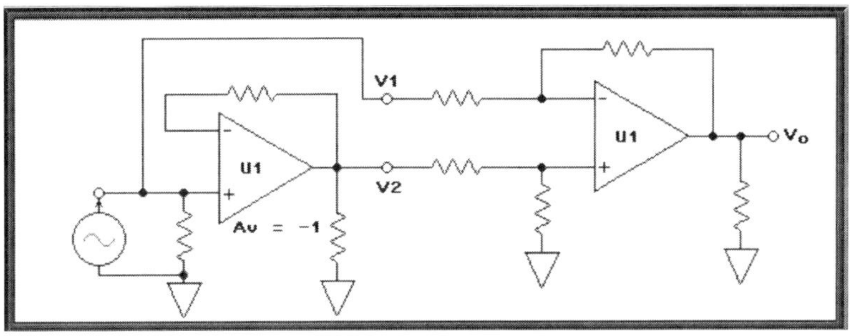

11. CM 3는 R4를 5 kΩ 으로 바꾼다. 회로의 파형으로부터, 다음 중에서 옳은 것은?
   a. 차동 증폭기는 포화된다.
   b. V2와 V1의 크기와 위상이 같다.
   c. Vo = V2 - V1.
   d. Vo = Va - V1.

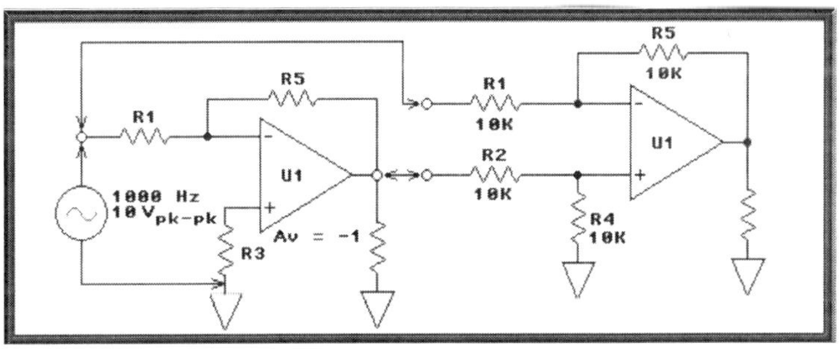

12. CM 3는 R4를 5 kΩ 으로 바꾼다. 회로의 파형으로부터, V_o는?
   a. V2의 위상과 다르다.
   b. V1의 위상과 같다.

결 론

- 차동 증폭기는 공통모드 입력신호를 제거한다.
- 차동 증폭기의 비반전 입력이 반전 입력 보다 크면, 출력 전압은 비반전 입력 전압의 위상과 같다.
- 차동 증폭기의 비반전 입력이 반전 입력 보다 크지 않으면, 출력 전압은 비반전 입력 전압의 위상과 다르다.
- 저항값의 비에 의해서, V_o = V2 - V1 이거나, V_o = V_a - V1 이다. V_a는 OP AMP의 비 반전단자에서의 신호이다.

unit 21

전압 비교기

단원목표

이 단원을 마치면, 연산 증폭 비교기의 회로의 동작을 알 수 있을 것이다.

단원기본지식

전압 비교기(voltage comparator) 회로는 기준 전압과 입력 전압을 비교하고, 입력이 큰 지, 같은 지, 작은지를 알려 준다.

전압 비교기는 일반적으로 *레벨 검출기(level detectors* 나 직각화(squaring) 회로를 사용한다.

레벨 검출기(Level detectors)는 전압이 교차된 특정한 점을 나타낸다. 직각화 회로(Squaring circuits)는 느린 상승시간과 하강시간을 빠르게 만든다.

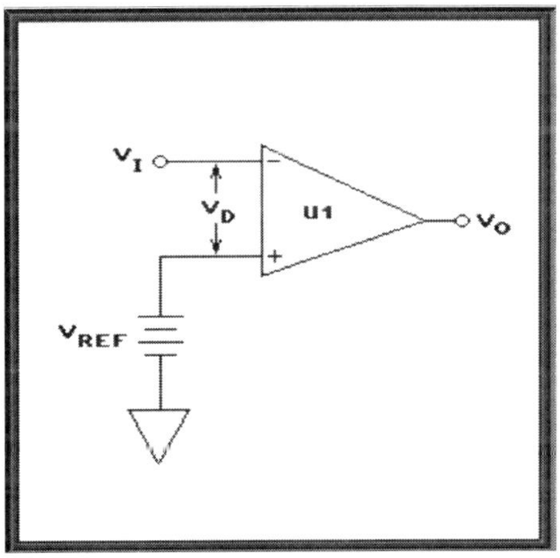

개방 회로 비교기에서, V_I 는 기준 전압(V_{REF})와 비교된다. 여기서, V_{REF} 는 U1의 비반전 단자에 연결한다. 그러므로, U1은 가상 접지될 수 없다. 그러나, U1의 트리거 포인트는 V_{REF}와 같다.

V_I 이 V_{REF}으보다 작으면, V_D는 0V보나 크고, V_O는 $+V_{SAT}$ 로 스위칭 된다.

✓ 이 회로에서, V_I 는 - 4 Vdc -6 Vdc 로 입력된다. V_O는 어떻게 스위칭 되는가?

a. 각각 음과 양으로 포화된다.
b. 각각 양과 음으로 포화된다.

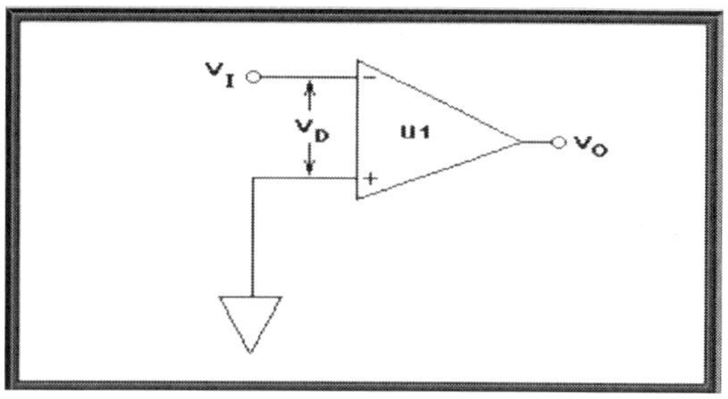

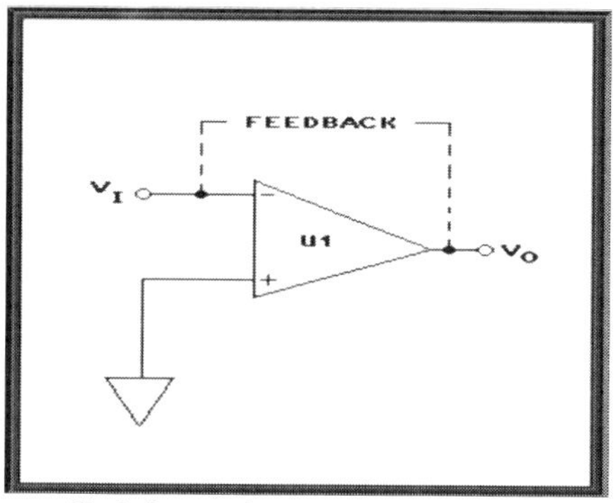

V_I가 0V보다 약간 크거나 작으면, V_O는 양이나 음으로 포화된다. 그리고, V_D는 0V보다 크다. 이 회로는 0을 통과할 때 동작을 보여 준다. (+)입력이 접지되어 있으므로, U1은 가상 접지되어있다.

OPAMP의 포화 특성 때문에, 개회로 비교기는 실제로 사용할 수 없다.: 슬루율의 제한과 큰 신호의 진폭.

OP AMP 비교기는 폐회로에서 동작할 수 있다. 피드백은 전압의 변화 레벨을 제한하고, ***히스테리시스(hysteresis)***를 소개한다.

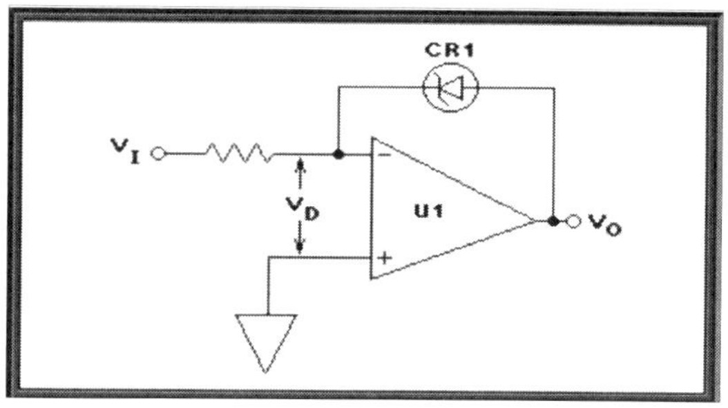

제너 다이오드(Zener diode) CR1은 V_O의 전압 진폭을 제한하는 피드백을 공급한다. 그래서 U1이 포화되는 것을 막는다.

V_I이 0V이면, V_D가 0V이다. CR1의 특정 전압으로 인해서, V_O는 0V가 아니다.

V_I이 양이면, V_O는 $-V_Z$(CR1의 제너전압(zener voltage))이 된다. 그러나, V_D 는 0V이다.

V_I이 음이면, V_O는 $+V_F$(CR1의 순방향 다이오드 전압)이며, 그러나, V_D는 0V이다.

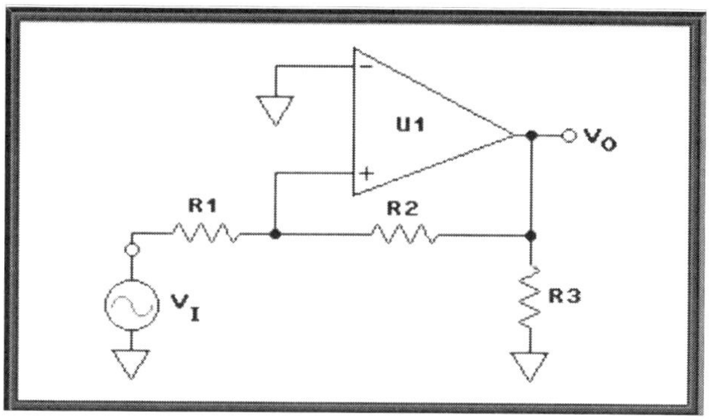

옆의 회로에서 입력으로 U1의 비반전 입력 단자를 사용한다.

V_i가 양이면, V_o도 양이다. ; V_i가 음이면, V_o도 음이다.

✍ 이 회로에서, 언제 V_o가 양인가?
- a. Vi가 양인 동안.
- b. Vi가 0V로 통과하는 지점.
- c. Vi가 음인 동안.
- d. Vi의 전 주기 동안.

R2를 통한 (+) 피드백은 히스테리시스를 발생시킨다. 히스테리시스는 *문턱전압(threshold voltage)*의 폭을 증가시켜서, V_i가 0V를 통과할 때, U1이 잘못 트리거하는 것을 막아준다.

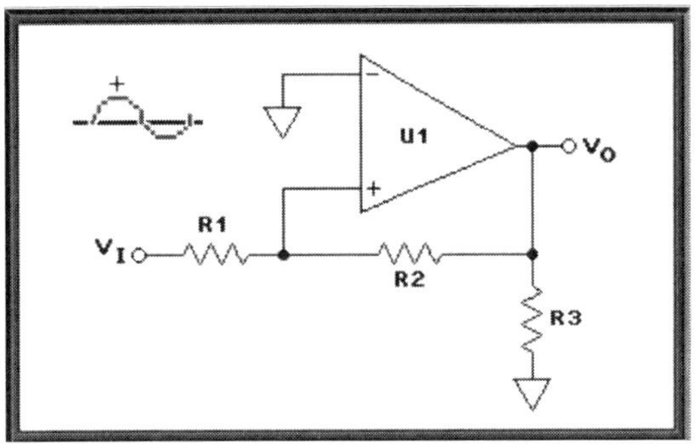

필요한 실험 도구

다음 실험을 하기 위해서 필요한 것들

- F.A.C.E.T. 베이스 유닛
- 파워 서플라이, 15 Vdc (2 개)
- 멀티 미터
- 오실로스코프, dual trace
- OPERATIONAL AMPLIFIER FUNDAMENTALS 회로 블록
- 파형 발생기, 사인파/직각파

실험 1

실험목표

이 실험을 마치면, 개회로 비교기의 동작을 알 수 있을 것이다. 멀티미터와 오실로스코프로 결과를 확인하자.

기본내용

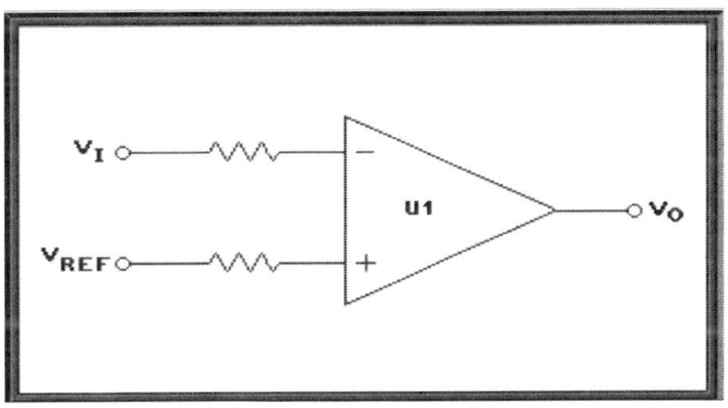

U1의 이득은 매우 크다(50,000 이상). 그리고, 개회로 동작을 위해서 구성된다. 그러므로, U1은 포화될 수 있다.

V_I이 V_{REF}이면, V_O는 $+V_{SAT}$와 같다.

V_I 이 V_{REF}보다 작으면, V_O는 $+V_{SAT}$와 같다.
V_I 이 V_{REF}보다 크면, V_O는 $-V_{SAT}$ 같다.

✔ V_O의 극성(saturation rail)은 어느 전압의 극성과 같은가?
a. 비반전 입력.
b. 반전 입력.

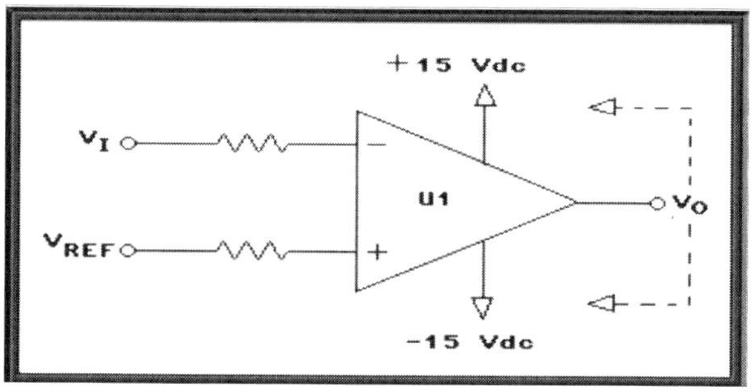

V_I이 V_{REF}보다 조금 크거나, 작으면, U1은 $+V_{SAT}$와 $-V_{SAT}$ 로 스위칭된다.

이 동작 지점을 회로의 *트립 포인트(trip point)* 라고 한다.

개방 루프 회로이고, U1의 큰 이득으로 인해서, 회로의 트립 포인트(trip point) 주변의 범위가 작다. 그러므로, 회로의 문턱전압은 작다(50 mV 미만이다).

실험과정

1. OPEN LOOP COMPARATOR 회로 블럭을 준비하고, 다음 그림과 같이 연결한다.

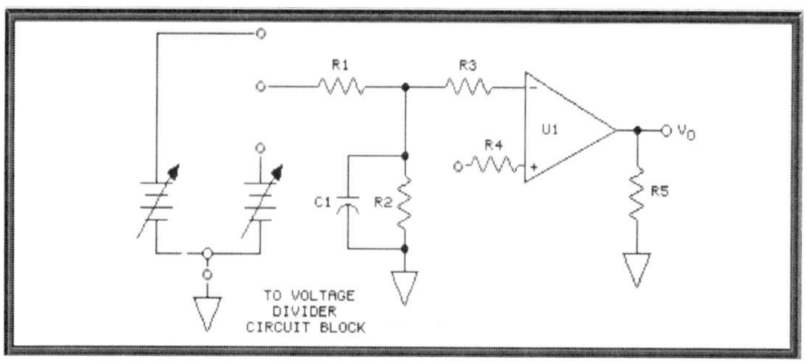

참고: 2핀 커넥터를 VOL- TAGE DIVIDER 회로 블럭에 연결한다.

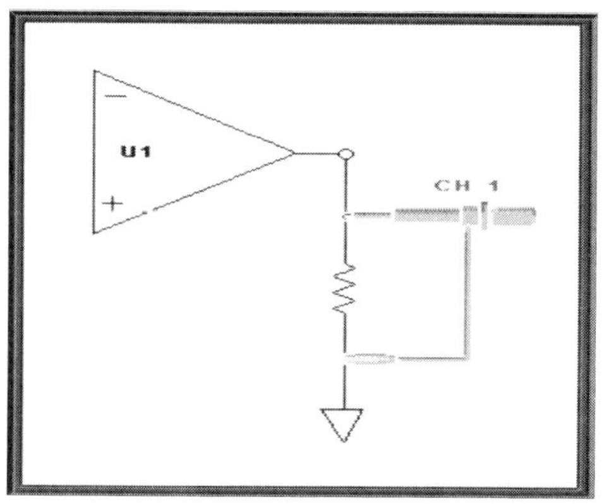

2. 오실로스코프의 채널 1로 V_O 를 관찰한다. U1의 포화 레벨을 표시하기 위해서, 오실로스코프를 사용한다.

3. V_O가 약 0V가 될 때까지, 천천히 그리고, 주의 깊게 V_I (VOLTAGE DIVIDER)을 조정한다.

참고: V_I 과 V_{REF} 가 거의 같을 때는, U1이 매우 민감하기 때문에, 조심해서 조절해야 한다.

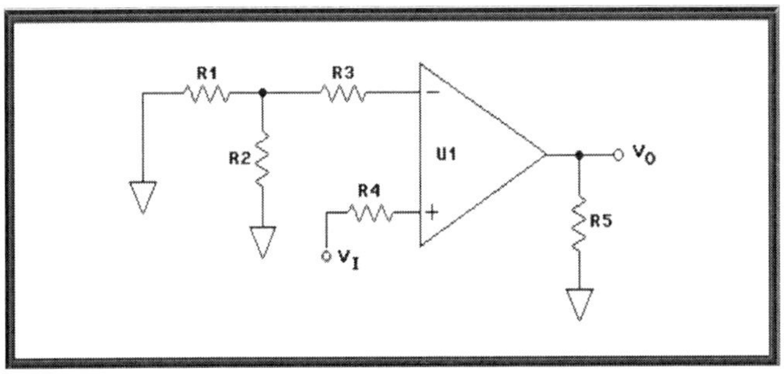

4. V_I을 측정하기 위해서 멀티미터를 사용하자. 측정값을 바탕으로, 회로의 트립 포인트(trip point)는?
   a. 결정할 수 없다.
   b. 거의 0V 이다.
   c. VREF가 0V 이므로, 약 1 Vdc 이다.
   d. 넓은 전압 범위를 가진다.

5. U1 이 $+V_{SAT}$.으로 될 때까지, 천천히 V_I을 조정한다.

참고 : 오실로스코프로 관찰하여, $+V_{SAT}$을 결정하자.

V_I = mVdc

6. U1이 $-V_{SAT}$로 포화 될 때까지, V_I을 천천히 조정하자.

참고 : 오실로스코프로 관찰하여, $-V_{SAT}$ 을 결정하자.

U1의 드립 포인트(trip point) 는?
   a. 0 보다 조금 크다.
   b. 0 보다 조금 작다.

7. 약 ñ#VI1,,4,2# mVdc의 trip voltages로부터, 회로의 문턱전압은 큰가 작은가?
   a. 크다.
   b. 작다.

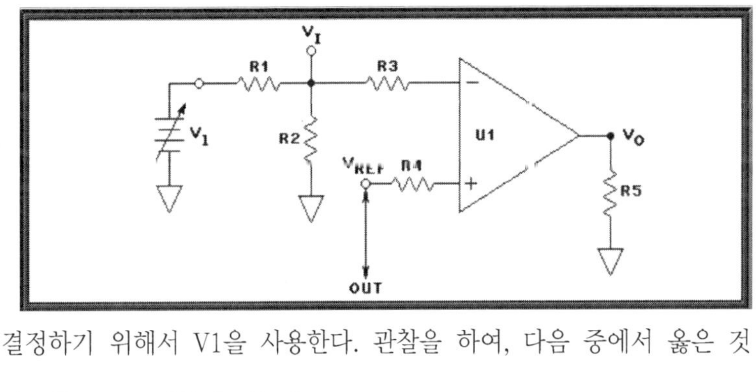

8. 그림과 같이 회로를 바꾸자. 그리고, VOLTAGE DIVIDER 회로 블럭에서 2핀 커넥터를 제거한다.

   전압 분배기의 출력 (V_{REF})을 약 +1.5 Vdc로 한다.

9. 회로의 트립 포인트(trip point)를 결정하기 위해서 V1을 사용한다. 관찰을 하여, 다음 중에서 옳은 것을 고르시오.
   a. VI과 VO의 극성이 같기 때문에, 회로는 트립하지 않는다.
   b. VI이 VREF을 통과할 때, VO는 +VSAT와 -VSAT 사이를 스위칭한다.

10. 회로에서 V1을 제거하고, V2를 넣는다.

주의 : V_{REF} 의 값을 바꾸지 않는다.

11. 회로의 트립 포인트(trip point)를 결정하기 위해서, V2를 사용하자. 관찰을 하고, 다음 중에서 옳은 것을 고르시오.
   a. VO는 +VSAT 이다.
   b. VI은 음이고, U1은 트립할 수 없다.
   c. VO는 VREF 의 극성과 같다.
   d. 모두 옳다.

12. 전압 분배기의 V_{REF}를 약 -1.5 Vdc로 하자. 회로의 트립 포인트(trip point)를 결정하기 위해서 V2를 사용하자.

   V_I = Vdc

13. V_I을 천천히 회로의 트립 포인트(trip point)로 조정하기 위해서, V2의 파워 서플라이의 세부 조절기(FINE control)를 사용하자.

   V_I을 조정하면서, V_O를 관찰하자. V_I의 범위는 무엇과 일치하는가?
   a. U1의 문턱 전압.
   b. 회로의 기준 전압.
   c. U1의 파워 서플라이 전압.

결 론

p 개방루프 OPAMP 비교기는 (+) 와 (-)의 포화 상태를 스위칭 한다.

p 비교기의 트립 포인트(trip point) 는 본래 기준 전압의 값에서 일어난다.

p OP AMP 비교기는 (+)나 (-)의 기준 전압과 함께 동작한다.

p 입력 전압이 트립 포인트(trip point) 를 통과 할 때, 개방루프 OPAMP 비교기는 스위칭 한다.

p 트립 포인트(trip point) 주변의 전압을 회로의 문턱 전압으로 정의한다.

p 개방루프 비교기가 가상 접지되어 있으면, 트립 포인트 (trip point) 는 거의 0V이다.

실험 2

실험목표

이 실험을 마치면, ac 와 dc 전압을 사용한 지너 클램트 OP AMP 비교기의 동작을 알 수 있을 것이다. 오실로스코프로 결과를 확인 하자.

기본내용

이 회로에서, 제너다이오드(CR1)는 U1의 피드백 경로를 만든다. 비반전 입력단자가 접지되어있으므로, U1은 가상 접지 되어있다. 그러므로, 회로의 기준 전압은 0V이다. V_I이 양이면(0V보다 크면), V_O는 -VSAT의 전압으로 출력 한다. V_o가 거의 제너 항복전압(V_Z)과 같을 때, CR1은 전류가 흐른다. 그리고, 음의 피드백을 만든다. 피드백은 V_o를 V_Z의 값으로 한정하고, 음으로 포화되는 것을 막는다.

✔ 이 회로에서 V_O는?

a. -VSAT.
b. 0.7 Vdc.
c. 0V.
d. +VSAT.

회로에 연결한 CR1(양극이 출력에 연결되어 있음)의 상태로부터, V_O는 $-V_Z$와 $+V_F$를 스위칭한다.

참고: V_Z 는 제너 다이오드의 항목 전압이고, V_F는 CR1의 순방향 전압이다.

✔ 이 회로에서, CR1의 음극이 출력에 연결되어 있다. 결과적으로, V_O는 어느 값을 갖는가?

a. +VZ 와 -VF.
b. -VZ 와 +VF.
c. +VSAT 와 -VSAT.

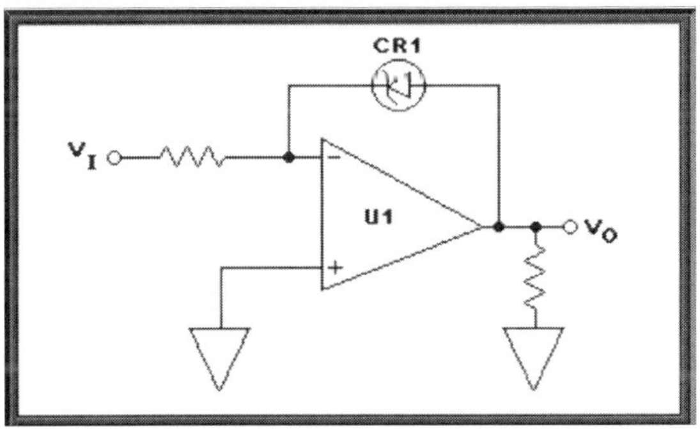

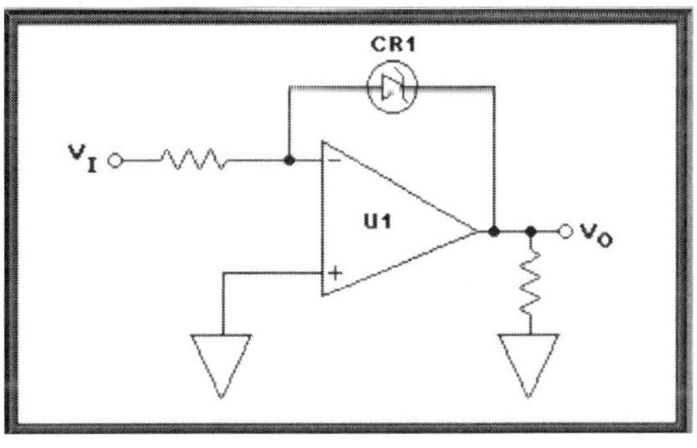

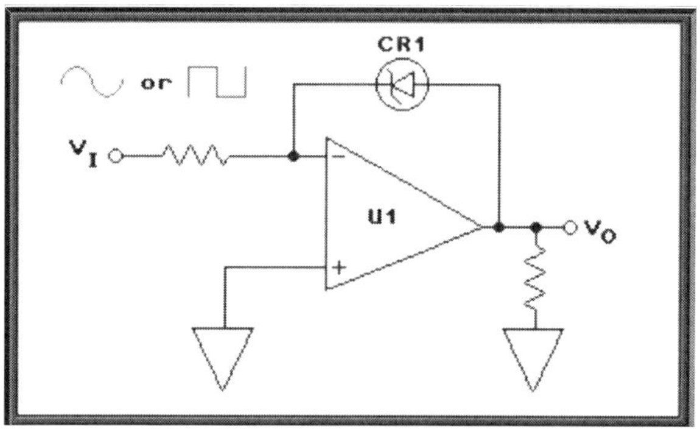

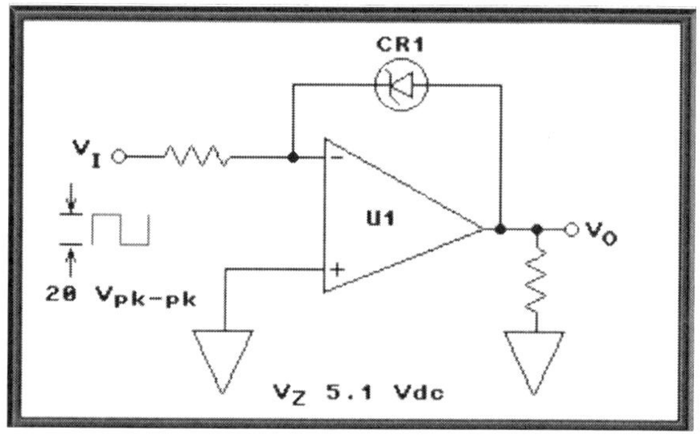

✔ V_O가 +5.1 Vdc이면, V_I는?
- a. 음이다.
- b. 양이다.
- c. 음이거나, 양이다.

제너 다이오드 클리퍼 회로는 사인파나 구형(직각)파의 입력신호의 레벨을 조정한다.

이 회로에서, 어느 입력신호나 $-V_Z$ 와 $+V_F$로 한정된다. CR1의 연결을 반대로 하면, $+V_Z$와 $-V_F$로 한정된다.

✔ 위의 회로에서(V_i와 V_Z를 주의하여), 다음 중 옳은 것은?
- a. U1은 포화된다.
- b. CR1 은 전류를 흘리지 않는다.
- c. Vo 는 -5.1 Vdc 나, +0.7 Vdc의 전압을 출력한다.
- d. 모두 옳다.

실험과정

1. OPEN-LOOP COMP-ARATOR 회로 블럭을 준비하고, 그림과 같이 연결한다. 오실로스코프로 V_I와 V_O를 관찰하자.

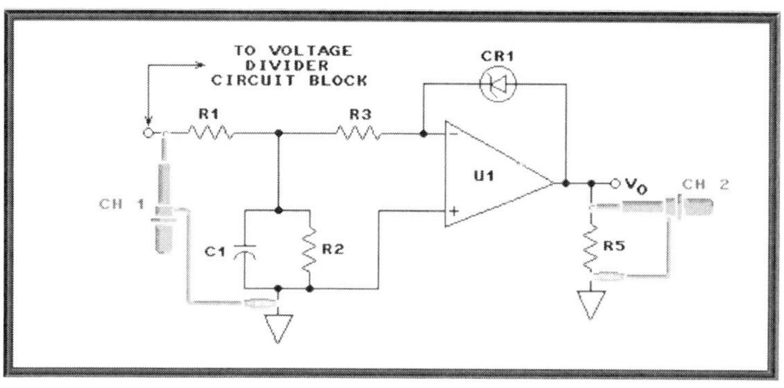

2. V_I (VOLTAGE DIV-IDER OUT)의 전압을 최소부터 최대까지 천천히 바꾸면서, 오실로스코프를 관찰하자.

참고: VOLTAGE DIVIDER 회로 블럭에 2핀 커넥터를 연결하자.

3. 오실로스코프의 파형으로부터, V_I이 무엇과 같을 때, 폐루프 비교기는 V_O를 스위칭하는가?
   a. CR1의 VZ 와 VF .
   b. 거의 0V를 통과할 때.

4. VOLTAGE DIVIDER 회로에서 2핀 컨넥터를 제거하고, 오실로스코프의 채널 1의 전압 조절기를 1 V/cm로 하자.

   V_I (VOLTAGE DIVIDER OUT)의 전압을 최소부터 최대까지 천천히 바꾸면서, 오실로스코프를 관찰하자.

5. 관찰을 통하여, V_O는?
   a. VI의 전압을 따라간다.
   b. +VSAT 나 -VSAT 이다.
   c. -Vz 나 +VF 이다.
   d. +VI 나 -VI 이다.

6. CM 6 은 제너 다이오드 CR1의 방향을 바꾼다. V_I의 전압을 전 범위로 변화시키자. 오실로스코프를 관찰하면, 다음 중에서 옳은 것은?
   a. CR1의 방향은 비교기의 동작에 영향을 주지 않는다.
   b. VO는 +VSAT와 -VSAT로 한정된다.
   c. VO 는 +Vz 와 -VF로 한정된다.
   d. CR1의 방향이 바뀌었으므로, U1은 지금 개루프 회로이다.

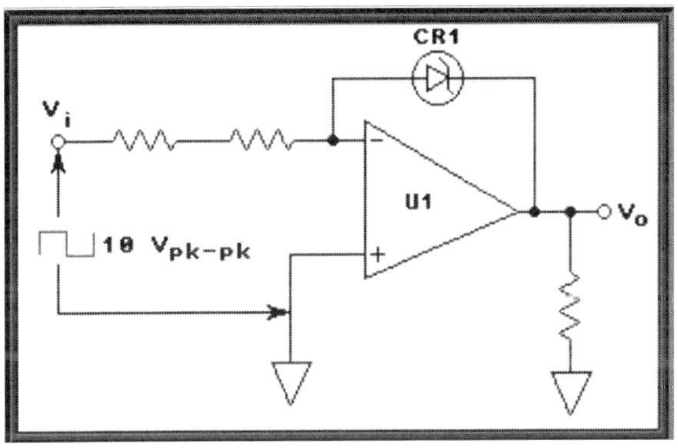

7. 회로를 그림과 같이 바꾸고, 오실로스코프는 그대로 둔다.
   오실로스코프의 채널 1에 연결되어 있는 파형 발생기를 10 $V_{pk\text{-}pk}$, 1000 Hz 직각파로 조정한다.

8. V_i와 V_o로부터, 비교기에 대해서 옳은 설명은?
   a. 입력된 직각파에 의해서 포화된다.
   b. 입력된 직각파의 전압을 이동시킨다.
   c. +VZ 나, -VF의 값을 갖는다.
   d. (b) 와 (c)가 옳다.

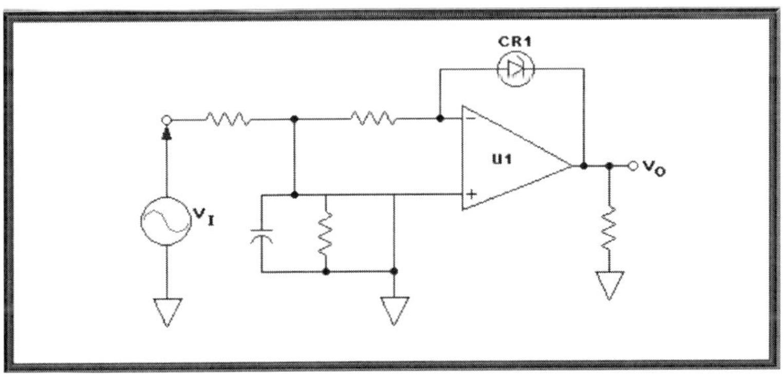

9. CM 6 을 선택하지 않는다. 오실로스코프의 파형으로부터, CR1의 양극은?
   a. 비교기의 입력에 연결된다.
   b. 비교기의 회로와 연결되지 않는다.
   c. 비교기의 출력과 연결된다.

10. 회로를 그림과 같이 바꾸고, 오실로스코프의 채널1을 R1, R2, 그리고, R3의 접합점으로 연결한다. V_{REF}를 0.0V로 한다.

주의: $V_i(V_{gen})$는 10 V_{pk-pk}로 나누어야 한다.

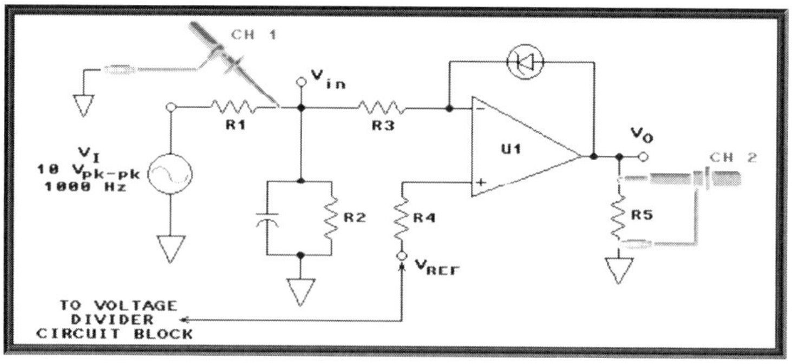

11. V_o 는 $+V_F$ 나 $-V_Z$ 의 값을 갖는다. V_o 와 V_{in}를 비교할 때, V_{in}이 무엇일 때, U1의 출력이 바뀌는가?
   a. +VSAT 나 -VSAT와 같을 때.
   b. +VZ 나 -VF와 같을 때.
   c. -VZ 나 +VF와 같을 때.
   d. VREF (0V) 근처에서.

12. V_{REF} 를 최대의 음의 값으로 조정한다. 회로의 파형으로부터, 비교기의 트립 포인트는?
   a. +2.7 Vdc.
   b. 0V.
   c. -2.7 Vdc.
   d. 5.1 Vdc.

13. V_{REF} 를 최대 양의 전압으로 조정하자. 회로의 파형으로부터, 비교기의 트립 포인트는?
   a. +2.4 Vdc.
   b. 0V.
   c. -2.4 Vdc.
   c. -2.4 Vdc.

14. 관찰을 통하여, 비교기의 트립 포인트(trip point)는?
   a. 회로 기준 전압과 아무런 관계가 없다.
   b. 본래 회로의 기준 전압에 의해서 조정된다.

결 론

p V_o 는 $+V_F$ 나 $-V_Z$ 이다.

p CR1의 방향이 바뀌면, V_o 는 $-V_F$ 나, $+V_Z$ 이다.

p 회로의 트립 포인트(trip point)는 본래 V_{REF}와 같다.

p V_Z 가 바뀌면, V_o 의 피크 전압도 바뀐다.

p V_o 의 피크 전압이 바뀌어도, 이 회로에서, 전압 밴드($V_{o(max)}$-$V_{o(min)}$)는 (V_Z - V_F)나 약 5.7Vdc 이다. 전압 밴드는 CR1의 제너 전압에 달려있다.

실험 3

실험목표

이 실험을 마치면, 사인파를 직각파로 바꾸는 동작을 이해할 수 있을 것이다. 오실로스코프로 결과를 확인하자.

기본내용

U1은 양의 피드백을 사용하고, ***슈미트 트리거(Schmitt trigger)*** 라는 개방 루프 비교기로 구성되어 있다. V_i의 사인파는 구형(직각)파로 바뀐다.
V_o은 $+V_{SAT}$ 나, $-V_{SAT}$ 이다. 그리고, 위상은 V_i 와 같다. 양의 피드백 전압(V_{TH})은 히스테리시스 저항 R_H에 의해서 제공된다.

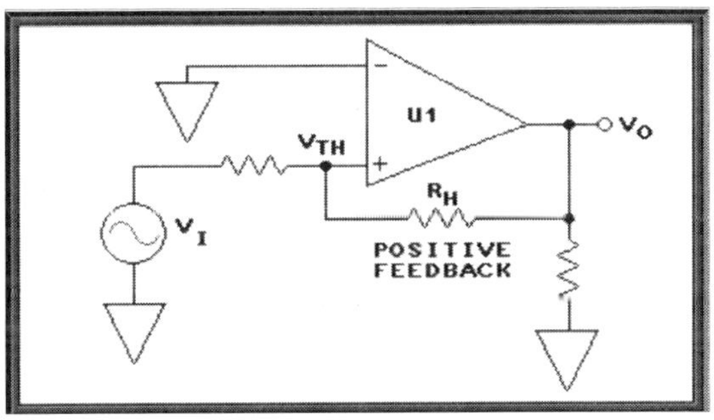

2개의 트리거 지점은 양의 피드백에 의해서 만들어 진다. V_{TH} 는 비반전 입력 단자에 전압을 공급한다. 그러므로, 회로는 가상 접지 되어 있지 않다.

✔ V_o 의 주파수과 같은 것은?
a. Vi 의 주파수의 반.
b. Vi의 주파수.
c. Vi의 주파수의 2배.

히스테리시스나, 양의 피드백은 비교기가 V_o를 바꾸기 전에, V_i 이 통과해야 하는 간격이나, 밴드를 만든다. 특정한 히스테리시스의 레벨로 부터, A와 B의 두 트리거 포인트에서 V_o는 전압이 바뀐다.

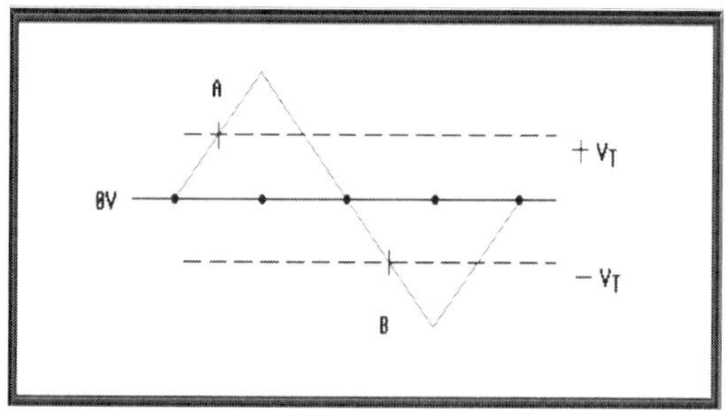

V_i 이 트리거 포인트를 지날 때까지, V_o 는 바뀌지 않는다. 간격안에서, V_i의 변화는 출력을 변화시키지 못한다.

$+V_T$ 와 $-V_T$라는 A와 B의 지점의 전압 차이는 회로의 히스테리시스 전압과 같다. 양의 피드백의 증가는 히스테리시스의 간격을 증가시킨다. 양의 피드백의 감소는 히스테리시스의 간격을 감소시킨다.

✔ 히스테리시스나, 양의 피드백이 비교기의 민감성을 증가시키는가, 감소시키는가?
  a. 증가시킨다.
  b. 감소시킨다.

히스테리시스는 비교기의 민감성을 감소시키고, 잡음에 대한 면역성을 증가시킨다.

V_i로 부터, (히스테리시스가 없는) 가상 접지된 비교기는 많은 V_o의 변화를 가져온다. 히스테리시스가 증가하면, V_o 바뀌는 수는 감소한다.

트리거 전압은 U1의 포화 전압을 바탕으로 한다. 그러므로, 트리거 포인트는 대칭적이지 않고, OP AMP 마다 다르다.

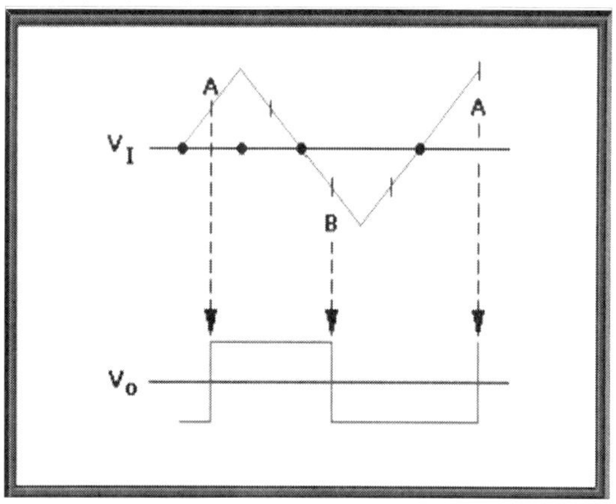

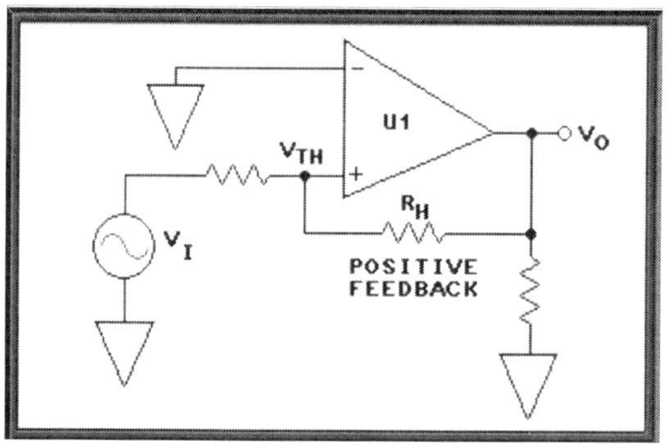

실험과정

1. COMPARATOR SINE/SQUARE 회로 블럭을 준비하고, 다음 그림과 같이 연결한다.

2. 오실로스코프의 채널 1과 2를 연결하고, V_i와 V_o를 관찰한다.

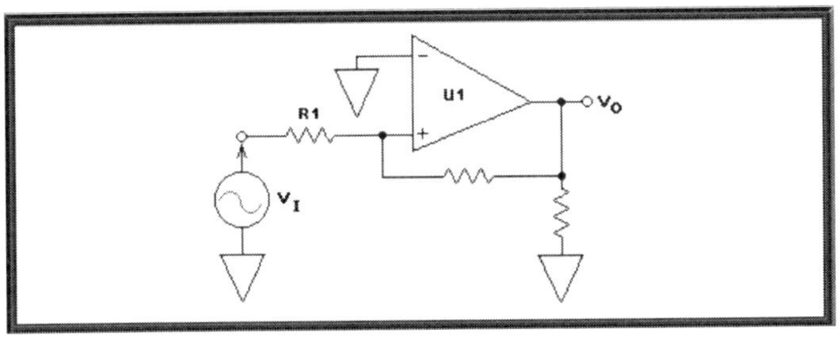

참고: 오실로스코프의 채널 1(V_i)에 동기시키고, 상승에 지에트리거 시킨다.

3. V_i 은 구형(직각)파로 바뀌어 지는가?
   a. 그렇다.
   b. 아니다.

4. 오실로스코프의 시간축을 20ms/cm로 조정하자. 회로의 트리거 전압을 정밀하게 측정하자.

   회로의 트리거 포인트가 V_i가 0V를 통과하는 지점인가?
   a. 그렇다.
   b. 아니다.

5. 오실로스코프의 채널 2의 비반전 입력 단자를 잠시 살펴보자.
   V_o와 V_i의 관찰로 부터, 양의 피드백은 U1의 비반전 입력 단자에서 발생하는가?
   a. 그렇다.
   b. 아니다.

6. 상승 에지 전압(V_i에서 $+V_T$)을 오실로스코프로 측정하자.

주의: $-V_{SAT}$에서 $+V_{SAT}$ 로 바뀔 때, V_i의 전압을 측정한다.

$+V_T$ = V_{pk} (from 0V)

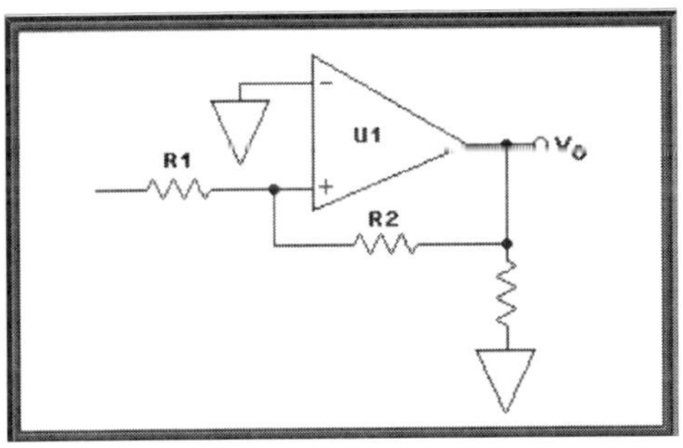

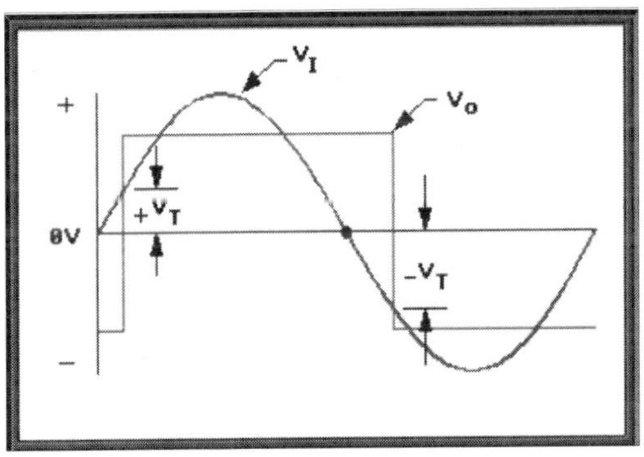

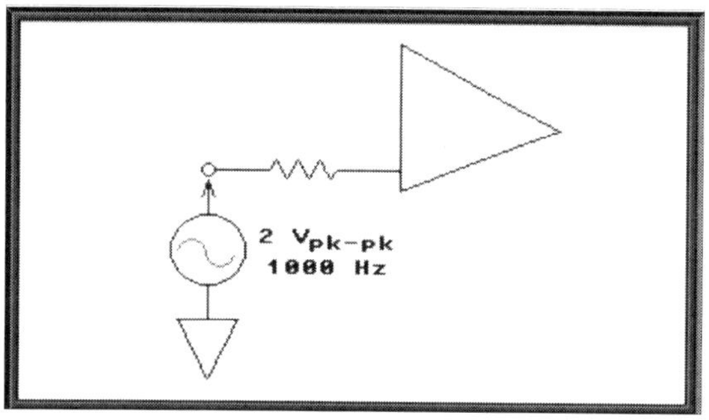

7. #VTP,,4,2# V_{pk}의 $+V_T$ 와 $-V_T$를 비교하고, 다음 중에서 옳은 것을 선택하자.
   a. 회로의 트리거 포인트는 대칭이다.
   b. 히스테리시스는 트리거되는 Vi의 두 지점에 모두 영향을 준다.
   c. 히스테리시스는 출력이 상승 에지일때, Vi의 전압에만 영향을 준다.

하강 에지에서 입력 전압(V_i의 $-V_T$)를 오실로스코프를 사용하여 측정하자. 출력이 $+V_{SAT}$ 에서 $-V_{SAT}$ 으로 바뀔 때, V_i를 측정한다.

8. 양의 피드백의 레벨이 증가하면, 회로의 트리거 전압은?
   a. 증가한다.
   b. 감소한다.

9. 양의 피드백의 레벨이 증가하면, V_o와 V_i에서 위상의 이동은 ?
   a. 증가한다.
   b. 감소한다.

10. CM 13 은 양의 피드백의 레벨을 증가시킨다. 회로의 위상의 이동은 증가하는가, 감소하는가?

참고: 차이점을 보기 위해서는 CM을 마우스로 선택하자.

   a. Vo 는 Vi 의 주기보다 늦게 트리거를 하기 때문에 위상의 이동은 커진다.
   b. 양의 피드백의 레벨이 변해도 위상의 이동에는 영향을 주지 않는다.
   c. Vo 는 Vi 의 주기보다 늦게 트리거를 하기 때문에 위상의 이동은 감소한다.

결 론

p OPAMP의 비교기는 사인파를 구형(직각)파로 바꿀 수 있다.

p 양의 피드백은 비교기의 트리거 포인트를 결정한다.

p 양의 피드백이 증가하면, 위상은 더 많이 이동된다.

unit 22

응용회로에 대한 소개

단원목표

이 단원을 마치면, OPERATIONAL AMPLIFIER APPLICATIONS 회로 블럭의 각 소자를 알고, 그 특성을 알게 될 것이다.

단원 기본지식

OPERATIONAL AMPLIFIER APPLICA- TIONS 회로 보드는 6개의 실험 회로 블럭으로 되어 있다.

- INTEGRATOR
- DIFFERENTIATOR
- LOW PASS FILTER
- HIGH PASS FILTER
- BAND PASS FILTER
- FULL-WAVE BRIDGE DRIVER/CON-VERSION

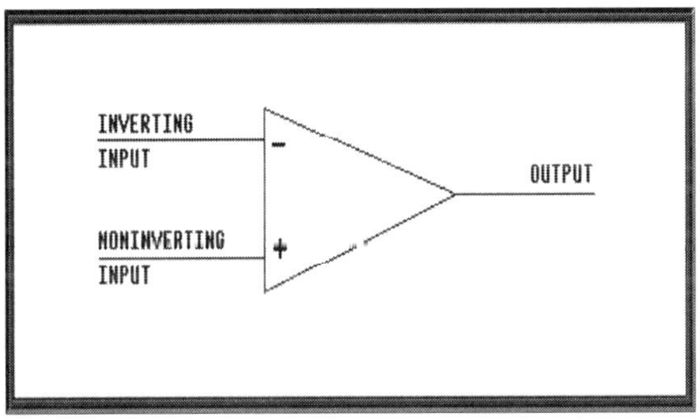

각 회로 블럭은 LF441 집적 회로 연산 증폭기(OP AMP)로 구성되어 있다. 위의 그림은 OP AMP의 도식적 기호이다. 각 Op AMP는 플러그-인 DIP 소켓에 끼운다. 그래서, OP AMP가 불량일 때, 교체하기 쉽다.

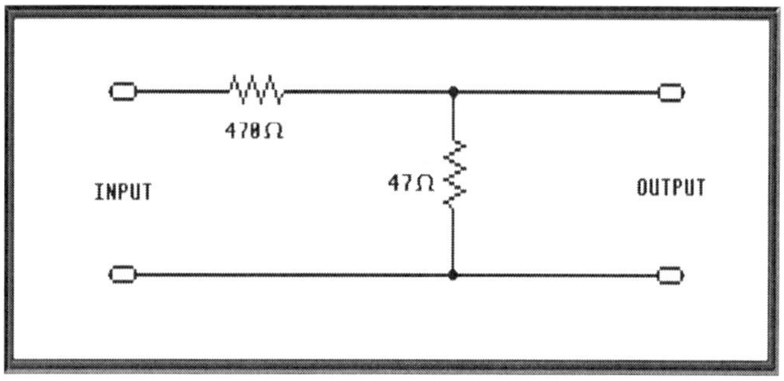

✓ 어테뉴에이터(감쇠기)에 입력된 신호는 1.1 Vpk-pk 사인파이면, 출력 신호는 ?
   a. 10 Vpk-pk 사인파
   b. 1.1 Vpk-pk 사인파
   c. 100 mVpk-pk 사인파
   d. 4.7 Vpk-pk 사인파

다음 기호는 회로 블럭의 입력에 연결된 신호 발생기이다. 점선은 회로에 완전히 연결되지 않은 것을 의미한다. 실험을 할 때, 스스로 연결해야만 한다.

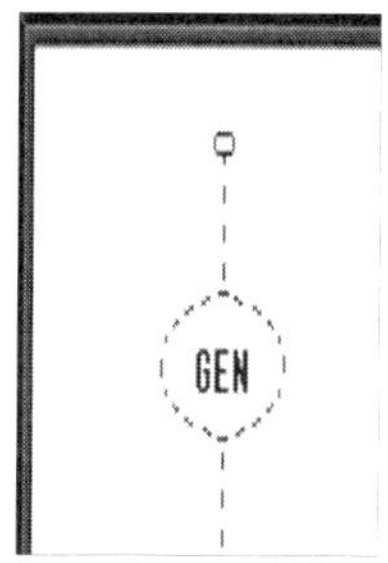

✓ 다음 회로에서 신호 발생기를 연결한 않는 것은?
   a. DIFFERENTIATOR
   b. FULL-WAVE BRIDGE DRIVER/CONVERSION
   c. LOW PASS FILTER

✓ HIGH PASS FILTER 회로 블럭에서, R2와 R3를 2핀 커넥터로 연결한 결과는?
   a. R2와 R3는 병렬로 연결된다.
   b. R2가 단락된다.
   c. 회로에서 R3를 제거한다.
   d. R3를 단락시킨다.

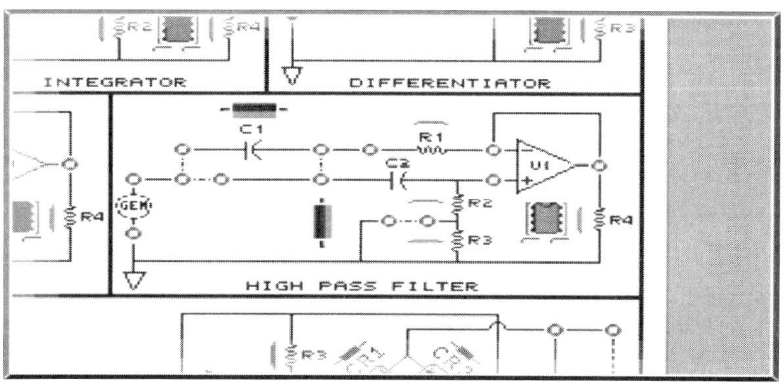

필요한 실험 도구

다음 실험을 하기 위해서 필요한 것들 :

- F.A.C.E.T. 배이스 유닛
- 파워 서플라이, 15 Vdc (2개)
- 멀티 미터
- 오실로스코프, dual trace
- 신호 발생기
- OPERATIONAL AMPLI-
- FIER APPLICATIONS
- 회로 보드

실 험 1

실 험 목 표

이 실험을 마치면, OPERATIONAL AMPLIFIER APPLICATION 회로 보드에서, 대부분의 회로 블럭을 준비할 수 있을 것이다. 이 회로들과 그것의 소자가 정확한지 확인하여, 결과를 확인 할 수 있다.

기 본 내 용

각 OP AMP의 바로 아래에 2개의 작은 커패시터가 있다. 이 "바이패스(bypass)" 커패시터는 +15V 와 -15V의 파워 서플라이를 회로의 접지에 *디커플(decouple)* 한다.

각 OP AMP의 바로 아래에 2개의 작은 커패시터가 있다. 이 "바이패스(bypass)" 커패시터는 +15V 와 -15V의 파워 서플라이 를 회로의 접지에 *디커플(decouple)*한다.

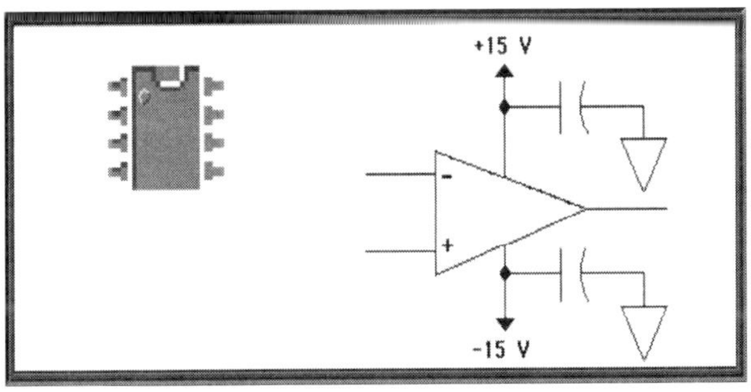

✔ 다음 회로에서 가변 저항 R1을 완전히 시계 방향으로 돌리면, 그 저항값은?
  a. 최대값이다.
  b. 0Ω.

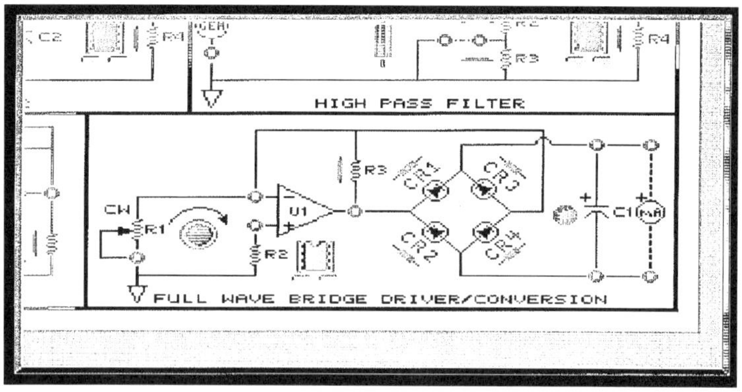

✔ 부하 저항은 OP AMP의 출력을 접지에 연결하는데, 다음 중에서 그렇지 않은 것은?
  a. BAND PASS FILTER 회로 블록.
  b. DIFFERENTIATOR 회로 블록.
  c. FULL-WAVE BRIDGE DRIVER/CONVERSION 회로 블록.

✔ 다음 회로 블럭에서, OP AMP의 피드백 루프에 병렬로 연결된 저항과 커패시터가 있는 것은?
  a. INTEGRATOR 회로 블록
  b. LOW PASS FILTER 회로 블록
  c. DIFFERENTIATOR 회로블록

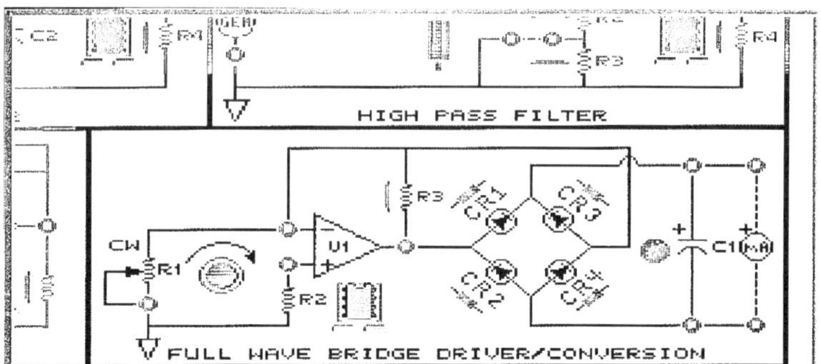

실험 과정

1. 오실로스코프의 채널 1을 어테뉴에이터(attenuator)의 입력에 연결하고, 채널 2를 어테뉴에이터의 출력에 연결한다.

2. 신호 발생기를 $V_{pk\text{-}pk}$, 1 kHz 사인파로 조정한다.

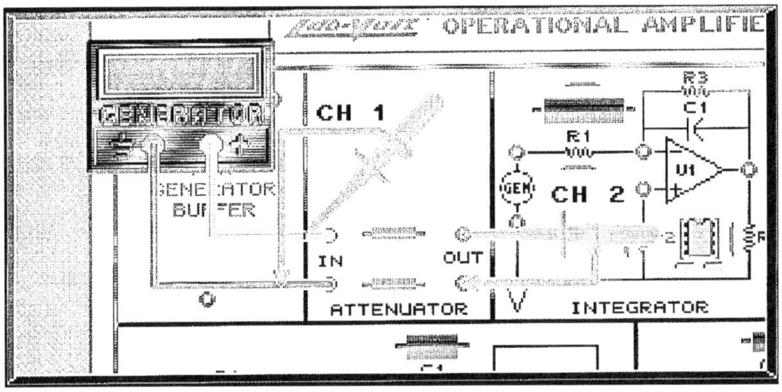

3. 출력과 입력 신호의 진폭을 비교하면?
   a. 출력이 입력보다 11배 크다.
   b. 출력이 입력보다 11배 작다.
   c. 출력과 입력 신호의 진폭은 같다.

4. 오실로스코프로 입력과 출력의 파형을 관찰하면서, 입력 신호의 주파수를 500 Hz 에서 1500 Hz로 천천히 변화시킨다. 입력과 출력 신호의 **주파수**를 비교하면?
   a. 출력 주파수는 입력 주파수보다 11 배 크다.
   b. 입력 주파수는 출력 주파수보다 11 배 크다.
   c. 출력 주파수와 입력 주파수는 같다.

5. +15V 와 -15V 파워 서플라이가 내부적으로 OP AMP의 4와 7번 핀에 연결되어 있다.

6. BAND PASS FILTER 회로 블럭에 OP AMP를 놓자. 멀티미터를 사용하여, +15V와 -15V인 핀을 결정하자.

주의: 인접한 핀에 접촉하지 않도록 주의 하자.

7. +15 Vdc 파워 서플라이는 몇 번 핀과 연결되어 있는가?
   a. 4. b. 7.

결 론

- 회로 보드의 각 OP AMP는 내부적으로+15V 와 -15V 파워서플라이가 연결되어 있다.
- 감결합(decoupling) 커패시터는 각 OP AMP를 파워 서플라이에 바이패스시키고, 안정성을 향상시킨다.
- ATTENUATOR 회로 블럭은 고정된 11:1 의 신호 진폭의 감소를 만들어 준다.
- 신호의 진폭만 감소하고, 주파수에는 영향을 주지 않는다.

실 험 2

실 험 목 표

이 실험을 마치면, 파형 발생기를 연결하고 여러 가지 회로 블럭들을 동작시킬 수 있을 것이다. 입력과 출력의 파형을 오실로스코프로 관찰 하여, 회로의 기능을 알 수 있을 것이다.

기 본 내 용

OPERATIONAL AMPLIFIER APPLICATIONS 회로 보드의 세개의 회로 블럭은 필터 회로이다. 그것은 고역 통과 필터 (HIGH PASS FILTER), 저역 통과 필터(LOW PASS FILTER), 그리고, 대역 통과 필터 (BAND PASS FILTER) 회로 블록이다. 이 회로들은 특정 주파수의 입력 신호는 통과시키고, 그 외 다른 주파수의 신호는 제거하는데 쓰인다.

저항과 커패시터를 배치하는 방법에 따라서, 회로의 유형 이 결정되고, 이들의 값을 조정하여 통과시킬 주파수를 결정 할 수 있다.

고역 통과 필터(HIGH PASS FILTER)는 높은 주파수의 입력 신호를 출력으로 통과시키고, 낮은 주파수의 입력 신호는 감쇠시킨다.

✔ 저역 통과 필터(LOW PASS FILTER) 회로 블럭은 낮은 주파수의 입력 신호는 통과시키고, 무엇을 감쇠시키는가?
  a. 낮은 주파수의 신호.
  b. 높은 주파수의 신호.
  c. 모든 입력 신호.

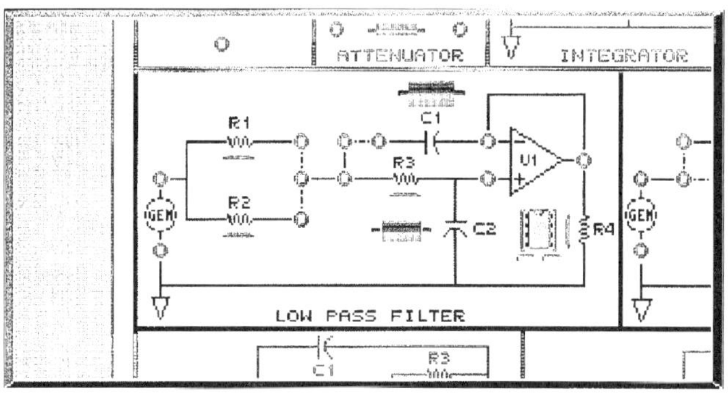

✔ 통과시킬 주파수를 무엇으로 결정할 수 있는가?
  a. 저항값.
  b. 커패시터의 값.
  c. 저항값과 커패시터의 값.

BAND PASS FILTER 회로 블럭은 특정한 주파수의 범위를 통과시킨다. 입력 신호의 주파수는 출력으로 통과될 수 있는 영역에 있어야 한다. 통과 대역보다 작거나 큰 주파수를 가진 신호는 회로에 의해서 제거된다.

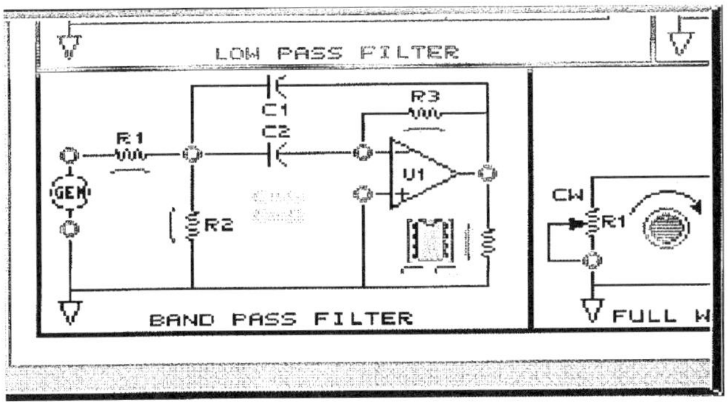

실험 과정

1. 고역 통과 필터(HIGH PASS FILTER) 회로 블럭을 준비하고, 그림과 같이 2핀 커넥터를 연결하자. 파형 발생기를 회로의 입력에 연결한다.

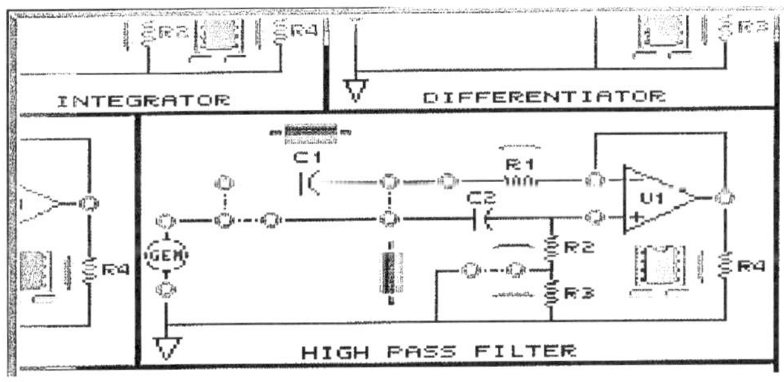

2. 오실로스코프의 채널 1을 회로의 입력에 연결하고, 채널 2를 출력에 연결하자. 오실로스코프의 조절기들을 실험 과정에 필요한 대로 조정하자.

3. 파형 발생기를 1 V_{pk-pk}, 100 Hz의 사인파로 조정하고, 입력 신호의 주파수를 1 kHz에서 10 kHz까지 증가시키면서, 출력 신호(CH 2)를 관찰 하자.

4. 입력 주파수가 증가함에 따라서, 출력 신호의 진폭은?
   a. 증가한다.
   b. 감소한다.
   c. 변화 없다.

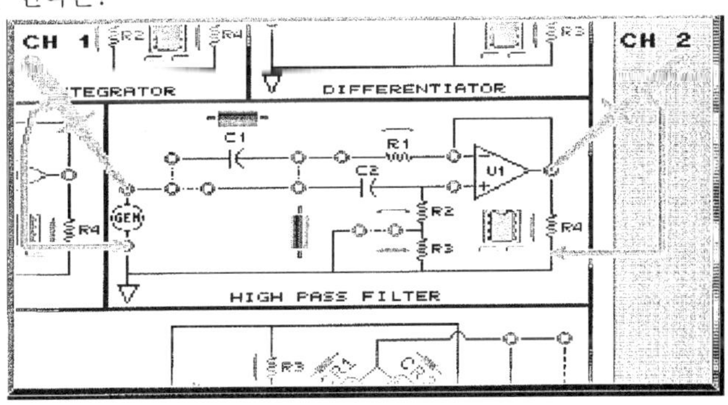

5. 회로가 통과시키는 주파수는?
   a. 높은 주파수.
   b. 낮은 주파수.

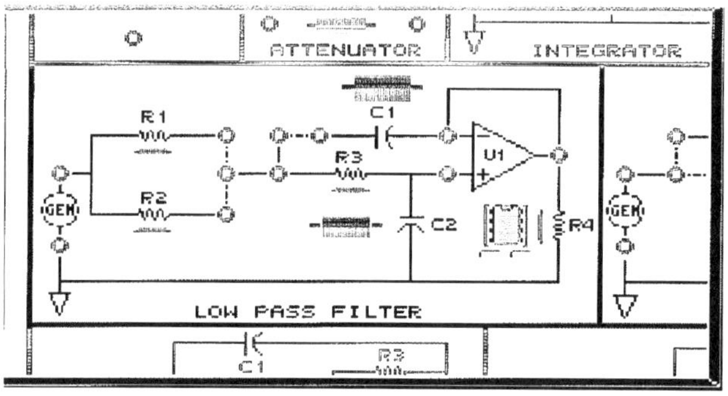

6. 저역 통과 필터(LOW PASS FILTER) 회로 블럭을 준비하고, 2핀 커넥터를 그림과 같이 연결하자. 회로의 입력에 파형 발생기를 연결하자.

7. 오실로스코프의 채널 1을 회로의 입력에 연결하고, 채널 2를 출력에 연결하자. 오실로스코프의 조절기들을 필요한 대로 조정하자.

8. 파형 발생기를 1 Vpk-pk, 100 Hz 의 사인파로 조정하고, 입력 신호의 주파수를 1 kHz 에서 10 kHz 까지 증가시키면서, 출력 신호(CH 2)를 관찰하자.

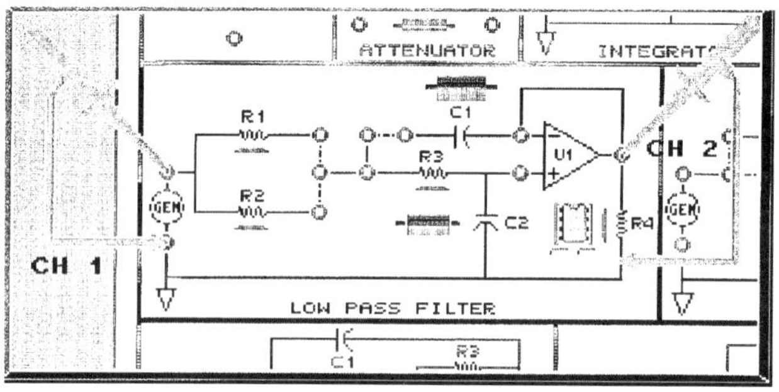

9. 입력 주파수가 증가할 때, 출력 신호의 진폭은?
   a. 증가한다. b. 감소한다. c. 변화가 없다.

10. 회로가 통과시키는 주파수는?
    a. 높은 주파수.
    b. 낮은 주파수.

11. 대역 통과 필터(BAND PASS FILTER) 회로 블럭을 준비하고, 파형 발생기를 회로의 입력에 연결한다. 채널 1을 회로의 입력에, 채널 2를 회로의 출력에 연결하자.

12. 파형 발생기를 1 V_{pk-pk}, 5 kHz 사인파로 조정하고, 입력 주파수를 5 kHz 에서 20 kHz 까지 천천히 증가시키면서, 출력(CH 2)을 관찰하자.

13. 입력 주파수가 증가함에 따라서, 출력 신호의 진폭은?
    a. 증가한다.
    b. 감소한다.
    c. 증가하고, 다시 감소한다.

14. 이 회로는 특정의 주파수 대역만을 통과시키는가?
    a. 그렇다.
    b. 아니다.

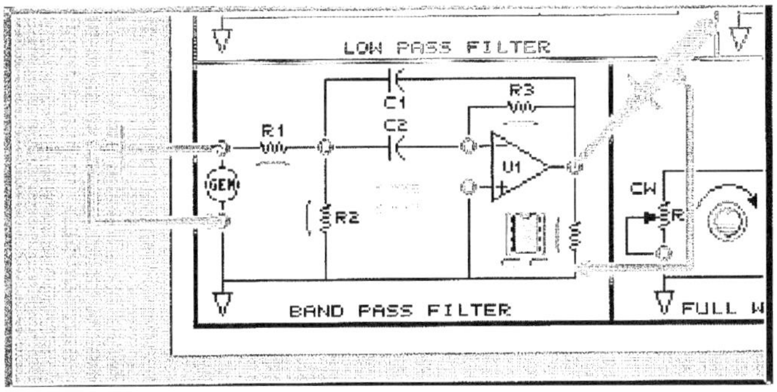

결 론

- p 파형 발생기는 다양한 주파수와 진폭의 신호를 공급하고, 그 신호를 통하여 회로를 분석 할 수 있다.
- p 회로를 분석하기 위해서, 오실로스코프의 한 화면에 입력 신호와 출력 신호를 동시에 관찰할 수 있다.
- p OPERATIONAL AMPLIFIER APPLICATIONS 회로 보드에는 3 가지의 필터 회로가 있다. : 고역 통과 필터, 저역통과 필터, 대역 통과 필터.
- p 필터는 특정 주파수의 신호는 통과시키고, 다른 주파수의 신호는 제거한다.
- p 입력 주파수의 변화에 따른 출력 신호의 진폭을 관찰하여 회로의 동작을 분석할 수 있다.

unit 23

적분과 미분

단원목표

이 단원에서는, 능동 미분기와 적분기가 입력 파형에 어떤 영향을 미치는가에 관해 배우고, 그 결과를 오실로스코프로 확인해 보게 된다.

단원기본지식

*적분기(Integrators)*나 *미분기(differentiators)*는 입력파형의 모양을 변화시키는 파형 조절용 회로이다. 변화된 출력파형은 여러 가지 다른 용도로 사용된다.

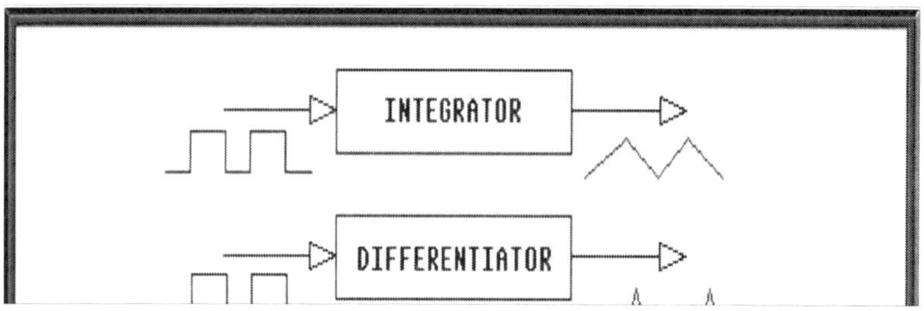

적분기의 출력은 특정 기간 동안 입력 파형의 아랫쪽 면적과 같다.

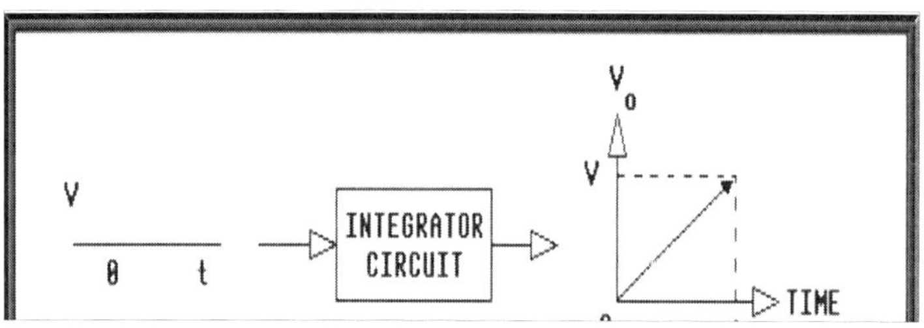

✓ 2V의 전압폭을 가진 구형파(square wave)가 0.5초 동안 진행된다면, 0.5초 후의 적분기 출력파형은?
  a. 0.5V.
  b. 1V.
  c. 2V.

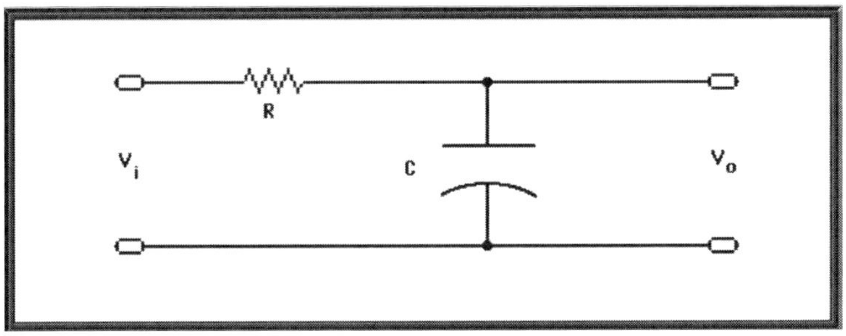

그림은 수동 적분기 회로이다. 여기서 "수동"이란 말의 의미는, 트랜지스터나 op amp와 같이 증폭기능을 할 수 있는 능동 소자가 회로에 없다는 것을 의미한다.

✍ 적분기에서 입력파형의 주파수를 증가시키면 출력파형의 크기가 줄어든다. 이로 미루어 본다면 수동 적분기는 기본적으로 어떤 성질을 가지고 있는가?
  a. 저역통과필터 (low pass filter)
  b. 고역통과필터 (high pass filter)

세번째 출력파형에서는, RC 시상수가 입력파형의 폭(PW)에 비해 훨씬 작다. 따라서 커패시터가 비교적 빨리 충전이 되며, 펄스의 High Level이 끝나기 한참 전에 충전이 끝나버리게 된다.

실제로, 적분기는 구형파 입력으로 부터 선형적으로 증가하는 파형을 만들어 내기 위해 사용된다.
✍ 이 조건을 가장 잘 만족하는 출력파형은 다음 어느 조건일 때인가?
  a. RC 〉 PW
  b. RC = PW
  c. RC 〈 PW

✍ 이 회로의 직류 이득(DC Gain)을 결정하는 식은?
  a. RIN /RF
  b. RF /RIN
  c. RF || CF

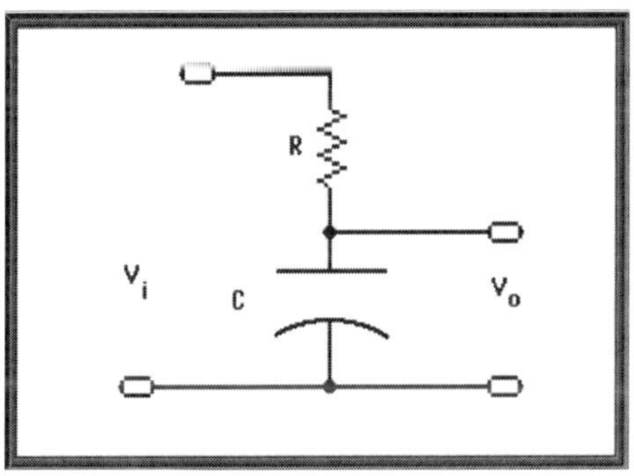

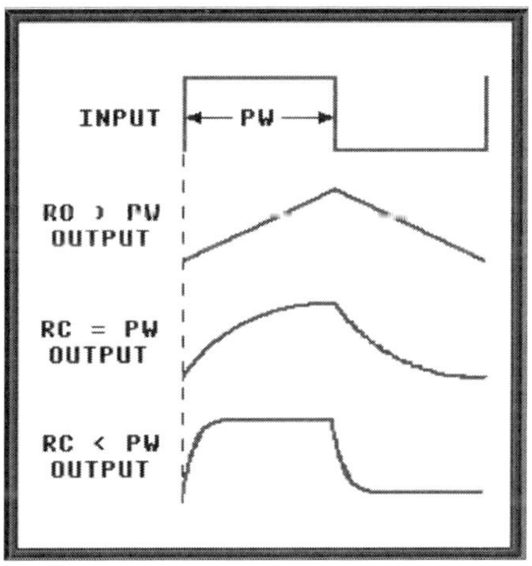

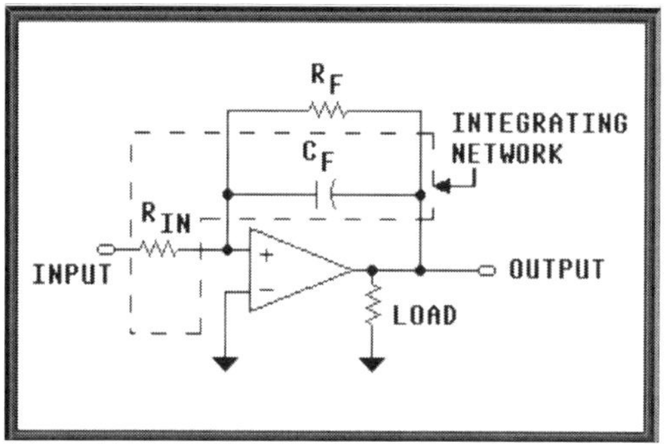

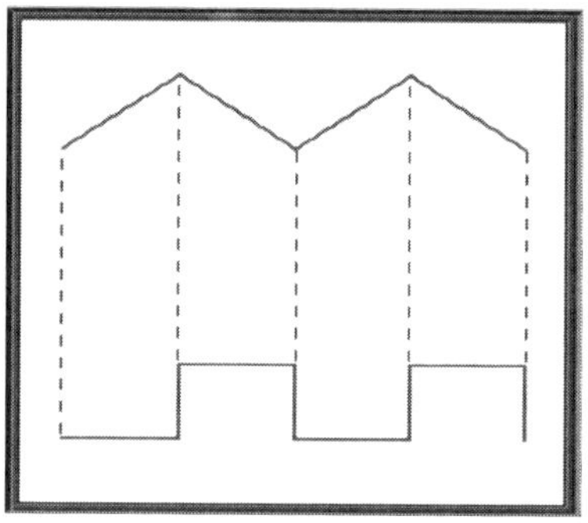

✓ 입력 파형이 최고점에 이르고 방향이 바뀌는 지점 이라면 출력파형은 어떻게 되나?
a. 수평선
b. 수직선
c. 경사면

입력 기울기가 음의 값이 되면 출력파형은 높은 전압레벨로 바뀌게 되는데, 이는 증폭기가 반전증폭기로 구성되어 있기 때문이다.
반대로, 입력 기울기가 양이 되면 출력값은 낮은 전압레벨이 된다.

✓ 수동 미분기 회로에서 "수동"이란 말이 쓰인 이유는?
a. 회로가 아무것도 하지 않기 때문.
b. 회로가 특정 주파수만 통과시키기 때문.
c. 능동 소자가 없기 때문.

✓ 미분기의 입력 주파수를 증가시키면, 출력 파형의 크기가 커진다. 이렇게 본다면 수동 적분기와 비슷한 역할을 하는 회로는?
a. 저역통과필터
b. 고역통과필터

세번째 출력은 RC값이 펄스폭에 비해 상당히 긴 경우이다. 커패시터가 완전히 방전되기 전에 펄스가 끝나게 된다.

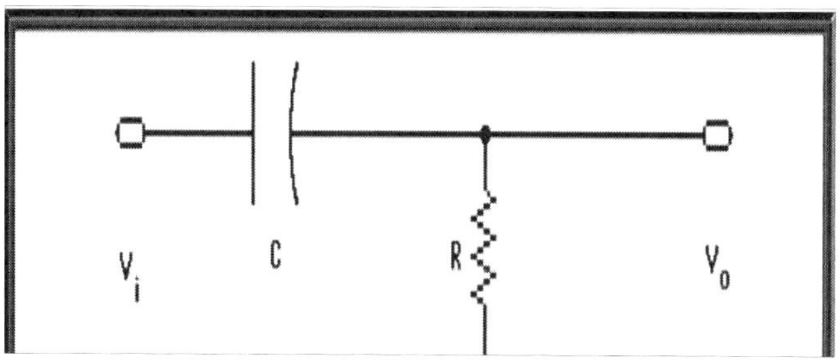

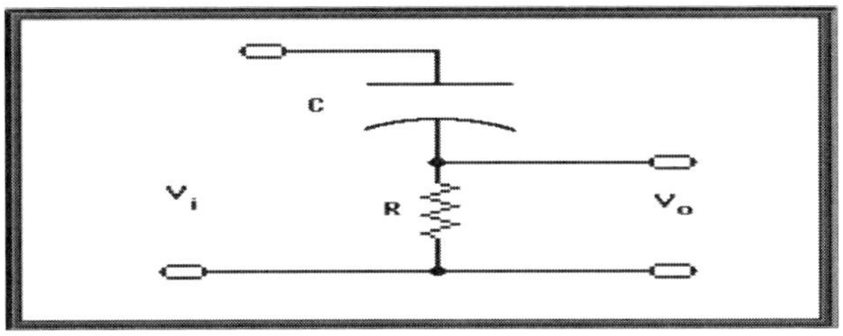

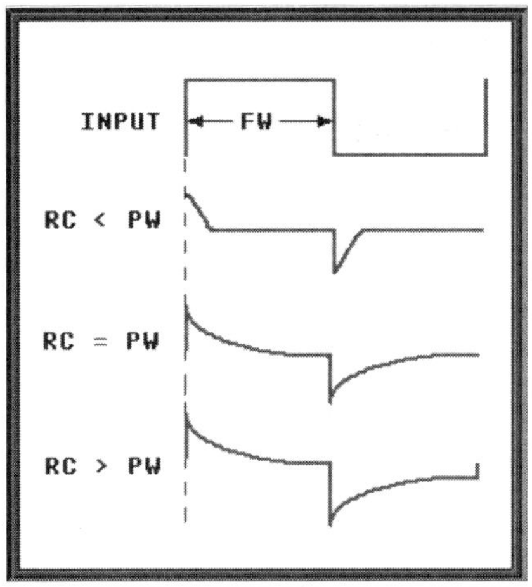

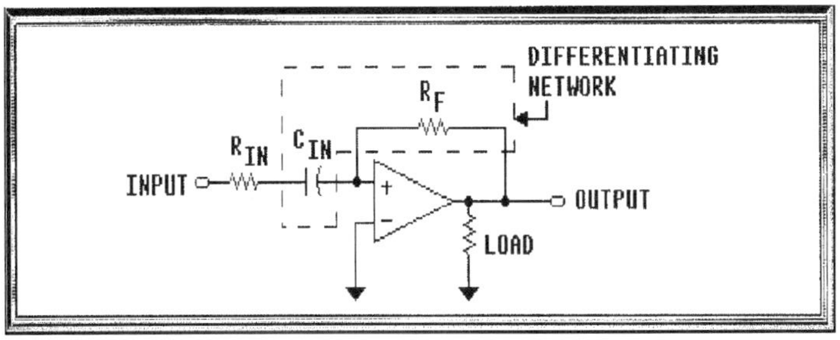

✓ 실제로, 미분기는 긴 펄스폭을 가진 입력파형에서 비교적 짧은 펄스폭을 가진 출력 파형을 만들어 내기위해 자주 사용된다. 이 조건을 가장 잘 실현한것은 다음 어느 경우인가?

a. RC 〉 PW
b. RC = PW
c. RC 〈 PW

매우 높은 고주파의 경우, C_{IN} 의 리액턴스는 거의 0에 가까와 진다. 이 경우, 고주파에서의 폐회로 전압 득을 제한하기 위하여 입력 저항(R_{IN})을 직렬로 연결해 준다.

필요한 실험도구

앞으로 계속될 실험을 하기위해 필요한 실험장비:

- F.A.C.E.T. 베이스 유닛
- 파워 서플라이, 15 Vdc (2 개 필요)
- 멀티미터
- 오실로스코프, dual trace
- 파형 발생기
- OPERATIONAL AMPLIFIER APPLICATIONS
- 회로보드

실험 1

실험목표

이 실험에서는, 능동 적분기가 입력 파형을 어떻게 변화 시키는지에 대해 알아보고, 그 결과를 오실로스코프로 확인한다.

기본내용

✔ 이 회로의 dc 이득(Av)은?
a. 1 b. 10 c. 100

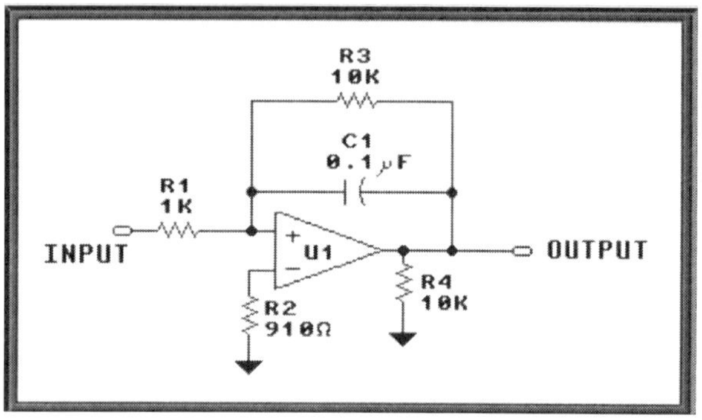

저항 R2는 입력 옵셋 전류(input offset current)의 영향을 줄인다. 이 저항의 값은 R1과 R3의 병렬 저항과 비슷한 값을 가진다.(R2 = R1|| R3) R4는 출력 파형을 확인할 수 있는 부하저항이다.

✔ 고주파 영역에서, 위상이 180° 바뀌게 되는 이유는?
a. 피드백 저항
b. 입력 저항
c. 피드백 커패시터

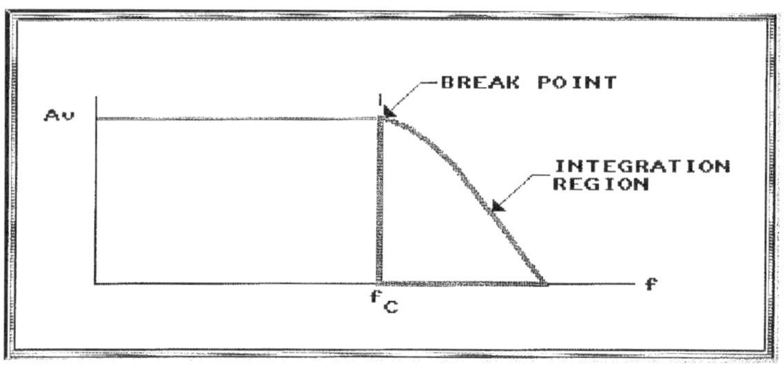

실제 적분은 차단 주파수 위쪽에서만 일어난다. 그 아래쪽에서는 커패시터의 높은 리액턴스 때문에 회로가 단순히 반전 증폭기로 동작한다.

다음 식을 이용하면 이 회로의 차단 주파수(fc)를 구할 수 있다.

$$fc = \frac{1}{2\pi \times R3 \times C1}$$

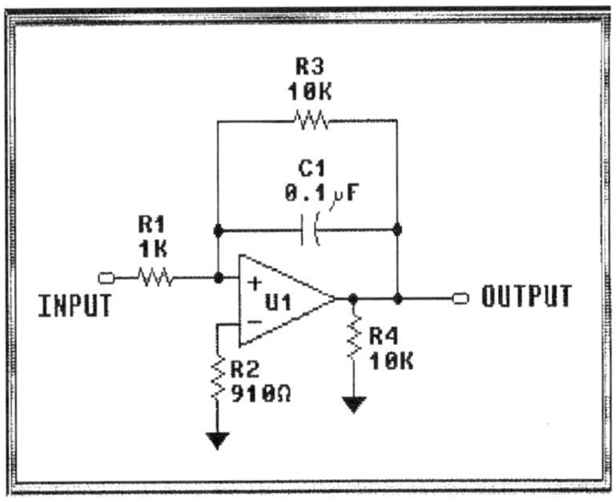

이 능동 적분기 회로의 차단 주파수는 얼마인가?

f_c = Hz

실험과정

1. OPERATIONAL APLIFIER APPLICATIONS 회로보드에서 INTEGRATOR 회로 블럭을 찾아 그림과 같이 연결하자.

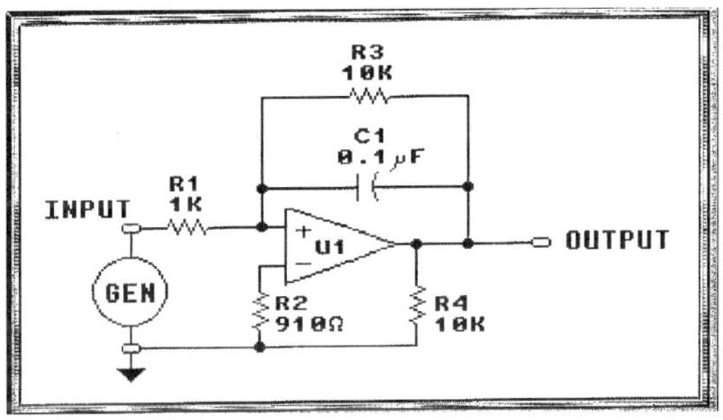

2. 오실로스코프의 두 단자를 각각 입력(CH 1)과 출력(CH 2)에 연결한다. 그리고 오실로스코프를 실험과정에 따라 조절 하도록 한다.

3. 오실로스코프의 채널 1에 연결되어 있는 파형 발생기를 1 V_{pk-pk}, 20 Hz sine wave 로 맞춘다.

4. 오실로스코프의 채널 2에 연결되어 있는 출력전압을 참고로 하여 이 회로의 저주파 이득을 계산하면 얼마인가?

   이득=

5. 앞에서 측정한 이득값(#g1,,4,1#)이 R3/R1을 이용하여 계산한 값 10과 비슷한가?

   a. 그렇다. b. 아니다.

6. 입력과 출력 파형의 위상관계를 살펴보자. 입력과 출력의 위상은 얼마나 차이가 나는가?

   a. 0° b. 90° c. 180°

7. 파형 발생기의 주파수를 2 kHz 로 높여 가면서, 오실로스코프 태널 2의 파형이 어떻게 바뀌는지 관찰해 보자.

8. 입력파형의 주파수가 차단주파수 에 비해 어떨 때 출력파형의 크기가 줄어드는가?
   a. 높을 때　　　　　　b. 낮을때

9. 차단 주파수 보다 높은 영역에서, 능동 적분기는 어떤 회로처럼 동작하는가?
   a. 저역 통과필터(low pass filter)
   b. 고역 통과필터(high pass filter)

10. 입력파형과 출력파형의 위상 관계를 살펴보자.

11. 입력에서 출력으로 넘어가면서 위상이 얼마나 바뀌었는가?
    a. 0°　　　b. 180°　　　c. 270°

12. 파형 발생기의 출력파형을 sine 파에서 구형파로 바꾸어 보자.

13. 이제 삼각파가 출력파형으로 나올 것이다. 입력 펄스폭과 RC 시상수의 관계는 다음중 어느 것일까?
    a. RC 〉 PW
    b. RC = PW
    c. RC 〈 PW

결 론

p 능동 적분기는 0에서 차단 주파수 까지는 선형 반전 증폭기와 같이 동작한다.

p 실제 능동 적분기는 차단 주파수 보다 높은 주파수 영역에서는 저역 통과필터(LPF)와 같이 동작한다.

p 능동 적분기의 적분 영역은 차단 주파수 보다 높은 주파수 영역이다.

p 구형파(square wave)를 적분하면 삼각파가 출력된다.

p 구형파를 적분할 때, 가장 선형적으로 증가하는 출력을 얻으려면 RC시상수가 입력파형의 펄스폭보다 훨씬 커야 한다.

실험 2

실 험 목 표

이 실험에서는 능동 미분기가 입력 파형에 미치는 영향에 대해 알아보고, 그 결과를 오실로스코프를 이용하여 확인한다.

기 본 내 용

R1 은 이 회로의 고주파 이득을 제한한다.(C1의 리액턴스가 고주파에서는 0에 가까워지기 때문이다.) R3은 출력파형을 확인할 수 있는 부하 저항이다.

✔ 구형파 입력에 대해, 미분된 출력파형을 살펴보면 반전되어 있음을 알 수 있다. 만약 입력 펄스폭이 RC 시상수보다 훨씬 크다면 출력 펄스는 어떻게 나오는가?
  a. 넓다.
  b. 좁다.

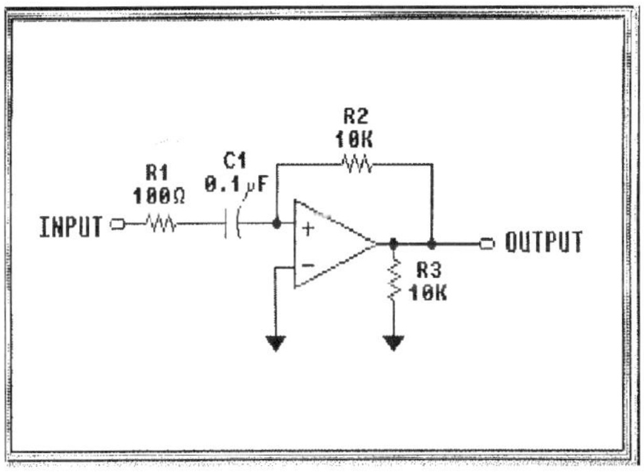

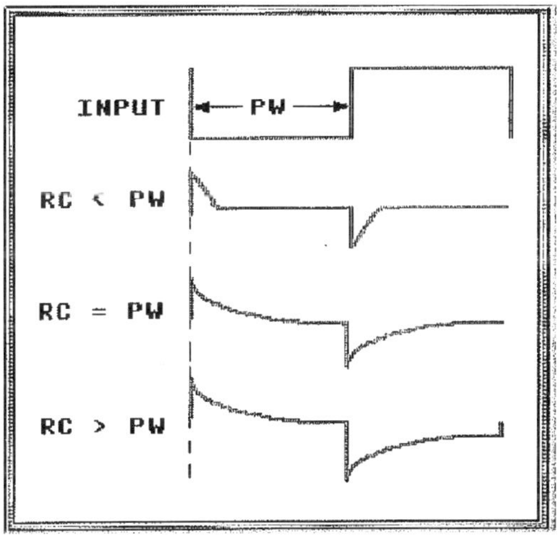

미분기에서 삼각파를 미분하면 구형파가 된다.

✔ 주파수가 증가하면, 출력 파형의 크기는 커진다. 이로 볼 때, 사인파 입력의 경우 능동 미분기는 어떤 주파수를 통과 시킨다고 볼 수 있나?
  a. 저주파.
  b. 고주파.

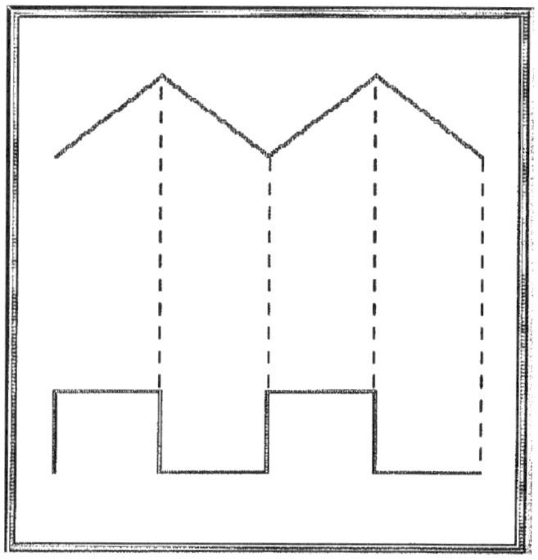

능동 미분기의 주파수 vs. 이득 곡선을 보면 두 부분의 동작 영역이 있음을 알 수 있다. 미분기 영역(차단점(breakpoint) 아래 영역)에서는 미분기능이 동작하며, 주파수가 증가함에 따라 이득이 커진다.

차단점에서, 회로는 감쇄 현상을 멈추게 되며, 입력 신호를 가장 크게 증폭하게 된다. 차단점(f_c)은 C1의 리액턴스가 R1의 저항값과 같아지는 지점이다.(X_{C1} = R1).

✔ 다음 회로의 차단점(breakpoint)은 얼마인가?

f_c = kHz

실제 미분기에서는, 미분기로 사용할 수 있는 영역을 넓히기 위해 비교적 높은 차단점(breakpoint)을 가진다.

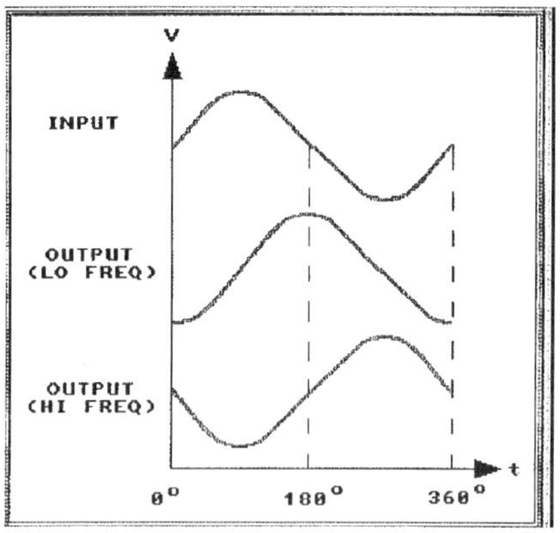

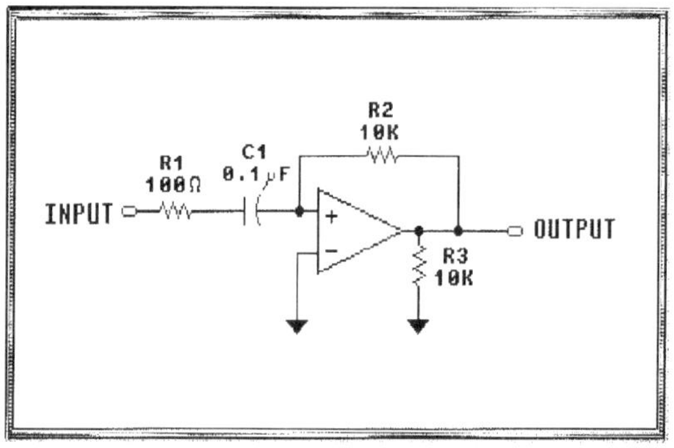

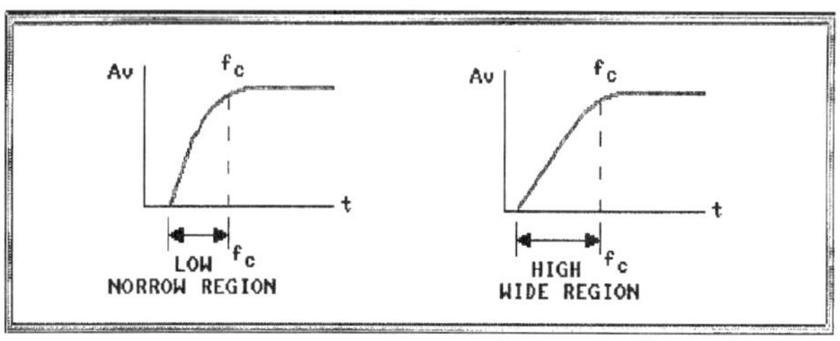

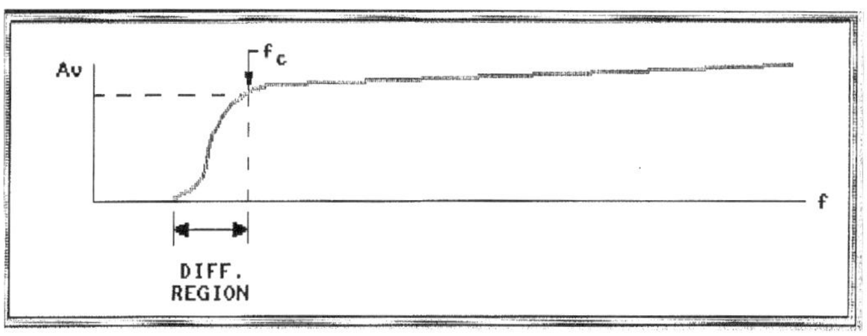

실 험 과 정

1. DIFFERENTIATOR 회로 블럭을 찾아 아래 그림과 같이 연결하라.

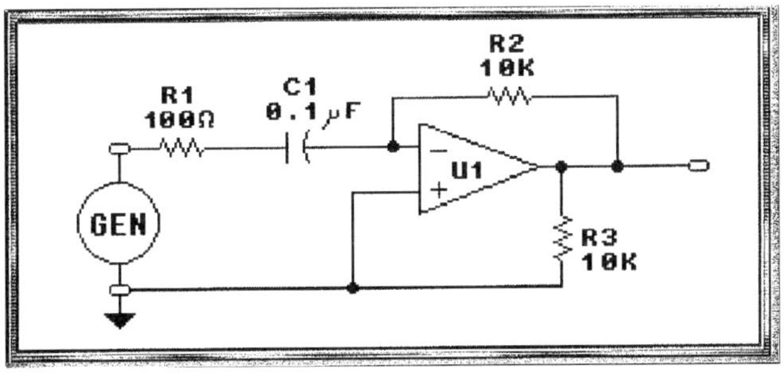

2. 파형 발생기를 1 $V_{pk\text{-}pk}$, 100 Hz 구형파(square wave)로 맞추고 입력단에 연결 하자.

3. 출력과 입력 파형을 비교해 보자. 왜 출력 펄스가 반전되어 나타날까?
   a. 증폭기 이득 때문에
   b. op amp 가 반전이기 때문에
   c. 입력 주파수가 미분기 영역에 있기 때문에

4. 파형 발생기를 구형파에서 사인파로 바꾼다. 출력 파형이 어떻게 바뀌었는가?
   a. 구형파
   b. 사인파
   c. 삼각파

5. 입력과 출력의 위상차이를 측정해 보자. 회로의 위상 변화는 얼마인가?
   a. 0°　　　b. 90°　　　c. 180°

6. 파형 발생기를 10 kHz로 맞추고 다시 위상 변화를 측정해 보자. 10 kHz에서의 위상 변화는 얼마나 되는가?
   a. 0°　　　b. 90°　　　c. 180°

7. 파형 발생기를 50 kHz로 맞추고, 위상 변화를 다시 측정 해 보자. 위상은 앞의 경우에 비해 어떻게 되는가?
   a. 증가한다.
   b. 감소한다.
   c. 바뀌지 않는다.

8. 출력파형의 크기를 관찰하면서, 파형 발생기의 주파수를 10 kHz로 바꾸고, 1kHz로 내린 후, 100 Hz로 다시 맞춘다.

9. 주파수가 감소함에 따라, 출력 파형의 크기는
   a. 증가한다.
   b. 감소한다.

10. 따라서 미분기는 기본적으로 어떤 성질을 가지고 있다고 볼 수 있나?
    a. 저역통과필터(low pass filter)
    b. 고역통과필터(high pass filter)

11. 입력에 들어가는 파형 발생기를 0.3 V_{pk-pk}, 500 Hz 삼각파로 맞춘다. 이때 출력되는 파형은 구형파일 것이다.

12. 입력 파형의 어느 부분에서 기울기가 바뀌는가?
    a. 증가하는 부분
    b. 떨어지는 부분
    c. 위 아래 꼭대기 부분

13. 출력 구형파의 어느 부분이 기울기가 변하지 않음을 의미하는가?
    a. 펄스가 위로 올라가는 부분
    b. 펄스가 떨어지는 부분
    c. 두 펄스 변화부분 모두
    d. 위 모두 아니다.

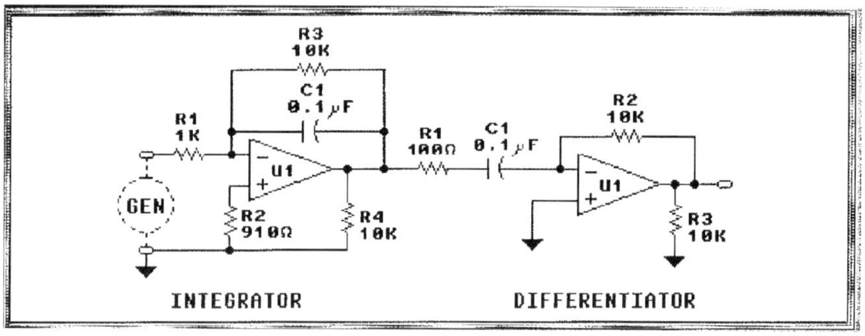

14. 회로보드의 모든 연결을 제거하고, 위그림과 같이 회로를 연결하라. 입력에 연결된 파형발생기를 1 Vpk-pk, 2 kHz 구형파(square wave) 로 맞춘다.

15. 입력 신호는 앞단에서 적분된 후, 뒷단에서 미분이 된다. 오실로스코프 채널 2를 사용하여, 적분기 출력과 미분기 출력을 모두 관찰해 보자.

17. 미분기 출력은 어떤 파형인가?
    a. 사인파
    b. 삼각파
    c. 구형파

18. 구형파를 적분하여 삼각파를 만들고, 다시 미분하여 구형파를 만들었다. 이로서 알 수 있는 것은?
    a. 적분과 미분은 서로 반대되는 함수이다.
    b. 구형파만을 적분할 수 있다.
    c. 적분은 반드시 미분을 하기 전에 해야한다.

결 론

- p 미분기 회로의 출력은 입력 신호의 기울기의 변화에 비례한다.
- p 미분현상은 차단점(breakpoint)아래의 주파수 영역에서 일어난다.
- p 구형파를 미분하면, 입력파형 폭에 비해 훨씬 작은 값을 가지는 RC시상수에 따라 그 폭이 결정되는 좁은 펄스가 출력된다.
- p 미분기는 사인파 입력에 대해 고역통과필터와 같이 동작한다.
- p 적분과 미분은 서로 반대 함수이다.

unit 24

저역 통과 필터

단 원 목 표

이번 단원에서는, single pole, double pole op amp의 동작을 살펴 봄으로써, 저역통과 필터(Lowpass Filter)의 동작 특성에 대해 알아보고, 오실로스코프를 이용하여 결과를 확인한다.

단원 기본 지식

✓ 필터에 의해 통과 되는 주파수 영역을 *통과대역(passband)*이라 부른다. 통과영역 내에서 이득은 어떻게 되는가?
  a. 최대이득
  b. 이득이 0이다.

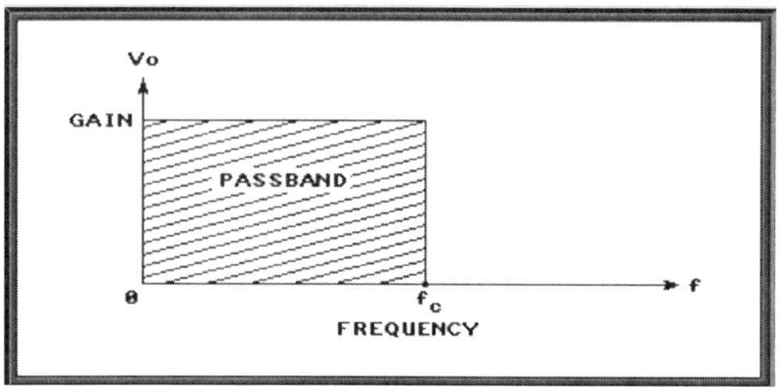

fc 를 지나서 이득이 점진적으로 감소하는 현상을 롤오프(rolloff)라 부른다.

저역통과필터의 종류에 따라, 롤오프 특성도 각각 다르다. 예를 들이, 비터워스(Butterworth) 필터의 경우, 10단위 스케일 당 감쇄율은 n x (-20) dB 이다. 여기서 n은 폴의 개수이다.

✓ 3차 (3-pole) 버터워스(Butter- worth) 필터의 경우, 감쇄 율은 약 얼마나 될까?
  a. -3 dB/decade
  b. -20 dB/decade
  c. -60 dB/decade

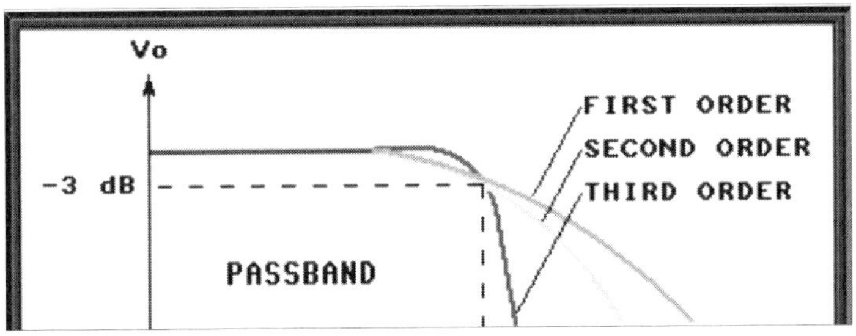

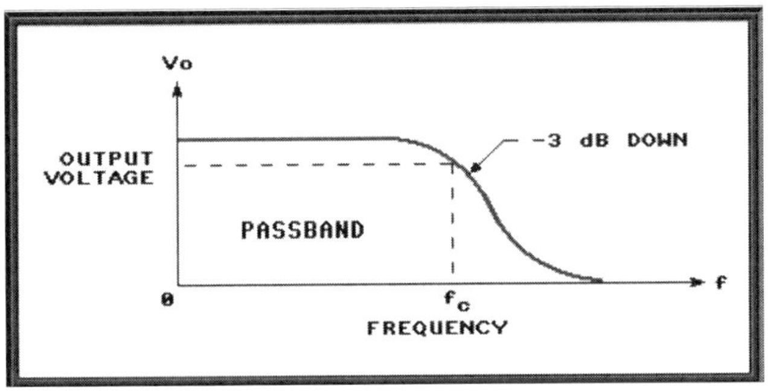

위 응답 곡선들은, 각각 1차, 2차, 3차 버터워스(Butterworth) 저역통과필터의 감쇄 율을 보여준다.

필요한 실험 도구

앞으로 계속될 실험을 하기 위해 필요한 도구:

- F.A.C.E.T. 베이스 유닛
- 파워서플라이, +15 Vdc, -15 Vdc
- 오실로스코프, (dual trace)
- 파형 발생기
- OPERATIONAL AMPLIFIER APPLICATIONS
- 회로보드

실 험 1

실 험 목 표

이번 실험에서는, 오실로스코프로 입 출력 파형을 관찰하여 능동 저역통과필터의 주파수 특성에 대해 배운다.

기 본 내 용

능동 저역통과필터는 주파수 응답을 다르게 만들어 줄 수 있다. 주파수 응답은 회로내 소자들의 관계에 의해 결정되다.

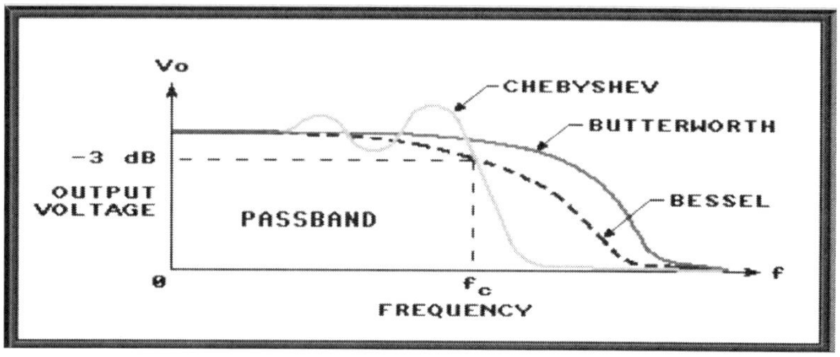

✔ 통과영역(passband)에서 가장 이상적인 필터는 어느 것인가?
  a. Chebyshev
  b. Butterworth
  c. Bessel

✔ Op amp U1 은 이득이 1인 회로로 구성되어 있다. 그렇다면 통과영역에서의 이득은 얼마일까?
  a. R3/R2.
  b. R2/R3.
  c. 1.

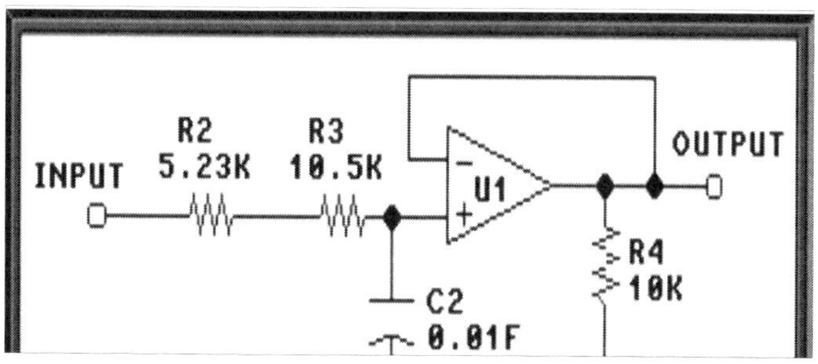

✔ 윗 그림과 같이 소자들을 사용한 회로는 버터워스 (Butterworth) 필터의 응답을 나타낸다. 이 필터의 응답 특성은 어느 구간에서 이상적인가?
  a. 통과영역(passband)
  b. 차단영역(stopband)
  c. 위 모두 아니다.

✔ 랙(lag) 즉, C_1과 R_1을 추가했을 때의 설명으로 옳은 것은?

a. 폴이 추가된다.
b. 감쇄 율이 -20 dB/decade 증가한다.
c. 위 모두 옳다.

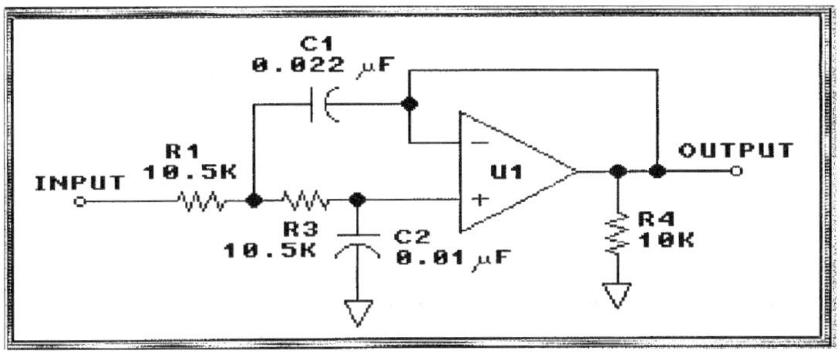

필터의 응답곡선을 그릴 때는, 롤오프 특성을 제대로 보이기 위해 로그단위로 표시되어 있는 그래프를 이용한다.(*로그단위 그래프(semilog graph)*)

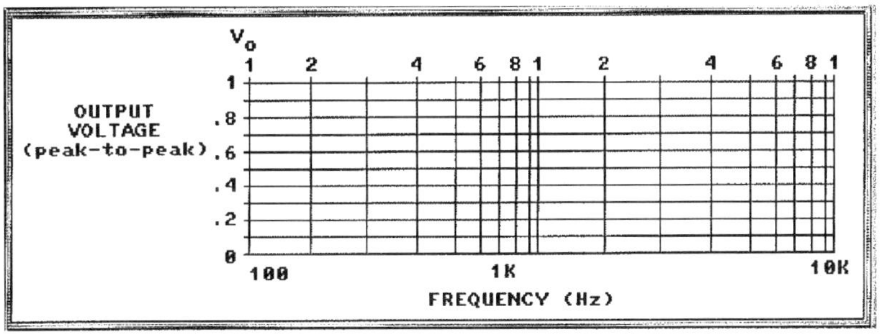

제일 위에 보이는 숫자는, (Hertz단위, 왼쪽에서 오른쪽): 100, 200,... 800, 1K, 2K,... 8K, 10K 이다. (10단위마다 굵은 글씨로 표시된다.)

두 필터의 차단 주파수는 약 얼마인가?

fc = Hz

✔ 롤오프 영역에서 어느 필터가 더 큰 감쇄 율을 보이는가?

a. 1-pole
b. 2-pole

실험 과정

1. LOW PASS FILTER 회로블럭을 찾아, 그림과 같이 연결하라.

이 필터의 폴이 하나인 이유는?

a. op amp의 이득이 1이기 때문
b. lag 회로가 하나이기 때문.
c. 위 모두 옳다.

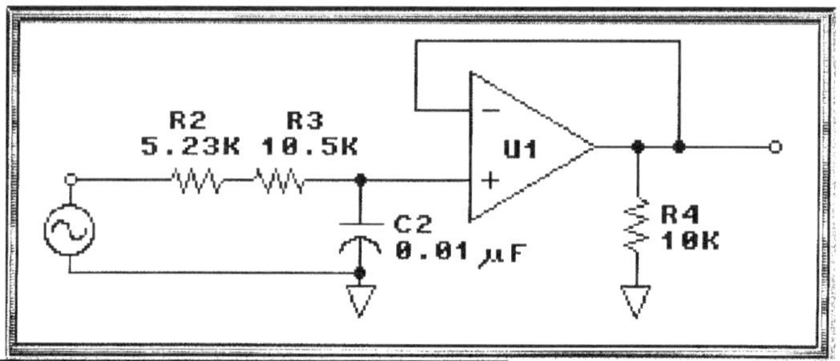

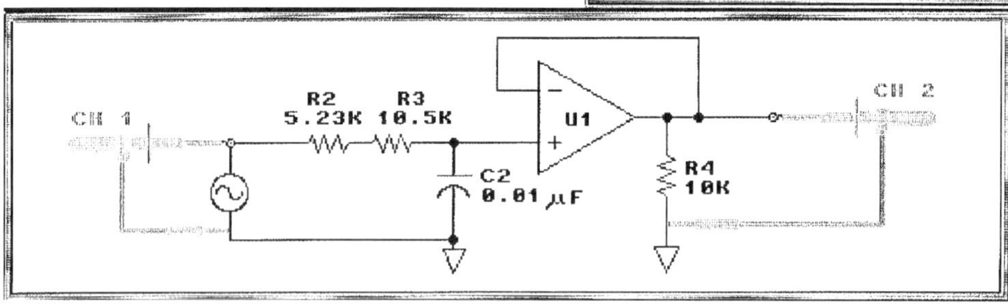

2. 오실로스코프의 프로브를 위 그림과 같이 연결하라. 채널 1을 입력단에 연결하고, 채널 2를 출력단에 연결한다.

3. 파형 발생기를 1 Vpk-pk, 100 Hz 사인파로 맞춘다.

4. 출력 전압을 측정하라.

   Vo = Vpk-pk

5. 회로의 이득을 계산하라.

   Av = Vo/Vi
   =

6. 이득이 약 1이므로, 필터가 어느 영역에서 동작한다고 가정할 수 있는가?

   a. 통과영역(passband)
   b. 차단영역(stopband)

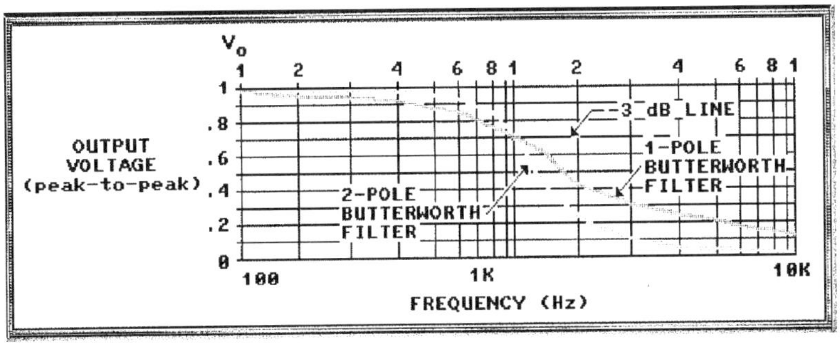

7. 3 dB 지점에서 출력 파형은 약 얼마인가?

a. 1 Vpk-pk
b. 0.5 Vpk-pk
c. 0.707 Vpk-pk

8. 출력 전압의 크기가 약 0.707 Vpk-pk일때까지 주파수를 증가시킨다.
3 dB 감쇄 지점의 주파수는 얼마인가?

f_c = Hz

9. 이득이 3 dB 일때의 주파수를 무엇이라 부르는가?

a. cutoff frequency
b. break frequency
c. corner frequency
d. 위 모두 옳다.

10. 주파수를 5 kHz 까지 증가시키고, 출력 전압을 측정하라.

Vo (5 kHz) = Vpk-pk

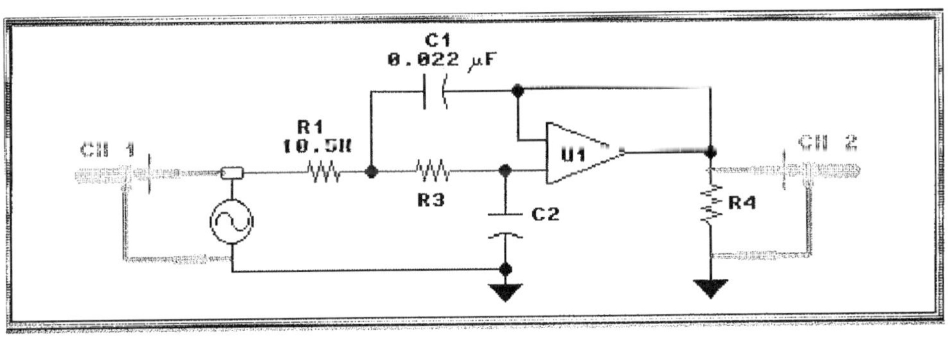

11. LOW PASS FILTER 의 모든 연결을 제거하고, 위 그림과 같이 다시 연결하라.

각 소자의 값을 다시 버터워스 응답에 맞추어 두었다. 그러면 이 필터의 폴의 개수는?

a. 하나.
b. 둘.
c. 셋.

12. 파형 발생기를 1 Vpk-pk, 500 Hz 사인파로 맞춘다.

13. 출력 전압이 0.707 Vpk-pk이 될때까지 주파수를 서서히 증가시킨 후, 그 때의 주파수를 측정하라.

fc = Hz

14. 새로 측정한 차단 주파수 (#FC2,,4,0# Hz)는 폴이 하나인 버터워스 필터 일 때 (#FC1,,5,0# Hz) 비슷한가?

a. 그렇다.
b. 아니다.

15. 주파수를 5 kHz로 맞추고, 출력 전압을 측정하라.

Vo (5 kHz) = mVpk-pk

16. 2 폴 필터에서 5kHz 출력 전압은, 폴이 하나일때 (#V15K,,5,3# Vpk-pk)에 비해 작은가?

a. 그렇다.
b. 아니다.

17. 관찰 결과에 따르면, 2폴 필터의 특성은 어떻다고 할 수 있는가?

a. 1폴 필터에 비해 통과영역(passband)가 넓다.
b. 1폴 필터에 비해 차단 주파수가 높다.
c. 1폴 필터에 비해 감쇄율이 크다.

결 론

p 저역통과필터(Low pass filters)는 차단점(cutoff point)아래 부분은 통과시키며, 위부분은 감쇄시킨다.

p 통과영역(passband)이나, 차단영역(stopband)의 특성을 바꾸기 위해 저역통과필터의 구성을 바꿀 수 있다.

p 저역통과필터에서 폴의 수를 증가시키면, 좀 더 이상적인 경우에 가까운 롤오프 특성을 얻을 수 있다.

실 험 2

실 험 목 표

이번 실험에서는, 입출력 신호를 살펴봄으로써, 저역통과 필터의 위상 변화와, 일시 반응(transient response)에 대해 배우고, 그 결과를 오실로스코프로 확인한다.

기 본 내 용

저역통과필터는 회로를 어떻게 꾸미느냐에 따라, 그 위상 변화특성이 틀려진다.

필터의 위상 변화는 응답의 종류(Butterworth, Bessel, Chebyshev, or other), 폴의 갯수, 그리고 입력 주파수에 따라 결정된다.

✔ 다음 중 평균 위상 변화율이 가장 적은 것은?
  a. Chebyshev
  b. Butterworth
  c. Bessel

저역 통과필터의 과도 응답(transient response)은, 입력 신호가 갑자기 변화할 때 이에 응답하는 능력을 뜻한다. 저역통과필터의 일시 입력 신호(transient input signal)는, 출력 파형의 왜곡 예를 들어 오버슈트(overshoot) 언더슈트(undershoot), 울림(ringing)과 같은 현상을 초래할 수 있다.

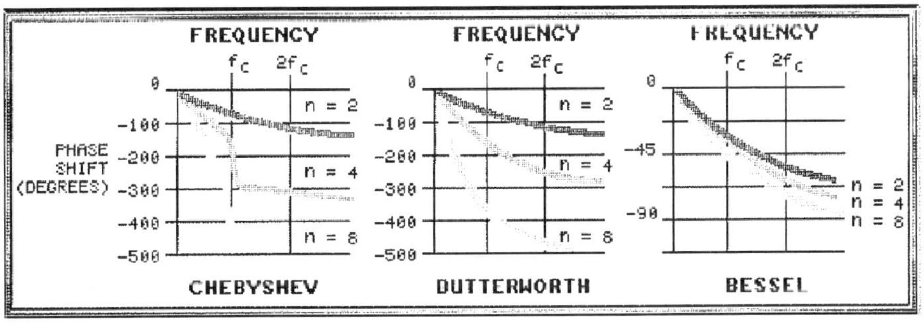

✔ 다음 중 울림(ringing)현상이 빨리 없어지는 것은 어느 것인가?
  a. 긴 안정시간(settle time)
  b. 짧은 안정시간(settle time)

위쪽 그림은 저역통과필터의 입력신호이다.

저역통과필터의 오버슈트, 언더슈트, 떨림 현상은 감폭 혹은 제동(damping)이라 불리는 과정을 거쳐 줄일 수 있다.

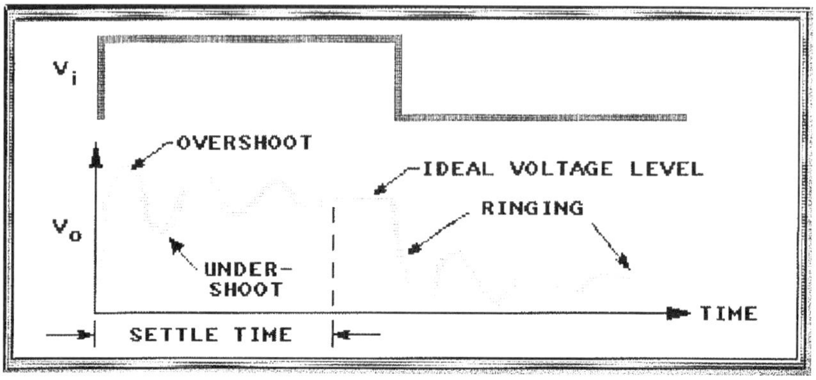

울림(ringing)을 제거하는 과정에서, 감폭(damping)역시 신호의 변화에 많은 왜곡을 야기 시킨다. 이를 과감폭(overdamped) 필터라고 부른다.

✔ 이 경우 입력 신호의 변화에 대해 비교적 빠르게 응답한다. 이 신호는 앞의 경우에 비해 어느 것이 제거된 모습인가?
  a. 오버슈트(overshoot)
  b. 언더슈트(undershoot)
  c. 울림(ringing)
  d. 위 모두

다음의 파형은 울림(ringing)현상이 가장 크게 보이는 파형으로, 이런 경우를 저감폭 필터라고 부르며, 가장 불안정한 상태이다.

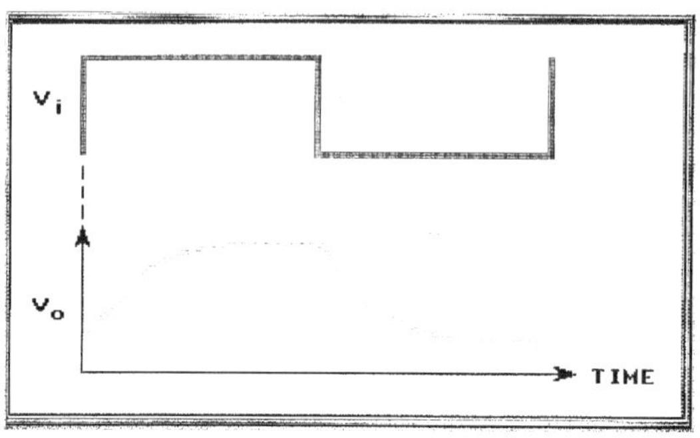

실험 과정

1. LOW PASS FILTER 회로블럭을 찾아 그림과 1폴 버터워스 필터를 구성하자. 차단 주파수는 약 1kHz이다.

2. 오실로스코프의 채널 1을 입력단에 연결하고, 채널 2를 이용하여 출력 파형을 관찰한다.

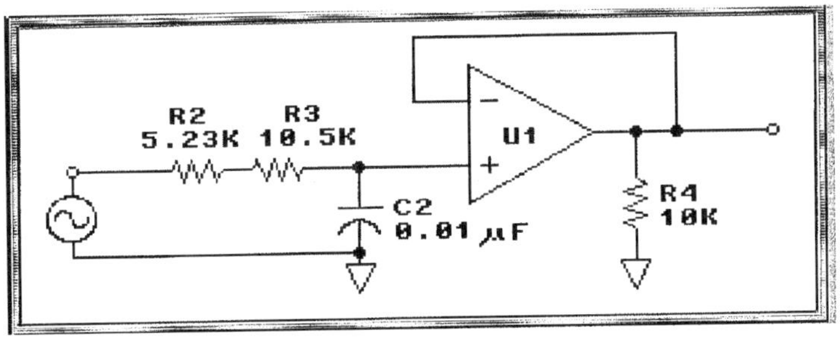

3. 파형 발생기를 1 Vpk-pk, 100 Hz 사인파로 맞춘다.

fin = 100 Hz
fc = 1 kHz

4. 회로는 통과영역(passband)과 차단영역(stopband)중 어느 영역에서 동작하는가?

a. 통과영역(passband)
b. 차단영역(stopband)

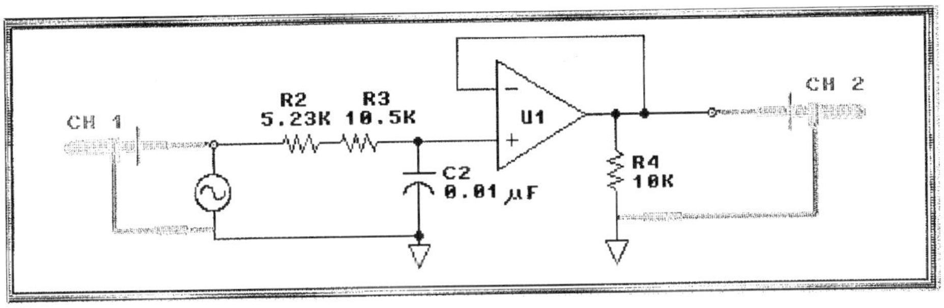

5. 오실로스코프로, 입력단과 출력단의 위상 변화를 측정하라.

참고: 측정결과에 (+) (-) 표시를 빼고 입력한다.

위상 변화(100 Hz) = 도.

6. 주파수를 1 kHz 로 증가시키고, 위상 변화를 다시 측정해 보자.

위상 변화(1 kHz) = 도.

7. 주파수를 5 kHz 로 증가시키고, 다시 위상 변화를 측정해 보자.

위상 변화(5 kHz) = 도.

위상변화(100 Hz) = #P1,,3,0#
위상변화(1 KHz) = #P2,,3,0#
위상변화(5 KHz) = #P3,,3,0#

8. 측정값으로 볼때, 위상 변화에 대한 설명으로 옳은 것은?
   a. 주파수 증가에 따라 증가한다.
   b. 폴의 갯수에 따라 증가한다.
   c. 차단 주파수보다 높아지면 더이상 증가하지 않는다.

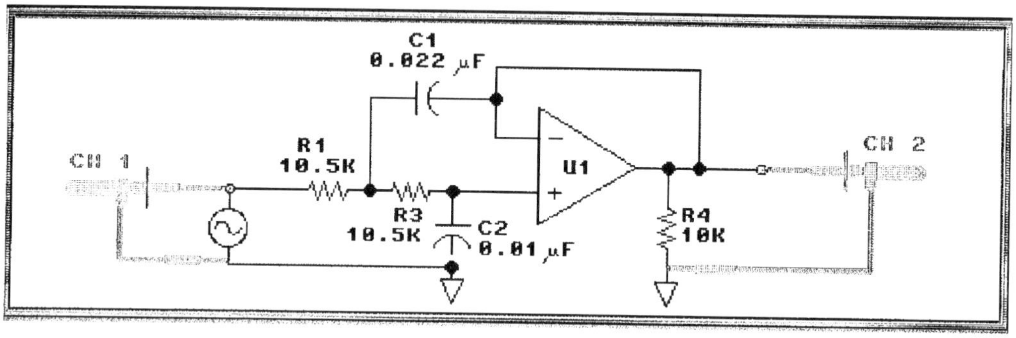

9. LOW PASS FILTER 회로블럭의 모든 연결을 제거하고, 그림과 같이 2폴 버터워스 필터를 구성하라. 차단 주파수는 약 1kHz이다.

10. 파형 발생기를 1 Vpk-pk, 100 Hz 사인파로 맞추고, 위상 변화를 측정하라.

    위상 변화(100 Hz) = 도.

11. 주파수를 1 kHz 로 맞추고, 위상 변화를 다시 측정하자.

    위상변화(1 kHz) = 도.

12. 파형 발생기를 5 kHz 로 맞추고, 다시 측정하라.

    위상변화(5 kHz) = 도.

BUTTERWORTH FILTER PHASE SHIFT DATA

FREQUENCY	1-POLE	2-POLE
100Hz	#P1,,3,0#	#P4,,3,0#
1KHz	#P2,,3,0#	#P5,,3,0#
5KHz	#P3,,3,0#	#P6,,3,0#

13. 1폴과 2폴 필터의 위상 변화 측정결과로 결론지을 수 있는 것은 다음 어느 것인가?
   a. 폴의 갯수는 위상변화에 영향을 주지 않는다.
   b. 위상 변화는 폴의 갯수가 증가함에 따라 증가한다.
   c. 주파수는 폴의 갯수가 증가함에 따라 증가한다.

14. 파형발생기를 1 Vpk-pk, 100 Hz 직각파로 맞춘다.

15. 아래 그림 중 출력 파형을 나타내는 것은?
    a. A
    b. B

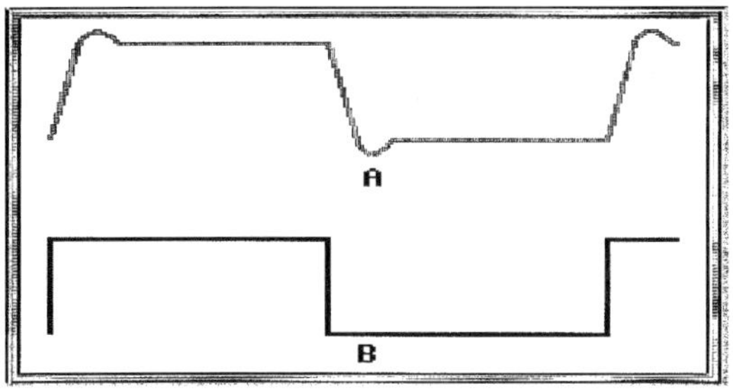

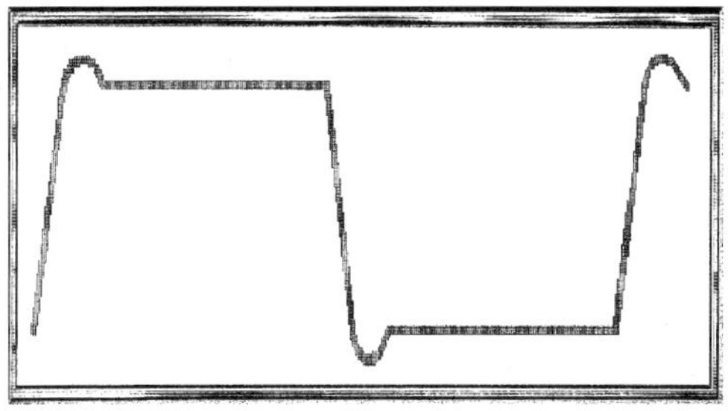

16. 표시된 부분은 다음 어떤 것의 예인가?
    a. 오버슈트(overshoot)
    b. 언더슈트(undershoot)
    c. 울림(ringing)

17. 입력신호를 동일하게 유지시키고, 회로를 그림과 같이 1 폴 필터로 바꾸자.

18. 출력파형에 오버슈트 현상이 더 이상 보이지 않는다. 이로 볼때 1폴 필터가 어떠하다고 결론지을 수 있는가?
    a. 2폴 필터에 비해 감폭이 크다.
    b. 2폴 필터에 비해 감폭이 작다.

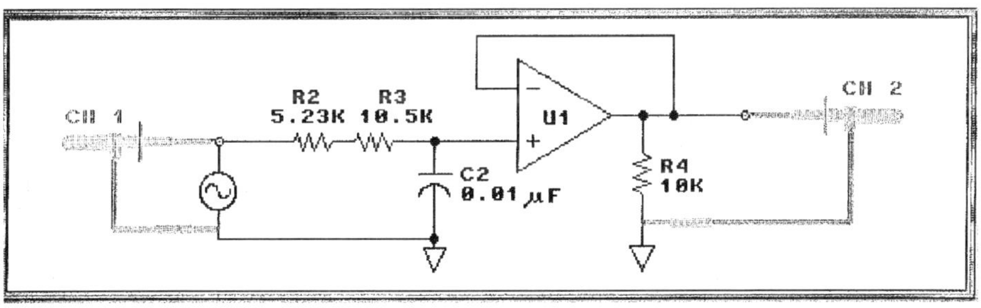

결 론

p 저역통과필터의 위상변화는, 필터의 종류, 폴의 갯수, 입력주파수에 따라 변한다.

p 저역통과필터의 일시반응(transient response)은 오버슈트, 언더슈트, 울림등과 같은 출력 파형의 왜곡을 야기시킨다.

p 저역통과필터의 일시반응을 개선하기 위해 감폭(damping) 을 사용한다.

unit 25

고역 통과 필터

단 원 목 표

이번 단원에서는, 1차 및 2차 op amp 필터를 이용한 고역통과필터에 대해 배우고, 그 결과를 오실로스코프를 이용하여 확인한다.

단원 기본 지식

고역통과필터(high pass filter) 는 특정 한계 주파수 이상의 영역에서는 통과시키고 그 이하에서는 차단시키는 회로이다.

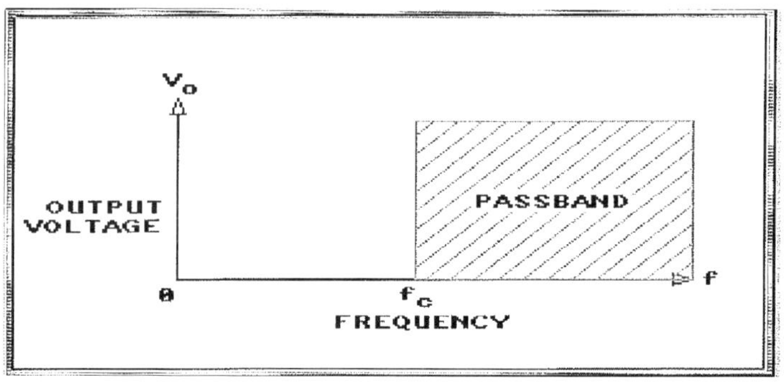

✓ 차단영역의 주파수 영역은?
 a. 0 에서 fc
 b. fc 이상
 c. fc

옆 그림은 실제 op amp 의 반응곡선이다. 실제의 경우 차단영역에서 통과영역으로 넘어가는데 훨씬 완만한 곡선을 보인다.

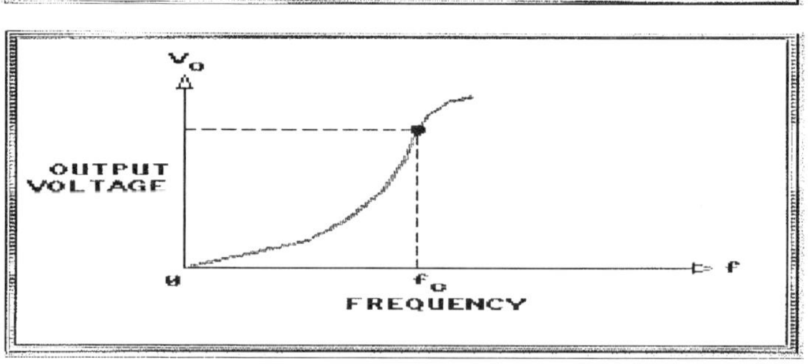

코너 주파수(f_c) 는 출력 파형의 크기가 통과 영역 크기의 70.7% 인 지점이다. 이 지점은 -3 dB 감쇄가 일어나는 부분으로 3 dB 감쇄지점으로 부르기도 한다.

실제 op amp로 만들어진 고역통과필터는 op amp의 대역폭 한계 때문에 ***고주파 한계(high frequency cutoff)***를 가진다.

고주파 한계는 op amp 의 특성에 의해 결정된다.

✓ 고역통과필터는 회로내의 ***lead 회로*** 의 갯수와 같은 수인 차수(order number)로 구분되기도 한다.
이 필터의 차수는?

a. 1차
b. 2차
c. 3차

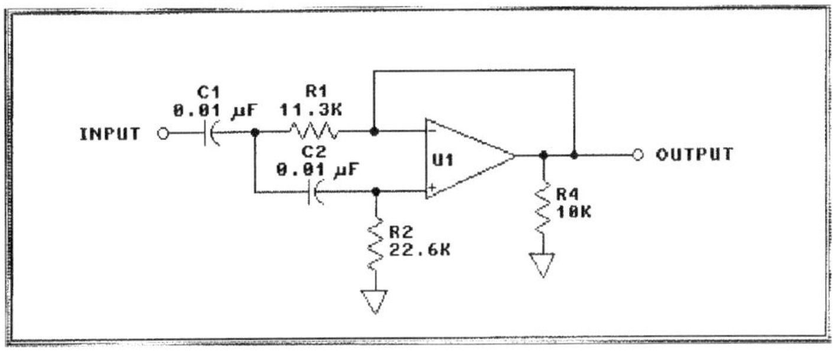

고역통과필터에서 차수가 증가하면 차단 영역으로 떨어질 때의 감쇄 율이 커진다. 위 그림은 버터워스(Butterworth) 필터의 경우를 보인 것이다.

✓ 아래 응답 곡선에 따르면, 필터에 lead 회로가 추가될 때마다 감쇄율이 얼마나 커지는가?

a. -20 dB/decade
b. -40 dB/decade
c. -60 dB/decade

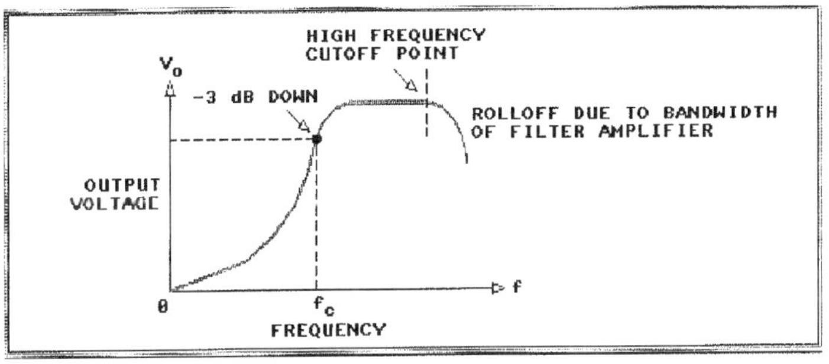

아래의 고역통과필터는 2개의 lead 회로를 가지고 있다. (R2 : C2 와 R1 : C1)

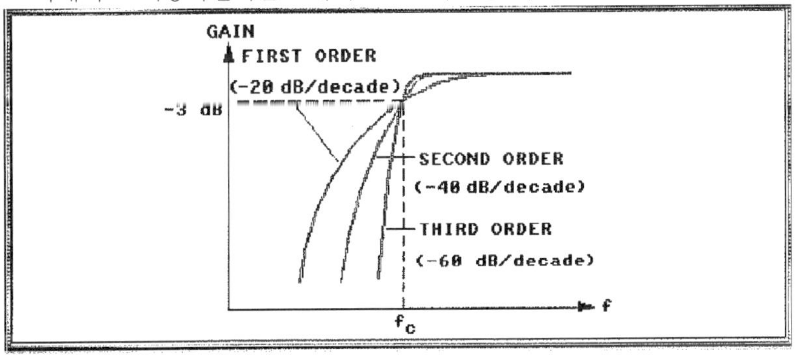

필요한 실험도구

계속될 실험을 위해 필요한 실험도구:

- F.A.C.E.T. 베이스 유닛
- 파워 서플라이, 15 Vdc (2 조)
- 멀티미터(Multimeter)
- 오실로스코프, (dual trace)
- 파형 발생기(Generator), 사인파(sine wave)
- OPERATIONAL AMPLIFIER APPLICATIONS
- 회로보드

실험 1

실 험 목 표

이번 실험에서는 입 출력 파형을 살펴 봄으로써 고역통과필터의 특성에 대해 알아보고, 그 결과를 오실로스코프로 확인한다.

기 본 내 용

능동 고역통과필터는 주파수 응답에 따라, 여러 형태로 회로를 구성 할 수 있다. 응답은 회로 소자간의 관계에 따라 달라진다.

버터워스(Butterworth)와 베셀(Bessel) 곡선을 살펴보면, 상당히 평활한 통과영역(pass-band) 특성을 보이나, 체비세프(Cheby-shev) 곡선은 통과영역 앞부분에 봉우리를 보인다.

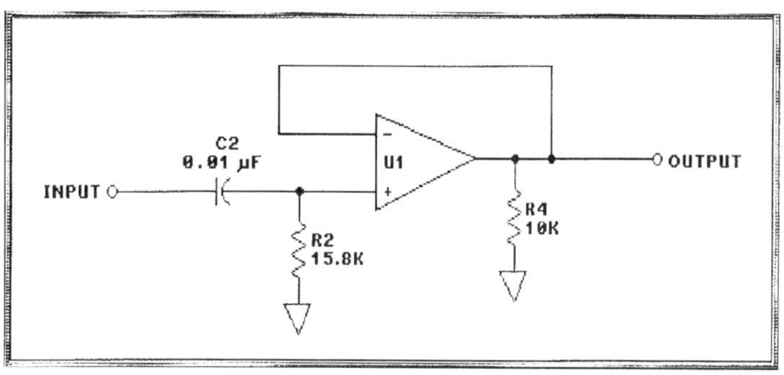

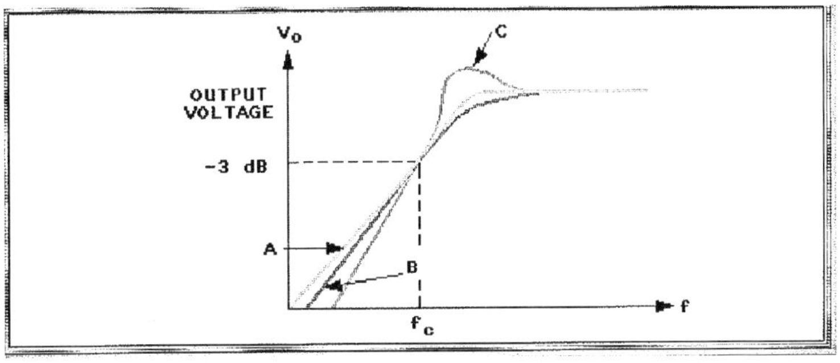

✔ 가장 이상적인 통과영역(pass- band) 특성을 보이는 것은?
  a. Chebyshev   b. Butterworth   c. Bessel

✔ 필터의 구성이 버터워스(Butter- worth) 필터로 맞추어져 있다. 이 필터가 완전히 이상적으로 동작하는 영역은?
  a. passband.
  b. stopband.
  c. 둘 다 아니다.

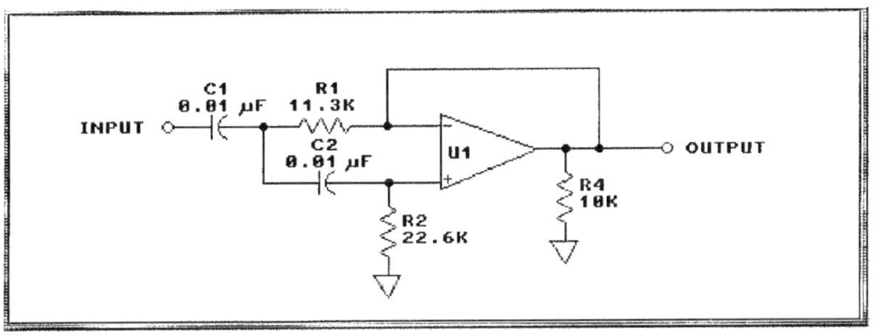

✔ 그림은 버터워스(Butterworth) 고역통과필터이다. 차수는?
  a. 1차.
  b. 2차.
  c. 알 수 없다.

Op amp U1 은 이득이 1로 구성되어 있다. 따라서 이 필터의 통과영역 이득은 1이다.

필터의 구성이 버터워스(Butterworth) 필터로 맞추어져 있다. 이 필터가 완전히 이상적으로 동작하는 영역은?

✔ 그림과 같이 R1 과 C1으로 구성된 lead 회로를 첨가하면, 2차 버터워스(Butterworth)필터 구성이 된다. 이렇게 회로를 바꾸었을 때 변하게 되는 것은?
  a. 차수
  b. 출력 주파수
  c. 통과영역 이득

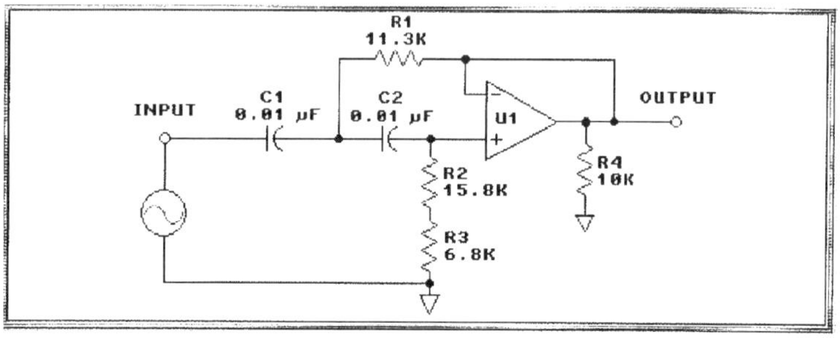

✔ 코너 주파수는 다음 언제 일때 인가?

a. -3 dB .b. -20 dB. c. -40 dB.

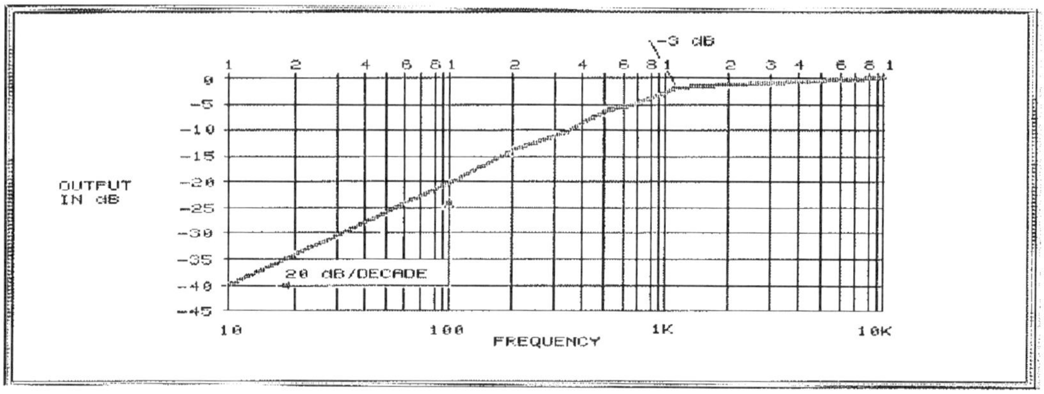

✔ 다음의 특성에서 코너 주파수는 약 얼마인가?

fc = Hz

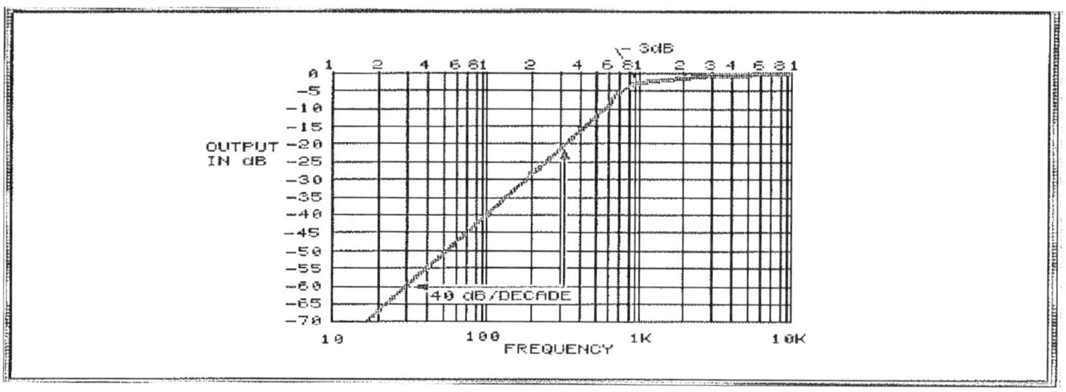

실험 과정

1. HIGH PASS FILTER 회로블럭을 찾아 그림과 같이 연결하라.

2. 오실로스코프 채널 1 으로 입력파형을 감시하면서, 채널 2를 사용해 출력 파형을 관찰하라.

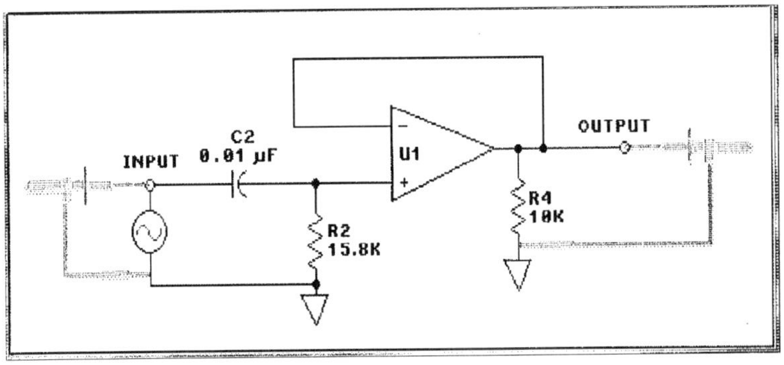

3. 이 필터는 1차 필터이다. 그 이유는?
   a. 필터의 lag 회로가 하나이므로.
   b. 필터의 lead 회로가 하나이므로.
   c. op amp 의 이득이 1이므로.

4. 파형 발생기를 1 Vpk-pk, 50 Hz 사인파로 맞춘다.

5. 출력 파형을 측정하라.

   Vo (50 Hz) = mVpk-pk

6. 데시벨 이득을 계산하면?

   AdB = 20 x log (Vo /Vi)
   = dB

7. 파형 발생기를 500 Hz 로 맞추고 출력 전압을 측정하라.

   Vo (500 Hz) = Vpk-pk

8. 데시벨 이득을 계산하면?

   AdB = 20 x log (Vo /Vi)
   = dB

9. 50 Hz 에서 500 Hz 까지 한 decade 의 주파수 영역이다. 따라서 50 Hz 와 500 Hz 지점의 값을 이용하면 차단 영역의 감쇄 율을 계산할 수 있다.

◀ 저 자 ▶

김태효 : 경남대학교 정보통신과 교수

전자통신회로실험

2010년 1월 15일 초판 인쇄

2010년 1월 20일 인쇄 발행

저 자 김태효

발 행 인 송기수

발 행 처 도서출판 GS인터비전

편 집 처 도서출판 GS인터비전

인 쇄 처 삼성문화사

등록번호 제 2008 - 27호

I S B N 978-89-93668-36-0 (92560)

주 소 서울 중랑구 묵동 신도브래뉴 1차 102동 1301호

전 화 02-976-7898, 0707-720-7898

팩 스 02 6468-7808

E-Mail gsinter7@chol.com

정 가 20,000원